U0175125

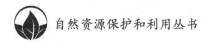

自然资源保护和利用丛书

自然资源调查监测
实践与探索

自然资源部自然资源调查监测司 编

商务印书馆
创于1897 The Commercial Press

图书在版编目（CIP）数据

自然资源调查监测实践与探索/自然资源部自然资源调查监测司编.—北京：商务印书馆，2023
（"自然资源保护和利用"丛书）
ISBN 978-7-100-22936-4

Ⅰ.①自…　Ⅱ.①自…　Ⅲ.①自然资源—资源调查—监测系统—研究—中国　Ⅳ.①P962

中国国家版本馆 CIP 数据核字（2023）第 167547 号

"自然资源保护和利用"丛书
自然资源调查监测实践与探索
自然资源部自然资源调查监测司　编

商 务 印 书 馆 出 版
（北京王府井大街 36 号邮政编码 100710）
商 务 印 书 馆 发 行
北 京 冠 中 印 刷 厂 印 刷
ISBN 978－7－100－22936－4

2023 年 11 月第 1 版　　　开本 710×1000　1/16
2023 年 11 月北京第 1 次印刷　印张 28
定价：140.00 元

《自然资源调查监测实践与探索》

主　编： 苗前军

副主编： 冯文利、张炳智、吉建培、杨　地、闫宏伟、赵　伟

编　委：（按姓氏笔画排序）

王　鹏（山西）、王　鹏（山东）、王　硕、王尔林、
牛春盈、卢卫华、白贵霞、囡　丁、李　兵、吴　建、
何超英、张阳武、张贵钢、陈广泉、陈会敏、赵　楠、
姜开勤、袁富强、顾华斌、高　娟、郭晋华、唐洪林、
董　泉、蒋　睿、滕学伟

"自然资源与生态文明"译丛
"自然资源保护和利用"丛书
总序

（一）

新时代呼唤新理论，新理论引领新实践。中国当前正在进行着人类历史上最为宏大而独特的理论和实践创新。创新，植根于中华优秀传统文化，植根于中国改革开放以来的建设实践，也借鉴与吸收了世界文明的一切有益成果。

问题是时代的口号，"时代是出卷人，我们是答卷人"。习近平新时代中国特色社会主义思想正是为解决时代问题而生，是回答时代之问的科学理论。以此为引领，亿万中国人民驰而不息，久久为功，秉持"绿水青山就是金山银山"理念，努力建设"人与自然和谐共生"的现代化，集聚力量建设天蓝、地绿、水清的美丽中国，为共建清洁美丽世界贡献中国智慧和中国力量。

伟大时代孕育伟大思想，伟大思想引领伟大实践。习近平新时代中国特色社会主义思想开辟了马克思主义新境界，开辟了中国特色社会主义新境界，开辟了治国理政的新境界，开辟了管党治党的新境界。这一思想对马克思主义哲学、政治经济学、科学社会主义各个领域都提出了许多标志性、引领性的新观点，实现了对中国特色社会主义建设规律认识的新跃升，也为新时代自然资源治理提供了新理念、新方法、新手段。

明者因时而变，知者随事而制。在国际形势风云变幻、国内经济转型升级的背景下，习近平总书记对关系新时代经济发展的一系列重大理论和实践问题进行深邃思考和科学判断，形成了习近平经济思想。这一思想统筹人与自然、经济与社会、经济基础与上层建筑，兼顾效率与公平、局部与全局、当前与长远，为当前复杂条件下破解发展难题提供智慧之钥，也促成了新时代经济发展举世瞩目的辉煌成就。

生态兴则文明兴——"生态文明建设是关系中华民族永续发展的根本大计"。在新时代生态文明建设伟大实践中，形成了习近平生态文明思想。习近平生态文明思想是对马克思主义自然观、中华优秀传统文化和我国生态文明实践的升华。马克思主义自然观中对人与自然辩证关系的诠释为习近平生态文明思想构筑了坚实的理论基础，中华优秀传统文化中的生态思想为习近平生态文明思想提供了丰厚的理论滋养，改革开放以来所积累的生态文明建设实践经验为习近平生态文明思想奠定了实践基础。

自然资源是高质量发展的物质基础、空间载体和能量来源，是发展之基、稳定之本、民生之要、财富之源，是人类文明演进的载体。在实践过程中，自然资源治理全力践行习近平经济思想和习近平生态文明思想。实践是理论的源泉，通过实践得出真知：发展经济不能对资源和生态环境竭泽而渔，生态环境保护也不是舍弃经济发展而缘木求鱼。只有统筹资源开发与生态保护，才能促进人与自然和谐发展。

是为自然资源部推出"自然资源与生态文明"译丛、"自然资源保护和利用"丛书两套丛书的初衷之一。坚心守志，持之以恒。期待由见之变知之，由知之变行之，通过积极学习而大胆借鉴，通过实践总结而理论提升，建构中国自主的自然资源知识和理论体系。

（二）

如何处理现代化过程中的经济发展与生态保护关系，是人类至今仍然面临的难题。自《寂静的春天》（蕾切尔·卡森，1962）、《增长的极限》（德内拉·梅多斯，1972）、《我们共同的未来》（布伦特兰报告，格罗·哈莱姆·布伦特兰，1987）这些经典著作发表以来，资源环境治理的一个焦点就是破解保护和发展的难题。从世界现代化思想史来看，如何处理现代化过程中的经济发展与生态保护关系，是人类至今仍然面临的难题。"自然资源与生态文明"译丛中的许多文献，运用技术逻辑、行政逻辑和法理逻辑，从自然科学和社会科学不同视角，提出了众多富有见解的理论、方法、模型，试图破解这个难题，但始终没有得出明确的结论性认识。

　　全球性问题的解决需要全球性的智慧，面对共同挑战，任何人任何国家都无法独善其身。2019 年 4 月习近平总书记指出，"面对生态环境挑战，人类是一荣俱荣、一损俱损的命运共同体，没有哪个国家能独善其身。唯有携手合作，我们才能有效应对气候变化、海洋污染、生物保护等全球性环境问题，实现联合国 2030 年可持续发展目标"。共建人与自然生命共同体，掌握国际社会应对资源环境挑战的经验，加强国际绿色合作，推动"绿色发展"，助力"绿色复苏"。

　　文明交流互鉴是推动人类文明进步和世界和平发展的重要动力。数千年来，中华文明海纳百川、博采众长、兼容并包，坚持合理借鉴人类文明一切优秀成果，在交流借鉴中不断发展完善，因而充满生机活力。中国共产党人始终努力推动我国在与世界不同文明交流互鉴中共同进步。1964 年 2 月，毛主席在中央音乐学院学生的一封信上批示说"古为今用，洋为中用"。1992 年 2 月，邓小平同志在南方谈话中指出，"必须大胆吸收和借鉴人类社会创造的一切文明成果"。2014 年 5 月，习近平总书记在召开外国专家座谈会上强调，"中国要永远做一个学习大国，不论发展到什么水平都虚心向世界各国人民学习"。

　　"察势者明，趋势者智"。分析演变机理，探究发展规律，把握全球自然资源治理的态势、形势与趋势，着眼好全球生态文明建设的大势，自觉以回答中国之问、世界之问、人民之问、时代之问为学术己任，以彰显中国之路、中国之治、中国之理为思想追求，在研究解决事关党和国家全局性、根本性、关键性的重大问题上拿出真本事、取得好成果。

　　是为自然资源部推出"自然资源与生态文明"译丛、"自然资源保护和利用"丛书两套丛书的初衷之二。文明如水，润物无声。期待学蜜蜂采百花，问遍百家成行家，从全球视角思考责任担当，汇聚全球经验，破解全球性世纪难题，建设美丽自然、永续资源、和合国土。

（三）

2018 年 3 月，中共中央印发《深化党和国家机构改革方案》，组建自然资源部。自然资源部的组建是一场系统性、整体性、重构性变革，涉及面之广、难度之大、问题之多，前所未有。几年来，自然资源系统围绕"两统一"核心职责，不负重托，不辱使命，开创了自然资源治理的新局面。

自然资源部组建以来，按照党中央、国务院决策部署，坚持人与自然和谐共生，践行绿水青山就是金山银山理念，坚持节约优先、保护优先、自然恢复为主的方针，统筹山水林田湖草沙冰一体化保护和系统治理，深化生态文明体制改革，夯实工作基础，优化开发保护格局，提升资源利用效率，自然资源管理工作全面加强。一是，坚决贯彻生态文明体制改革要求，建立健全自然资源管理制度体系。二是，加强重大基础性工作，有力支撑自然资源管理。三是，加大自然资源保护力度，国家安全的资源基础不断夯实。四是，加快构建国土空间规划体系和用途管制制度，推进国土空间开发保护格局不断优化。五是，加大生态保护修复力度，构筑国家生态安全屏障。六是，强化自然资源节约集约利用，促进发展方式绿色转型。七是，持续推进自然资源法治建设，自然资源综合监管效能逐步提升。

当前正值自然资源综合管理与生态治理实践的关键期，面临着前所未有的知识挑战。一方面，自然资源自身是一个复杂的系统，山水林田湖草沙等不同资源要素和生态要素之间的相互联系、彼此转化以及边界条件十分复杂，生态共同体运行的基本规律还需探索。自然资源既具系统性、关联性、实践性和社会性等特征，又有自然财富、生态财富、社会财富、经济财富等属性，也有系统治理过程中涉及资源种类多、学科领域广、系统庞大等特点。需要遵循法理、学理、道理和哲理的逻辑去思考，需要斟酌如何运用好法律、经济、行政等政策路径去实现，需要统筹考虑如何采用战略部署、规划引领、政策制定、标准规范的政策工具去落实。另一方面,自然资源综合治理对象的复杂性、系统性特点,对科研服务支撑决策提出了理论前瞻性、技术融合性、知识交融性的诉求。例如,自然资源节约集约利用的学理创新是什么?动态监测生态系统稳定性状况的方法有哪些?如何评估生态保护修复中的功能次序?等等不一而足,一系列重要领域的学理、制度、技术方法仍待突破与创新。最后,当下自然资源治理实践对自然资源与环境经济学、自然资源法学、自然地理学、城乡规划学、生态学与生态经济学、生态修复学等学科提出了理论创新的要求。

中国自然资源治理体系现代化应立足国家改革发展大局,紧扣"战略、战役、战术"问题导向,"立时代潮头、通古今之变,贯通中西之间、融会文理之璧",在"知其然知其所以然,知其所以然的所以然"的学习研讨中明晰学理,在"究其因,思其果,寻其路"的问题查摆中总结经验,在"知识与技术的更新中,自然科学与社会科学的交融中"汲取智慧,在国际理论进展与实践经验的互鉴中促进提高。

是为自然资源部推出"自然资源与生态文明"译丛、"自然资源保护和利用"丛书这两套丛书的初衷之三。知难知重,砥砺前行。要以中国为观照、以时代为观照,立足中国实际,从学理、哲理、道理的逻辑线索中寻找解决方案,不断推进自然资源知识创新、理论创新、方法创新。

(四)

文明互鉴始于译介,实践蕴育理论升华。自然资源部决定出版"自然资源与生态文明"译丛、"自然资源保护和利用"丛书系列著作,办公厅和综合司统筹组织实施,中国自然资源经济研究院、自然资源部咨询研究中心、清华大学、自然资源部海洋信息中心、自然资源部测绘发展研究中心、商务印书馆、《海洋世界》杂志等单位承担完成"自然资源与生态文明"译丛编译工作或提供支撑。自然资源调查监测司、自然资源确权登记局、自然资源所有者权益司、国土空间规划局、国土空间用途管制司、国土空间生态修复司、海洋战略规划与经济司、海域海岛管理司、海洋预警监测司等司局组织完成"自然资源保护和利用"丛书编撰工作。

第一套丛书"自然资源与生态文明"译丛以"创新性、前沿性、经典性、基础性、学科性、可读性"为原则，聚焦国外自然资源治理前沿和基础领域，从各司局、各事业单位以及系统内外院士、专家推荐的书目中遴选出十本，从不同维度呈现了当前全球自然资源治理前沿的经纬和纵横。

具体包括：《自然资源与环境：经济、法律、政治和制度》，《环境与自然资源经济学：当代方法》（第五版），《自然资源管理的重新构想：运用系统生态学范式》，《空间规划中的生态理性：可持续土地利用决策的概念和工具》，《城市化的自然：基于近代以来欧洲城市历史的反思》，《城市生态学：跨学科系统方法视角》，《矿产资源经济（第一卷）：背景和热点问题》，《海洋和海岸带资源管理：原则与实践》，《生态系统服务中的对地观测》，《负排放技术和可靠封存：研究议程》。

第二套丛书"自然资源保护和利用"丛书基于自然资源部组建以来开展生态文明建设和自然资源管理工作的实践成果，聚焦自然资源领域重大基础性问题和难点焦点问题，经过多次论证和选题，最终选定七本（此次先出版五本）。在各相关研究单位的支撑下，启动了丛书撰写工作。

具体包括：自然资源确权登记局组织撰写的《自然资源和不动产统一确权登记理论与实践》，自然资源所有者权益司组织撰写的《全民所有自然资源资产所有者权益管理》，自然资源调查监测司组织撰写的《自然资源调查监测实践与探索》，国土空间规划局组织撰写的《新时代"多规合一"国土空间规划理论与实践》，国土空间用途管制司组织撰写的《国土空间用途管制理论与实践》。

"自然资源与生态文明"译丛和"自然资源保护和利用"丛书的出版，正值生态文明建设进程中自然资源领域改革与发展的关键期、攻坚期、窗口期，愿为自然资源管理工作者提供有益参照，愿为构建中国特色的资源环境学科建设添砖加瓦，愿为有志于投身自然资源科学的研究者贡献一份有价值的学习素材。

百里不同风，千里不同俗。任何一种制度都有其存在和发展的土壤，照搬照抄他国制度行不通，很可能画虎不成反类犬。与此同时，我们探索自然资源治理实践的过程，也并非一帆风顺，有过积极的成效，也有过惨痛的教训。因此，吸收借鉴别人的制度经验，必须坚持立足本国、辩证结合，也要从我们的实践中汲取好的经验，总结失败的教训。我们推荐大家来读"自然资源与生态文明"译丛和"自然资源保护和利用"丛书中的书目，也希望与业内外专家同仁们一道，勤思考，多实践，提境界，在全面建设社会主义现代化国家新征程中，建立和完善具有中国特色、符合国际通行规则的自然资源治理理论体系。

在两套丛书编译撰写过程中，我们深感生态文明学科涉及之广泛，自然资源之于生态文明之重要，自然科学与社会科学关系之密切。正如习近平总书记所指出的，"一个没有发达的自然科学的国家不可能走在世界前列，一个没有繁荣的哲学社会科学的国家也不可能走在世界前列"。两套丛书涉及诸多专业领域，要求我们既要掌握自然资源专业领域本领，又要熟悉社会科学的基础知识。译丛翻译专业词汇多、疑难语句多、习俗俚语多，背景知识复杂，丛书撰写则涉及领域多、专业要求强、参与单位广，给编译和撰写工作带来不小的挑战，丛书成果难免出现错漏，谨供读者们参考交流。

编写组

前　　言

　　2018 年，党中央深化党和国家机构改革方案确定，组建自然资源部，整合土地、矿产、森林、草原、湿地、水、海洋等自然资源调查职责，明确自然资源部"负责自然资源调查监测评价"。自然资源调查监测工作是新发展阶段自然资源管理和生态文明建设的重要支撑。统一自然资源调查监测是自然资源管理体制改革的重要内容，将从根本上改变以往各类自然资源分散管理导致的底数不清、指标矛盾、数据"打架"的不利局面。统一自然资源调查监测不是对原有各类调查监测工作的简单延续和物理拼接，而是要适应生态文明建设总体目标和自然资源管理的实际需要，按照科学、简明、可操作的要求，以现有各类调查监测工作为基础，进行改革创新和系统重构。

　　为加快构建自然资源统一调查、评价、监测制度，2020 年 1 月，自然资源部印发了《自然资源调查监测体系构建总体方案》，系统性、整体性、协同性地重构自然资源调查监测体系，明确了调查监测体系构建的目标任务、工作内容、业务体系和组织实施分工等，形成了新形势下自然资源调查监测工作的路线图、任务书和时间表，是自然资源调查监测体系构建的顶层设计。本书聚焦自然资源调查监测领域改革和主要工作实践，共分五个章节。其中，第一章"自然资源调查监测使命与任务"，首先从自然资源的概念内涵和属性特征入手，辨析了自然资源调查、监测、评价的相互关系，在梳理回顾国内自然资源调查监测工作情况和参考借鉴国外自然资源调查工作经验的基础上，结合机构改革，阐述了构建统一自然资源调查监测体系的总体思路与工作定位。第二章"自然资源分类与调查监测标准体系"，阐述了自然资源调查监测体系中的自然资源分层分类模型概念，提出了自然资源分类方案，介绍了以自然资源分类为核心的自然资源调查监测标准体系建设情况。第三章"自然资源调查监测技术融合与体系构建"，总结梳理了现代测量、信息网络和空间探测等先进与成熟技术在自然资源调查监测领域的应用，系统介绍了自然资源调查监测技术体系的设计和构建情况。第四章"统一自然资源调查监测工作实践"，详细介绍了机构改革以来，推进调查监测体系构建中第三次全国国土调查、国土变更调查、自然资源专项调查、三维立体时空数据库和调查监测质量管理体系建设等工作实践及典型案例。第五章"自然资源调查监测创新与展望"，面向新发展阶段形势与机遇，以及国际理论基础研究和科技发展前沿，展望了自然资源调查监测体系发展前景；介绍了根据新发展阶段自然资源管理和生态文明建设需要，在自然资源调查监测中开展的创新探索工作，并基于信息网络技术和新型仪器装备等创新应用，提出了实现以"全面动态感知、系统精准认知、全域智慧管控"为发展方向的自然资源时空数据治理构想。

本书是在近几年自然资源调查监测工作成果积累的基础上编制，感谢自然资源部国家基础地理信息中心陈军院士团队、中国地质大学（北京）自然资源战略发展研究院张洪涛研究员团队、中国国土勘测规划院、自然资源部信息中心、中国测绘科学研究院、国家基础地理信息中心、国家测绘产品质量检验测试中心、自然资源部测绘标准化研究所、自然资源部第一海洋研究所、自然资源部矿产勘察技术指导中心、北京林业大学、中国科学院空天信息创新研究院等业务支撑单位的大力支持。本书供各级自然资源主管部门日常管理、人才培训使用，也适用于指导各级自然资源管理部门开展相关工作，还可为自然资源科学研究提供参考。虽然本书作者具有长期从事自然资源调查监测实践管理的经历，但由于此书涉及的内容广泛，可能存在不足之处，敬请读者提出宝贵意见，以便我们进一步修改和完善。

作　者

2022 年 3 月于北京

目　　录

第一章　自然资源调查监测
使命与任务

　　自然资源是生存之基、发展之本、生态之要，是经济社会发展的重要物质基础和空间载体，承载着人类社会发展的过去、现在和未来。同时，自然资源既是生态系统的重要组成部分，也是生态文明建设的物质基础、能源来源、空间载体和关键要素。自然资源具有稀缺性、地域性、整体性、多功能性、动态性、社会性等特点，自然资源调查监测评价作为掌握自然资源现状及变化的科学方法和自然资源管理的基础工作，不仅要遵循自然资源科学理论和客观规律，科学把握自然资源的属性特征，还要面向自然资源管理需求，特别是服务生态文明建设的新形势新需要，在继承和借鉴国内外自然资源调查监测工作基础与经验的基础上，进行统筹谋划和创新重构。本章从自然资源概念内涵和属性特征入手，辨析了自然资源调查、监测、评价等的相互关系，对国内自然资源综合考察等科研工作和管理部门组织实施的各类自然资源调查监测工作进行了梳理和回顾，同时参考和借鉴了国外自然资源调查监测的工作情况，最后结合机构改革，阐述了构建统一自然资源调查监测体系的总体思路与工作定位。

第一节　自然资源调查监测相关概念与内涵

　　自然资源是指天然存在、有使用价值、可提高人类当前和未来福利的自然环境因素的总和。自然资源是人类社会取自自然界的初始投入,也是人类生存和发展的必要条件。作为自然资源调查监测的主要对象和深化生态文明制度改革的基本载体,识别明晰自然资源基本属性和本质特征,对于明晰自然资源调查监测目的和任务具有重要意义。

一、自然资源的概念内涵

经济学通常认为资源主要为自然资源、资本资源、人力资源,即土地、资本、劳动力,也称之为基本生产要素。马克思引用威廉·配第的话:"劳动是财富之父,土地是财富之母。"这里的土地即指自然资源。

地理学家金梅曼(Zimmermann,1933)在《世界资源与产业》中认为:"无论整个环境还是其某些部分,只要它们能满足人类的需要,就是自然资源。"例如煤,如果人们不需要它或者没有能力利用它,那么它就不是自然资源。按照金梅曼的观点,资源这一概念是主观的、相对的和功能性的。

《辞海》中关于自然资源的定义是:"一般指天然存在的自然物(不包括人类加工制造的原材料),如土地资源、矿藏资源、水利资源、生物资源、海洋资源等,是生产的原料来源和布局场所。随着社会生产力的提高和科学技术的发展,人类开发利用自然资源的广度和深度也在不断增加。"这个定义强调了自然资源的天然性,指出了空间(场所)也是自然资源。

联合国环境规划署1972年提出:"自然资源是指在一定时间条件下,能够产生经济价值以提高人类当前和未来福利的自然环境因素的总称"(孙鸿烈,2000)。

《大英百科全书》将自然资源定义为:"人类可以利用的自然生成物,以及作为这些成分之源泉的环境功能。前者如土地、水、大气、岩石、矿物、生物及其群集的森林、草场、矿藏、陆地、海洋等;后者如太阳能、环境的地球物理机能(气象、海洋现象、水文地理现象)、环境的生态学机能(植物的光合作用、生物的食物链、微生物的腐蚀分解作用等)、地球化学循环机能(地热现象、化石燃料、非金属矿物的生成作用等)"(孙鸿烈,2000)。这个定义明确指出环境功能也是自然资源。

上述各类自然资源定义都把自然资源看作是天然生成物，但实际上整个地球或多或少地都带有人类活动的印记，现在的自然资源已融入不同程度的人类劳动结果。蔡运龙（2007）认为："自然资源是人类能够从自然界获取以满足其需要与欲望的任何天然生成物及作用于其上的人类活动结果，是人类社会取自自然界的初始投入。"

随着人们对自然资源认识的深化，自然资源的概念逐步从单纯的自然有形物发展到包括生物多样性、环境功能、生态服务系统、自然景观等生态系统、生态美学和精神层面的抽象物，并相应地体现在自然资源立法中（陈丽萍等，2016）。党的十八届三中全会通过的《中共中央关于全面深化改革若干重大问题的决定》所提的自然资源范畴，不仅将传统意义上投入经济活动的自然资源部分纳入进来，如矿藏、森林、草原等，也包括作为生态系统和聚居环境的环境资源，如空气、水体、湿地等生态空间（马永欢等，2017）。《党的十八届三中全会〈决定〉辅导读本》指出，自然资源指"天然存在、有使用价值、可提高人类当前和未来福利的自然环境因素的总和"，它既是人类生存和发展的必要条件，也是深化生态文明制度改革的基本载体。自然资源范围的扩大是与国家经济社会发展需要，以及与管理需要相一致的。一方面，其使具有经济价值的资源利益最大化；另一方面，其便于采用各种方式保护具有生态价值的资源。根据中共中央印发的《深化党和国家机构改革方案》，自然资源部职责涉及的自然资源为土地、矿产、森林、草原、水、湿地、海域海岛等 7 类，涵盖陆地和海洋、地上和地下。同时，自然资源部的职能转变包括：落实中央关于统一行使全民所有自然资源资产所有者职责，统一行使所有国土空间用途管制和生态保护修复职责的要求，强化顶层设计，发挥国土空间规划的管控作用，为保护和合理开发利用自然资源提供科学指引；进一步加强自然资源的保护和合理开发利用，建立健全源头保护和全过程修复治理相结合的工作机制，实现整体保护、系统修复、综合治理；创新激励约束并举的制度措施，推进自然资源节约集约利用等。因此，基于部门管理职责需要，本书中的自然资源不仅指狭义上的传统自然资源，也涵盖了城镇等重要国土空间及森林、草原、湿地等生态系统。

自然资源的内涵可以从以下几个方面来理解：

（1）自然资源是由人，而不是由自然来界定的。任何自然物质被归为资源，必须满足两个前提：一是必须有获得和利用它的知识、技术能力；二是必须对它能产生的物质或服务有某种需求。否则，自然物只是"中性材料"，而不能作为人类社会生活的"初始投入"。

（2）自然资源是自然过程产生的天然生成物。自然资源与资本资源、人力资源的本质区别在于其天然性，是天然存在的，而不是人工生产的。地球表面、土壤肥力、地壳矿藏、水、野生动植物等，都是自然生成物。

（3）自然资源范畴随人类社会和科技发展而不断变化。由于自然资源是满足人类生产生活所需，对人类有利用价值，正因为如此，人类开发利用手段逐渐提高，自然资源范畴也在不断变化。随着人类生产生活需要的不断增多，对自然资源的认识和自然资源开发利用的范围、规模、能力、种类和数量等不断发展，甚至包括生态系统服务功能也视为自然资源的重要衍生内容。人们对自然资源的认知，不仅停留在利用，更形成了保护、治理、抚育、更新等观念。

（4）人类对自然资源的需要与经济地位和文化背景有关。经济地位决定人们对自然资源的对待方式。自然物质是否被看作自然资源，还常常取决于信仰、宗教、风俗习惯等文化因素。关于资源与环境的伦理也在人类对自然资源的认识中起着重要作用。

（5）自然资源与自然环境是两个不尽相同的概念，但具体对象和范围又是同一客体。自然环境指人类周围所有客观存在的自然要素，自然资源则是从人类能够利用以满足需要的角度，来认识和理解这些要素存在的价值。因此，有人把自然资源和自然环境比喻为一个硬币的两面，或者说自然资源是自然环境透过人类社会这个棱镜的反映。

（6）自然资源不仅是自然科学概念，也是人文科学概念。文化景观论大师卡尔·苏尔说："资源是文化的函数"（Sauer，1963），如果说生态学使我们了解自然资源系统之动态和结构所决定的极限，那么我们还必须认识到，在其限度内的一切适应和调整都必须通过文化的中介进行。苏尔在这里所说的"文化"是一个广义的概念，相当于"人类文明"。这就使对自然资源的认识涉及地理学、生态学、经济学、文化人类学、伦理学等学科的诸多原理。

二、自然资源的属性特征

识别明晰自然资源的基本属性和本质特征，对于确定自然资源调查监测的目的任务、认识人类社会与自然资源的关系具有十分重要的意义。从自然资源与人类活动和经济社会发展之间的关系来看，自然资源具有稀缺性、地域性、整体性、多功能性、动态性和社会性等基本属性特征。

（一）稀缺性

既然任何"资源"都是相对于"需要"而言的，而人类的需要实质上是无限的，自然资源却是有限的，这就产生了"稀缺"这个自然资源的固有特性，即自然资源相对于人类的需要在数量上的不足。这是人类社会与自然资源关系的核心问题。

人口增长表现出一种指数趋势，即不仅人口的数量越来越多，而且人口增长的速度也越来越快。相对于人口数量的增长，自然资源是有限的，而且人口增长的同时，人类的生活水平也在不断提高。现代社会人均消耗的资源是古代社会人均水平的若干倍，随着广大欠发达国家的工业化进程，未来全球人均资源消耗的水平还会提高，但地球是否有足够的资源养活无限增长的人口？从这个角度来看，自然资源也是稀缺的。再考虑人类的世代延续应该是无限的，而自然资源中很多是使用过后就不能再生的，这更加体现出自然资源的稀缺性。

（二）地域性

自然资源的形成有一定的地域分异规律，其空间分布是不均衡的。自然资源总是相对集中于某些区域之中，这些区域的自然资源密度实、数量多、质量好，易于开发利用；相反，某些区域的自然资源密度疏、数量少、质量差。同时，自然资源开发利用的社会经济和技术工艺条件，也具有地域差异。自然资源的地域性就是所有条件综合作用的结果。

自然资源在空间分布上的不均衡，以及资源利用上的竞争，自然资源稀缺性的表现就更为明显、现实，并由此派生出"竞争性"特征。当自然资源的总需求超过总供给时所造成的稀缺，称为绝对稀缺；当自然资源的总供给尚能满足总需求，但由于分布不均而造成的局部稀缺，称为相对稀缺。无论是绝对稀缺还是相对稀缺，都会造成自然资源价格的上升和供应的稀缺，甚至造成资源危机。因此，自然资源开发利用中要特别注意地域性，应因地制宜地把握各类自然资源的规律和现状。

（三）整体性

各种自然资源相互联系、相互制约、相互影响，构成一个整体系统。人类不可能在改变一种自然资源或生态系统中某种成分时，保持其周围的环境不变。这在可更新资源方面特别明显，例如采伐森林资源，不仅直接改变了林木和植被的状况，同时必然引起土壤和径流的变化，破坏野生生物的生境，对小气候也会产生一定影响。全球森林，尤其是热带雨林的减少，已被认为是全球环境变化的一个重要原因。各地区之间的自然资源也是相互影响的，例如黄土高原土地资源过度开垦，不仅使当地农业生产长期处于低产落后、恶性循环的状况，也是造成距离千里之外的黄河下游洪涝、风沙、盐碱等灾害的重要原因。

自然资源的整体性主要是通过人与自然资源的相互关联表现出来的。即使是不可更新资源，其存在也总是和周围的条件有关，特别是当它作为一种资源为人类所利用时，必然会影响周围的环境。自然资源一旦成为人类的利用对象，人就成为"人类资源系统"的组成部分。人类通过一定的经济技术措施开发利用自然资源，在这一过程中又影响环境，与自然资源之间构成相互关联的一个大系统。

（四）多功能性

大部分自然资源都具有多种功能和用途，例如煤和石油，既可做燃料，也可做化工原料；又譬如一条河流，对能源部门来说可用作水力发电，对农业部门来说可作为灌溉系统的主要部分，对交通部门而言则是航运线，而旅游部门又把它当作风景资源。森林资源的多功能性表现就更加丰富，它既可提供原料（木材），又可提供燃料（薪柴）；既可创造经济收入，又可以保护、调节生态环境；既可提供林副产品，又是人们休息、娱乐的好去处。自然资源的这种多功能性，在经济学看来就是互补性和替代性。

然而，并不是自然资源的所有潜在用途都具有同等重要的地位，也不是都能充分表现出来的。因此，人类在开发利用自然资源时必须遵循自然规律，全面权衡。努力按照生态效益、经济效益和社会效益统一的原则，借助系统分析手段，发挥自然资源的多功能性。

（五）动态性

资源概念、资源利用的广度和深度，都在历史进程中不断演变。从较短时间尺度上看，不可更新资源不断被消耗，同时又随地质勘探的进展不断被发现；可更新资源有日变化、季节变化、年变化和多年变化。自然资源加上人类社会构成"人类资源生态系统"，人类在其中已成为十分重要、活跃的因素。系统的动态性表现为正负两个方面：正的方面，如资源的改良增殖、人与资源关系的良性循环；负的方面，如资源退化耗竭。而有些变动一时难以判断正负，近期可能带来效益，远期却造成灾难。人类不要过分陶醉于对大自然的胜利，而应警惕大自然的报复，努力了解各种资源生态系统的变动性和抵抗外界干扰的能力，预测人类资源生态系统的变化，使之向有利于人类的方向发展。

与自然资源动态性有关的两个经济学概念是，增值性和报酬递减性。自然资源如果利用得法，可以不断增值，例如将荒地开垦为农田、将农地转变为城市用地，都可大大增加其价值。报酬递减性是指对一定量的自然资源不断追加劳动和资本投入，达到一定程度后，追加投入所带来的产出将减少并最终成为负数。报酬递减性是影响人类利用自然资源尤其是土地资源的一个重要因素，若无这个客观性质，人类就可把全部生产集中在一小块土地上，可在一个花盆里提供全世界的食品供应，可在一块建筑用地上解决全人类的住房问题。报酬递减性从经济学角度指出了自然资源的限制。

（六）社会性

资源是文化的函数，文化在相当程度上决定了对自然资源的需求和开发能力，这说明自然资源具有社会性。人类活动的结果已经渗透进自然资源中，不仅变更了动植物的生长位置，而且也改变了它们所居住地方的环境和气候，人类甚至还改变了动植物本身。今天在一块土地上耕耘或建筑，已很难区分土地中哪些特性是史前遗留下来的，哪些是人类附加劳动的产物。有一点是可以肯定的，史前的土地绝不是现在这个样子。深埋在地下的矿物资源、边远地区的原始森林，表面上似乎没有人类的附加劳动，然而人类为了发现这些矿藏、保护这些森林，也付出了大量的劳动。马克思说，人类对自然资源的附加劳动是"合并到土地中、合并到自然资源中"了。自然资源上附加的人类劳动，是人类世世代代利用自然、改造自然的结晶，是自然资源中的社会因素。

自然资源的稀缺约束社会经济的发展，自然资源开发导致的生态影响又作用于人类的生存和发展，自然资源的冲突和争夺冲击着社会，诸如此类的问题使自然资源的社会性有了更加深刻的内涵。

三、自然资源调查监测评价相关概念

自然资源调查监测评价是党中央赋予自然资源部开展自然资源管理的一项重要职责，是掌握自然资源现状及变化情况的重要手段和方法，也是全面提升自然资源精细化、科学化管理水平的基础支撑。不论是在自然资源科学研究、自然资源保护与开发利用管理，还是服务支撑生态文明建设中，都是不可或缺的重要基础性工作。

在实际工作过程中，根据不同需要和目的，可以分为自然资源调查、自然资源监测、自然资源评价。

（一）自然资源调查

根据《辞海》的解释，调查是为了了解一定对象的客观实际情况，采用一定的工具，如访问、问卷等，通过直接或间接的接触，对其进行实际考察、询问，获得相关信息的过程。自然资源调查是一项基础工作和方法，包括多种形式，如实地考察、访问、收集资料、建立实验站点和遥感调查等，其目的是掌握特定区域范围内自然资源的特征信息。自然资源调查可以分为单项资源调查和整个区域内所有资源的综合考察两方面，但调查的方法程序是基本一致的。

针对自然资源的复杂性，为提高工作效率，自然资源调查通常采用多种方法相结合。

（1）在定性考察的同时，采用遥感技术、系统工程与计算机信息技术等手段。

（2）实行室内分析与野外考察相结合，既吸收已有成果，又实地获取第一手资料。

（3）点面结合、以点带面，既要全面考察，又要典型调查，必要时实地观测。

（4）运用各种测试手段，通过采样、取标本、量测、分析化验、编绘图件等工作，获取定量的成果资料。

（5）制订完整有效的考察计划，采取灵活机动的野外活动形式，对考察区进行踏勘。

（二）自然资源监测

监测，从字面上解释为监视测量，具有监督、巡视、巡查、督查等管理意义。自然资源监测是以连续或定期的方式，掌握自然资源自身变化及人类活动引起的变化情况的一项工作。

监测的技术方法可以归纳为遥感技术方法、抽样方法，以及固定样地监测法等。

（1）遥感技术方法。遥感技术是目前针对自然资源及其环境变化等进行监测所运用的主要技术方法，已经广泛应用到土地、矿产、森林、草原、湿地和水等自然资源监测之中。同时，融合遥感技术（RS）、地理信息系统技术（GIS）和全球导航卫星系统（GNSS）的集成技术（以下简称"3S技术"），已成为自然资源监测中必不可少的技术工具。

（2）抽样方法。抽样方法是一种比较成熟的方法，随着监测对象的规模增大，以及监测目的的多目标和多功能性，多目标复合抽样方法是近年来新发展的一种方法。这一方法可以针对多个目标变量进行抽样设计，从而提高多主题抽样的效率，同时针对样本不同层次的组合要求，解决样本分级使用的需要。

（3）固定样地监测法。主要通过建立固定的样地或者设置固定的样本，对调查因子进行定期或者连续的监测，以分析被监测对象相关因子的状态和变化，分析其在不同时点上的状态和变化规律。近年来，在森林资源和生态监测中固定样地监测法成为越来越重要的手段与方法。在农林业、农村的社会经济方面的监测中也更加重视选择固定样本县、样本村及样本户开展定期监测。

（三）自然资源评价

自然资源评价是从保护和利用的角度，对自然资源的数量、质量、适宜性、匹配组合、开发利用、治理保护等方面进行定量或定性的评估过程。通常是从质和量两方面来衡量的，还应结合自然资源本身在时间上的动态变化、对资源开发利用的技术水平，以及国民经济对自然资源的不同需求特点，采取相应的方法进行评价。自然资源评价的目的是为有效保护和合理利用自然资源服务。因此，需求侧重点和目的不同，评价的内容和方法也就不同，需要采用不同的评价原则、评价指标和评价体系。自然资源评价的步骤方法大致有以下几步。

（1）确定评价工作的目标，整理已有资料数据，拟定工作计划。

（2）根据当地自然资源状况及经济发展要求，确定自然资源评价的基本单元和自然资源组合类型，提出资源开发利用方案，并对方案中各类资源的必要性和限制因素进行分析。

（3）根据已有调查结果和资料，选取适当的评价指标，对基本单元的自然资源进行评价，按照优劣程度划分等级。

（4）将划分结果与自然资源开发利用方案要求进行比较，判断两者之间是否相宜。如相宜即可保留利用方式；如不相宜则需要考虑改变利用方式或采取有效的改造措施，以便获得最佳利用方式。

（5）对评价划分的各等级资源利用方式进行具体规划，提出可行性方案。

四、自然资源调查、监测、评价关系辨析

在实际应用过程中，不同部门对调查监测评价的定义各有差异。如林业的各项固定调查监测均以"调查"为名；全国森林资源连续清查是以掌握宏观森林资源现状与动态为目的，是全国森林资源与生态状况综合监测体系的重要组

成部分，各类森林调查也都是整个森林监测评价体系的一部分；在草原生态系统方面，全国草地资源清查内容重点关注草原总面积、草原类型及面积、草原质量分级及面积，将全国草原资源、生态、植被、生产力、利用状况、灾害状况和工程建设效果等纳入全国草原监测范畴，监测在内容及类别方面都有所覆盖并超出了调查，且频率也远高于调查。

由此可见，自然资源调查、监测与评价所包含的内容与实际工作密不可分，调查与监测、监测与评价这两组术语也经常并存并用，从概念、目的、工作内容和作用等方面辨析三者的区别与联系，有助于理解它们的相互关系，并明确工作的管理和分工。

从概念来看，调查强调通过踏勘、访问、问卷、数据、文献等定量与定性相结合的多种手段，直接与间接接触相结合的方式，获得调查对象当下的客观实际现状，及其相关情况。监测则强调通过一定仪器设备的测量，定量获取监测对象的某些特征参数数值，通过对这些数据的分析，来监视该监测对象的动向和态势。评价强调作为一种宏观管理工具，通过分析调查监测获得的数据和信息，结合其他信息来源，定期地评估自然资源的整体优劣势、匹配组合与结构特征、开发利用潜力与限制因素，以及资源利用与保护效益等，提出有针对性的对策措施，以便改进管理政策，优化资源配置。

从目的和作用来看，调查是偏重于了解现状，理清现状全貌，提供管理所需的本底状况；监测偏重于掌握动向，监视动向态势，以便发现问题，及时研究解决；评价偏重于判断对象的效果和影响是否达到或者符合预期的目标，同时总结成效与问题，为修正和完善政策措施提供依据。三者既有区别，又有交叉，高频次的调查实际相当于监测，也有"监测是连续不断的评价"的说法，这反映了三者之间的联系，相互之间的界限不能一概而论，而需要结合具体的应用领域开展探讨。

从工作内容来看，调查在若干年的周期内属于一次性行为，数据属性信息更为全面、详尽，但耗资巨大、周期长，通常反映5~10年甚至更长时期内的自然资源本底状况，即相对稳定静止的状态，主要用作自然资源管理的底图。监测则是持续不断甚至实时进行的动态行为，数据成本相对较低，周期短，可以反映每个年份或季节、月份、日甚至实时的自然资源的变化状况和趋向，具有很强的连续性，处于不断动态更新的过程中。评价是针对特定的目标和需要，按照一定的评价原则、指标、标准和方法，不仅需要对自然资源本身的数量和质量进行度量，还需要对于保护与利用的各个方面，如资源分布、限制条件、匹配关系、环境影响等进行定量或定性的评定评估。

总的来看，自然资源调查、监测与评价有所区别但又紧密联系。调查、监测提供有关指标方面的定性定量资料，这些是评价的基础数据；评价对调查、监测也有支撑作用，它总结出的问题与措施，是改进调查、监测指标及方法的驱动源泉。三者之间的关系是一种并行的关联互动作用，相互支撑并同等重要，不可彼此取代。

第二节　国内自然资源调查监测主要工作回顾

中华人民共和国成立后，为适应国家建设的需要，我国开始了大规模的自然资源科学研究和综合考察，尤其是以中国科学院和国家科学技术委员会为主组织的多学科自然资源综合考察工作为例。此后，伴随着我国土地、矿产、水资源、林业、草原和海洋管理体制的沿革发展，在以支撑和服务国家经济发展战略需求为导向的大背景下，以资源开发利用为驱动，各类自然资源管理部门也相继组织实施了土地、矿产、森林、草原、水、湿地和海域海岛等专门的自然资源调查监测工作，形成了各自独立、自上而下、比较成体系的工作机制和各具特色的方法流程，也产生了大量的各类自然资源基础数据成果，有效地支撑和保障了我国社会经济发展建设的需要。

一、全国自然条件和自然资源的综合考察与研究概况

中华人民共和国成立之初，为了掌握我国自然条件和自然资源分布情况，充分利用自然资源，推动国民经济发展，中国科学院综合考察工作委员会（以下简称"综考会"）联合国家有关部门，组建了多个大型的自然资源综合考察队伍，在地质、地理、气象、水文、生物、农学、矿冶、工业和经济等多个领域，

开展了多次大规模、综合性考察（温景春，1986；张九辰，2013）。自然资源综合考察的主要目的是查清我国自然条件和自然资源状况，在综合考察基础上提出开发利用建议和方案，为国家资源开发利用、战略部署及国土整治等管理提供科学依据。自然资源综合考察工作的发展历程大致可分为以下 3 个阶段（孙鸿烈、成升魁、封志明，2010）。

（一）大规模的自然资源综合考察（调查）阶段（20 世纪 50 至 60 年代）

中华人民共和国成立之初，以摸清我国自然资源"家底"为目的的自然资源综合考察成为全国经济建设必要的前期工作。在国家计划、经济建设活动和学科发展三方面的推动下，兼顾国家任务需求和学科发展需求，中国科学院联合工业部、农业部、林业部、水利部、铁道部、交通部、地质部和国家测绘总局、中国气象局等单位，组织跨部门的考察队，开展自然资源综合考察工作。

在这一阶段，考察工作主要围绕生产计划和国家建设规划部署，针对待开发地区进行一系列专业的、综合性的调查研究。掌握自然条件变化规律、自然资源分布状况，并根据社会经济的历史演变过程，提出国民经济发展远景方案，科学编制国民经济计划。如《1956—1967 年科学技术发展远景规划纲要》第一个方面就是"自然条件及自然资源"，包括：西藏高原和康滇横断山区的综合考察及其开发方案的研究；新疆、青海、甘肃、内蒙地区的综合考察及其开发方案的研究；我国热带地区特种生物资源的综合研究和开发；我国重要河流水利资源的综合考察和综合利用的研究等四项任务。该阶段进行的绝大部分可更新资源考察与地质、矿产资源普查工作都是按照《1956—1967 年科学技术发展远景规划纲要》和《1963—1972 年科学技术发展规划纲要》两个科技发展规划，在大规模开发利用前进行的综合考察工作。

为服务地区经济建设，1951 年开展了西藏考察，拉开了中国综合考察的序幕，随后开展了大规模的自然资源综合考察活动。1952~1953 年期间，组织开展了华南热带亚热带生物资源综合考察；1953 年，为开展黄土高原水土保持工作，对黄河中游各地区进行了考察研究。1955 年后，又陆续开展了黑龙江流域综合考察（1956～1960年）、新疆资源综合考察（1956～1960年）、青海柴达木盆地盐湖资源考察研究（1957～1961年）、黄河中游水土保持综合考察（1955～1958年）、云南紫胶与南方热带生物资源综合考察（1955～1962年）、西北地区治沙综合考察（1959～1961年）、青甘地区综合考察（1958～1961年）、西部地区南水北调综合考察（1959～1963年）和蒙宁地区综合考察（1961～1964年）等。除西藏高原综合考察（1959年、1960～1961年、1964年）断续进行外，到1963年大多基本完成了预定任务。该阶段我国的自然资源综合考察工作主要围绕边疆地区国民经济需求展开，为区域经济发展提供了科学依据。

自然资源综合考察活动不仅具有经济意义，也兼具学术价值。据统计，基于上述考察活动公开出版了100余册专著，内容涉及地质、地貌、水文、土壤、气候、生物、矿产等多学科领域。同时，考察的过程中形成的考察报告、资料和方案等，一方面能够填补科学资料空白，一方面也能在考察实践中，推动学科和技术体系的发展。自然资源综合考察方法，通常是点面有机结合，通过面上考察发现问题，再在点上深入研究解决问题，形成一系列的技术方法体系。通过这些考察工作也为国家培养了一批从事自然资源综合考察的人才，这也为我国资源科学研究和发展奠定了基础。

（二）区域自然资源综合科学考察（研究）阶段（20世纪70年代至2000年）

大规模的自然资源综合考察活动对我国自然条件和资源概貌已经有了初步了解，但工作不平衡，表现为地下矿产资源的地质调查不够普遍；土地、生物资源的调查工作也有限；工作深度不够，综合性研究薄弱。1970～2000年我国自然资源综合科学考察工作主要围绕国家计划委员会下达的任务和《1978—1985年全国科学技术发展规划纲要（草案）》展开。此阶段的自然资源综合调查开始从以"查清资源"为重点的自然资源综合考察，转向以合理开发、利用和保护自然资源为重点的区域资源的调查研究；区域也从边远地区逐步扩展到内地的多种类型区，为全面、系统、深入考察我国自然资源状况和开发利用研究积累了大量的资料。

1962 年，《1963—1972 年科学技术发展规划纲要》中的第三章是"自然条件和资源的调查研究"，包括三项区域性综合考察任务：西南地区综合考察研究、西北地区综合考察研究和青藏高原综合考察研究，涉及土地生物资源的调查研究、矿产资源的调查勘探与合理开发、水利资源及其综合开发利用、海洋资源调查、气象研究和测量与制图技术等内容。受当时社会环境影响，除青藏高原综合考察以外，区域性的综合考察研究工作实际上只进行了一些小规模、短周期的专题考察研究。

1978 年以后，为了加快现代化建设进程，根据《1978—1985 年全国科学技术发展规划纲要（草案）》，先后组织实施了全国土地资源、水资源、农业气候资源及主要生物资源的综合评价与生产潜力的考察研究，如青藏高原形成、演变及其对自然环境的影响与自然资源合理利用保护的综合考察研究、亚热带山地丘陵地区自然资源特点及其综合利用与保护的综合考察研究、南水北调地区水资源评价及其合理利用的综合考察研究等。此外，还组织实施了贵州山地资源综合考察、黑龙江伊春荒地资源综合考察、湖南桃源综合考察、南水北调东线考察、南方山区综合科学考察和山西煤化工基地建设与水土资源关系综合考察工作。截至 1990 年，我国大规模的自然资源考察工作基本上已经完成，工作重心开始向专项开发前期研究转移。到 2000 年，先后有 30 多个项目针对我国区域发展的重大战略问题、重点地区进行了系统的科学考察与研究，主要研究内容涉及中国宜农荒地资源、中国 1∶100 万土地利用图、土地资源图和草地资源图的编制、世界资源态势与国情分析、中国土地资源生产能力及人口承载量、中国自然资源态势与开发方略等。通过这些年的区域自然资源综合科学考察工作，出版了西藏考察丛书 45 册、青藏高原横断山区考察丛书 13 册和其他若干区域性著作。这些考察成果对我国国土资源优化配置和区域可持续发展作出了巨大贡献。

（三）面向重点区域和重要科学问题的自然资源综合考察阶段（2000 年以来）

自然资源综合考察工作是以任务带动学科，在完成国家任务的同时也兼顾了学科的发展。因此，在开展了大规模的区域考察工作、积累了大量数据资料后，后期的工作多围绕学科发展和关键科学问题展开，自然资源综合考察工作也逐步发展为聚焦多学科领域交叉关键技术，面向区域及重要科学问题，有针对性地组织综合考察。先后开展了多项面向重点区域和重要科学问题的自然资源综合考察工作。如面向"一带一路"建设需求，开展了"泛第三极环境变化与绿色丝绸之路建设"研究，打造了大数据平台，出版了《"一带一路"资源环境特征分析》等重点区域资源环境的系列专著、图集20余部；承担了澜沧江中下游及大香格里拉地区综合科学考察、中国北方及其毗邻地区综合科学考察两项跨境自然资源综合科考工作，出版了自然资源综合科考研究丛书18部，为促进区域资源可持续利用、生态环境保护及经贸合作提供了基础数据支撑；开展了中国南方丘陵山区综合科考，建立了南方丘陵山区完整的自然资源和生态环境数据库，编制了水、土壤、生物、气候资源及资源开发利用对生态环境影响等系列专题图件，评估了该区自然资源变化趋势规律，形成了相应的综合考察及评估报告，为南方丘陵山区全方面可持续发展提供了科学支持（孙鸿烈等，2020）。

在70多年的时间里，我国自然资源考察工作从中华人民共和国建立之初为满足国民经济发展和工业建设而开展的大规模考察，逐步过渡到区域自然资源综合科学考察研究阶段，再到后来更加深入地面向重点区域和重要科学问题考察研究，无论是从工作目的、技术手段方法、考察规模及主要关注的焦点，都在不断地发生变化。综合考察还把自然资源作为一门综合性的学科体系进行研究发展，具有基础性、战略性和综合性等显著特点。通过数次考察工作，积累的大量科学资料和工作经验，填补了我国自然条件和自然资源状况的空白，为国民经济发展作出了巨大贡献，也推动了我国资源科学体系的基本理论和技术发展，促进了我国自然资源考察工作向着标准化、规范化和程序化发展。但也存在一些不足，主要体现在：一是自然资源考察工作限定在重点区域，缺少全国性的调查，我国自然条件和自然资源底数仍然不清；二是多数考察以一次调查为主，缺少动态监测，现势性不足；三是考察工作以任务带动学科，偏向科研和资源科学相关学科发展，与自然资源管理结合不够紧密，对社会经济发展支撑能力有限。下文将分别介绍相关自然资源管理部门结合管理需求开展的各项自然资源调查监测工作。

二、全国土地调查

准确的土地数据资料，是编制国民经济计划、制定有关政策的重要依据。开展全国土地调查，全面及时准确掌握土地资源家底和利用状况，对落实最严格的耕地保护制度和节约用地制度，保障国家粮食安全，推进土地资源的科学规划、合理利用和有效保护，促进经济社会全面协调可持续发展具有重要意义。中华人民共和国成立以来，我国根据不同时期的经济与社会发展需要，部署开展了 3 次全国性的土地调查工作，分别是 1984 年全国土地利用现状调查、2007 年第二次全国土地调查和 2017 年第三次全国土地调查。

（一）第一次全国土地调查

为查清我国土地资源家底，1984 年，国务院发布了《国务院批转农牧渔业部　国家计委等部门关于进一步开展土地资源调查工作的报告的通知》（国发〔1984〕70 号），部署开展了第一次全国土地资源调查工作（以下简称"一次土地详查"）。

一次土地详查采用国家统一部署、各地自行开展调查的工作组织模式。国家负责制定标准、技术指导、成果抽样检查、数据汇总工作，地方负责实地调查、图件制作、数据统计工作。一次土地详查之初，因全国县乡级国土资源管理部门尚未完全建立，为保证调查质量并实现全国汇总，1984 年 9 月，全国农业区划委员会制定并发布《土地利用现状调查技术规程》，统一全国调查分类口径、技术指标和政策要求。一次土地详查采用了《土地利用现状调查技术规程》中的土地利用现状分类，依据土地的用途、经营特点、利用方式和覆盖特征等因素，按照主要用途对土地利用类型进行划分，保证不重不漏。调查只反映土地利用的基本现状，没有设复合用途。为保证调查工作顺利推进，调查要求中明确不以此调查成果来划分部门管理的范围。

在技术方法方面，一次土地详查以航片为主的遥感资料和大比例尺地形图作为调查底图，开展全野外实地调查。采用调绘、转绘、求积仪法、方格法、网点板法、图解法等技术方法，逐地块调绘量算面积。按照外业调绘、航片转绘、土地面积量算、编制土地利用现状图、逐级汇总的技术流程，查清了每个地块准确的土地数据，逐级汇总出全国土地类型、数量及分布。

在基础资料方面，一次土地详查主要以航空黑白影像为主，卫星遥感影像为辅。全国绝大多数地区应用航空遥感开展了1：1万土地利用现状调查，西北部地区应用卫星遥感开展1：5万、1：10万土地利用现状调查，上海等少数地区采用高分辨率卫星遥感影像图开展土地利用现状调查。这次调查共使用了159.7万张不同比例尺的航空像片，35万幅不同比例尺的地形图，10.2万幅不同比例尺的影像图，633幅卫星像片。

在各级人民政府领导下，在土地管理部门具体组织和有关部门支持下，1995年5月全国完成了县级调查任务。在县级调查基础上，进行地（市）、省（自治区、直辖市）和国家汇总。1995年底，以县为单位的全国原始调查数据汇总完成。1996年5月2日，时任国务院副总理邹家华同志主持召开会议，听取一次土地详查工作汇报，并确定由国家土地管理局会同有关部门组织开展土地变更调查，将调查成果统一到1996年10月31日时点。随后，对变更结果逐级进行了汇总，形成了一次土地详查数据、图件、文字报告成果。

一次土地详查主要成果有：一是形成了到地块的土地利用现状数据。并逐图斑逐级汇总得到村、乡（镇）、县（市）、地（市）、省（自治区、直辖市）直到全国的8大类46个二级地类的数据。二是编制形成了各级调查成果图件。编制了乡（镇）、县（市）、地（市）、省（自治区、直辖市）不同比例尺的分幅土地利用现状图、权属界线图、土地利用现状挂图及专题图。编制了全国1：50万标准分幅土地利用图和1：250万、1：450万土地利用挂图。部分省还编制了村（有的到自然村）土地利用现状图和权属界线图，满足了村委权属单位的登记发证的需要。全国共编制各类图件211.7万幅。基于县级特别是乡镇土地利用现状图编制的土地利用总体规划图，成为土地用途管制的基础。三是编写了一系列的调查结果等文字报告及影像成果。主要有《中国土地资源》《中国土地资源调查技术》《中国土地资源调查工作总结》《中国土地资源调查数据集》《中国土地资源调查文件选编》《中国土地资源调查成果应用选编》《中国土地资源调查画册》和《中国土地资源调查技术专题片》等。受当时信息化技术所限，一次土地详查未能建立覆盖全国的土地利用基础数据库。

一次土地详查历时十多年，全国共投入人力 200 余万人，其中专业人员 50 多万人；全国投入经费 10 多亿元，其中各级政府财政投入 7.8 亿元，基本查清了我国城乡土地利用现状、权属、面积和分布情况，获得了近百万幅土地利用现状图和地籍图等一系列非常丰富的成果。一次土地详查是我国组织开展的第一次全国土地利用现状调查，结束了长期以来我国土地资源数据不准、权属不清的历史，摸清了全国（未含港、澳、台地区）的土地家底，掌握了全国土地资源及其利用的基本状况，取得了全面、翔实、准确的土地利用现状的第一手资料，为我国现代土地管理事业的起步与发展奠定了坚实基础。1999 年，一次土地详查成果经国务院同意后，国土资源部、国家统计局、全国农业普查办公室联合向社会公布，并以此作为国民经济与社会发展规划编制、各部门各行业计划制定的基础。调查形成的一系列成果一直作为我国土地资源管理的依据。一次土地详查形成的系列成果，为我国重大国情国力形势研判提供了重要依据，为我国土地资源管理制度构建奠定了坚实基础，也为我国土地管理事业培养了大量业务骨干和中坚力量。

此后，为保持土地利用数据的现势性，按照国务院要求，国土资源部（自然资源部，下同）每年组织开展一次土地变更调查，对年度内土地利用主要类型变化和土地权属界线调整等进行调查，重点包括建设用地、农业结构调整、生态退耕、土地开发、复垦整理等的变化情况。

（二）第二次全国土地调查

一次土地详查后，我国经济社会快速发展，城乡面貌发生较大变化，土地利用状况也发生急剧变化。2006 年，《国务院关于开展第二次全国土地调查的通知》（国发〔2006〕38 号）印发，全国部署开展了第二次全国土地调查工作（以下简称"二次土地调查"）。

二次土地调查按照多部门协作、上下联动的组织机制开展，国务院成立了第二次全国土地调查领导小组，负责调查工作的组织和领导，协调解决重大问题。领导小组办公室设在国土资源部，国家发展和改革委员会、财政部、国家统计局等部门参与，负责调查工作的日常组织和具体协调。地方各级人民政府也成立了相应的调查领导小组及其办公室，负责本地区调查工作的组织与实施。

　　二次土地调查创新应用遥感等高技术手段，全面采用高分辨率卫星遥感影像图作为调查底图，极大提高了调查效率和成果质量。其中，航天遥感影像覆盖面积 890 万 km^2，其余采用航空遥感影像。航天遥感数据中分辨率高于 1 m 的高分辨率数据面积占全国土地调查底图生产总面积的 11.6%；分辨率在 1～5 m 之间的中分辨率数据面积占全国土地调查底图生产总面积的 74.5%。调查全过程严格坚守统一的技术规范和国家标准，以保证调查数据的准确。二次土地调查启动前，国土资源部起草并由国家标准化委员会颁布实施了《土地利用现状分类》（GB/T 21010—2007），首次在我国以国家标准的方式，统一了土地资源分类标准。为保证调查工作的规范性、统一性，国务院还颁布了《土地调查条例》，国土资源部制定了《土地调查条例实施办法》。实际调查工作中，各地严格按照统一的分类标准和技术规程进行实地调查。为确保调查数据真实性，还实行了严格的"三下两上"成果核查管理制度，国家组织队伍，对各地提交的调查结果进行逐地块、地毯式、全覆盖的内业核查，对重点地块开展外业检查，并开展实地督查核实打假，严肃查处弄虚作假行为。

　　二次土地调查全面完成了农村土地调查，实地调查了 1.5 亿个地块，查清了全国每一块土地的地类、位置、范围、面积、分布等，掌握了各类土地的利用现状，查清了农村集体土地所有权和国有土地使用权状况；完成了 7.26 万 km^2 的城镇土地调查，基本查清了城镇内部建设用地的使用权状况；查清了全国 5 000 万个基本农田地块的位置、范围、面积等基本情况。区别于一次土地详查，二次土地调查完成后，建立"国家—省—市—县"覆盖各级的土地利用数据库，形成了全国 2 859 个县级土地调查数据库，包括遥感影像、土地利用、基本农田、权属界线等信息。建立的国家级数据库容量达 75 TB，首次实现了对全国每一块土地利用情况的全面掌控，实现了对全国土地分布和利用状况的查询，对不同区域、不同时段土地利用结构和动态变化的分析，首次实现了对全国范围内每块土地利用现状的数字化管理。同时，基于土地利用数据库建立了国土资源"一张图"和综合信息监管平台。

　　二次土地调查历时三年，全国投入人员 20 余万人，耗资 150 亿元，取得了丰富的成果，并于 2013 年 12 月 23 日正式对外发布了调查数据结果。党中央、国务院依据第二次全国土地调查成果，对土地基本国情和土地管理形势作出科学判断。第二次全国土地调查所形成的准确客观的土地资源家底，为中央宏观决策和制定战略规划提供了有力支撑，在《国家新型城镇化规划（2014～2020年）》、国家新一轮生态退耕规划等重大规划和政策的制定过程中起到了重要的基础作用。调查成果也为地方政府准确把握各地土地资源形势和编制各类发展规划提供了重要依据，各地在"十二五"规划、土地利用规划、城乡规划、重点工程建设等各类规划编制和经济建设中，都十分重视调查成果的应用，提升了决策和管理科学化水平。通过信息共享，二次土地调查成果在国家有关部门和地方组织开展的人口、经济、农业、地理国情、水利、文物等一系列国情国力调查中，都得到了普遍应用。包括5·12汶川特大地震、玉树地震和舟曲泥石流等重大自然灾害的应急救援、灾情调查与评估、灾后重建，全国湿地调查、土壤污染源调查、生物多样性保护、三北防护林建设等生态环境调查工作。特别是，二次土地调查为促进国土资源管理方式转变创造了基础条件。以二次土地调查成果为基础构建的国土资源"一张图"和综合监管平台，广泛应用于土地利用总体规划、耕地保护、土地征收、土地节约集约利用、农村土地确权、土地执法督察和维护群众权益等各项国土资源管理工作，有效提升了国土资源管理的科学性、准确性和有效性。

在二次土地调查的基础上，围绕国土资源管理的需要，国土资源部每年组织开展年度土地变更调查工作，其成果为国土资源管理、经济社会发展提供了现势性的数据保障。

（三）第三次全国土地调查

根据《中华人民共和国土地管理法》《土地调查条例》"每十年开展一次全国土地调查"规定，为全面查清全国土地利用状况，掌握真实准确的土地基础数据，2017年10月，《国务院关于开展第三次全国土地调查的通知》（国发〔2017〕48号）印发，全国部署开展了第三次全国土地调查。2018年新一轮机构改革后，适应新形势需求，更名为"第三次全国国土调查"（详情见第四章）。

（四）法律法规

1986年《中华人民共和国土地管理法》颁布实施，提出"国家建立土地调查制度"。

2008 年 2 月 7 日，时任国务院总理温家宝签署第 518 号国务院令，颁布实施《土地调查条例》。

2009 年 6 月 17 日，国土资源部令第 45 号公布《土地调查条例实施办法》。

（五）标准规范

1980 年 5 月，全国农业区划委员会土地资源、土壤普查专业组印发《土地资源调查、土壤普查技术规程（草案）》。1984 年 9 月全国农业区划委员会正式印发《土地利用现状调查技术规程》，1986 年，国家土地管理局对颁布的《土地利用现状调查技术规程》做了补充规定和说明（〔1987〕国土〔专〕字第 2 号）。

二次土地调查主要技术标准包括：一是国家层面颁布了《土地利用现状分类》（GB/T 21010—2007）；二是出台了《第二次全国土地调查技术规程》《第二次全国土地调查底图生产技术规定》《第二次全国土地调查基本农田调查技术规程》《第二次全国土地调查成果检查验收办法》《第二次全国土地调查数据库建设技术规范》等技术性规程和规范。

三、年度土地变更调查

为保持土地利用数据资料的现势性，我国自 1997 年起，按照国务院的要求，每年部署开展年度土地变更调查工作，及时更新维护调查成果。不同于全国土地调查的任务是查清国土利用现状，年度土地变更调查在内容与要求等方面，主要定位于对全国土地调查成果的更新维护，重点满足相关管理对年度土地利用变化数据的需求。随着卫星遥感影像数据保障能力和调查技术的进步，年度土地变更调查的调查内容、组织方式、技术方法和数据质量也在不断完善和提升。

特别是二次土地调查后，年度土地变更调查每年延续了二次土地调查的技术方法，采用卫星遥感影像开展年度土地利用动态遥感监测，提取疑似新增建设用地变化图斑，分发各地开展实地调查。地方调查结果经国家组织检查核查后，汇总形成年度变化结果。以增量数据的形式，对全国土地调查数据库进行更新，建立年度土地调查数据库。基于全覆盖的年度卫星遥感影像和土地调查数据库，国家实现了对各省（自治区、直辖市）的变更调查结果开展全面的内业检查和外业抽查。2016 年开始，"互联网+"调查举证技术在核查中的应用逐步完善，保证调查成果更加真实准确。

为规范全国土地变更调查工作，提升土地变更调查工作水平，2011 年，国土资源部制定印发《全国土地变更调查工作规则（试行）》，建立土地变更调查"一查多用"工作机制，明确在国土资源遥感监测全国"一张图"的基础上，各级国土资源主管部门将日常管理形成的"批、供、用、补、查"用地管理及矿产资源勘查开发监管等信息，叠加到"一张图"上，逐步实现实时变更，保持综合信息监管平台相关信息更新的连续性与现势性。

土地变更调查取得的成果在国土资源综合监管平台建设、全国土地/矿产卫片执法检查、国家土地督察、国家重特大土地违法案件查处等方面得到广泛应用，有力地支撑了国土资源管理业务和"一张图"综合监管平台的顺利运行。经依法公布的土地变更调查成果，是实施国土资源规划、管理、保护与合理利用的依据，是编制国民经济和社会发展规划、有关专项规划的基础。

四、全国森林资源调查监测

森林是地球上最大的陆地生态系统，是全球生物圈中重要的一环，它是地球上的基因库、碳储库、蓄水库和能源库，具有固碳释氧、保持水土、涵养水源、防风固沙、生物多样性保育等生态功能，对维系整个地球的生态平衡起着至关重要的作用，是人类赖以生存和发展的资源和环境。森林资源是林地及其所生长的森林有机体构成的总体。《中华人民共和国森林法实施条例》规定，森林资源包括森林、林木、林地，以及依托森林、林木、林地生存的野生动物、植物和微生物。

森林资源调查是以林地、林木及其林内环境状况为对象的林业调查，目的在于及时掌握森林资源数量、质量和生态状况，了解森林资源消长变化规律和趋势，摸清影响和制约森林生长的自然、经济和社会客观条件，是森林资源管理和保护的重要工作基础。我国的森林资源调查最早开始于 1950 年林垦部组织的甘肃洮河林区森林资源清查。借鉴苏联的森林调查技术规程，进行地面实测和航空测量,查清了林区森林资源状况。到 1982 年,根据调查方法、目的和内容等的不同,我国的森林资源调查形成了国家森林资源连续清查(一类调查)、森林资源规划设计调查(二类调查)和森林作业设计调查(三类调查)等三类调查的工作模式。

(一)森林资源连续清查

国家层面森林资源调查方法可以概括为三大类:①以国家为总体的森林资源调查方法(简称"CFI"形式),以法国、北欧国家等为例;②以省或州为单位进行森林资源信息调查,如德国、美国、加拿大、奥地利等国家,继而汇总形成全国森林资源总量;③以森林经理调查为基础通过汇总统计全国森林资源总量,如苏联、日本和东欧各国。这 3 种方法各有利弊,不能简单地评价说某种方法优于其他方法。

我国的森林资源连续清查(一类调查)体系起步于 20 世纪 70 年代,采用国际上公认的 CFI 方法,以省(自治区、直辖市)为调查总体,采用系统抽样方法建立和复查固定样地,建立了以 5 年为一个周期的国家森林资源清查制度。目前已经完成 9 次全国森林资源清查,其中第九次清查工作于 2014 年启动,2019 年完成。我国的森林资源连续清查体系是目前世界上公认的最为完整、连续性最强、调查最为完备的国家森林资源清查体系之一。30 多年来,这个体系不断完善,并且被赋予越来越多的使命,调查成果已经成为我国森林管理宏观决策和科学研究最基础数据之一。1983 年,建立全国森林资源数据库。从 2005 年起,全面采用了遥感等现代技术手段,获取以 5 年为周期的全国及各省(自治区、直辖市)森林资源现状及其动态变化数据,评价全国和各省(自治区、直辖市)森林资源生态状况及其功能效益。20 世纪 80 年代以后,我国设立了东北、华东、西北、中南 4 个区域森林资源监测中心和省级监测机构,逐步引进3S 技术(遥感技术 RS、地理信息系统 GIS 和全球导航卫星系统 GNSS 三者的简称)等高新技术手段,同时扩充了生态监测的内容,初步形成了森林资源和生态状况监测的基本框架和森林资源监测体系。

森林资源连续清查成果主要包括:一是建立了地面固定样地和样本因子的基础数据库;二是连续 9 次产出了全国、各省(自治区、直辖市)及重点区域森林种类、数量（面积、蓄积）、质量、分布等的现状、动态变化表；三是产出了天然林与人工林、国有林与集体林、公益林与商品林、"三北"防护林、长江流域、黄河流域、森林面积蓄积消长等专题分析成果；四是 7 次清查后摸清了森林主要生态功能物质量和价值量数据；五是形成了大量的图面成果，包括遥感影像图、森林资源分布图、天然林分布图、人工林分布图、森林碳密度图等。

森林资源清查成果为定期掌握全国森林资源的宏观变化、指导林业方针政策制定，为编制各种林业规划、调整计划提供了科学决策依据。全面客观地反映了我国林业建设取得的成就，成为社会各界了解林业、关注林业的一个重要窗口。同时，由于清查成果具有连续、准确的特点，也成为进行科学研究的重要参考依据。

（二）森林资源规划设计调查

森林资源规划设计调查（二类调查）通常由省统一组织，以县或国有林业局（场）为单位，通过区划森林小班，进行逐块调查、逐级统计汇总，一般每十年进行一次全面系统调查（1996 年正式明确调查周期一般为十年）。二类调查的最小单元是森林小班，在调查区内先进行小班区划或对预区划小班进行复核调整，然后开展目测与实测调查，重点调查林分属性因子。此外，生长量、枯荣量、天然与人工更新效果、水土流失、病虫害、火险等级与立地条件等，也是小班调查的内容。二类调查的最大特点是能将资源数据落实到山头地块、小班，可直接用于经营规划设计。

森林作业设计调查成果主要包括：一是建立以小班为单元的各类调查因子数据库；二是产出了以县和森林经营单位为单元、落实到山头地块的各类土地面积、各类森林、林木面积蓄积等数据；三是形成了各类森林分布图、林相图、森林分类区划图等各类图面资料；四是建立森林资源信息管理系统，以及以二类调查成果为本底的各类专项信息管理系统，如森林防火、工程管理等信息系统。二类调查成果具有调查数据翔实可靠、调查成果内容丰富、表达形式多样的特点，为地方建立森林资源档案、制定森林采伐限额、实行森林资源资产化管理、指导经营单位科学经营提供数据支撑。

（三）森林作业设计调查

森林作业设计调查（三类调查）是以作业地段为单位的局部调查，对某个作业地段的森林资源数量、质量、采伐条件、更新能力等进行详细调查，以确定主伐、抚育伐或林分改造伐的方式和强度，确定更新方式，以满足基层林业生产单位安排采伐更新施工设计的需要。作业设计调查的精度要求较高，一般在生产作业开展前的一个年度内进行。三类调查遵循现场调查与现场设计原则，调查与设计对象是作业小班，需要对采伐对象进行划号。根据调查面积大小和林分的同质程度，可采用全林实测或标准地（带）调查方法，采用标准地（带）调查时，标准地（带）合计面积不低于小班面积的 5%。调查内容除每木检尺外，还要进行立木造材工艺设计，推算不同材种的材积，计算作业收益，进行投入产出分析、生长量与消耗量分析等。

森林资源设计调查成果主要包括：一是以基本生产单位（林业局、林场）为单元的伐区调查作业设计、森林更新作业设计、森林抚育作业设计等；二是伐区布局图、采伐类型设计图、采伐工艺设计图等图面成果；三是落实到作业地块的森林资源现状、作业类型和措施、作业工艺统计表。三类调查具有数据翔实、准确的特点，为森林经营单位开展采伐、更新等生产经营活动提供依据。

（四）森林资源统一调查

新一轮机构改革后，按照统一森林资源调查职责的要求，自然资源部会同国家林草局，组织全国森林资源调查监测工作，先后开展了 2019 年度全国森林蓄积量调查、2020 年度全国森林资源调查和 2021 年度全国森林资源调查监测等工作。

森林资源统一调查工作以全国森林资源为调查对象，主要包括乔木林、竹林和国家特别规定的灌木林。调查监测内容包括森林资源种类、数量、质量、结构、生态状况及其变化情况。主要指标包括种类、数量、质量、结构、生态状况等五类（表 1-1）。

表 1–1　全国森林资源调查监测指标和因子

序号	内容	调查监测指标	调查监测因子/评价指标
1	种类指标	各森林类型、植被类型、树种类型、土壤类型的面积及分布	森林类型、植被类型、树种、土壤种类
2	数量指标	森林面积及其增长量、减少量，森林蓄积量、生物量、碳储量及其生长量、消耗量、毛竹和其他竹株数	面积、储量（蓄积量、生物量、碳储量）、株数、胸径、树高
3	质量指标	生产力、生长率，郁闭度、密度、林地质量等级、森林健康等级等	调查因子：平均年龄、平均树高、平均优势高、郁闭度/覆盖度、土壤厚度、腐殖质厚度、枯枝落叶厚度、土壤质地等
			评价指标：单位面积储量、森林灾害类型及等级、森林健康等级、林地质量等级等
4	结构指标	天然林、人工林积和储量构成，森林龄组结构、径组结构、林层结构等	起源、龄组、群落结构、树种结构、自然度、植被总覆盖度、灌木平均高及覆盖度、草本平均高及覆盖度
5	生态状况指标	固碳、涵养水源、生物多样性（试点调查）等生态功能	评价指标：生物多样性指数、固碳量、涵养水源量、固土量、保肥量、滞尘量等实物量和价值量

　　森林资源调查工作中，充分继承以往国家森林资源连续清查样地及相关成果，根据抽样调查理论，以各省为抽样总体，在全国设置一定数量调查样地，开展样地外业实地调查，采用数理统计的方法，汇总统计形成全国及各省（自治区、直辖市）森林资源现状数据，为生态文明建设、重要生态系统保护修复、实现美丽中国建设目标和自然资源部履行"两统一"职责提供数据支撑和决策依据。

（五）法律法规

　　森林资源调查监测法律法规主要包括：《中华人民共和国森林法》、《中华人民共和国森林法实施条例》、《国家级公益林区划界定办法》、《国家级公益林管理办法》（林资发〔2017〕34 号）、《全国林地保护利用规划纲要（2010～2020年）》、《林业调查规划设计单位资格认证管理办法》（林资发〔2012〕19 号）、《"国家特别规定的灌木林地"的规定（试行）》（林资发〔2004〕14号）、《林地变更调查工作规则》（林资发〔2016〕57号）等。

（六）标准规范

森林调查监测相关规范标准主要包括以下：

《森林资源术语》（GB/T 26423—2010）、《林地分类》（LY/T 1812—2009）、《自然保护区名词术语》（LY/T 1685—2007）、《林业地图图式》（LY/T 1821—2009）、《公共地理信息通用地图符号》（GB/T 24354—2009）、《地理信息 图示表达》（GB/T 24355—2009/ISO 19117：2005）、《自然保护区土地覆被类型划分》（LY/T 1725—2008）、《自然保护区自然生态质量评价技术规程》（LY/T 1813—2009）、《自然保护区生物多样性调查规范》（LY/T 1814—2009）、《野生植物资源调查技术规程》（LY/T 1820—2009）、《松材线虫普查监测技术规程》（GB/T 23478—2009）、《林业检疫性有害生物调查总则》（GB/T 23617—2009）、《基础地理信息标准数据基本规定》（GB 21139—2007）、《地理信息 质量评价过程》（GB/T 21336—2008）、《地理信息 质量原则》（GB/T 21337—2008/ISO 19113：2002）、《数字林业标准与规范》（LY/T 1662.3—2008）、《用于森林资源规划设计调查的SPOT-5卫星影像处理与应用技术规程》（LY/T 1835—2009）。

五、全国草原资源调查监测

我国是一个草原大国，天然草原面积位居世界第一。草原作为我国陆地重要的自然资源和生态系统，在维护国家生态安全、边疆稳定、民族团结和促进经济社会可持续发展、农牧民增收等方面具有基础性、战略性作用。加强草原资源调查监测工作，是全面推进生态文明建设的根本要求，是全面加强草原资源管理的客观需要，也是扎实推进草原生态建设的重要保证。

（一）工作基本情况

我国的草地调查研究是从植物学和地理学研究发展起来的。20世纪初我国有了植物学的高等教育和植物学研究，20 世纪 40 年代开始采用群落学方法研究草地，还有学术团体对个别地区进行地区性资源考察。

中华人民共和国成立后，1950～1978 年开展了区域性的草地资源调查研究。其中，1950 年，西北军政委员会组织对宁夏、甘肃、青海、新疆和陕北进行了畜牧业与草原方面的调查。20 世纪 50 年代中期，北方重点草地畜牧业地区地方政府和农牧部门，组织了以服务于畜牧场规划为主的重点地区草地调查；20 世纪 50 年代中后期，中国科学院与有关单位组织了一系列大规模各种自然资源综合科学考察队，进行了区域性草地资源调查，基本查清了我国北方和西部主要牧区的天然草地资源；20 世纪 60 年代开展了草地调查，将草地作为资源来研究，并开始采用航片影像识别成图，制图精度得到提高；20 世纪 60 年代以后，以等级评价、生产力评价、利用评价、立地条件评价为中心的草地资源评价理论和方法初步形成。

1979 年，原国家科委和原国家农委根据《1978—1985 年全国科学技术发展规划纲要（草案）》和《全国基础科学发展规划》要求，开展了全国草原资源的首次统一调查研究，部署了 1∶100 万中国草地类型图及 1∶100 万中国草地等级图的编制任务。

2001～2003 年，农业部基于遥感技术、地理信息系统技术及计算机技术，利用两年多的时间，快速查清我国草地资源现状，并与全国草地资源调查首次统一调查数据进行叠加、复合比较，建立全国草地资源与生态环境动态监测网。

2003 年，农业部草原监理中心成立。从 2005 年开始，连续每年发布全国草原监测报告。2017 年，再次开展全国草原资源清查工作，后来因 2018 年党和国家机构改革，数据未形成全国清查成果。

2018 年新一轮机构改革后，从 2019 年始，自然资源部连续 3 年开展了全国及分省草原资源植被盖度和生物量调查监测。以第三次全国国土调查及年度变更调查成果中草地图斑最新成果为基础，以全国草原为调查对象，继承以往全国草原资源调查监测成果，根据抽样调查理论，在全国设置一定数量的调查样地，开展样地实地调查，构建遥感估算模型，测算全国及各省（自治区、直辖市）草原综合植被盖度和生物量数据，汇总形成全国草原资源调查成果。

（二）主要工作及成果

1. 全国草地资源首次统一调查（1979～1995 年）

全国草地资源调查首次统一调查属于详查性质。由国家科委和国家农委部署，原农业部畜牧兽医司和全国畜牧兽医总站主持，在中国科学院自然资源综合考察委员会、中国农业科学院草原研究所分设南方草场资源调查科技办公室、北方草场资源调查办公室。

全国草地资源调查首次统一调查以省（自治区、直辖市）为单位开展，汇总形成全国草地资源调查成果。调查范围覆盖全国 2 000 多个县，95% 以上的国土面积均按统一规程进行了调查。仅台湾地区、上海市和少数位于江苏、河北两省东部平原的农业县未做调查。

调查的草地包括：植被总覆盖度大于 5% 的各类天然草地，以牧为主的树木郁闭度小于 0.3 的疏林草地和灌丛郁闭度小于 0.4 的疏灌丛草地；弃耕还牧持续撂荒时间大于 5 年的次生草地，以及实施改良措施的改良草地和人工草地；沼泽地、苇地、沿海滩涂；植被总覆盖度大于 5% 的高寒荒漠、苔原、盐碱地、沙地、石砾地；林地范畴中的 5 年内未更新的伐林迹地或火烧迹地、造林未成林地；耕地范围中的宽度大于 1～2 m 的田埂、堤坝（南方宽大于 1 m，北方宽大于 2 m）；属于居民点、工矿、交通用地、风景旅游区、国防用地、村庄周围、道路两侧以多年生草本植物为主的各种空闲地。

采用常规调查与遥感调查相结合的方法，以县为基本单位开展调查。北方牧区草地按《重点牧区草场资源调查大纲和技术规程》进行调查，南方和华北部分农区草地按《中国南方草场资源调查方法导论与技术规程》进行调查。全国分三种类型的调查区域控制调查精度：①农业县采用 1∶5 万地形图为工作底图，平均每 5 000 hm² 调查面积设计一个调查测产样地；②重点牧业县、半农半牧县、林业县采用 1∶10 万地形图为工作底图，平均每 8 000 hm² 调查面积设计一个调查测产样地；③草地面积广阔的一般纯牧业县采用 1∶20 万地形图为工作底图，平均每 10 000 hm² 调查面积设计一个调查测产样地。

调查自 1980 年开始，历时 15 年，耗资 3 000 余万元，上万人参加。调查分三个阶段进行：1979～1980 年为准备阶段，制定调查技术规程，培训技术力量，开展试点调查，统一调查方法和标准；1981～1988年为省级草地资源调查阶段，各省（自治区、直辖市）进行外业调查、内业总结和调查成果验收；1989～1995年为全国草地资源内业总结阶段，汇总全国各省、自治区、直辖市草地资源调查成果。

调查取得了三类基本成果：①草地资源图件，县级1∶10万（农区1∶5万，牧区1∶20万）、地区级1∶20万、省级1∶50万比例尺草地类型图、草地等级图和草地利用现状图；②草地资源统计资料，含有各类草地面积、产草量、载畜量的草地资源统计册或计算机数据库；③文字报告：阐述草地资源质量、区域分布、利用现状、生产潜力的草地资源调查报告，出版了《西藏自治区草地资源》《内蒙古草地资源》《新疆草地资源及其利用》等一批阐述省级区域草地资源方面的学术专著。此外，编写了草地植物目录，发现了一批草地饲用植物新种，分析了一批草地牧草的营养成分，有些地区还编制了草地退化图、草地分区图。完成了《1∶1 000 000中国草地资源图集》《中国草地资源数据》《中国草地饲用植物资源》和《中国草地资源》专著的编制与编写。

2. 全国草地资源遥感快速调查（2001～2003年）

农业部组织开展的全国草地资源遥感快速调查大致可分五个阶段进行，即准备阶段、室内判读成图阶段、野外考察调绘阶段、图形编辑与数据集成阶段、量算面积与GIS数据库生成阶段。

全国草地资源遥感快速调查属于小比例尺资源专业调查，是全国第二次统一草地资源调查。主要数据依据为1999～2000年陆地卫星的TM数字图像，参考中国科学院土地利用快速遥感调查所获得全国2000年度1∶25万比例尺土地利用数据，尤其是其中涉及的草地、荒草地及与草地有关的沼泽、林地中的灌木林地、盐碱地、滩地数据影像。采用与20世纪80年代全国草地资源调查首次统一调查相同的草地地类属性的界定和相同的草地分类系统，在充分尊重陆地卫星的影像特征原则下，运用路线调查和典型区调查相结合的野外作业方案，建立全国草地资源遥感调查的判读标志，再参考其他草地资源相关资料及图件，经过综合分析而直接判定草地资源类型，采用人机交互的判读分析方法，完成草地资源信息的提取，即内业直接进行草地资源类型勾绘、制图，作业比例尺1∶25万。中国科学院资源环境数据库提供最新的1∶25万比例尺土地利用数据层面中的草地图斑边界，可直接作为草地资源类型图斑，并进行校正修改或重新分割编入草地资源类型属性编码：对于土地利用现状图中草地类型图斑之外的其他图斑，按照全国农业区划委员会和农业部 20 世纪 80 年代规定，对疏林地，植被覆盖度大于 5% 的盐碱地、沼泽及未利用地等图斑，进行重新判读，重新勾绘草地图斑，并根据草地分类系统，赋予图斑统一的草地类型编码，量算其面积。调查采用的工作底图是国家测绘局 1984 年出版发行的 1∶25 万数字电子地形图、1∶50 万和 1∶100 万比例尺地图，均采用国家测绘局发行的数字地图版。

全国草地资源遥感快速调查成果包括：①全国各省（自治区、直辖市）省级 A0 尺寸草地类型图；②1∶50 万中国草地类型图，按国际分幅，完成接边处理，存放于计算机内，其中部分图幅已提供纸质彩色打印图；③中国草地类型面积数据统计册，按草地类、亚类统计，按省级和县级行政单位统计，数据在 1∶25 万草地类型图上量算获得；④制作 1∶100 万中国草地资源地图集数字化 GIS 地理信息系统光盘；⑤全国草地资源动态监测项目总结报告。

3. 年度草原监测（2005～2018 年）

2005 年开始，农业部草原监理中心负责常规开展全国草原监测工作，承担草原监测任务的省（自治区、直辖市）由最初的 14 个增加到后来的 23 个，这些省（自治区、直辖市）的草原监测机构承担了地面监测工作，全国地面监测样地数量在 4 000～8 000 个之间。监测范围覆盖了全国 85% 的草原面积。各省（自治区、直辖市）参照全国草原监测工作的技术方法，组织技术人员在统一时间段，自主开展草原监测工作。全国层面年度草原监测涉及多个监测指标，主要包括草原产草量、物候、长势、草原综合植被盖度、超载率等。其中，草原产草量主要采用地面和遥感相结合的方法，利用 MODIS 250 m 分辨率的遥感数据，在数据预处理的基础上，计算植被指数，建立地面样地鲜重和植被指数的统计模型，实现草原产草量鲜重的遥感反演，结合干鲜比，计算草原产草量干重。2011 年开始进行全国草原综合植被盖度测算，主要根据地面样地植被覆盖度数据，计算省内每种草地类型植被覆盖度的平均值，乘以各自草地类型面积占该省草原面积的比例，使用加权平均的方法测算省级草原综合植被盖度；全国草原综合植被盖度的计算，主要在全国每种草地类型植被覆盖度平均值计算的基础上，乘以各自草地类型面积占全国草原面积的比例，使用加权平均的方法测算全国草原综合植被盖度。

自 2005 年开始，在组织专家会商的基础上，农业部每年连续发布《全国草原监测报告》，内容包括草原资源状况、草原物候、草原植被生长状况、生产力、保护建设工程效益、草原利用和草产业状况、草原执法监督、草原火灾、草原生物灾害、自然灾害、草原生态状况等。

4. 全国草原资源植被盖度和生物量调查监测（2019～2021 年）

自 2019 年开始，自然资源部组织开展全国草原资源植被盖度和生物量调查监测。以第三次全国国土调查的天然牧草地、人工牧草地和其他草地等草地图斑，以及沼泽地、沼泽草地、灌丛沼泽、盐碱地、滩涂等涉草地类图斑为调查范围，采用遥感技术和地面调查相结合的方法，分区域分草地类型构建全国草原遥感综合植被盖度和生物量的模型和算法。根据数理统计的要求，按照不低于 90% 的调查精度标准，在全国布置并调查了近 9 000 个草原样地，获取了 2 万多个草灌样方和高大草灌样方地面调查数据，结合草原生长季覆盖全国的高分一号和高分六号 16 m 遥感卫星数据，采用回归分析法、像元二分法对全国草原资源综合植被盖度和生物量进行了测算和统计分析。

全国草原资源植被盖度和生物量调查监测成果包括《全国草原资源综合植被盖度和生物量调查报告》和全国草原资源综合植被盖度与生物量外业调查数据、全国草原资源综合植被盖度与生物量估算数据、全国草原资源综合植被盖度与生物量估算模型、全国草原资源综合植被盖度与生物量遥感估算模型构建分区矢量数据等。

（三）法律法规

2013 年 6 月 29 日修正施行的《中华人民共和国草原法》第二十二条至二十五条规定：国家建立草原调查制度；国务院草原行政主管部门会同国务院有关部门制定全国草原等级评定标准；国家建立草原统计制度；国家建立草原生产、生态监测预警系统。《国务院关于促进牧区又好又快发展的若干意见》（国发〔2011〕17 号）明确"落实草原动态监测和资源调查制度，每年进行动态监测，每五年开展一次草原资源全面调查"。

（四）标准规范

（1）8个国家标准：《天然草地利用单元划分》（GB/T 34751—2017）、《岩溶地区草地石漠化遥感监测技术规程》（GB/T 29391—2012）、《北方牧区草原干旱等级》（GB/T 29366—2012）、《风沙源区草原沙化遥感监测技术导则》（GB/T 28419—2012）、《草原蝗虫宜生区划分与监测技术导则》（GB/T 25875—2010）、《草地资源空间信息共享数据规范》（GB/T 24874—2010）、《草原健康状况评价》（GB/T 21439—2008）、《天然草地退化、沙化、盐渍化的分级指标》（GB 19377—2003）。

（2）9个行业标准：《草地分类》（NY/T 2997—2016）、《草原退化监测技术导则》（NY/T 2768—2015）、《草原监测站建设标准》（NY/T 2711—2015）、《天然草地合理载畜量的计算》（NY/T 635—2015）、《天然草原等级评定技术规范》（NY/T 1579—2007）、《草原蝗虫调查规范》（NY/T 1578—2007）、《农区鼠害监测技术规范》（NY/T 1481—2007）、《草原资源与生态监测技术规程》（NY/T 1233—2006）、《草业资源信息元数据》（NY/T 1171—2006）。

（3）2个技术规程：《草原综合植被盖度监测技术规程（试行）》《全国草原监测技术操作手册》。

六、全国水资源调查监测

水资源是一切生命的源泉，是人类生存环境中不可缺少又无法替代的基础性自然资源，也是战略性经济资源，水资源在经济社会可持续发展和维系生态环境平衡中发挥着重要的基础保障和支撑作用。当前日益突出的水资源问题已成为经济社会发展和生态环境建设的严重制约因素。我国从20世纪80年代初便开始了全国性水资源调查与评价工作，基本上以10年左右为周期开展一次全国性的水资源调查、评价或者普查（高娟等，2021）。全国水资源调查评价的目的是查清水资源及其环境的现状，实现对全国水资源进行全面、客观的分析评价，内容包括水资源数量、质量、时空分布规律、利用现状、未来的预测及供需平衡分析等几个方面。在水资源评价中，需要对天然水资源和各种保证率的可利用水资源的数量进行研究，还要对不同发展阶段的用水需求作出科学的预测，通过供需平衡的分析，为水资源的合理开发利用和科学管理指出方向。

按照工作内容，水资源调查监测可包括水资源调查、水资源监测、水资源评价及水利普查。水资源调查是通过区域普查、典型调查及分析估算等方法，收集与水资源评价有关的基础资料的工作，是长期定位观测、常规统计及专门试验的补充。水资源监测是通过水文监测、地下水监测和水域面积遥感监测等手段，掌握地表水和地下水相关信息，包括水位、流量、面积等。水资源评价是对某一地区或流域水资源的数量、质量、时空分布特征、开发利用条件、开发利用现状和供需发展趋势作出的分析评价，是合理开发利用和保护管理水资源的基础工作，旨在为水利规划提供依据。水利普查是综合运用社会经济调查与资源环境调查的技术与方法，对江河湖泊、水利工程、水利机构及重点社会经济用水户进行调查，包含了河流湖泊基本情况、水利工程基本情况、河湖开发治理保护情况、经济社会用水、水土保持情况、行业能力建设情况等。

（一）第一次全国水资源评价

第一次全国水资源评价工作始于 20 世纪 80 年代初，水利部与原地质矿产部历时 5 年完成了第一次全国水资源评价工作，采用 1956～1979 年系列，对地表水、地下水资源量进行了总体评价。首次摸清了我国水资源家底，为经济社会发展奠定了基础。这个时期，全国开展了水资源调查评价、水资源规划和水资源利用的调查评价工作，并分别于 1983 年、1987 年和 1989 年出版了成果。这是一次内容比较完整的水资源基础评价和利用评价活动，世界上只有少数几个国家进行了类似的工作。但限于当时的条件，有些成果如全国地下水资源数量评价成果还没有协调一致。因此，还不能说取得了公认的国家级水资源评价成果。

（二）第二次全国水资源调查评价

第二次全国水资源调查评价工作始于 2002 年。由于第一次水资源评价后，气候变化与人类活动叠加影响，以及生态环境状况和下垫面等条件的改变，我国水资源情势发生了显著变化。主要表现在：水资源的形成机理和转化关系及地区分布等变化，使得我国水资源的数量、质量及其分布状况均发生了较大的变化；水资源开发利用水平与程度、供用水结构，以及取水、供水、用水、耗水、排水之间的关系发生了较为明显的改变；相关的生态环境状况也发生了一定的变化，原有的水资源评价成果已不能反映当时的实际情况，迫切需要对水资源及其开发利用状况作出新的评价。

由国家发展和改革委员会、水利部牵头，会同国土资源部、建设部、农业部、国家环保总局、国家林业局和中国气象局等有关部门，完成了第二次全国水资源及其开发利用调查评价工作，采用 1956～2000 年系列，全面评价了 20 世纪末期下垫面条件下我国水资源及其开发利用状况，是全国水资源综合规划的第一阶段工作，是进行水资源配置、开发、利用、保护和管理的基础，为建立严格的水资源管理制度奠定了基础。

本次调查评价包括水资源数量评价、水资源质量评价、水资源开发利用情况调查评价、水污染调查评价及生态环境状况调查评价等主要内容。通过全面收集和系统分析整理了各地区和各部门的相关资料，对不足的资料进行了必要的补充调查和监测，采用典型调查和统计调查相结合的方式对有关资料进行了复核、调查和验证。在全面调查和分析大量实际资料的基础上，按照全国统一的技术要求和口径，采取"自下而上"和"自上而下"相结合的方式，通过多专业和跨学科的协作，采用科学的技术方法，在各有关部门的通力协作下，经全国、流域和省（自治区、直辖市）三级反复协调与平衡、反复检验和逐级审核，形成全国水资源及其开发利用调查评价成果。

（三）第一次全国水利普查

水利普查是一项重大的国情国力调查，是国家资源环境调查的重要组成部分，是国家基础水信息的基准性调查。根据《国务院关于开展第一次全国水利普查的通知》（国发〔2010〕4 号），2010～2012 年我国开展了第一次全国水利普查（以下简称"普查"）。普查的标准时点为 2011 年 12 月 31 日，时期资料为 2011 年度；普查的对象是中华人民共和国境内（未含香港特别行政区、澳门特别行政区和台湾地区）所有河流湖泊、水利工程、水利机构及重点经济社会取用水户。

　　第一次水利普查以县级行政区为基本工作单元，采取全面调查、抽样调查、典型调查和重点调查等多种调查形式。普查数据收集采用清查登记、档案查阅、现场查勘、数字高程模型（DEM）和数字线划地图（DLG）数据融合提取技术、遥感分析、估算推算等多种调查技术。整个普查遵循内业外业相结合的原则，充分利用已有基础资料，积极开展部门之间的协作与交流。形成从下到上的信息获取、审核、传输、存储、分析为一体的普查数据处理规范；建立普查数据库体系，构筑"国家—流域—省—地—县"五级水利普查信息管理系统。采取"先试点、后清查、再全面调查"的方式，分为前期准备、清查登记、填表上报、成果发布四个阶段进行。

　　根据不同的普查任务和内容，分别采取以下技术方法开展普查：

　　（1）对河湖基本情况普查采取内业提取数据、外业实地调查复核的方法。全国利用 1∶5 万 DEM、DLG、数字正射影像（DOM）数据和分辨率为 2.5 m、20 m 的影像数据，分析提取河流湖泊的基本特征参数，提出河湖清查图、河湖特征清查表。流域机构和各级普查机构对河湖清查图和特征清查表进行核对并填报，同时填报水文站水位站、实测和调查最大洪水普查表，并逐级上报汇总，形成河湖基本特征、河流水系特征及湖泊的形态特征成果。

　　（2）对水利工程基本情况、河湖开发治理保护情况、灌区、地下水取水井、水土保持措施和行业能力建设情况普查，通过档案查阅、现场查勘、遥感影像解译、对象访问等方法，按照"在地原则"，以县级行政区为基本工作单元，对普查对象进行清查、登记和建档，编制普查对象名录，确定普查表的填报单位，对规模以上的普查对象逐项填报，规模以下的普查对象区分不同情况汇总填报，逐级进行审核、汇总和平衡。

　　（3）对经济社会用水情况调查，按照"在地原则"，以县级行政区为基本工作单元，区分不同用水户情况采用不同的方法确定调查对象名录。采取用水大户逐个调查与一般用水户典型（或抽样）调查相结合的方式，分析计算不同用水行业的用水指标。根据流域和区域经济社会主要指标，分析推算流域和区域城乡居民生活用水、农业和工业等国民经济各行业生产用水和河道外生态用水状况，逐级进行审核、汇总和协调平衡分析。

　　（4）对土壤侵蚀普查，通过基础资料分析、DEM 信息提取、遥感和野外调查等技术手段的综合运用，获取气象、土壤、地形、植被、土地利用、水土保持措施等主要侵蚀影响因子，利用侵蚀模型定量评价侵蚀强度，综合分析水蚀、风蚀、冻融侵蚀的分布、面积与强度。对侵蚀沟道普查，充分利用已有的基础资料，利用遥感影像与 DEM 提取侵蚀沟道基本信息，通过野外调查进行复核、完善，逐级审核、汇总和平衡。

普查基于国家基础测绘信息和遥感影像数据，综合运用社会经济调查和资源环境调查的先进技术与方法，系统开展了水利领域的各项具体工作，全面查清了我国河湖水系和水土流失的基本情况，查明了我国水利基础设施的数量、规模和行业能力状况，摸清了我国水资源开发、利用、治理、保护等方面的情况，掌握了水利行业能力建设的状况，形成了基于空间地理信息系统、客观反映我国水情特点、全面系统描述我国水治理状况的国家基础水信息平台。为国家经济社会发展提供可靠的基础水信息支撑和保障。普查成果为客观评价我国水情及其演变形势，准确判断水利发展状况，科学分析江河湖泊开发治理和保护状况，客观评价我国的水问题，深入研究我国水安全保障程度等提供了翔实、全面、系统的资料，为社会各界了解我国基本水情特点提供了丰富的信息，为完善治水方略、全面谋划水利改革发展、科学制定国民经济和社会发展规划、推进生态文明建设等工作提供了科学可靠的决策依据。

（四）第三次全国水资源调查评价

第三次全国水资源调查评价工作始于 2017 年，是在第一次、第二次全国水资源调查评价、第一次全国水利普查等已有成果基础上，继承并进一步丰富评价内容，改进评价方法，全面摸清 60 余年来我国水资源状况变化，重点把握2001 年以来水资源及其开发利用的新情势、新变化，梳理水资源短缺、水环境污染、水生态损害等新老水问题，系统分析水资源演变规律，提出全面、真实、准确、系统的评价成果，建立国家水资源调查评价基础信息平台，初步形成较为完善的技术体系和规范化的滚动评价机制，实现数据填报规范化、智能化，为满足新时代水资源管理、健全水安全保障体系、促进经济社会可持续发展和生态文明建设奠定基础。

水利部、国家发展和改革委员会会同国土资源部等国家有关部门成立全国第三次水资源调查评价工作领导小组，领导小组负责全国层面工作的组织、领导和协调。调查分全国、流域、省级行政区三个层面进行，采取"自上而下，自下而上，上下结合"的方式开展。成立技术工作组，负责技术细则制定、技术培训等前期技术工作，指导和协调流域机构和省级行政区开展调查评价工作，负责全国成果汇总平衡协调，提出全国调查评价成果。2018 年，根据中央《深化党和国家机构改革方案》，水利部的水资源调查职责划入自然资源部，经两部协商，仍按照现有组织体系、工作安排、技术要求抓紧开展工作，确保工作顺利开展，水利、自然资源部门将加强与相关部门协作配合，共同指导做好调查评价工作，实现成果共享。

调查评价范围是全国 31 个省（自治区、直辖市），对香港特别行政区、澳门特别行政区和台湾地区仅评价水资源数量。按照水资源分区和行政分区进行评价，成果汇总单元为水资源三级区套地级行政区和县级行政区，以及重点流域评价成果。

评价的主要内容有水资源数量、质量、开发利用状况、污染物入河量、水生态状况及水资源的综合评价分析。技术路线主要包括：基础资料收集整理，数据补充监测，资料复核、分析、检验、检查，单项评价，协调平衡与结果修正，方法与机理研究，综合评价，信息技术平台支撑等环节。各环节既相互独立，又必然联系，环节与环节之间相互影响和反馈，形成完整的技术流程。

（五）水资源监测

水资源监测是指通过水资源的动态监测网点实现水资源的数量和质量的监测，将已有的水文站、雨量站和气象站（台）列入水资源动态监测网。水量的监测方法：对地表水资源，可以通过水位观测和测验流量来确定水量；对地下水资源可以通过观测孔水位水温、水质或泉水流量的变化来进行监测。水量水位监测的频率可以根据水体的具体特性和监测的要求来确定。

水利部门长期负责全国地表水调查监测工作，建有 7 000 余处国家基本水文站和专用水文站，覆盖全国主要江河湖泊重要断面，通过水文水资源监测系统对江、河、湖泊、水库、渠道和地下水等水文参数进行实时监测，形成了 1956年以来的长系列水文监测基础资料。监测内容包括：水位、流量、流速、降雨

（雪）、蒸发、泥沙、冰凌、墒情、水质等，是水资源管理和保护的重要基础工作。监测目标分为：地表水监测目标、取水计量监测目标、行业用水监测目标、地下水监测目标、水质监测目标五个方面。主要由水文部门和地调队伍承担。

自然资源部门长期负责全国水文地质调查工作，与水利部门共同开展地下水监测工程。完成了 1∶20 万比例尺为主的全国水文地质普查，1∶5 万比例尺为主的重要城镇、工矿区、严重缺水区等水文地质调查，实现了除部分高山高原和沙漠腹地以外的全国陆域地下水调查全覆盖；与水利部共建了 2 万多个国家级地下水监测井，并利用 3.6 万个民用井监测地下水位；拥有全国水文地质结构、水文地质参数和地下水水位、水质、水量等资料。此外，基于多尺度遥感数据监测地表水体面积，完成了 2015 年度、2020 年度两次全国冰川遥感监测工作，探索了从卫星观测数据到土壤水分反演产品的全流程技术方法。中国地质调查局部署实施了生态地质调查、地下水污染调查评价等工作。

生态环境部门从环境调查监测和跨省（国）界水体断面水质考核的角度开展水资源质量方面的监测工作，建成 3 600 多个国控断面监测站，覆盖我国主要江河流域及重点湖库。

（六）法律法规

《中华人民共和国水法》（1988 年发布，2002 年修订，2009 年修正，2016 年修正）、《中华人民共和国防洪法》（1997 年发布，2009 年修改，2015 年修改，2016 年修改）、《中华人民共和国水污染防治法》（1984 年公布，1996 年修正，2008 年修订，2017 年修正）、《中华人民共和国水土保持法》（1991 年公布，2010 年修订）、《中华人民共和国水文条例》（2007 年公布，2013 年修订，2016 年修订，2017 年修改）、《中华人民共和国防汛条例》（1991 年发布，2005 年修正，2010 年修改）、《中华人民共和国抗旱条例》（2009 年）、《地下水管理条例》（2021年）、《水文站网管理办法》（水利部令第 44 号）、《水文监测环境和设施保护办法》（水利部令第 43 号）、《关于加强地下水监测工作的通知》（水文〔2008〕13 号）。

（七）标准规范

近年来，已发布的水文地质与水资源相关规范标准主要包括术语类、监测类、调查评价类、区划类、地图编绘类、模拟类、数据库与信息平台建设类。另有部分标准正在审查或正在征求意见，按照类型划分如下：

（1）水文地质与水资源术语类：《地下水资源储量分类分级》（GB/T 15218—2021）、《水文基本术语和符号标准》（GB/T 50095—2014）、《水资源术语》（GB/T 30943—2014）、《水文地质术语》（GB/T 14157—1993）。

（2）水文地质与水资源监测类：《地下水监测工程技术规范》（GB/T 51040—2014）、《区域地下水质监测网设计规范》（DZ/T 0308—2017）、《区域地下水位监测网设计规范》（DZ/T 0271—2014）、《地下水监测井建设规范》（DZ/T 0270—2014）、《地下水巢式监测井建设规程》（DZ/T 0310—2017）、《浅层地下水集束式监测井建设规程》（DZ/T 0436—2023）、《地下水环境监测技术规范》（HJ/T 164—2004）、《地表水和污水监测技术规范》（HJ/T 91—2002）、《地下水统测技术要求》（DZ/T XX—2023）、《地下水质分析方法》（DZ/T 0064—2021）。

（3）水文地质与水资源调查评价类：《区域水文地质工程地质环境地质综合勘查规范（比例尺 1∶50 000）》（GB/T 14158—1993）、《矿区水文地质工程地质勘查规范》（GB/T 12719—2021）、《地表水环境质量标准》（GB 3838—2002）、《地下水资源调查评价规范》（DZ/T XX—2023）、《水文地质调查规范（1∶50 000）》（DZ/T 0282—2015）、《地下水水质标准》（DZ/T 0290—2015）、《水文调查规范》（SL 196—2015）、《地下水资源勘察规范》（SL 454—2010）、《水资源评价导则》（SL/T 238—1999）、《河湖生态环境需水计算规范》（SL/Z 712—2014）、《地表水资源质量评价技术规程》（SL 395—2007）、《水文地质调查技术要求（1∶50 000）》（DD 2019-03）、《平原（盆地）地下水调查评价技术要求》（DD 2015-03）、《地下水动态调查评价规范》（DD 2014-04）、《红层地区浅层地下水勘查评价技术要求（1∶50 000）》（DD 2008-04）、《1∶25 万区域水文地质调查技术要求》（DD 2004-01）。

（4）水文地质与水资源区划类：《地下水超采区评价导则》（GB/T 34968—

2017)、《水功能区划分标准》（GB/T 50594—2010）、《地下水资源分区定级标准》（DZ/T XX—2023）、《河湖生态修复与保护规划编制导则》（SL 709—2015）。

（5）水文地质与水资源地图编绘类：《国家基本比例尺地图编绘规范》（GB/T 12343.1—2008）"第 1 部分：1∶25 000 1∶50 000 1∶100 000 地形图编绘规范"、《国家基本比例尺地图编绘规范》（GB/T 12343.2—2008）"第 2 部分：1∶250 000 地形图编绘规范"、《综合水文地质图图例及色标》（GB/T 14538—1993）、《水文地质调查图件编制规范》（DD 2019-04）"第 1 部分：水文地质图编制（1∶50 000）"。

（6）水文地质与水资源模拟类：《地下水资源管理模型工作要求》（GB/T 14497—1993）、《地下水资源数值法计算技术要求》（DZ/T 0224—2004）。

（7）水文地质与水资源数据库与信息平台建设类：《地下水监测数据库规范》（DZ/T）、《水资源数据库规范》（DZ/T）、《水文数据库表结构及标识符》（SL/T 324—2019）、《水情信息编码》（SL 330—2011）、《水资源监控管理数据库表结构及标识符标准》（SL 380—2007）、《水文地质调查数据库建设规范（1∶50 000）》（DD 2019-05）。

（8）地方标准：《年降水资源评估 山西省地方标准》（DB 14/T 704—2012）、《年降水资源评估等级 辽宁省地方标准》（DB 21/T 1791—2010）、《水资源（水量）监测技术规范 山东省地方标准》（DB 37/T 3858—2020）、《工业园区规划水资源论证技术导则 山东省地方标准》（DB 37/T 3386—2018）、《空中水资源评估方法 四川省地方标准》（DB 51/T 1445—2012）。

七、全国湿地资源调查监测

根据《中华人民共和国湿地保护法》，湿地是指"具有显著生态功能的自然或者人工的，常年或者季节性积水地带、水域，包括低潮时水深不超过 6 米的海域，但是水田及用于养殖的人工的水域和滩涂除外"。湿地具有涵养水源、净化水质、调节洪水、促淤造陆、调节气候和保护海岸等重要生态功能，是生物多样性的发源地之一，因此被称为"地球之肾"。湿地拥有卓越的碳汇能力，湿地中的沼泽地特别是泥炭地储存了大量的碳，是重要的"储碳库"，在有效缓解温室效应、应对气候变化方面发挥着不可替代的作用。同森林和海洋一样，湿地是地球上重要的生命支持系统，在维护全球生态平衡、促进经济社会可持续发展、保障人类健康中发挥着举足轻重的作用。

我国先后开展过两次全国性湿地调查和多次专题性调查监测，查清了湿地资源的现状，掌握湿地生态系统的结构和功能，为湿地资源的保护和合理利用，以及国家政策制定提供基础资料和决策依据，有效支撑生态文明建设和经济社会高质量发展。同时为履行《湿地公约》及其他有关国际公约或协定服务提供数据服务。

（一）湿地资源调查

自 1992 年我国加入《湿地公约》以来，为掌握全国湿地基本情况，履行国际《湿地公约》，国家林业局组织完成了两次全国湿地资源调查（未含香港特别行政区、澳门特别行政区和台湾地区）。

1993～2003 年，我国组织开展第一次全国湿地资源调查，主要采取资料收集和现地调查相结合的方式，查清了全国湿地总面积 3 848 万 hm^2，掌握了全国面积 100 hm^2 以上的湿地类型、分布、面积、保护管理状况，以及全国湿地中高等植物的区系组成、珍稀物种及分布，湿地动物的区系组成、珍稀种类、地理分布和栖息地状况。第一次全国湿地资源调查结果在编制《全国湿地保护工程规划（2002～2030 年）》、指定国际重要湿地、建立自然保护区和参与国际合作等工作中，发挥了重要的基础性作用，也为第二次全国湿地资源调查奠定了数据基础。

2009～2013 年，我国组织完成第二次全国湿地资源调查，采用了 3S 技术与现地调查相结合的方法，查清了全国 8 hm^2 以上的湿地总面积 5 360 万 hm^2，也掌握了全国每块湿地的类型、分布、范围、面积、水文、动植物、资源利用、受威胁等基本状况，以及湿地保护管理状况，查清了全国重要湿地（包括国际重要湿地、国家重要湿地、自然保护区中的湿地、湿地公园中的湿地、省级行政区特有类型的湿地、分布有特有的濒危保护物种的湿地、面积大于等于 1 万 hm^2 的近海与海岸湿地、湖泊湿地、沼泽湿地和水库、红树林湿地，以及其他具有特殊保护意义的湿地）的水环境，生物多样性、自然环境状况、社会经济状况、湿地资源利用受破坏或威胁现状，并首次建立了湿地遥感影像和基础数据库。起调面积与《湿地公约》接轨。

2014 年起，为落实《联合国气候变化框架公约》相关决议，原国家林业局与中国地质调查局合作，组织开展了全国重点省份泥炭沼泽碳库调查工作，对内蒙古等 11 个省（自治区）中单块面积大于 1 hm^2（含 1 hm^2）以上的泥炭沼泽进行碳库调查。目前已完成内蒙古、黑龙江、吉林、辽宁、云南、贵州、青海等 7 个省（自治区），正在开展四川、甘肃的调查，新疆、西藏也将于近两年完成。

湿地资源调查主要采用 3S 技术与现地调查相结合的技术方法。对于湿地边界划定，主要采用遥感划定和现地核查相结合的技术方法。由于湿地具有独特的水文、植被和土壤特征，可依据湿地水文因子、植被因子、土壤因子和高程因子等作为划分依据。积水线或渍水线是划定湿地边界的基本因子，湿地植物的生长范围是划定湿地边界的重要因子，在利用水文因子和植物因子还不能确定湿地边界时，利用水成土的分布范围划定湿地边界，湿地所处的海拔高度可以辅助划定湿地边界。首先，通过遥感影像，依据堤坝、道路、水位线、植物等可辨识的标志物，初步划定湿地边界；其次，依据湿地类型、行政界线、三级流域、积水状况、土地权属、保护状况、受威胁等级和主导利用方式等不同，在湿地内部划定不同类型湿地边界和湿地图斑。通过遥感影像无法判读的，需赴现地根据实际情况，在影像上划定湿地边界，并对重要地貌、地物和植被等拍照取证；通过遥感影像能够判读的，也需要通过野外调查验证。

（二）湿地资源监测

2007 年，经国务院批准，原国家林业局牵头成立了由 16 个部门组成的中国履行《湿地公约》国家委员会，将国际重要湿地监测作为重要基础工作，制定了重要湿地监测相关技术标准规范，每年对国际重要湿地进行常规监测。迄今已在我国国际重要湿地建立了 39 处湿地生态定位站，大部分国际重要湿地、湿地类型国家级自然保护区和国家湿地公园等。

2018 年开始，国家林草局对内地国际重要湿地进行全面动态监测，向国内外发布《中国国际重要湿地生态状况白皮书》，主要监测指标包括濒危物种种群数量情况、濒危物种栖息地情况、水源补给状况（水文）、地表水水质、地表水富营养化程度、湿地植被覆盖率、物种多度、水鸟物种数、濒危物种数量、植物入侵状况、土地（水域）利用方式变化状况、社会影响等。

除全国范围内对湿地资源的统一调查监测工作外，近年来我国不同部门还根据管理需要开展了部分湿地调查监测工作。其中，原国家海洋局组织了海岸带综合调查和海涂资源综合考察，为了解和把握我国全国海岸带和海涂资源奠定了基础；原地质矿产部开展了全国范围内的泥炭资源调查，初步掌握了我泥炭资源储量和分布；住房和城乡建设部公布了 58 个国家城市湿地公园，并将城市湿地纳入城市蓝线、绿线严格管理，落实保护措施，结合园林城市建设、城市更新、城市双修、海绵城市建设、黑臭水体治理等工作，开展了城市湿地监测，持续推进城市湿地保护修复工作；水利部组织各地各级河湖长开展管河护河专项行动及河湖"清四乱"专项整治，在主要河流及湖泊上建立了以水位、流量指标为主的水情监测体系，为构建湿地监测体系提供相关基础；农业农村部对大江大河和典型湖泊内的渔业资源开展了常规监测和专项调查，在水生生物类型的自然保护区和水产种质资源保护区内开展了比较全面的水生生物本底资源调查，此外还开展了长江江豚、中华鲟、长江鲟、白鲟等珍稀濒危水生动物的专项调查。

（三）法律法规

1. 国家层面湿地法律建设

2021 年 12 月 24 日，中华人民共和国第十三届全国人民代表大会常务委员会第三十二次会议通过《中华人民共和国湿地保护法》（2022 年 6 月 1 日实施），这是我国从国家层面制定的第一部专门针对湿地的法律，从湿地生态系统完整性、系统性角度出发，建立了完整的湿地保护法律制度体系，有利于维护湿地生态功能及生物多样性，保障生态安全，促进生态文明建设，为强化湿地保护提供了法治保障。

《中华人民共和国湿地保护法》第二条规定：本法所称湿地，是指具有显著生态功能的自然或者人工的、常年或者季节性积水地带、水域，包括低潮时水深不超过六米的海域，但是水田及用于养殖的人工的水域和滩涂除外。国家对湿地实行分级管理及名录制度。江河、湖泊、海域等的湿地保护、利用及相关管理活动还应当适用《中华人民共和国水法》《中华人民共和国防洪法》《中华人民共和国水污染防治法》《中华人民共和国海洋环境保护法》《中华人民共和国长江保护法》《中华人民共和国渔业法》《中华人民共和国海域使用管理法》等有关法律的规定。

除上述法律外，我国湿地相关的水、土、生物等资源要素的保护和管理，也已经在相关法律法规中体现。涉及的相关法律主要包括：《中华人民共和国森林法》（1984）、《中华人民共和国草原法》（1985）、《中华人民共和国野生动物保护法》（1988）、《中华人民共和国海岛保护法》（2009）。涉及的主要行政法规主要包括：《中华人民共和国自然保护区条例》（1994）、《中华人民共和国水生野生动物保护实施条例》（1994）、《中华人民共和国野生植物保护条例》（1996）、《中华人民共和国植物新品种保护条例》（1997）、《中华人民共和国森林法实施条例》（2000）、《风景名胜区条例》（2006）、《长江河道采砂管理条例》（2011）、《海洋观测预报管理条例》（2012）等。

2. 地方层面湿地法规建设

我国地方湿地立法工作发展迅速，许多湿地资源丰富的省份已经制定了地方湿地保护法规。2003 年黑龙江省在全国率先制定《黑龙江省湿地保护条例》，开启全国湿地立法先河。截至 2021 年底，全国共有 28 个省（直辖市、自治区）颁布了省级湿地保护条例，另外不同城市也先后出台了湿地保护条例。

（四）标准规范

针对湿地调查和监测，目前我国已经出台了湿地分类、湿地监测、湿地评估等方面的相关国家标准和行业标准，湿地资源调查的相关标准和规范已在行业标准中立项，正在积极推进。

《湿地分类》（GB/T 24708—2009）、《野生动植物保护信息分类与代码》（LY/T 2179—2013）、《湿地信息分类与代码》（LY/T 2181—2013）、《重要湿地监测指标体系》（GB/T 27648—2011）、《基于 TM 遥感影像的湿地资源监测方法》（LY/T 2021—2012）、《湿地生态系统定位观测指标体系》（LY/T 2090—2013）、《湿地生态系统定位观测技术规范》（LY/T 2898—2017）、《湿地生态系统定位观测研究站建设规程》（LY/T 2900—2017）、《湖泊湿地生态系统定位观测技术规范》（LY/T 2901—2017）、《滨海湿地生态监测技术规程》（HY/T 080—2005）、《红树林生态监测技术规程》（HY/T 081—2005）、《河口生态系统监测技术规程》（HY/T 085—2005）、《湿地生态风险评估技术规范》（GB/T 27647—2011）、《红树林湿地健康评价技术规程》（LY/T 2794—2017）、《湿地生态系统服务评估规范》（LY/T 2899—2017）。

八、海域海岛资源调查监测

海域海岛资源调查，是指在我国主张管辖的 300 万 km² 海域范围内开展的所有涉及海洋资源环境因素的调查。中华人民共和国成立后，国家依据发展需要和国际上对海洋的关注程度，先后开展了数次较大规模的海洋综合调查和专项调查，主要有：全国海洋综合普查、全国海岸带和海涂资源综合调查、全国海岛资源综合调查和开发试验、大陆架及邻近海域勘查与资源远景评价、我国专属经济区和大陆架勘测、我国近海岸海洋综合调查与评价专项、全国海域海岛地名普查、国家海岛（礁）测绘工程和全国海岸线修测工作等一系列海洋资源调查。

（一）基本情况

1958～1960 年，中华人民共和国国家科学技术委员会组织开展了中华人民共和国成立后的首次大规模的海洋综合调查。调查范围包括我国大部分近海区域，以我国四大海区近岸为主，获取了我国近海小比例尺（1∶100 万）海洋水文、化学、生物、地质等要素的基本数据，出版了《全国海洋综合调查报告》《全国海洋综合调查资料》《全国海洋综合调查图集》，改变了我国缺乏基本海洋资料的局面。

1980～1986 年，原国家海洋局组织开展了全国海岸带和海涂资源综合调查，这是我国首次进行的大规模海岸带综合普查。调查范围涉及海岸带陆域和海域（海岸线向陆延伸 10 km，向海至 10～15 m 等深线）。调查内容全面，包括气候、水文、地质地貌、海水化学、海洋生物、海岸土壤、植被与林业、环境质量、土地利用现状、社会经济等。海上调查和潮间带调查一般采用断面和大面站观测，陆上调查采用点面结合、路线调查，在部分区域应用了航空遥感技术。

1986～1993 年，为了科学有效的开发和利用海湾，原国家海洋局在全国海岸带和海涂资源综合调查结束后，开展了中国海湾调查研究并编纂了《中国海湾志》。该志书由原国家海洋局第一海洋研究所牵头，并于 1986 年正式开展补充调查和编写任务。至 1999 年出版了 13 个分册，对我国 150 多个海湾和河口的自然条件、社会经济、资源状况、开发利用历史和存在问题等做了全面阐述，为海湾规划、开发利用和管理及科研提供了翔实资料的科学依据。

1988～1995 年，我国首次开展了海岛综合调查专项——"全国海岛资源综合调查和开发试验"，对我国面积在 500 m^2 以上的岛屿的资源、环境和社会经济进行实地调查和开发试验。调查方式分综合调查、专项调查和概查。调查范围包括周围 20 m 或 30 m 等深线海域，调查内容亦较为全面，包括气候、水文、化学、生物、地质、地貌、土壤、植被、环境质量、土地利用、林业、社会经济和测绘等 13 个专业的 200 多个要素。基本查清了我国海岛的数量（面积大于 500 m^2）、面积、位置、岸线长度、海岛及附近海域自然资源与环境特征等基本情况。完成了全国和沿海省（自治区、直辖市）海岛资源综合调查报告，专业调查报告和资料汇编，海岛名录，海岛资源综合调查简明规程等成果共 5 400 多万字。1992 年全国确定 6 个国家级海岛综合开发试验区，沿海各省（自治区、直辖市）也选定一批省级开发试验区，调查成果和试验成果经推广应用，取得了良好的经济效益、社会效益和环境效益。

1991～1995 年，原国家海洋局开展了国家科技攻关项目"大陆架及邻近海域勘查与资源远景评价"，调查方式为船载走航式和定点调查，评价了我国大陆架及邻近海域的生物资源和矿产资源，建立中国大陆架及邻近海域环境与资源数据库。

1996～2001 年，开展了"我国专属经济区和大陆架勘测"，调查范围是我国管辖海域，调查内容为海底地形、海洋生物资源、海洋地质地球物理和海洋环境，完成了我国管辖海域海洋生物资源、海洋地质地球物理、海洋环境补充调查等，绘制了 1∶50 万或 1∶100 万比例尺的专题调查图。

2005～2012 年，原国家海洋局组织开展了我国规模和调查范围最大、调查内容最全的"我国近海海洋综合调查与评价"专项（简称"908 专项"），包括近海海洋综合调查、近海海洋综合评价及"数字海洋"信息基础框架构建 3 项任务。调查方式上分为基础调查、重点海域调查和专题调查。其中基础调查范围为我国内水、领海和领海以外的部分海域，中小比例尺（1∶10 万至 1∶50 万）；围绕沿海主要经济区带、中心海洋城市及近岸重要海洋生态系统选划出 17 个重点海域，开展了中比例尺（1∶5 万至 1∶10 万）重点海域调查；专题调查主要包括海岛（岛礁）、海岸带、海域使用现状、沿海地区社会经济基本情况、海洋灾害、海水资源利用和海洋可再生能源调查等调查任务。

另外，2008～2011 年，开展了"国家海岛（礁）测绘工程（一期）"，重点开展部分海岛岛陆的测绘，为建立陆海一致的大地坐标系统服务。2009～2012 年开展的"全国海域海岛地名普查"，隶属于第二次全国地名普查试点，普查的地理实体分为：海域地理实体、海岛地理实体和其他地理实体，主要调查海岛名称、数量和位置，服务于国家地名管理。

（二）技术方法

海域海岛资源调查监测方法可分为实地调查和遥感调查，依据其调查设备载体可分为空基、岸基、船基及海床基等类型。目前，海域海岛资源调查监测方法已初步可实现空天地海立体调查监测。

遥感方面，航天遥感是充分利用卫星遥感搭载的可见光、红外线、高光谱、微波、雷达等探测器，获取广域的定期影像覆盖和数据，支持周期性的海域海岛资源调查监测。航空摄影方面，利用飞机、浮空器等航空飞行平台，搭载各类专业探测器，实现快捷机动的区域高精度调查监测。

实地调查方面，充分利用岸基调查设备、海洋综合考察船舶、无人船、潜水器、水下滑翔器、电视抓斗等先进设备，搭载定位测量工具、地球物理调查仪器设备、物理海洋调查设备、海洋生物生态调查设备、化学调查设备、岸滩调查仪器设备、样品采集设备、检验检测仪器、照（摄）相机等设备，利用实地调查、样点监测、定点观测、走航观测等调查模式，进行实地调查和现场监测。另外，利用"互联网+"等手段，有效集成各类调查监测设备和资料，提升调查监测工作效率。

依据各类资源侧重点和所赋存的部位差异，海域海岛资源多采用实地调查和遥感调查相结合的方式来开展资源调查监测，调查监测方式多以定点、走航和实时调查监测的手段组合开展。

1. 海岸线资源动态监测

采用航天遥感为主，辅以实地调查验证的方式开展。利用航天遥感获取海岸线大面变化数据，对海岸线开展高精遥感（航空、无人机）和地面实地调查（GNSS RTK、激光扫描等）验证调查。对重要岸线资源可采用实时观测方式进行实时连续监测。

2. 岸滩（潮间带）资源调查监测

采用实地调查和遥感调查一体化调查方式，实地调查包括船基和岸基手段。低潮时遥感调查数据可获取岸滩大面和局地高精数据，实地调查包括潮间带测绘、取样和船载调查。监测方式多以周期性定点和剖面调查的手段实现。

3. 海岛资源调查监测

海岛资源调查范围涉及陆域、潮间带和海岛周边海域。调查方法上可采用空天地海调查的所有手段，依据海岛资源的细分进行调查监测手段的具体划分。

4. 河口、海湾资源调查监测

河口、海湾资源调查范围涉及岸滩、岸线和浅海水域。河口、岸滩、岸线资源调查上述已涉及，浅海水域主要采用船载定点、走航式和海床基观测的组合调查监测手段。

5. 浅海大陆架资源环境调查

浅海大陆架资源主要采用船载定点、走航式和海床基观测的组合调查监测手段。

6. 特殊生态系统资源调查监测

特殊生态系统资源主要是指负载于岸滩、河口海湾及近浅海的滨海湿地、珊瑚礁和海草床等资源。这类资源数量类型分布等特征依据其赋存部位采用上述实地调查和遥感调查组合方法开展，其质量变化监测多采用周期性定点观测和剖面观测为主，主要是生物生态取样分析测试技术。

（三）法律法规

海域海岛资源调查相关的法律法规包括：1991 年通过的《九十年代我国海洋政策和工作纲要》、1993 年发布的《海洋技术政策要点》、1995 年编制的《全国海洋规划》、1996 年编制的《中国海洋事业的发展》白皮书、2001 年通过的《中华人民共和国海域使用管理法》和 2009 年通过的《中华人民共和国海岛保护法》。

（四）标准规范

海域海岛资源调查相关的标准规范包括：《海洋调查规范》（GB/T 12763）、《海洋监测规范》（GB 17378）、《全国海岸带和海涂资源综合调查简明规程》、《我国近海综合调查与评价专项技术规程》、《国家海域使用动态监视监测管理系统总体实施方案》、《海岛四项基本要素监视监测技术要求》、《领海基点海岛监视监测技术要求》、《全国海岸线修测技术规程》等。

九、矿产资源调查

矿产资源是指天然赋存于地壳内部或地表，由地质作用形成的，呈固态、液态或气态的具有经济价值或潜在经济价值的物质。矿产资源是人类社会存在与发展的重要物质基础，是一种重要的生产资料和劳动对象。目前社会生产所需的 80%左右的原材料、95%左右的能源、70%左右的农业生产资料、30%以上的饮用水来自矿产资源。矿产资源与其他生产资料的区别在于矿产是由地质作用形成的，分布在地壳的局部地段，人类不能创造它，而寻找和开发矿产又具有一定的难度；而与其他自然资源相比，又具有不可再生性、分布的空间不均衡性、赋存状态的复杂多样性、多组分共生等显著特点。

矿产地质调查是针对成矿地质条件、研究资源分布规律、预测资源潜力、圈定找矿靶区，并概略评价资源开发利用的技术经济条件和环境影响的地质调查工作。矿产地质调查突出重点矿种和重点成矿区带，部署在重要找矿远景区和矿集区，以成矿地质单元为调查区。调查内容包括矿产地质特征、成矿地质要素特征、含矿建造构造特征、地球物理特征、地球化学特征、遥感地质特征、成矿规律、矿产资源勘查开发条件、环境影响，以及矿产资源开发利用技术经济可行性和环境影响，制约找矿突破的关键地质问题。根据调查范围和内容，矿产地质调查主要指标包括五类：一是成矿要素，包括成矿地质作用、成矿地质体、成矿构造及成矿结构面、成矿作用标志；二是矿产预测类型，包括成矿地质作用、成矿地质作用亚类、矿产预测类型；三是找矿靶区，包括分类要素和类型；四是调查数量，包括调查面积、路线长度、观测点、矿产地、矿（化）点、测量元素数量、样品数量、预测资源量、找矿靶区；五是调查精度，包括比例尺、地质体规模、地质点误差、相关矿产工业指标等。

（一）工作概况

通常将 1916 年作为中国近代地质调查事业起点，发展至今大致可分为 5 个阶段。

1. 初始阶段（1916～1949 年）

最初阶段的地质和矿产调查主要工作内容是地质填图、现场考察和标本采集等，绘制地质图、矿产分布图，编写调查报告；抗日战争期间，工作重点是石油、煤炭、钨锑锡等有色金属和石盐等重要战略资源的勘查和应用研究。

2. 发展阶段（1949～1978 年）

中华人民共和国成立后，学习苏联工作方法和规范，在 1∶100 万、1∶20 万和 1∶5 万等 3 种比例尺不同精度开展系统调查，并同步进行区域地质调查和矿产普查。其中 1∶5 万区域矿产地质调查部署在成矿远景区带，调查内容包括：地质填图、水文地质、矿产普查、矿点检查、重砂测量、化探、伽马测量、磁法测量，局部地区进行重力和激电测量等工作；调查报告分基础地质和矿产两部分，附有地质图和矿产图。

3. 战略调整阶段（1978～1999 年）

地质工作进行战略性结构调整，区域矿产地质调查逐渐转为以区域地质调查为主，区域地质调查工作得到加强，矿产地质调查工作逐渐被矿产勘查取代。这一阶段开展了第二轮固体矿产普查，两轮成矿远景区划和两轮矿产资源对社会经济建设保证程度论证。这期间，全国还系统地开展了区域重力调查、航空磁测、区域地球化学调查和区域遥感地质调查等工作。

4. 革故鼎新阶段（1999～2016 年）

1999 年中国地质调查局成立，同年国土资源部启动新一轮国土资源大调查，矿产地质调查进入现代发展阶段。随着工业化、城镇化步伐加快，资源约束逐步成为我国经济发展中的主要矛盾。矿产勘查后备基地不足严重制约找矿突破。公益性矿产调查如何引领拉动商业性矿产勘查成为新的课题。中国地质调查局组织实施"矿产资源调查评价""战略性矿产远景调查"，新发现大批矿产地和找矿靶区，为商业性矿产勘查提供支撑。2011 年，国务院印发《找矿突破战略行动纲要（2011～2020 年）》，国家加大地质工作投入力度，开展基础性公益性地质矿产调查评价，为找矿突破战略行动提供保障。这阶段，在取得找矿成果的同时，逐渐形成了集地质填图、物探、化探、遥感地质调查、潜力评价与找矿预测等为一体，调查与研究深度融合的现代矿产地质调查方法技术体系。

5. 创新发展阶段（2016 年至今）

2016 年至今，自然资源部中国地质调查局正式确定矿产地质调查作为基础地质调查三大工作体系之一，矿产地质调查以解决制约找矿突破的重大问题为导向，以探索成矿规律、评价资源潜力为核心，加强资源集中区地质潜力、技术经济可行性和环境影响综合调查评价。

（二）技术方法

矿产地质调查主要技术方法有：遥感地质调查、矿产地质专项填图、地球物理调查、地球化学调查、矿产综合检查、潜力评价、技术经济可行性和环境影响评价等。

（1）遥感地质调查：初步了解调查区地层、岩性、构造、矿物蚀变异常分布特征，构建地质要素空间格架，为矿产地质调查提供先导性、基础性地质资料。主要工作包括：在区域性构造遥感解译工作基础上，提取与成矿有关的地层、岩性、构造、蚀变异常/矿物、热源等信息；开展典型矿床蚀变特征研究，建立遥感异常识别模型；确定含矿建造构造的延伸和展布范围，圈定找矿有利地段。

（2）矿产地质专项填图：大致查明含矿地层、岩体、构造，与成矿有关的建造、构造、矿化蚀变带等的分布和特征，为物化探异常解释、成矿规律研究、找矿靶区圈定和潜力评价提供基础地质资料。主要工作包括：在与沉积成矿作用有关的地区填编沉积岩建造构造图，在与火山成矿作用有关的地区填编火山岩建造构造图，在与岩浆侵入成矿作用有关的地区填编侵入岩建造构造图，在与变质成矿作用有关的地区填编变质岩建造构造图，在构造控矿作用明显的地区专项填编构造地质图。此外，在浅覆盖区和盆地区，充分运用地质、物探、化探、遥感、水文地质等资料，收集分析地震、测井、岩屑和钻探等数据，结合区域成矿规律认识，编制相关的建造构造图件。

（3）地球物理调查：大致查明调查区地球物理特征，圈定物探异常，为分析成矿地质条件、解决重大地质问题、评价资源潜力、圈定找矿靶区等提供地球物理依据。

（4）地球化学调查：基本查明调查区元素地球化学分布特征，圈定化探异常，为分析成矿地质条件、解决重大地质问题、评价资源潜力、圈定找矿靶区等提供地球化学依据。

（5）矿产综合检查：是指对矿产地质调查工作区内前人已发现的和本次工作中新发现的地质、物探、化探、遥感、自然重砂等各类异常、矿化信息和地表找矿线索，以地质、物探、化探等多方法结合的工作手段，进行的矿产检查和初步评价工作。矿产综合检查一般遵循地质踏勘、地表原方法检查、多方法评价的由浅入深、由表及里的工作程序。矿产综合检查按工作程度分为概略检查和重点检查两类。

（6）潜力评价：建立典型矿床成矿模式和找矿预测模型基础上，总结区域成矿规律，确定区域矿产预测要素，建立区域成矿模式和找矿预测模型，采用综合地质信息预测方法圈定预测区并估算资源量，优选找矿靶区。

（7）技术经济可行性和环境影响评价：通过资料收集、野外调查和模式对比，综合评价调查区矿产资源开发利用的可能性，预测矿产开发可能产生的环境影响，提出下一步工作建议。

（三）工作成果

矿产地质调查总体成果：圈定找矿靶区、提交新发现矿产地、提出勘查工作建议。提交矿产地质调查报告、矿产地质图、成矿规律图、矿产预测图和综合信息图、分幅矿产地质图及说明书和数据库等。①典型矿床调查成果：工作总结，典型矿床成矿模式图（表）、典型矿床找矿预测综合信息模型图。②遥感地质调查成果：工作总结，矿产地质遥感解译图、矿化蚀变（带）遥感判释图、遥感找矿预测图、地质环境遥感解译图等。③矿产地质专项填图成果：工作总结，实测地质剖面图、实际材料图、建造构造图、各类数据表格和数据库等。④地球物理调查成果：工作总结，地球物理平面剖面图、地球物理平面等值线图、地球物理综合剖面图、地球物理推断解释图等。⑤地球化学调查成果：工作总结，单元素地球化学图、单元素地球化学异常图、地球化学组合异常图、地球化学综合异常、地球化学找矿预测图、主要异常剖析图和地质构造推断解释图等。⑥矿产综合检查成果：成果报告，实际材料图、大比例尺矿产地质图，地球物理、地球化学平面图，地质、地球物理、地球化学剖面图，工程编录资料，样品测试结果及各类地质记录资料等。⑦矿产资源综合信息评价成果：工作总结，成矿规律图，矿产预测图，矿产地信息表，找矿靶区综合信息成果登记表及找矿靶区和新发现矿产地说明书，资源环境综合信息图等。

（四）法律法规

矿产地质调查法律法规及政策文件主要包括：《中华人民共和国矿产资源法》《中华人民共和国煤炭法》《中华人民共和国矿产资源法实施细则》《自然资源部关于促进地质勘查行业高质量发展的指导意见》《地质勘查活动监督管理办法》《自然资源部关于推进矿产资源管理改革若干事项的意见》《国土资源部关于锰、铬、铝土矿、钨、钼、硫铁矿、石墨和石棉等矿产资源合理开发利用"三率"最低指标要求（试行）的公告》等。

（五）标准规范

《区域地质图图例》（GB/T 958—2015）、《地质矿产勘查测量规范》（GB/T 18341—2021）、《矿产资源综合勘查评价规范》（GB/T 25283—2010）、《固体矿产勘查工作规范》（GB/T 33444—2016）、《重力调查技术规范（1∶50 000）》（DZ/T 0004—2015）、《地球化学普查规范（1∶50 000）》（DZ/T 0011—2015）、《区域地球化学勘查规范》（DZ/T 0167—2006）、《地质岩心钻探规程》（DZ/T 0227—2010）、《固体矿产地质调查技术要求（1∶50 000）》（DD 2019-02）。

十、全国地理国情普查监测

地理国情主要是指地表自然和人文地理要素的空间分布、特征及其相互关系，是基本国情的重要组成部分。地理国情普查是基础性的国情国力调查，是掌握自然资源、生态环境及人类活动基本情况的综合性、基础性工作。开展地理国情普查监测，可以全面获取和动态监测各类自然和人文地理要素信息，以及反映人类社会与自然环境相互关系的国情数据，是以习近平生态文明思想为指引，实施"山水林田湖草沙"一体化的自然资源管理的迫切需要。

（一）第一次全国地理国情普查

2013 年 2 月 28 日，国务院印发《关于开展第一次全国地理国情普查的通知》（国发〔2013〕9 号，以下简称《通知》），全面部署开展第一次全国地理国情普查工作。《通知》要求，从 2013 年到 2015 年，用三年时间，开展全国陆地范围的地理国情普查，全面查清我国自然和人文地理要素的现状和空间分布情况，满足经济社会发展和生态文明建设的需要。

《通知》明确了四项任务：一是调查自然地理要素的基本情况，包括与自然资源环境相关的地形地貌、植被覆盖、水域、荒漠与裸露地等地理要素的类别、位置、范围、面积等；二是调查人文地理要素的基本情况，包括与人类活动相关的交通网络、居民地与设施、地理单元等地理要素的类别、位置、范围、面积等；三是开展地理国情信息统计分析，包括对自然和人文地理要素等重要地理国情信息的统计分析，以及将地理信息与经济社会数据进行整合，对经济社会发展指标进行空间化、综合性统计分析评价；四是建立地理国情信息数据库，形成系列地理国情普查图集和普查报告，形成系统、规范的地理国情普查技术和标准体系，建立科学、高效的地理国情普查工作机制。

地理国情普查是全面的基础性普查工程。以覆盖全国陆地国土的分辨率优于 1 m 的多源航空航天遥感影像为主要数据源，收集、整合基础地理信息数据及多行业专题数据，采用自动与人机交互影像处理、多源信息辅助判读解译、外业调查、空间数据库建模、统计数据空间化、多源数据融合、空间量算、地理计算、空间统计等技术与方法，运用高新技术和装备，根据任务区的特点灵活采用"先内后外""先外后内"或内外业交互结合的方式开展数据采集，开展全国地形地貌、地表覆盖、重要地理国情要素的调查与建库，搭建地理国情普查统计分析平台，开展全国地理国情信息统计分析，通过地理国情信息发布与服务系统、管理系统、地理国情监测平台等技术体系建设，实现第一次全国地理国情普查成果的管理、发布和应用。

地理国情普查综合考虑了地表形态、地表覆盖和重要地理国情要素三个方面，建立了地理国情普查的分类体系，共 12 个一级类、58 个二级类、135 个三级类。其中一级类包括耕地、园地、林地、草地、房屋建筑（区）、道路、构筑物、人工堆掘地、荒漠与裸露地表、水域、地理单元、地形。

地理国情普查工作于 2013 年 8 月正式启动，主要由全国 400 多家乙级以上测绘资质单位承担，共投入 5 万余名专业技术人员，编制了普查总体方案、实施方案，研究制定了 20 余项技术规程和规定，建立了完善的技术标准体系。共组织国家级培训 246 次，累计培训 29 658 人次，开展省级培训 1 800 次，累计培训 15.6 万人次。开展了 130 多次督查督导，建立了"两级检查、一级验收、过程抽查、验后复核"的质量控制体系，做到了质量控制对普查承担单位、普查区域、普查工序、普查成果的全覆盖。

第一次全国地理国情普查经过三年的艰苦工作，掌握了我国以 2015 年 6 月 30 日为标准时点的全覆盖、无缝隙、高精度的海量地理国情信息，全面查清了我国陆地国土范围内（未含港澳台地区）地表自然和人文地理要素的空间分布状况及其相互关系，首次获取了普查范围内我国陆地国土表面面积，掌握了各类地形地貌的分布，查清了我国地表覆盖要素 10 个一级类、58 个二级类和 135 个三级类的类别、面积和空间分布，总图斑数超过 2.6 亿个。查清了我国铁路与道路、水域、构筑物等地理国情要素的类别、数量、面积和长度等，总要素量超过 2 500 万个。建成了地理国情普查数据库和管理系统。构建了普查信息管理服务系统和普查成果数据库，数据总量达 770 TB，具有三维浏览、成果查询、检索和分发服务功能，也可为政府、企业和社会提供个性化的统计分析定制服务。编制了系列地理国情普查图件，以直观的形式揭示了我国地理国情的现状和分布，展示全国、分省、重点区域内的地理国情空间分布和统计结果。编制了地理国情普查公报和数据集，反映了国家、省、市、县四级行政区域内地理国情要素的数量、构成和分布现状。

2016 年 8 月，普查成果顺利通过专家验收。2017 年 4 月 24 日，国务院新闻办举行新闻发布会，正式向社会发布普查公报，并提供普查成果。

（二）地理国情监测

2014 年，国情普查领导小组办公室下发了《关于在开展地理国情普查的同时做好普查成果应用及地理国情监测工作的通知》（国地普办〔2014〕7 号）。自 2016 年开始，每年以 6 月 30 日为时点，对基础地理国情普查结果进行年度监测更新，保持了各类地理国情的现势性，实现了各类地理国情普查数据在时间维度上的延伸。同时，在基础地理国情数据的基础上，紧扣政府和社会公众关注的重点、热点和难点问题，开展面向问题、面向应用的专题性地理国情监测，形成了大气颗粒物污染源空间分布、农产品主产区、冰川积雪变化、内陆地表水、海岸带开发利用格局、交通网络发展变化等地理国情专题性监测成果。

2017 年 5 月 8 日，原国家测绘地理信息局发布《关于全面开展地理国情监测的指导意见》（国测国发〔2017〕8 号），全面部署了全国地理国情监测工作，确定了监测的基本原则和主要目标，提出了健全监测体制机制、完善监测业务体系、全面开展基础性地理国情监测、围绕重点开展专题性地理国情监测、加强地理国情分析研究、深化地理国情信息应用等六项主要工作内容，明确了组织实施和保障措施。提出在"十三五"期间，对我国陆地国土范围内地理国情信息的变化开展监测，进行地理国情综合评价，提供普遍适用的公共产品和定制产品，全面提升测绘地理信息保障能力，满足生态文明建设和自然资源管理的需要。

地理国情监测分为基础性地理国情监测和专题性地理国情监测。基础性地理国情监测是采用与第一次全国地理国情普查相一致的内容体系，覆盖全国，面向通用目标、综合考虑多种需求而进行的常态化监测，实现各种自然和人文地理要素动态变化的经常性、规律性监测；专题性地理国情监测是利用地理国情普查和基础性监测成果，结合最新航空航天遥感影像，开展精细化、抽样化、快速化的专题性监测，具有地域特色和问题针对性。

地理国情普查监测根据工作目标差异，以及开展的范围、周期、时点和内容的不同，在技术路线上有所差异。

地理国情基础性监测是在普查基础上的年度周期性更新监测。其技术路线要体现全面覆盖、规范快速、突出重点的原则。每年以 6 月 30 日为年度监测时点，依据监测内容的要求和《基础性地理国情监测内容与指标》（CH/T 9029—2019）规定的指标，开展变化监测，对上一轮监测成果进行更新。基础性地理国情监测采用内外业结合的方法，以"内业为主、外业为辅"为原则，利用上年度基础性监测成果数据作为监测本底，结合第一次全国地理国情普查成果和其他监测数据，基于监测中获取的遥感影像数据，识别变化区域，采用遥感影像解译、变化信息提取、数据编辑与整理、外业调查等技术与方法，充分利用已经收集的解译样本数据辅助内业解译，采集变化信息，结合多行业专题数据，对本底数据进行更新。内业无法获取和难以识别的内容辅以外业调查，其他变化区域合理选择核查路线开展外业核查，确保采集的变化信息的准确性。

基础性地理国情监测基本保持和沿用了地理国情普查分类体系的内容，并根据应用和管理需求的变化有所调整。共分为 10 个一级类，59 个二级类，143 个三级类。其中一级类将耕地与园地合并、林地和草地合并，道路改为铁路与道路，分别为：种植土地、林草覆盖、房屋建筑（区）、铁路与道路、构筑物、人工堆掘地、荒漠与裸露地、水域、地理单元、地形。

2016～2021 年，地理国情监测已连续开展 6 年，生产了长时间序列的基础地理国情数据和专题地理国情数据，编制了系列技术标准规范，形成了系列监测成果，建立了成果发布和应用体系。在国土空间开发、生态环境保护、资源节约集约利用、城市空间变化等方面开展了 100 余项监测示范，取得了系列监测成果，为开展地理国情监测工作进行准备和探索。

通过近年来开展的地理国情普查和监测工作，已基本建立了以航空航天遥感为主体、空天地一体化、内外业相结合的数据获取技术，多时相多要素变化检测与智能化信息提取技术，基于地理单元的数据统计分析技术，以及多源海量时空地理信息数据库和数据管理技术为主体的技术体系，有力保障了地理国情的快速调查和监测，保障了成果质量和服务效益。实施中主要采用了包括航空航天遥感技术、内外业一体化调查技术、多源数据融合与快速处理技术、地理国情信息提取与解译技术、地表覆盖与地理要素变化检测技术、专题性地理国情监测时空数据库技术、地理国情信息统计分析数据挖掘与模拟预测技术、地理国情专题图件编制技术等关键核心技术，并通过技术规范和标准的制定实现了关键技术的工程化应用。

（三）法律法规

2017 年 7 月 1 日施行的《中华人民共和国测绘法》第二十六条规定："县级以上人民政府测绘地理信息主管部门应当会同本级人民政府其他有关部门依法开展地理国情监测，并按照国家有关规定严格管理、规范使用地理国情监测成果。各级人民政府应当采取有效措施，发挥地理国情成果在政府决策、经济社会发展和社会公众服务中的作用"。

2017 年 5 月 8 日，原国家测绘地理信息局颁发《关于全面开展地理国情监测的指导意见》（国测国发〔2017〕8 号），提出了地理国情监测的指导思想、基本原则，设定了"十三五"期间地理国情监测的主要目标，对健全监测体制机制、完善监测业务体系、全面开展基础性地理国情监测和专题性监测、加强地理国情分析研究和应用等工作内容做了全面的要求，对工作开展的组织保障进行了安排和部署，是开展地理国情监测工作的指导性文件。

（四）标准规范

地理国情普查与监测工作开展以来，通过开展技术标准化研究，研制了系列的标准规范，涉及调查监测内容、技术方法、成果汇交、检查验收、数据库标准、制图标准等各个方面，基本形成了地理国情普查监测标准规范体系。主要包括以下标准和规范：

《地理国情普查内容与指标》（GDPJ01—2013）、《地理国情普查基本统计技术规程（报批稿）》、《地理国情普查数据规定与采集要求》（GDPJ 03—2013）、《地理国情普查数据生产元数据规定》（GDPJ 04—2013）、《地理国情普查成果资料汇交与归档基本要求》（GDPJ 07—2014）、《地理国情普查检查验收与质量评定规定》（GDPJ 09—2013）、《专题性地理国情监测技术指南》、《基础性地理国情监测数据技术规定》（GQJC 01—2019）、《基础性地理国情监测内容与指标》（CH/T 9029—2019）、《数字正射影像生产技术规定》（GDPJ 05—2013）、《遥感影像解译样本数据技术规定》（GDPJ 06—2013）。

十一、国内自然资源调查监测主要工作小结

长期以来，我国土地、森林、草原、水和湿地等各类自然资源分属国务院不同部门管理。各管理部门基于自身的职责和管理需求，组织开展各类自然资源调查工作，有力地支撑了相关行业管理和国民经济发展。同时，由于各类资源调查监测工作分头组织和管理，调查内容与技术标准不一，导致调查内容、调查时点、分类标准、调查精度、技术方法等均存在一定差异，影响了调查成果作用的发挥。主要问题包括以下几个方面。

（一）分类标准体系不统一

在现行分类标准中，原国土行业的基础性、通用性较强，分类标准较为完善。森林、湿地、草原等分类标准从各自管理需求和专业角度出发，相互之间的衔接较少，兼容性较差。对于各自管理领域的耕、园、林、草等分类，原国土部门和农业、林业部门的认定标准和调查范围存在不一致。为实现自然资源统一调查监测，需建立统一的自然资源分类基础，再根据各类专项调查需求进行细化，明确自然资源大类的划分标准，解决自然资源类型不重不漏的问题。

（二）技术方法手段差异较大

在土地、森林、草原、湿地、水、地质、海洋等自然资源调查监测工作中，3S 相关技术方法已得到广泛应用，但各个专业部门对于数据信息化要求等技术标准内容存在较大差异，形成的调查监测成果空间信息化程度参差不齐，部分专业调查还停留在表格数据管理阶段，不同行业间数据成果组织形式差异较大，难以统一综合分析。

（三）数据重复生产共享性差

各类自然资源调查由不同部门在不同时期分别开展，没有统一进行组织实施。不同行业间因调查侧重点不同，对同一地块、同一内容进行重复调查，由于基础数据时间、精度等不一致，调查成果表达要求不同，造成各个成果之间数据无法统一；同时同一区域影像等底图数据重复采集，造成人力、物力、财力浪费。另外，各部门各行业的成果数据相对独立，出于不同调查监测目的搭建管理平台，平台间共享性差，难以对各类调查监测数据进行整合集成，无法形成统一权威的自然资源基础数据。

（四）法律规章体系需完善

为适应不同时期的自然资源管理需求，我国颁布了《中华人民共和国土地管理法》《中华人民共和国测绘法》《中华人民共和国海域使用管理法》《中华人民共和国森林法》《中华人民共和国草原法》，以及《土地调查条例》《森林法实施条例》等多部法律法规，构成了现行的自然资源法律法规体系。但由于制定背景差异，各单行法律之间存在相互冲突的问题。在法律框架不完善的情况下，配套的各类规章制度也难以支撑自然资源统一调查监测职能的实现。需要按照生态文明建设、山水林田湖草沙生命共同体的新理念，通过编撰自然资源新法典，借鉴原有可行的内容，修改矛盾冲突的内容，弥补自然资源法律体系的缺陷。

第三节　国外自然资源调查监测工作借鉴

世界各个国家自然资源种类繁多、彼此存在差异，因此在自然资源调查监测评价方面没有统一的分类标准。本节阐述了国际上土地、森林、草原、水、湿地及海域海岛等六类资源调查监测工作经验，为我国构建自然资源调查监测体系提供参考借鉴。

一、国外自然资源调查监测工作概述

（一）土地资源调查监测

20 世纪 20 年代，英国和美国开展了小尺度区域土地利用调查。之后，日、德、法等发达国家建立了相应的土地调查规划和管理机构，相继开展了区域或全国性的土地资源调查与制图工作。1930 年，英国成立土地利用调查所，开始第一次全国性土地资源调查，以农业用地为主进行土地利用和沿革变化情况的摸底清查，并绘制了 1∶10 万地图。1934 年，美国进行了以土壤侵蚀度为主的土地利用调查，之后在 1937 年进行了全国性土地资源调查。

20 世纪 40 年代，航空像片开始用于区域土地调查与制图。1946 年，澳大利亚成立全国土地调查小组，开始全国土地资源详尽勘察。1949 年，第 16 届国际地理大会决议，在国际地理联合会（International Geographical Union，IGU）下设立世界土地利用调查专业委员会，推进世界各国 1∶100 万土地利用图的编制。但因各国土地利用千差万别，未拟定一个普适的土地利用分类标准，仅塞浦路斯、苏丹、伊拉克等少数国土面积较小的国家进行了试点调查与制图。

20 世纪 50 年代，欧洲各国进行了土地利用调查，其中意大利国家研究委员会和普查局主持编印了全国 1∶20 万土地利用图，而苏联结合地区综合开发进行土地资源调查。日本是亚洲最早开展土地资源调查的国家，于 1951 年便颁布了《国土调查法及其实施令》，明确了土地资源调查的任务、目的、实施细则及法律责任等。此后，日本还相继颁布了一系列法令和规程，用以促进国土调查计划的实施，调查并编制了 1∶5 万、1∶20 万、1∶80 万土地利用图。

20 世纪 60 年代，英国土地管理局主导进行了第二次全国性土地资源调查，将全国土地分为 12 大类，绘制了全英 1∶25 万地图，以及 1∶6.5 万英格兰与威尔士土地分类图，并对土地资源进行了综合评价。此外，通过 20 多个欧洲国家共同合作，编制了 1∶250 万全欧土地利用图。

20 世纪 70 年代，大范围土地资源调查在卫星遥感、地理信息技术支持下蓬勃展开，尤以美国、加拿大最为突出。1971 年，美国内政部地质调查局开始编制 1∶10 万和 1∶25 万全国土地利用图。同时，联邦政府成立了跨部门的土地利用信息和分类指导委员会，制定了国家级土地分类系统。1972 年，美国地质测量局形成了基于遥感的土地利用/覆盖分类方案，而美国国家地质调查局（USGS）则利用高轨道飞行数据发展了一套适用于遥感数据的土地覆被分类系统。同时期，日本制定了 4 个国土调查 10 年计划，并于 1974 年设立国家国土厅，制定了国土利用计划法，并利用航空照片编制 1∶2.5 万土地利用图。1976 年，加拿大成立全国生态土地分类委员会，在全国开展大规模的土地生态调查。

20 世纪 80 年代，美国等发达国家在洲际范围内利用气象卫星数据进行土地覆被研究。1985 年，为加强对各成员国环境和自然资源的管理，欧共体启动了环境信息协作计划（CORINE），开展土地覆被监测。

20 世纪 90 年代，卫星遥感在全球和区域尺度土地利用/土地覆被调查监测方面取得了突破性进展，初步产生了一系列具有统一分类标准的全球土地覆被产品。1992 年，多精度土地特征联盟（MRLC）利用 Landsat 5-TM 数据建立美国国家土地覆被数据库（NLCD1992）。

2000 年以来，产生了以 MODIS 遥感数据为基础的全球土地覆盖产品。联合国粮食及农业组织（Food and Agriculture Organization of the United Nations, FAO）在非洲尼罗河流域 10 个国家进行的非洲覆盖计划，建立了流域各国土地覆被地理信息数据库。此外，欧盟联合研究中心利用 SPOT 4/VGT 数据划分了全球土地覆被类型（GLC2000）。

（二）森林资源调查监测

森林资源调查监测的发展，与林业的发展历程紧密相连。欧洲的森林经营和林业发展走在世界前列，森林资源调查监测的发展同样也处于世界领先地位。

芬兰、瑞典、挪威等北欧国家，从 1920 年左右就开始了国家森林资源清查，至今已经有了近一百年的历史。如芬兰从 1921～1924 年完成第一次国家森林资源清查，至今已经完成了 12 次清查。德国是森林经营理论的鼻祖，也是开展森林调查最早的国家，但早期的森林调查都是详查而不是抽样调查。直到 1986～1988 年，联邦德国才开展第一次基于数理统计的国家森林资源清查，并于 2000～2002 年开展了第二次全国范围的清查。

北美洲也是世界林业最发达的地区之一。美国的森林资源清查已有 90 多年的历史。从 1929 年开始，美国林务局在各区域设立了森林调查机构，并从西部开始以州为单位依次开展森林调查。自 1953 年产出第一次全国森林资源清查数据起，截至目前美国林务局已经完成了 11 次清查，其中第五次以前清查周期约为 10 年，从第六次清查开始调整为 5 年，从第八次清查开始将调查方案从每年完成 1/5 的州调整为每年每个州完成 1/5，实施年度监测。加拿大作为一个林业大国，原来的森林资源数据都是基于问卷调查结果进行统计汇总，并分别于 1981 年、1986 年、1991 年、1994 年、2002 年产出过 5 次全国数据。基于样地的国家森林资源清查体系从 21 世纪初才开始建成。

相对欧洲和北美洲而言，其他地区国家森林资源调查监测的发展比较落后。南美洲仅巴西和阿根廷开展过系统的森林资源清查，其中巴西在 20 世纪 80 年代开展了首次全国森林资源清查工作，第二次清查从 2005 年开始酝酿，预计于 2012～2018 年完成；阿根廷只在 1998～2007 年间开展过一次全国森林资源清查。

大洋洲森林资源监测方面比较成熟的只有澳大利亚和新西兰。其中，澳大利亚直到 1998 年才开始着手研究建立真正意义上的国家森林资源清查体系，2003 年开始试点，2006 年才正式实施。新西兰只在 1946～1955 年开展过一次天然林调查，1959～1963 年开展过一次人工林调查，直到 21 世纪初才设计了覆盖全国范围的系统网格。其中天然林在 2002～2007 年初查、2009～2014 年复查，人工林分两部分，1989 年后种植的在 2007～2008 年初查、2011～2012 年复查，1989 年及以前种植的在 2010 年初查，2015 年复查。

除中国之外，亚洲目前已经建立起比较完善的森林资源监测体系的国家主要有韩国、日本和马来西亚。韩国从 1972～1975 年开始首次清查，至 2015 年开展了 6 次清查，前 4 次清查周期近似为 10 年，后 2 次清查周期为 5 年，并且是参照美国的做法开展的年度监测。日本原来与德国类似，都是基于传统的森林经理调查，直到 1999～2003 年才开展基于样地调查的国家森林资源清查，做法与美国类似，每 5 年调查一次，每次调查全国的 1/5，第 4 次清查于 2018 年完成。马来西亚在联合国援助下于 1971 年建立国家森林资源清查体系，按照 10 年的清查周期，目前已经开展 5 次全国森林资源清查。

（三）草原资源调查监测

20 世纪初，剧烈的人类活动及粗放的草原资源管理，严重影响了草原资源的分布和生产利用，使世界草原发生了不同程度的退化，造成一系列生态环境问题，威胁了草原畜牧业的发展。20 世纪 20 年代开始，美国、澳大利亚、苏联等天然草地面积较大的国家开始开展重点草原区域的调查工作，如美国开展了中部和西部草原资源调查，苏联开展了中亚草原区调查。这一时期，草原资源调查的目的是通过周密细致的观测研究，认识和掌握草原的环境特征、生态生产条件，以及在这些条件下形成的草原类型，查清不同草原类型的群落组成、数量、质量和生产力特征、地域分布格局，最终形成天然草地专题地图。到 20世纪 30 年代末，美国率先开展了第一次全国性的天然草地普查，调查内容包括草原的基本类型、植被组成、生产力等基础指标。这一时期的草地调查都是通过采样完成，调查方法和指标简单，人力消耗大，周期长。

20 世纪 40 年代开始，在通过草原资源调查摸清本底状况后，为了实时掌握草地生产性能、生态变化、自然灾害、鼠虫害、放牧利用等状况，各国逐渐开始草原资源监测的探索，以便于为草原生产管理提供连续的预警服务。这一时期的草原资源监测通过建立生态监测站点，进行草地群落结构、生产力等基础指标的监测为主。

第二次世界大战以后，航空摄影、航天遥感、雷达测量等技术相继发展成熟，草原资源调查开始应用航空摄影技术辅助调查路线设计，加快了野外调查进度。以此为契机，天然草地面积较大的国家相继开展全国性草原资源调查工作，苏联开展全苏自然资源综合考察和宜农土地资源调查；美国开展了第二次全国性草地普查；日本也在 20 世纪 50 至 60 年代开展了一次全国性草原资源调查。同时航空照片判读技术应用于地理制图，大大提高了制图精度，缩短了成图周期，出现各种比例尺的草场利用现状图、草地植被图及草地类型图等专题图。草原分类理论也在这一时期逐渐形成。

20 世纪 60 年代中期，随着空间技术迅速发展，遥感卫星影像被用于草原资源调查中。美国和澳大利亚率先引入遥感技术，与地面样带结合，进行草原资源调查，大幅度提高了调查的速度。20 世纪 70 至 90 年代，草地专题图的编制开始采用地面信息与遥感图像计算机处理相结合的技术方法，人机交互技术逐渐发展起来。同时期，美国、澳大利亚等国家草原资源监测网络初步建成，草原分类方法和理论趋于完善，苏联、美国、英国、澳大利亚、法国、日本等国家相继提出草地分类体系方案，并应用于草原资源调查和制图中。20 世纪 90 年代后，数字化遥感图像、地理信息系统、计算机数字化技术发展起来，开始了调查监测成果的数字化管理和计算机制图。

进入 21 世纪以后，除草原的生产功能，各个国家开始重视生态多功能性。在精准放牧和精细化管理的要求下，全国性草原资源监测已成为天然草地面积较大的国家自然资源监测工作的重点，美国、澳大利亚、加拿大等国家都将草原资源监测结果纳入年度生态环境报告中。这一时期，草原资源的调查监测评价向全国标准化、统一化、智能化、集成化、多尺度、动态化方向发展。站点、牧场、区域、国家多级草原资源监测网络基本建成；自动化仪器、航空遥感、卫星遥感等的应用，使草原资源监测实现了日、半月、月、季、年连续时间尺度由点到面的多尺度动态监测；调查内容由早期的生产力和植被调查演变为植被、土壤、动物、微生物、气象等全方位多指标调查。产生的海量数据在标准化的数据规范下，逐级汇总到国家数据集成平台，实现数据的统一管理和共享。近几年，机器学习、云计算等新手段的出现，使草原资源调查监测及其评价走向智能化。目前新技术新方法仍在不断影响草原资源调查监测评价，并且世界各国都还在继续探索发展中。

（四）水资源调查监测与评价

1977 年 3 月，联合国在阿根廷马德普拉塔召开联合国水会议，会上发表的《联合国水会议宣言》指出：大多数国家在评价水资源的可用性、不稳定性方面存在严重的不足，对其系统度量的重视程度相对较低，数据的处理和汇编也受到严重的忽视。因此，联合国呼吁各国要开展专业的水资源评价工作，建立一个对水资源数据负全面责任的国家机构。

实际上，很多发达国家早在《联合国水会议宣言》发表之前，就已经开展了诸多与水资源评价密切相关的调查工作。譬如 1840 年，美国对俄亥俄河和密西西比河进行了河川径流量的统计分析。此次统计属于初期的水资源评价工作，目的是为水资源开发规划或工程设计准备相关资料，包括观测资料系列、各类水文特征值的图表、统计特征值等。自 20 世纪中期以来，随着人类取用水和排水量的不断增长，许多国家出现不同程度的缺水、水生态退化和水污染加剧等水资源问题，各国纷纷开始探求水资源可持续利用的实践途径，水资源评价开始逐渐受到世界各国的重视。美国国会于 1965 年通过了水资源规划法案，并设立了水资源理事会，首次开展了全国性的水资源评价工作，分析研究美国水资源现状及水资源相关的专门问题，并提出了 2020 年全国的需水展望。苏联在 1960 年以后开始编制《国家水册》，对水资源的统计要求进行了统一规定。随着水资源评价工作的开展，西欧、日本等国家也相继发布了水资源评价成果。日本在 20 世纪 80 年代完成了全国水资源开发利用和保护的现状评价，包括对天然水资源量的估算、用水要求、水资源开发利用等，并开展了 21 世纪用水预测工作。为了在世界范围推行水资源调查评价的标准化流程，联合国教科文组织和世界气象组织于 1988 年在澳大利亚、德国、加纳等国家联合开展实验项目，并在非洲、亚洲和拉丁美洲进行专家审定，共同制定了《水资源评价活动——国家评价手册》，对水资源评价的工作内容又进行了统一规定及细化。除此之外，1990 年的《新德里宣言》、1992 年的《都柏林宣言》和 1997 年的第一届世界水资源论坛，都进一步推进了水资源评价工作。随着水资源评价与管理需求形势的发展，联合国教科文组织和世界气象组织于 1997 年再次对《水资源评价活动——国家评价手册》进行了修订，出版了《水资源评价——国家能力评估手册》。为了提高世界各国家对水资源评价与管理的重视，世界水理事会于 2000～2018 年分别在荷兰、日本、墨西哥、土耳其、法国、韩国和巴西等国家召开世界水资源论坛，并逐年发布《联合国世界水资源发展报告》。

综上所述，水资源调查评价的发展历程具有明显的目标导向。早期以河川径流统计分析为主，其目的是为区域性的水资源开发规划或工程设计准备资料。

20世纪中期以来，随着人类取用水量的不断增长，水生态退化和水污染加剧等问题开始引起关注，发达国家先后开展了全国性的水资源调查评价，主要目的是满足人类日益增长的用水需求。进入21世纪，水资源评价又发展为包含水生态保护与水污染防治相关内容的水资源综合调查评价，以及在此基础上的水资源开发前景展望，其目的是实现水资源的可持续开发利用。

（五）湿地资源调查监测

早期的湿地资源研究主要是欧洲的泥炭沼泽研究。1658年，世界上第一部论述泥炭地的专著《泥炭地专论》(*Tractatus de Turffis ceu Cespitibus Bituminosis*)在荷兰罗格宁根出版。18世纪中叶到19世纪末，对泥炭和泥炭地沼泽的基础研究不断深入，开始从地学角度来研究泥炭沼泽。1806年，法国地理学家卢克(de Luc)描述了湖泊的陆生化过程和沼泽植物的地理分布；1810年，英国人仑尼(Rennie)出版了《泥炭沼泽的自然历史与起源概论》(*Essays on the Natural History and Origin of Peat Moss*)一书，是早期论著中较为详尽和全面的泥炭沼泽专著。

在发达国家湿地调查监测的技术体系中，美国的调查最为全面，调查分类很细致，根据景观水平、水文条件和用途3种分类级别来进行湿地调查监测，调查结果精度极高。调查数据的应用极为广泛，在湿地评价、服务及政府相关的政策制定中都使用国家湿地清查的数据，并且数据共享方面很完善，通过提交数据申请，各个研究机构及企业单位可以获取数据。

美国湿地研究始于19世纪末叶，当时H.C.Cowles和E.N.Transeau等少数人研究了北美的淡水湿地和泥炭地。1906年，美国农业部首次尝试对国家湿地进行调查。调查由美国国会提出，主要是通过邮寄问卷给W115°以东各州的人来进行的，其目的是获取有关美国湿地的范围、特征和农业潜力的信息。由于美国西部干旱地区的8个公共土地州及所有潮间带湿地都被排除在外，这份清查结果并不能完整地描述湿地的范围。

1922年，美国农业部农业经济局进行了第二次国家湿地普查。基于美国公路局的数据、土壤调查报告、地形图、各州报告及1920年排水普查的结果进行。这是国际上同时期进行的最完整的湿地调查，包括了潮间带湿地。美国鱼类和野生动物管理局认为，湿地排水工程对野生动物栖息地造成了不利影响，湿地调查急需收集关于分布、范围、质量和生态价值的信息。美国鱼类和野生动物管理局通过使用航空照片、地形图、大地测量图、美国林务局地图、土壤地图、联邦和州土地使用地图、县公路地图，以及州鱼类和野生生物学家提供的数据，对美国湿地进行了综合全面的调查，于 1954 年 6 月完成。

1983 年，美国鱼类和野生动物管理局开展国家湿地清查项目（National Wetlands Inventory，NWI），调查了 20 世纪 50 年代中期至 70 年代中期美国湿地的现状和趋势。国家湿地清查作为全国湿地调查项目一直持续至今。

除此以外，由于加拿大和澳大利亚的湿地资源广阔丰富，在综合湿地调查监测研究方面也处于领先地位。

加拿大主要通过云平台在政府各部门之间共享地理空间信息，用于决策，建立了包括多时相卫星基图、土地覆盖特征信息数据库、变化检测与监测等在内的人工智能训练与开发数据库，可以处理多种来源的大数据，并提供数据分析和统计报表等。加拿大的湿地测绘标准是由与关键利益相关者开展研讨会和咨询制定的，基于遥感和航空照片解译方法概述了分类细节、最小制图单元和描述精度等，同时考虑了什么是可实现与可重复的。加拿大湿地的分类中添加了人为足迹层和火灾稀疏层，突出了当前遥感技术在开发高分辨率湿地资源调查方面的能力，将尝试在更大的分类细节、更多的研究地点和区域尺度上绘制湿地地图。

加拿大全面的湿地调查始于 1979 年,杜克大学通过使用航空摄影和卫星图像，对加拿大湿地进行了全面清查。1986 年加拿大国家湿地工作组根据已发表的各省研究数据，总结绘制了一幅加拿大湿地分布图。

澳大利亚完整的湿地调查始于 1986 年，劳埃德和巴拉对澳大利亚的湿地进行了数量和覆盖范围的调查。这项研究在范围内确定了大约 1 500 个湿地和复合型湿地。

1993 年，澳大利亚自然保护署出版了第一版《澳大利亚重要湿地名录》，首次提供了对澳大利亚选定湿地的详细评估，1996 年编纂了第二版。该目录不仅确定国家重要的湿地，还提供了湿地范围、类别和许多植物和动物物种的信息。此外，它提供了湿地相关的社会和文化价值，以及湿地的生态系统服务信息，对于湿地管理人员研究人员是一个很有价值的数据。重要湿地名录是澳大利亚国家层面持续进行的湿地调查项目。

此外，澳大利亚目前有 66 个拉姆萨尔湿地监测站点，覆盖面积超过 830 万 hm^2。

（六）海域海岛资源调查监测

海域海岛资源是我国对海洋资源的别称，基本等同于海洋资源。海洋资源的调查监测始于人类对于海洋中蕴藏的各类物质资源的获取与探索海洋奥秘的兴趣。海洋资源调查监测的发展历程与人类对海洋的认知程度和海洋科学技术的发展水平同步。围绕开发利用海洋资源的总目标，世界海洋各国的海洋调查监测策略和历程并不完全相同。从原始人类以向近岸海域获取食物、盐等基本生活资料为目的，并依托简陋的海洋调查工具进行海洋调查活动，逐步发展至目前以海洋环境保护为前提，以全面利用海洋资源为目标，依托空基、天基、岸基、船基和海床基等调查监测技术而开展的全球海洋调查、监测与评价。一般而言，沿海国家对海洋的调查总体上按照由近及远的原则，有序展开，即首先从沿岸地区入手，然后向陆架扩展，直至深入深海大洋。海洋调查监测技术的发展决定了人类对海洋资源的认知，其调查历程大致可以分为 4 个时期，即早期基础调查与认知时期、发展时期、发展与治理并重时期和海洋价值重新认识时期。

海洋调查活动起始于 15 至 16 世纪。随着指南针、罗盘和造船技术发展，以哥伦布、达伽马和麦哲伦为代表的欧洲国家开展了海上航行探索考察活动，其考察目的一是为了验证球形地球学说，二是探索新陆地资源。本次考察发现了大洋信风带、北赤道流、气温因地而异的变化现象并进行了大洋测深的最早尝试。

19 世纪 70 年代至 20 世纪前期，有系统和有目的的海洋科学考察活动大规模开展。这一时期的海洋调查以探索海洋奥秘和获取海洋数据资料为目的，主要调查内容包括水深、海底地质、地磁、海水温度、盐度、透明度、海洋生物和海流等。以英国皇家学会组织并主持"挑战号"全球海洋科学考察为代表，一举奠定了物理海洋学、化学海洋学、生物海洋学和地质海洋学的基础，被认为是现代海洋科学研究真正的开始。达尔文的《物种起源》、默里的《深海沉积》及艾克曼漂流理论等成果也出现在这一时期。囿于技术限制，海洋调查以现场原位测试和取样技术为主。

第二次世界大战后，世界各国都需要恢复经济。除去利用有限的陆地资源外，更多的人则把眼光转向海洋，要求政府有计划地开发海洋资源。自此，海洋资源调查的目的性逐渐明确，调查内容基本涉及了海洋生物资源、化学资源、海洋地质、矿物资源等海洋蕴藏资源。为保障海洋资源的开发利用，相应的港口、航道、锚地等海洋空间资源调查也逐渐纳入海洋调查内容中。在此期间，美国先后建立和健全了环境科学服务局、国家海洋和大气管理局及海军研究署等为代表的全国性海洋领导机构。这些机构成为美国重大海洋计划科研项目和大型海洋调查项目的策划者、组织者和支持者，而且分工明确。与此同时，世界上相继建立了不少与海洋有关的国际机构，并多次组织规模宏大的国家海洋联合考察活动。如美国主导21国共同参与的"国际北太平洋合作调查"等，调查涉及水文、气象、生物、化学各学科。

21世纪以来，海洋资源调查研究进入了一个保护与利用并举的新发展时期，世界主要发达国家对海洋资源价值和地位进行了重新评估与定位并制定了相应的海洋发展规划。除继续获取海洋地质、水文、生物、化学、水环境等基础数据外，调查目标中着重关注了海洋基础研究、海洋调查技术研发和海洋环境保护。海洋资源调查组织体系中不仅有国家层面海洋管理机构、科研机构，而且诸多大型的企业参与到海洋调查中，使其海洋调查成果和技术能够尽快转化应用。

二、国外自然资源调查监测工作借鉴与启示

与世界发达国家相比，我国各类自然资源调查监测评价的发展历程较短，在技术、组织等诸多方面仍有较大的改进空间。为了系统重构新时代我国自然资源调查监测体系，更好地服务于生态文明建设和社会经济发展，基于世界发达国家的工作经验，对我国土地资源、森林资源、草原资源、水资源、湿地资源及海域海岛资源调查监测评价体系的改进有以下借鉴与启示。

（一）做好统筹规划和顶层设计，构建多目标统一的自然资源调查监测体系

调查监测目标多元化、方法手段现代化、分析评价综合化和信息服务多样化是国外发达国家调查监测工作和数据应用的趋势。美国针对不同用途开展了土地变化监测评估计划（LCMAP）、土地覆盖/土地利用变化（LCLUC）、国家土地成像计划（NLIP）等土地调查监测相关计划项目，形成了国家土地覆盖数据库（NLCD）、全球土地调查（GLS）、全球土地覆盖数据（GLCC）等不同区域、不同指标的土地数据集/库；日本基于多种政策管控角度，依据土地利用功能分区开展不同区域的土地利用调查，同时将功能属性与政策属性并行叠加，实现了对同一空间地域的多重属性、不同精细程度的多层次、多维度土地利用调查。我国自然资源种类丰富，相关调查监测工作基础扎实，在党中央新一轮机构改革整合自然资源管理职责，组建自然资源部，统一行使全民所有自然资源资产所有者职责，统一行使所有国土空间用途管制和生态修复职责的新形势下，围绕服务与支撑生态文明建设和履行自然资源部"两统一"职责，系统构建自然资源调查监测体系，统一自然资源分类标准，依法组织开展自然资源调查监测评价，查清我国各类自然资源家底和变化情况，为科学编制国土空间规划，逐步实现山水林田湖草沙的整体保护、系统修复和综合治理，保障国家生态安全提供基础支撑，为实现自然资源领域治理体系和治理能力现代化提供服务保障。

（二）构建统分结合的组织实施模式，明确职责分工，分类分级组织开展各项调查监测工作

自然资源的综合管理水平与自然资源国情、资源管理面临的突出问题、国家治理体系、治理能力与信息化发展水平相适应。既考虑多门类自然资源的整体性、系统性，又考虑单门类自然资源的特殊性，自然资源的集中、统一、综合管理是国际趋势。综合管理是根据不同门类自然资源之间的系统性、关联性、整体性的特征，强化集中统一管理，有利于实现跨门类资源管理的运行效率。分类分级管理是基础，有利于实现资源管理的精细化，有利于厘清公益性与经

营性自然资源的管理边界，但不能因为分类管理而弱化综合管理。统一整合自然资源调查职责，是推进国家治理体系和治理能力现代化的重要举措，要按照统分结合的组织实施方式，正确处理好"总"与"分"的关系。在统一总体设计和工作规划、制度和机制建设、标准制定和指标设定、组织实施和质量管控、数据成果管理应用以及信息发布和共享服务的基础上，做好相关部门的业务整合与技术方法衔接。充分发挥好相关部门长期积累形成的自然资源调查监测评价专业优势和工作经验，既坚持业务体系的整合与创新，又保持工作组织上的连续与继承，同时做好业务流程中的专业技术嵌入和衔接。

（三）加强现代技术融合，改善调查手段设备，提升调查监测效率和成果质量

国外发达国家在自然资源调查监测评价工作中，充分应用了高分辨率遥感技术、地理信息技术、互联网技术、激光雷达（LiDAR）等大量新技术、新方法，在数据获取的精度、时空同步性、更新周期、信息含量、工作效率等诸多方面都显示出较大优势。森林、草原、湿地等资源野外调查数据的采集和整理是调查监测工作中非常重要的环节。目前我国地面调查中应用的设备和手段还相对落后。构建我国新时代符合国情、先进适用的自然资源调查监测体系，离不开先进技术的支撑。围绕实施统一调查评价监测这一目标，需要充分利用现代测量、信息网络及空间探测等高新技术进行交叉融合，构建起"天—空—地—网"为一体的自然资源调查监测技术体系，设计统一的技术体系架构，突破技术瓶颈和难点，支撑调查监测评价业务化应用，实现精细化、协同化、立体化反映自然资源综合特征和动态变化，对自然资源进行全要素、全流程、全覆盖的现代化监管。同时，充分应用新设备装置和技术仪器，如激光测距仪、超声波测距仪、林分速测镜、电子数据采集器、3S技术等高新技术的综合应用，能够节省调查时间、减轻调查人员的工作强度，在部分工作中实现数据采集自动收集处理，提高数据采集的效率和准确性。

（四）完善数据管理和共享机制，深化自然资源调查监测成果应用服务与信息共享

发达国家大都构建了全国性的调查监测成果数据库或信息化管理系统，在调查监测数据的获取、传递、标准化、应用和共享等方面做法值得我们借鉴。如美国、澳大利亚分别建立了全国性草地信息化数据库和合作草场信息系统，美国、日本和瑞士均建立了面向公众开放的全国统一的水资源数据库。以水资源为例，尽管我国相关部门已经建立了水资源监测数据库，但由于部门壁垒等原因，许多水资源规划工作中所涉及的监测数据分布在不同的部门和数据库中，并没有进行整合，我国水资源监测、调查和评价数据还没有较好地实现共享。充分利用大数据技术和数据分析模型，加快汇集整合水利、农业农村、林草、海洋等部门的历史调查监测数据，打破"信息孤岛"和"数据壁垒"，推进各类自然资源数据集成和深度开发利用。充分发挥自然资源调查监测成果的基础性、权威性作用，以面向需求和解决问题为导向，广泛应用在自然资源管理、相关资源环境调查监测、科学研究、社会公众服务等各个方面，探索建立不同层级的调查监测数据信息共享平台，打破数据行业、部门间的壁垒，逐步拓宽应用范围。转变相关部门的传统思维，提高数据开放意识，提升数据分析能力，甄别潜在数据开放风险，使自然资源调查监测基础数据在风险可控的原则下尽可能开放更多成果内容，供社会增值利用。

（五）重视基础科学研究与技术攻关研发

美国、澳大利亚等国家通过免费共享草原调查监测数据，助推科研院校进行草原资源生态环境变化、草原适应性管理等方面的科学研究，不断探索草原资源的可持续利用和管理方法。同时鼓励研究人员到国家生态监测站开展新技术方法在草原调查监测中的应用研究，目前机器学习、云计算等最新的技术方法已经在美国等国家的草原调查监测中有所应用。目前人类已调查的海洋不到全球海洋的15%，我国则更低，需要对海洋的基础调查研究和技术研发进行持续支持和长期投入，系统开展我国海域海岛资源的全面调查监测，全面掌握我

国海域海岛资源的现状和变化情况。加强对海洋过程与现象、极端事件过程、特殊区域等的长时间序列观测，实现海洋技术装备化，提升海洋仪器设备性能的可靠性和稳定性，提高海洋数据获取、分析和管理的能力，推动数据的标准化集成和成果共享，满足国家和社会服务需求。海洋调查应从数据获取、传输、分析处理、存储到提供产品服务实现自动化，成果面向政府和社会大众，满足国家和社会服务需求。与此同时，应大力发展新型卫星载荷，争取尽早发射国产的高精度重力梯度测量卫星、陆海激光高程测量卫星，实现地下水、湖泊水位测量的重要突破；开展水资源卫星专项论证，填补我国陆地地表水和土壤水综合监测的空白；进一步研究水体辐射传输机理、水质参数内在的光学特性及各组分之间的联系，建立更精确的水质参数卫星遥感定量反演模型；加强高光谱遥感影像同步大气校正、地形校正的理论与方法研究，提升高光谱卫星的业务化应用水平；融合水文站等多源观测数据，提高水资源全要素调查监测能力。

第四节　新时代自然资源调查监测工作定位与思路

党的十八大明确提出，建设生态文明是中华民族永续发展的千年大计。自然资源调查监测评价是建设生态文明的重要基础性工作，是党和国家赋予自然资源部开展自然资源管理的重要职责，是全面提升自然资源的精细化、科学化管理水平的必然要求。党的十九届三中全会决定，把自然资源调查职责整合到自然资源部统一行使，旨在系统解决调查监测概念不统一、底版不一致、内容相互交叉、指标矛盾重叠等问题。十九届四中全会要求，"加快建立自然资源统一调查、评价、监测制度"。五中全会进一步要求，"加强自然资源调查评价监测"。贯彻落实党中央精神，加快推进自然资源调查监测体系构建，坚持山水林田湖草沙是一个生命共同体的理念，全面深化自然资源调查监测分析评价工作的改革创新，建立健全统一的自然资源调查评价监测制度，重构自然资源统一调查监测组织体系，系统提升调查监测现代化水平，实现自然资源调查监测组织实施的统一协作、有机衔接、协同高效，为科学编制国土空间规划，逐步实现山水林田湖草沙的整体保护、系统修复和综合治理，保障国家生态安全提供基础支撑，为实现自然资源领域治理体系和治理能力现代化提供服务保障。

一、新时代自然资源调查监测工作定位

立足新发展阶段，适应新时代生态文明建设和自然资源管理的需要，贯彻落实十八大以来党中央、国务院对推进生态文明建设和自然资源管理制度改革的新思想、新要求，是自然资源调查监测评价工作的根本遵循。新时代自然资源调查监测工作，必须要以习近平生态文明思想为方向指引，以服务生态文明建设为目标导向，以统一调查监测评价为问题导向，以支撑自然资源管理为需求导向，进行布局谋划、系统重构和改革创新。

（一）以习近平生态文明思想为方向指引

习近平生态文明思想深刻论述了生态文明建设的发展战略、发展路径、发展目标，形成了面向绿色发展的四大核心理念，为新时代做好自然资源调查监测工作提供了方向指引。自然资源调查监测工作，要在认真学习贯彻习近平生态文明思想中进行顶层设计和布局谋划。

第一，牢固树立坚持人与自然和谐共生的新生态自然观和绿水青山就是金山银山的新经济发展观。习近平总书记指出，人与自然是生命共同体；在整个发展过程中，我们都要坚持节约优先、保护优先、自然恢复为主的方针；要像保护眼睛一样保护生态环境，像对待生命一样对待生态环境；多干保护自然、修复生态的实事，多做治山理水的好事。这就要求自然资源调查监测不仅要客观反映自然资源在地表的实际覆盖现状，还要反映人类对自然资源的开发利用和保护管理情况，分析揭示人与自然资源的共生关系、资源环境人口与国民经济社会发展的协调关系。自然资源调查监测要在协调经济社会发展和自然资源保护利用、提高自然资源利用效率、促进绿水青山发挥生态效益和经济社会效益等方面提供支撑服务。

第二，深刻领会山水林田湖草沙是一个生命共同体的新系统观。习近平总书记指出，生态是统一的自然系统，是相互依存、紧密联系的有机链条。人的命脉在田，田的命脉在水，水的命脉在山，山的命脉在土，土的命脉在林和草，

这个生命共同体是人类生存发展的物质基础。习近平总书记要求，一定要算大账、算长远账，算整体账、算综合账，如果因小失大、顾此失彼，最终必然对生态环境造成系统性、长期性破坏。这就要求自然资源调查监测要秉持系统观念，对土地、矿产、森林、草原、湿地、水和海域海岛等自然资源进行统一工作规划和总体设计，统筹实施各类自然资源调查监测，克服各自为政、互相掣肘的矛盾，才能有利于全方位、全地域支撑生态文明建设。

第三，牢牢把握用最严格制度最严密法治保护生态环境的根本要求。习近平总书记指出，保护生态环境必须依靠制度、依靠法治。要加快制度创新，增加制度供给，完善制度配套，强化制度执行，让制度成为刚性的约束和不可触碰的高压线。制度的生命力在于执行，关键在真抓，靠的是严管。制度的刚性和权威必须牢固树立起来，不得做选择、搞变通、打折扣。在生态文明体制改革中，健全自然资源资产产权制度，完善生态文明绩效评价和责任追究制度，对履行好自然资源调查监测评价职责、确保调查数据真实准确可靠提出了明确要求。这就要求自然资源调查监测要把数据真实准确作为工作的生命线，将工作做到规范化、专业化、精细化，取得经得起时间的检验、实践的检验的成果。

（二）以服务生态文明建设为目标导向

党的十八大将生态文明建设纳入"五位一体"中国特色社会主义总体布局，开启了生态文明建设新阶段。"十四五"时期，我国生态文明建设要实现新进步，不断优化国土空间开发保护格局，推进生产生活方式绿色转型，全面提高资源利用效率，持续改善生态环境，积极应对气候变化，守住自然生态安全边界，促进自然生态系统质量整体改善。新时代自然资源调查监测工作，必须围绕关键时期重点战略，为生态文明建设提供支撑保障。

第一，服务碳达峰碳中和重大战略决策。习近平总书记在第七十五届联合国大会上宣布，中国力争2030年前二氧化碳排放达到峰值，努力争取2060年前实现碳中和目标。《中共中央 国务院关于完整准确全面贯彻新发展理念做好碳达峰碳中和工作的意见》要求，开展森林、草原、湿地等碳汇本底调查和碳储量评估，提升统计监测能力。这对新时代自然资源调查监测工作提出了新要求，自然资源调查监测要在支撑碳汇监测、提升碳汇能力方面发挥重要基础作用。通过统筹实施森林、草原、湿地等重要自然资源和碳汇系统调查监测，系统调查和动态监测森林、草原、湿地资源数量、质量、生态情况，掌握森林覆盖率、森林蓄积量、草原综合植被盖度、湿地保护率等动态变化趋势，科学、准确分析评估森林、草原、湿地固碳能力和碳汇量，评价碳汇功能经济价值，巩固和提升生态系统碳汇能力。

第二，服务生物多样性保护。《中共中央办公厅 国务院办公厅关于进一步加强生物多样性保护的意见》明确要求，统筹衔接各类资源调查监测工作，加快卫星遥感和无人机航空遥感技术应用，探索人工智能应用，推动生物多样性监测现代化；依托国家生态保护红线监管平台，有效衔接国土空间基础信息平台，应用云计算、物联网等信息化手段，实现数据共享。以自然植被和人工植被为调查监测内容之一的自然资源调查监测工作，可以综合反映地表植物生物种群状况，叠加野生动物、微生物等信息，能为生物多样性分析和评价提供重要依据。同时，自然资源调查监测技术也可广泛应用在生物多样性调查工作中，为提升生物多样性保护管理水平提供数据和技术支撑。

第三，服务自然生态系统质量整体改善。习近平总书记指出，生态保护修复必须遵循客观规律，如果种树的只管种树、治水的只管治水、护田的单纯护田，很容易顾此失彼，最终造成生态的系统性破坏。自然资源调查监测工作要遵循生态系统的内在机理与规律，从自然地理格局和生态系统功能高度，综合考虑自然资源禀赋、格局、功能、演化过程与发展趋势，揭示自然资源要素相互关系和生态系统演替规律。比如要合理开发利用土地资源，做到宜耕则耕、宜林则林、宜草则草，就需要准确掌握地表土地的地球物理化学性质，分析与其上地表覆盖物的匹配关系。又如要把水资源作为最大的刚性约束，坚持"以水定城、以水定地、以水定人、以水定产"，就要充分考虑水资源与土地开发利用、植被覆盖等的相互影响，将水资源与国土利用、地表覆盖等联系起来调查评价。这样才能满足系统治理和保护修复的需要。

第四，服务于全面提高资源利用效率。党的十九届五中全会通过的《中共中央关于制定国民经济和社会发展第十四个五年规划和二〇三五年远景目标的建议》提出，"十四五"时期要"推动绿色发展，促进人与自然和谐共生"，强调"全面提高资源利用效率"。当前，我国人均资源不足的基本国情尚未改变，资源粗放利用问题依然突出，资源过度开发导致生态系统退化形势依然严峻，对资源的过度开发、粗放使用，是造成生态环境破坏的主要原因，必须从资源利用这个源头抓起。全面提高资源利用效率，既要考虑资源利用与发展的关系，坚持节约优先，不断提高资源本身的节约集约利用水平；更要考虑资源利用涉及的人与自然关系，坚持生态保护优先，为资源开发利用划定边界和底线。处理好保护与发展的关系，助推经济社会高质量发展，首要任务是要加强自然资源调查评价监测，全面查清我国土地、矿产、森林、草原、水、湿地、海域海岛等自然资源家底的真实状况，为推进自然资源总量管理、科学配置、全面节约、循环利用提供数据基础和依据。

（三）以统一调查评价监测为问题导向

长期以来，我国自然资源调查监测工作分散在不同部门，缺乏统一的整体规划和系统设计，存在概念不统一、底版不一致、内容相互交叉、指标之间相互矛盾等问题，成果难以集成整合，共享利用也不充分，难以满足推进国家治理体系和治理能力现代化的迫切要求。新时代自然资源调查监测，必须把握党和国家机构改革统一整合调查职能的决策要求，进行改革创新和系统重构。

第一，充分认识自然资源分散调查存在的矛盾和问题。从管理体制和组织方式看，新一轮党和国家机构改革前，我国自然资源资产按照类型分别由国土、水利、农业、林业、海洋等部门管理，调查监测技术队伍分散，生产组织和管理模式不同，相互之间缺少统筹协调，难以构建"一张底版"。从技术框架和标准体系看，各类自然资源调查监测分类标准、指标体系、技术规程围绕本部门行政管理需求和本行业发展目标设计，导致数据成果的数学基础、调查标准、技术手段等都不统一，难以形成"一套数据"。从成果管理和应用服务看，不同行业主管部门各自建设调查数据成果数据库和应用平台，数据成果存在互相交叉、平台功能存在重复建设、应用服务存在局限，打通连接各个数据库，整合重构各个应用平台存在难度，形成"信息孤岛"，难以打造"一个平台"。这些问题都不利于实现调查成果"一查多用"、最大程度发挥调查成果的综合效益，也不利于调查监测成果广泛应用于经济社会发展各个领域。

第二，客观遵循自然资源有机联系与生态系统机理规律。耕地、森林、草原、湿地等作为自然资源，和其承载空间上的有机物、植被、动物等发生相互关系，发生物质和能量交换，构成生态系统。自然资源调查监测，要遵循自然资源数量、质量、生态"三位一体"客观属性，从景观生态学的角度，考虑自然资源之间及其内部，以及自然资源与人类活动的依存关系。例如，耕地垂直空间上，水通过降水及蒸腾、下渗作用，与地表水、地下水循环，在整个耕地利用系统中发挥重要作用。作为支撑耕地生产的碳来讲，碳来源大气中的二氧化碳，作物通过光合作用积累碳，并通过根系和残体归还到耕作层中。由此可见，从耕地物质和能量流动的角度，耕地与其他相关的资源发生了显著的物质和能量交换。开展耕地资源调查时，必须要统筹考虑水资源等要素。这一客观规律也驱动了自然资源调查监测必然由分散走向统一。

第三，准确把握统一自然资源调查监测体系的现实要求。自然资源统一调查不是对现有各类调查监测工作的简单延续和物理拼接，不能过去怎么干，现在还怎么干，而是要适应生态文明建设和自然资源管理的需要，按照科学、简明、可操作要求，进行改革创新和系统重构。比如，水资源调查监测，过去主要侧重于满足开发利用需要，更多关注的是地表、地下液态水的动态变化，现在，水资源作为重要的自然资源类型，要支撑生态文明建设，就要提升对水资源生态价值的认识，从传统可供人类直接利用的水拓展到自然生态系统中固、液、气各种形态的水，将冰川、冻土、土壤水等纳入水资源调查范畴。再比如，过去森林资源调查，森林覆盖率、蓄积量等指标主要是服务于林业发展和国土绿化管理的，草原资源调查也主要服务于畜牧业，现在自然资源统一调查，都要从生态文明的视角重新审视原有的工作理念、调查内容和技术方法，进行系统重构，这样才能适应山水林田湖草整体保护、系统修复和综合治理的需要。

（四）以支撑自然资源管理为需求导向

新一轮深化党和国家机构改革中，中央赋予自然资源部统一行使全民所有自然资源资产所有者职责、统一行使所有国土空间用途管制和生态保护修复职责。支撑保障"两统一"职责履行，是新时代自然资源调查监测工作必须牢牢把握的中心任务。

第一，支撑最严格的耕地保护制度。党中央、国务院始终高度重视耕地保护和粮食安全问题。习近平总书记强调，耕地是我国最为宝贵的资源，要像保护大熊猫一样保护耕地。耕地保护要求非常明确，18 亿亩耕地必须实至名归，农田就是农田，而且必须是良田。非农建设不得"未批先建"，那些违法侵占的耕地，必须"完璧归赵"。我国人多地少的基本国情，决定了我们必须把关系十几亿人吃饭大事的耕地保护好，要"采取长牙齿的硬措施，落实最严格的耕地保护制度"。自然资源调查监测工作中，要把耕地资源作为重中之重，全面调查与耕地和永久基本农田相关的建设占用、设施农用地、农业结构调整变化情况和土地整治、高标准农田、增减挂钩等项目实施状况，掌握 15 度以上耕地、耕地资源质量分类和难以或不宜长期稳定利用的耕地变化状况。综合运用卫星遥感等现代信息技术，加强耕地利用情况动态监测评价，实行信息化、精细化管理。为遏制耕地"非农化"、严控耕地"非粮化"提供技术支撑与决策依据，支撑最严格的耕地保护制度落地实施。

第二，支撑国土空间规划编制实施。建立国土空间规划体系并监督实施，是党中央、国务院作出的重大部署。《中共中央 国务院关于建立国土空间规划体系并监督实施的若干意见》明确要求，完善国土资源现状调查和国土空间规划用地分类标准，以自然资源调查监测数据为基础，建立全国统一的国土空间基础信息平台。落实党中央、国务院要求，自然资源调查监测数据成果作为国土空间规划编制的统一底图和底版，要全面反映耕地、园地、林地、草地、湿地等生产、生态空间，特别是城市、建制镇、村庄等生活空间内部的各类资源状况及变化情况，为有序统筹布局生态、生产、生活空间，科学划定生态保护红线、永久基本农田、城镇开发边界等空间管控边界，提升城镇空间宜居适度和生活品质等提供全面翔实准确的基础数据。以持续更新的自然资源调查监测成果为基础和核心，支撑国土空间基础信息平台建设与运行，满足国土空间规划全周期管理、规划实施监测评估预警及城市体检评估等工作需求。

第三，支撑自然资源开发利用保护和国土空间生态修复。自然资源调查监测作为自然资源管理全链条的首要环节，是支撑山水林田湖草沙整体保护、系统修复、综合治理的基础性工作。在自然资源登记方面，自然资源的坐落、空间范围、面积、类型，以及数量、质量，不同类型自然资源的边界、面积等自然资源状况，是自然资源调查监测的重要内容，也是自然资源登记的重要信息。

在自然资源开发利用方面，对建设用地等利用情况的调查监测，是掌握建设用地开发利用情况和进行节约集约用地评价的基础。在重要生态系统保护和修复重大工程规划实施方面，规划实施和重大工程、重点项目建设监测评估，需要自然资源调查监测工作提供数据，为自然生态状况评估提供支撑。

二、自然资源调查监测工作总体思路

为贯彻落实党中央对自然资源调查监测职责整合的工作要求，加快建立自然资源统一调查、评价、监测制度，履行好自然资源统一调查监测评价职责，2020 年 1 月，自然资源部印发了《自然资源调查监测体系构建总体方案》（以下简称《总体方案》，详见本节扩展阅读），对构建统一自然资源调查监测体系作出了顶层设计，明确了现阶段自然资源调查监测工作的目标任务、工作内容、业务体系和组织实施分工等。

（一）总体考虑

自然资源调查监测体系构建要贯彻落实党中央精神，坚持山水林田湖草沙是一个生命共同体理念，适应生态文明建设和自然资源管理的需要，按照科学、简明、可操作要求，进行改革创新和系统重构。按照中央"加快建立自然资源统一调查、评价、监测制度"要求，统一自然资源调查监测体系围绕土地、矿产、森林、草原、水、湿地、海域海岛 7 类资源进行顶层设计，全面深化自然资源调查监测评价改革创新。理顺各类调查监测评价工作关系，系统重构自然资源调查监测的任务和工作内容；创新研究调查监测业务体系，系统提升调查监测现代化水平；统筹设计重构自然资源调查监测工作的组织实施体系，实现调查监测组织实施的统一协作、有机衔接、协同高效。通过组织开展自然资源调查监测评价，为科学编制国土空间规划，逐步实现山水林田湖草的整体保护、系统修复和综合治理，保障国家生态安全提供基础支撑，为实现自然资源领域治理体系和治理能力现代化提供服务保障。

按照新时代自然资源调查监测工作定位，系统重构原有各项调查工作，构建统一自然资源调查监测体系的总体思路。

　　一是以服务生态文明建设和支撑自然资源管理为目标，从科学性和系统性入手，遵循自然资源演替规律和生态系统内在机理，对地表、地上和地下的各类自然资源科学组织，分层分类进行管理。在地表覆盖的基础上，叠加各类管理信息，形成真实反映自然资源利用状况的准确数据，满足自然资源管理的需要。

　　二是着力解决以往各类调查数据不统一和存在交叉重叠问题。首先针对存在的自然资源调查监测数出多门的问题，对各项调查监测工作进行统一规划和顶层设计；其次是解决自然资源统一调查和专业管理的关系，如海岸带、滨海湿地和沿海滩涂，在不同部门管理中采用不同名称，实际范围上存在交叉，就需要统一开展调查；再次是解决自然资源在同一区位重叠的问题，设置了立体的分层分类模型来进行描述和表达；最后是解决统一的顶层标准问题，确保自然资源调查在顶层可控、不重不漏。

　　三是突出新技术新方法新模式的创新组合。注重调查制度、方法与技术手段的综合运用，集成现代遥感、测绘等高技术手段，突出调查成果的信息化表达和综合展示，保证成果真实准确可靠。

　　自然资源调查监测体系构建，要在尊重科学尊重现实的基础上合理布局。自然资源在现实世界本身就是分层分布的，很多在空间位置上就是重叠的，所以调查也要忠实于这种客观自然状态，反映出这种真实性，就要按照分层的要求进行调查。过去出现的林地、草地在面积上有重叠，实际原因是地理分布上就是重叠的，很多疏林地、灌木林地下面都是比较好的草场。由于过去分散在不同的管理部门进行调查，互相之间的数据没有协调，就会出现重叠。既然在空间位置上有重叠，就要按照分层进行调查，实事求是地把这种重叠关系描述清楚，真实地再现自然状态。以立体空间位置作为组织和联系所有自然资源体的基本纽带，对各类自然资源要素进行分层，科学构建自然资源分层分类模型，实现各类自然资源的精细化描述和综合性管理。

　　自然资源调查监测体系构建，要准确把握自然资源调查监测工作的系统性、整体性和重构性，从法规制度、标准、技术及质量管理四个方面，开展业务体系建设。在工作组织上，按照"总—分—总"方式组织实施，总体组织上严格遵循"六统一"原则，组织实施各类调查监测工作。统一总体设计和工作规划，科学组织开展各项自然资源调查监测评价任务；统一制度和机制建设，保障调查监测工作规范有序实施；统一标准制定和指标设定，实现各类自然资源调查监测数据相互衔接；统一组织实施和质量管控，保证调查监测成果真实准确可靠；统一数据成果管理应用，充分发挥调查监测成果作用和效益；统一信息发布和共享服务，确保自然资源基础数据的权威性。在总体组织"六统一"原则基础上，对各级、各专业的调查监测工作，分工实施，最后成果总归口，进行统一汇交和集成，形成全面系统完整的调查监测成果。

（二）基本原则

（1）坚持自然资源统一调查监测。自然资源主管部门履行自然资源统一调查监测职责，按照"优势共享、融合统一"思路，各级各专业类别分工协作，推进调查监测业务融合。遵循"总—分—总"组织方式和"六统一"组织原则，联合开展林草水湿等专业调查监测，调查监测成果统一交汇集成，统一信息发布共享。

（2）平衡财政事权和支出责任划分。全国性自然资源调查监测的组织实施为中央与地方共同财政事权，由中央与地方共同承担支出责任；地方性自然资源调查监测的组织实施为地方财政事权，由地方承担支出责任。全国性调查监测，由自然资源部统一组织或会同其他政府部门共同组织，地方各级自然资源主管部门及其他政府部门按法律法规或职责分工实施，落实相应调查监测责任。

（3）加强自然资源调查监测成果利用与共享。建立健全自然资源调查监测成果共享利用机制，整合汇集水利、林草等部门的调查监测数据，提高成果共享利用信息化水平，打破信息孤岛和数据壁垒，推进成果在部门间、单位间共享，提升利用效率和服务效能。政府部门间共享依托政府数据共享平台或网络专线，通过接口服务、在线调用、数据交换和主动推送等方式实现。系统内单位间共享依托国土空间基础信息平台，实现实时互联、及时调用、数据交互。社会化应用依托地理信息公共服务平台、部门政府网等，主动在线提供经脱密后的调查监测成果。

（4）活用数据和用活数据相结合。完善数据治理体系，提升数据融合能力。加强共享开放，创新数据应用场景，激活数据要素潜力，挖掘数据要素价值，提升数据利用能力，释放数据要素红利，发挥数据作为生产要素的基础性资源作用和创新引擎功能。完善数据要素市场，提升数据配置能力。鼓励技术融合应用，提升数据防护能力。

（5）统筹用好各方力量。优化整合自然资源系统内土地调查、地质调查、森林资源调查、地理国情监测、海洋资源调查等现有专业技术力量，发挥各自专业优势，逐步打造形成国家统一的高素质专业化调查监测国家队，支撑调查监测工作实施。充分调动地方积极性，合理安排中央和地方事业单位调查监测分工，强化健全市县调查监测技术支撑力量，整合基层自然资源力量，构建省市县乡上下贯通、业务统一的调查监测专业化支撑队伍，共同推进调查监测工作。规范市场秩序，培育一批技术力量雄厚、质量管理过硬、经验丰富、信誉好的市场化专业队伍，作为调查监测支撑力量有效补充。积极吸纳科研院所、高校和社会组织共同参与调查监测分析评价工作，发挥其专业特长、智力优势，培育高素质专业创新人才。

（三）工作任务

自然资源调查监测工作要客观真实反映自然资源状况，及时准确掌握各类自然资源家底和变化情况，主要包括：自然资源调查、监测、数据库建设、分析评价和成果应用等内容。其中，开展自然资源基础调查和专项调查，查清我国自然资源种类、数量、质量、空间分布等状况；监测自然资源动态变化情况，实现调查数据的持续更新；建设自然资源三维立体时空数据库，集成管理各项调查监测数据成果，建成自然资源日常管理所需的"一张底版、一套数据和一个平台"；开展自然资源调查监测数据分析评价，综合分析和系统评价自然资源的基本状况与保护开发利用情况，揭示自然资源相互关系和演替规律；做好调查监测成果共享应用，支撑和服务经济社会高质量发展。

总体来看，自然资源调查监测各项工作组成一个系统全面、有机衔接的整体。当前，基础调查以国土调查为主，查清各类国土资源的分布、范围、面积及开发利用与保护状况等，掌握自然资源本底状况和共性特征。专项调查以"国土三调"成果为统一底版，衔接调查内容、主要指标与技术规程，优化重构技术流程，统筹开展自然资源数量、质量、结构、生态功能等专业性细化和延伸调查，确保图件资料相统一、获取数据不重复、基础控制能衔接、调查成果可集成，实现两项调查成果结合全面综合反映自然资源状况。自然资源监测基于调查形成的自然资源本底数据，以最新国土调查成果为底图，整合年度"国土利用全覆盖遥感监测""地理国情监测"，重构形成年度多次开展、各有侧重的自然资源监测新格局，及时掌握自然资源年度变化信息等，支撑基础调查、专项调查成果年度更新，满足国土空间规划、自然资源管理各项需求。依托自然资源三维立体时空数据库建设，集成管理各类调查监测成果，直观反映自然资源空间分布、资源状况、利用现状及变化特征等；规范调查监测成果汇交、管理、维护、发布及共享利用，实现各类调查监测成果数据统一发布与管理应用，避免数出多门。分析评价则贯穿调查监测各环节，基于调查监测数据，建立科学的评价指标体系和统计标准，开展综合分析和系统评价，研判自然资源现实状况、变化特点及发展趋势等，提出自然资源管理政策建议。基础调查、专项调查、自然资源监测、数据集成与成果管理应用及分析评价工作协同推进，共同支撑国土空间规划、自然资源管理。

（四）业务体系建设

围绕自然资源部职责和业务需求，把握自然资源调查监测工作的系统性、整体性和重构性，从法规制度、标准、技术及质量管理四个方面，开展自然资源调查监测业务体系建设，支撑调查监测工作顺畅运行。同时健全完善组织实施体系与成果应用服务体系（图1-1）。

调查监测工作中，建立"总—分—总"组织实施模式，坚持"六统一"组织实施原则，即统一总体设计和工作规划，统一制度和机制建设，统一标准制定和指标设定，统一组织实施和质量管控，统一数据成果管理应用，统一信息发布和共享服务。按照中央与地方财政事权和支出责任划分，做好任务分工与统筹，发挥地方积极性和主动性。

调查监测工作的落脚点在于成果应用。构建自然资源调查监测成果共建、共管、共享、共用机制。建立自然资源三维立体时空数据库和数据共享服务系统，依托国土空间基础信息平台，集成整合各类自然资源调查监测形成的数据成果，充分挖掘数据资源，共同开展统计分析，为国土空间规划编制实施、自然资源确权登记、国土空间用途管制、自然资源督察执法等自然资源管理提供信息化支撑。共享数据成果，对各类调查、监测和分析评价数据，在遵守保密及相关法律法规要求的前提下，及时推送至国务院相关部门，以及省级自然资源主管部门，切实提高成果使用效率。建立成果社会化服务机制，对涉及社会公众关注的部分自然资源基础数据及成果数据目录，在符合法规要求的前提下，经脱密处理后向社会开放，拓展服务面。建立数据定期公布制度，按照政府信息公开的有关要求，依法按程序及时公开调查监测成果，增加社会透明度。

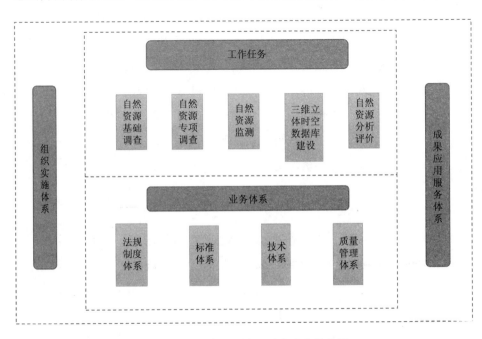

图1-1　自然资源调查监测体系结构框图

扩展阅读

《自然资源调查监测体系构建总体方案》

为贯彻落实党的十九大和十九届二中、三中、四中全会精神，加快建立自然资源统一调查、评价、监测制度，健全自然资源监管体制，切实履行自然资源统一调查监测职责，编制自然资源调查监测体系构建总体方案。

一、目标任务

（一）总体目标

以习近平新时代中国特色社会主义思想为指导，贯彻落实习近平生态文明思想，履行自然资源部"两统一"职责（统一行使全民所有自然资源资产所有者职责和统一行使所有国土空间用途管制和生态保护修复职责），构建自然资源调查监测体系，统一自然资源分类标准，依法组织开展自然资源调查监测评价，查清我国各类自然资源家底和变化情况，为科学编制国土空间规划，逐步实现山水林田湖草的整体保护、系统修复和综合治理，保障国家生态安全提供基础支撑，为实现国家治理体系和治理能力现代化提供服务保障。

（二）总体思路

坚持山水林田湖草是一个生命共同体的理念，建立自然资源统一调查、评价、监测制度，形成协调有序的自然资源调查监测工作机制。以自然资源科学和地球系统科学为理论基础，建立以自然资源分类标准为核心的自然资源调查监测标准体系。以空间信息、人工智能、大数据等先进技术为手段，构建高效的自然资源调查监测技术体系。查清我国土地、矿产、森林、草原、水、湿地、海域海岛等自然资源状况，强化全过程质量管控，保证成果数据真实准确可靠；依托基础测绘成果和各类自然资源调查监测数据，建立自然资源三维立体时空数据库和管理系统，实现调查监测数据集中管理；分析评价调查监测数据，揭示自然资源相互关系和演替规律。

（三）工作任务

建立自然资源分类标准，构建调查监测系列规范；调查我国自然资源状况，包括种类、数量、质量、空间分布等；监测自然资源动态变化情况；建设调查监测数据库，建成自然资源日常管理所需的"一张底版、一套数据和一个平台"；分析评价自然资源调查监测数据，科学分析和客观评价自然资源和生态环境保护修复治理利用的效率。

二、自然资源概念及分层分类模型

（一）自然资源的概念

自然资源，是指天然存在、有使用价值、可提高人类当前和未来福利的自然环境因素的总和（见《党的十八届三中全会重要决定辅导读本》）。自然资源部职责涉及土地、矿产、森林、草原、水、湿地、海域海岛等自然资源，涵盖陆地和海洋、地上和地下。

本方案围绕上述七类资源的调查监测进行规划和设计。阳光、空气、风等其他自然资源，待条件成熟时再开展调查。在实际工作中，对与自然资源紧密关联的自然地理和人文地理等要素一并进行调查。

（二）自然资源分层分类模型

自然资源分类是自然资源管理的基础，是开展调查监测工作的前提，应遵循山水林田湖草是一个生命共同体的理念，充分借鉴和吸纳国内外自然资源分类成果，按照"连续、稳定、转换、创新"的要求，重构现有分类体系，着力解决概念不统一、内容有交叉、指标相矛盾等问题，体现科学性和系统性，又能满足当前管理需要。

根据自然资源产生、发育、演化和利用的全过程，以立体空间位置作为组织和联系所有自然资源体（即由单一自然资源分布所围成的立体空间）的基本纽带，以基础测绘成果为框架，以数字高程模型为基底，以高分辨率遥感影像为背景，按照三维空间位置，对各类自然资源信息进行分层分类，科学组织各个自然资源体有序分布在地球表面（如土壤等）、地表以上（如森林、草原等），及地表以下（如矿产等），形成一个完整的支撑生产、生活、生态的自然资源立体时空模型。各数据层如下。

第一层为地表基质层。地表基质是地球表层孕育和支撑森林、草原、水、湿地等各类自然资源的基础物质。海岸线向陆一侧（包括各类海岛）分为岩石、砾石、沙和土壤等，海岸线向海一侧按照海底基质进行细分。结合《岩石分类和命名方案》和《中国土壤分类与代码》等标准，研制地表基质分类。地表基质数据，目前主要通过地质调查、海洋调查、土壤调查等综合获取，下一步择时择机开展系统调查。

第二层是地表覆盖层。在地表基质层上，按照自然资源在地表的实际覆盖情况，将地球表面（含海水覆盖区）划分为作物、林木、草、水等若干覆盖类型，每个大类可再细分到多级类。参考《土地利用现状分类》《地理国情普查内容与指标》及国土空间规划用途分类等，制定地表覆盖分类标准。地表覆盖数据，可以通过遥感影像并结合外业调查快速获取。

为展现各类自然资源的生态功能，科学描述资源数量等，按照各类自然资源的特性，对自然资源利用、生态价值等方面的属性信息和指标进行描述。以森林资源为例，在地表覆盖的基础上，根据森林结构、林分特征等，从生态功能的角度，进一步描述其资源量指标，如森林蓄积量。

第三层是管理层。在地表覆盖层上，叠加各类日常管理、实际利用等界线数据（包括行政界线、自然资源权属界线、永久基本农田、生态保护红线、城镇开发边界、自然保护地界线、开发区界线等），从自然资源利用管理的角度进行细分。如按照规划要求，以管理控制区界线，划分各类不同的管控区；按照用地审批备案界线，区分审批情况；按照"三区三线"的管理界线，以及海域管理的"两空间内部一红线"等，区分自然资源的不同管控类型和管控范围；还可结合行政区界线、地理单元界线等，区分不同的自然资源类型。这层数据主要是规划或管理设定的界线，根据相关管理工作直接进行更新。

为完整表达自然资源的立体空间，在地表基质层下设置地下资源层，主要描述位于地表（含海底）之下的矿产资源，以及城市地下空间为主的地下空间资源。矿产资源参照《矿产资源法实施细则》，分为能源矿产、金属矿产、非金属矿产、水气矿产（包括地热资源）等类型。现有地质调查及矿产资源数据，可以满足自然资源管理需求的，可直接利用。对已经发生变化的，需要进行补充和更新。

通过构建自然资源立体时空模型，对地表基质层、地表覆盖层和管理层数据进行统一组织，并进行可视化展示，满足自然资源信息的快速访问、准确统计和分析应用，实现对自然资源的精细化综合管理。同时，通过统一坐标系统与地下资源层建立联系。

三、调查监测工作内容

（一）自然资源调查

自然资源调查分为基础调查和专项调查。其中，基础调查是对自然资源共性特征开展的调查，专项调查指为自然资源的特性或特定需要开展的专业性调查。基础调查和专项调查相结合，共同描述自然资源总体情况。

1. 基础调查

基础调查主要任务是查清各类自然资源体投射在地表的分布和范围，以及开发利用与保护等基本情况，掌握最基本的全国自然资源本底状况和共性特征。基础调查以各类自然资源的分布、范围、面积、权属性质等为核心内容，以地表覆盖为基础，按照自然资源管理基本需求，组织开展我国陆海全域的自然资源基础性调查工作。

基础调查属重大的国情国力调查，由党中央、国务院部署安排。为保证基础调查成果的现势性，组织开展自然资源成果年度更新，及时掌握全国每一块自然资源的类型、面积、范围等方面的变化情况。

当前，以第三次全国国土调查（以下简称"国土三调"）为基础，集成现有的森林资源清查、湿地资源调查、水资源调查、草原资源清查等数据成果，形成自然资源管理的调查监测"一张底图"。按照自然资源分类标准，适时组织开展全国性的自然资源调查工作。

2. 专项调查

针对土地、矿产、森林、草原、水、湿地、海域海岛等自然资源的特性、专业管理和宏观决策需求，组织开展自然资源的专业性调查，查清各类自然资源的数量、质量、结构、生态功能及相关人文地理等多维度信息。建立自然资源专项调查工作机制，根据专业管理的需要，定期组织全国性的专项调查，发布调查结果。

（1）耕地资源调查。在基础调查耕地范围内，开展耕地资源专项调查工作，查清耕地的等级、健康状况、产能等，掌握全国耕地资源的质量状况。每年对重点区域的耕地质量情况进行调查，包括对耕地的质量、土壤酸化盐渍化及其他生物化学成分组成等进行跟踪，分析耕地质量变化趋势。

（2）森林资源调查。查清森林资源的种类、数量、质量、结构、功能和生态状况及变化情况等，获取全国森林覆盖率、森林蓄积量及起源、树种、龄组、郁闭度等指标数据。每年发布森林蓄积量、森林覆盖率等重要数据。

（3）草原资源调查。查清草原的类型、生物量、等级、生态状况及变化情况等，获取全国草原植被覆盖度、草原综合植被盖度、草原生产力等指标数据，掌握全国草原植被生长、利用、退化、鼠害病虫害、草原生态修复状况等信息。每年发布草原综合植被盖度等重要数据。

（4）湿地资源调查。查清湿地类型、分布、面积，湿地水环境、生物多样性、保护与利用、受威胁状况等现状及其变化情况，全面掌握湿地生态质量状况及湿地损毁等变化趋势，形成湿地面积、分布、湿地率、湿地保护率等数据。每年发布湿地保护率等数据。

当前，在"国土三调"中，对全国湿地调查成果进行实地核实，验证每块湿地的实地现状，确定其类型、边界、范围和面积，更新全国湿地调查结果。"国土三调"结束后，利用两到三年时间，以高分辨率遥感影像和高精度数字高程模型为支撑，详细调查湿地植被情况、水源补给、流出状况、积水状况及鸟类情况等。

（5）水资源调查。查清地表水资源量、地下水资源量、水资源总量，水资源质量，河流年平均径流量，湖泊水库的蓄水动态，地下水位动态等现状及变化情况；开展重点区域水资源详查。每年发布全国水资源调查结果数据。

（6）海洋资源调查。查清海岸线类型（如基岩岸线、砂质岸线、淤泥质岸线、生物岸线、人工岸线）、长度，查清滨海湿地、沿海滩涂、海域类型、分布、面积和保护利用状况，以及海岛的数量、位置、面积、开发利用与保护等现状及其变化情况，掌握全国海岸带保护利用情况、围填海情况，以及海岛资源现状及其保护利用状况。同时，开展海洋矿产资源（包括海砂、海洋油气资源等）、海洋能（包括海上风能、潮汐能、潮流能、波浪能、温差能等）、海洋生态系统（包括珊瑚礁、红树林、海草床等）、海洋生物资源（包括鱼卵、仔鱼、浮游动植物、游泳生物、底栖生物的种类和数量等）、海洋水体、地形地貌等调查。

（7）地下资源调查。地下资源调查主要为矿产资源调查，任务是查明成矿远景区地质背景和成矿条件，开展重要矿产资源潜力评价，为商业性矿产勘查提供靶区和地质资料；摸清全国地下各类矿产资源状况，包括陆地地表及以下各种矿产资源矿区、矿床、矿体、矿石主要特征数据和已查明资源储量信息等。掌握矿产资源储量利用现状和开发利用水平及变化情况。每年发布全国重要矿产资源调查结果。地下资源调查还包括以城市为主要对象的地下空间资源调查，以及海底空间和利用，查清地下天然洞穴的类型、空间位置、规模、用途等，以及可利用的地下空间资源分布范围、类型、位置及体积规模等。

（8）地表基质调查。查清岩石、砾石、沙、土壤等地表基质类型、理化性质及地质景观属性等。条件成熟时，结合已有的基础地质调查等工作，组织开展全国地表基质调查，必要时进行补充调查与更新。

除以上专项调查外，还可结合国土空间规划和自然资源管理需要，有针对性地组织开展城乡建设用地和城镇设施用地、野生动物、生物多样性、水土流失、海岸带侵蚀，以及荒漠化和沙化石漠化等方面的专项调查。

基础调查与专项调查统筹谋划、同步部署、协同开展。通过统一调查分类标准，衔接调查指标与技术规程，统筹安排工作任务。原则上采取基础调查内容在先、专项调查内容递进的方式，统筹部署调查任务，科学组织，有序实施，全方位、多维度获取信息，按照不同的调查目的和需求，整合数据成果并入库，做到图件资料相统一、基础控制能衔接、调查成果可集成，确保两项调查全面综合地反映自然资源的相关状况。

（二）自然资源监测

自然资源监测是在基础调查和专项调查形成的自然资源本底数据基础上，掌握自然资源自身变化及人类活动引起的变化情况的一项工作，实现"早发现、早制止、严打击"的监管目标。根据监测的尺度范围和服务对象，分为常规监测、专题监测和应急监测。

1. 常规监测

常规监测是围绕自然资源管理目标，对我国范围内的自然资源定期开展的全覆盖动态遥感监测，及时掌握自然资源年度变化等信息，支撑基础调查成果年度更新，也服务年度自然资源督察执法及各类考核工作等。常规监测以每年12月31日为时点，重点监测包括土地利用在内的各类自然资源的年度变化情况。

2. 专题监测

专题监测是对地表覆盖和某一区域、某一类型自然资源的特征指标进行动态跟踪，掌握地表覆盖及自然资源数量、质量等变化情况。专题监测及其监测内容如下：

（1）地理国情监测。以每年6月30日为时点，主要监测地表覆盖变化，直观反映水草丰茂期地表各类自然资源的变化情况，结果满足耕地种植状况监测、生态保护修复效果评价、督察执法监管，以及自然资源管理宏观分析等需要。

（2）重点区域监测。围绕京津冀协同发展、长江经济带发展、粤港澳大湾区建设、长三角一体化发展、黄河流域生态保护和高质量发展等国家战略，以及三江源、秦岭、祁连山等生态功能重要地区和国家公园为主体的自然保护地，以及青藏高原冰川等重要生态要素，动态跟踪国家重大战略实施、重大决策落实及国土空间规划实施等情况，监测区域自然资源状况、生态环境等变化情况，服务和支撑事中监管，为政府科学决策和精准管理提供准确的信息服务。

（3）地下水监测。依托国家地下水监测工程，开展主要平原盆地和人口密集区地下水水位监测；充分利用机井和民井，在全国地下水主要分布区和水资源供需矛盾突出、生态脆弱、地质环境问题严重的地区开展地下水位统测；采集地下水样本，分析地下水矿物质含量等指标，获取地下水质量监测数据。

（4）海洋资源监测。监测海岸带、海岛保护和人工用海情况，以及海洋环境要素、海洋化学要素、海洋污染物等。

（5）生态状况监测。监测水土流失、水量沙质、沙尘污染等生态状况，以及矿产资源开发及损毁情况、矿区生态环境状况等。

3. 应急监测

根据党中央、国务院的指示，按照自然资源部党组的部署，对社会关注的焦点和难点问题，组织开展应急监测工作，突出"快"字，响应快，监测快，成果快，支撑服务快，第一时间为决策和管理提供第一手的资料和数据支撑。

自然资源监测要统筹好各项业务需求，做好与各项监测工作和服务应用系统的衔接和融合，充分发挥各部门已有各类监测站点的作用，科学设定监测的指标和监测频率，建立全国自然资源综合监测网络，实现监测站点实时数据共享，逐步建成自然资源监测体系。

（三）数据库建设

自然资源调查监测数据库是自然资源管理"一张底版、一套数据、一个平台"的重要内容，是国土空间基础信息平台的数据支撑。充分利用大数据、云计算、分布式存储等技术，按照"物理分散、逻辑集成"原则，建立自然资源调查监测数据库，实现对各类自然资源调查监测数据成果的集成管理和网络调用。

构建自然资源立体时空数据模型，以自然资源调查监测成果数据为核心内容，以基础地理信息为框架，以数字高程模型、数字表面模型为基底，以高分辨率遥感影像为覆盖背景，利用三维可视化技术，将基础调查获得的共性信息层与专项调查的特性信息层进行空间叠加，形成地表覆盖层。叠加各类审批规划等管理界线，以及相关的经济社会、人文地理等信息，形成管理层。建成自然资源三维立体时空数据库，直观反映自然资源的空间分布及变化特征，实现对各类自然资源的综合管理。

采用"专业化处理、专题化汇集、集成式共享"的模式，按照数据整合标准和规范要求，组织对历史数据进行标准化整合，集成建库，形成统一空间基础和数据格式的各类自然资源调查监测历史数据库。同时，每年的动态遥感监测结果也及时纳入数据库，实现对各类调查成果的动态更新。

（四）分析评价

统计汇总自然资源调查监测数据，建立科学的自然资源评价指标，开展综合分析和系统评价，为科学决策和严格管理提供依据。

1. 统计

按照自然资源调查监测统计指标，开展自然资源基础统计，分类、分项统计自然资源调查监测数据，形成基本的自然资源现状和变化成果。

2. 分析

基于统计结果等，以全国、区域或专题为目标，从数量、质量、结构、生态功能等角度，开展自然资源现状、开发利用程度及潜力分析，研判自然资源变化情况及发展趋势，综合分析自然资源、生态环境与区域高质量发展整体情况。

3. 评价

建立自然资源调查监测评价指标体系，评价各类自然资源基本状况与保护开发利用程度，评价自然资源要素之间、人类生存发展与自然资源之间、区域之间、经济社会与区域发展之间的协调关系，为自然资源保护与合理开发利用提供决策参考。如全国耕地资源质量分析评价、全国水资源分析及区域水平衡状况评价、全国草场长势及退化情况分析、全国湿地状况及保护情况分析评价等。

（五）成果及应用

1. 成果内容

（1）数据及数据库：包括各类遥感影像数据，各种调查、监测及分析评价数据，以及数据库、共享服务系统等。

（2）统计数据集：包括分类、分级、分地区、分要素统计形成的各项调查、监测系列数据集、专题统计数据集，以及各类分析评价数据集等。

（3）报告：包括工作报告、统计报告、分析评价报告，以及专题报告、公报等。

（4）图件：包括图集、图册、专题图、挂图、统计图等。

2. 成果管理

建立调查监测成果管理制度，制定成果汇交管理办法。各类调查监测成果经质量检验合格后，按要求统一汇交，并集成到自然资源调查监测数据库中，实现对自然资源调查监测信息统一管理。建立自然资源调查监测数据更新机制，定期维护和更新调查监测成果。

建立自然资源调查监测成果发布机制。在调查监测工作完成后，涉及社会公众关注的成果数据或数据目录，履行相关的审核程序后，统一对外发布。未经审核通过的调查监测成果，一律不得向社会公布。

3. 成果应用

建立调查监测成果共享和利用监督制度，制定成果数据共享应用办法，充分发挥调查成果数据对国土空间规划和自然资源管理工作的基础支撑作用。依托国土空间基础信息平台，建设调查监测成果数据共享服务系统，推动成果数据共享应用，提升服务效能。原则上，利用公共财政开展的自然资源调查监测工作，其形成的成果应无偿提供相关部门共享使用，并遵守保密及相关法律法规要求。可共享使用的自然资源调查监测成果，在数据内容和时效性等方面满足需求的，原则上不再重复生产。

（1）部门应用。通过国土空间基础信息平台，共享自然资源调查监测数据信息，实现自然资源调查监测成果与国土空间规划、确权登记等业务系统实时互联、及时调用，支撑各项管理顺畅运行。编制并公布调查监测成果数据目录清单，借助国家、地方数据共享平台或与相关政府部门网络专线，通过接口服务、数据交换、主动推送等方式，将主要调查监测数据及时推送国务院各有关部门、相关单位，以及地方自然资源主管部门，实现调查监测成果数据的共享应用。

（2）社会服务。按照政府信息公开的有关要求，依法按程序及时公开自然资源调查监测成果。推进自然资源调查监测成果数据在线服务，将经过脱密处理的成果向全社会开放，推动调查监测成果的广泛共享和社会化服务。鼓励科研机构、企事业单位利用调查监测成果开发研制多形式多品种数据产品，满足社会公众的广泛需求。

四、业务体系建设

紧密围绕自然资源部职责和业务需求，把握自然资源调查监测工作的系统性、整体性和重构性，从法规制度、标准、技术及质量管理四个方面，着力开展自然资源调查监测业务体系建设。

（一）法规制度体系

加强基础理论和法理研究，制定自然资源调查监测法规制度建设规划，为调查监测长远发展提供法律支撑。建立自然资源统一调查、评价、监测制度，重点研究制定自然资源调查条例，出台相关配套政策、制度和规范性文件。同时，在现有法律法规修订过程中，体现自然资源调查监测方面的法定性要求。在相关法律法规出台前，继续依据现有法律法规开展工作，主要包括：土地管理法、测绘法、海域使用管理法、森林法、草原法、水法，以及土地调查条例、森林法实施条例、测绘成果管理条例等。

（二）标准体系

按照自然资源调查监测的总体设计和工作流程，基于结构化思想，构建自然资源调查监测标准体系；按照山水林田湖草是一个生命共同体的理念，研究制定自然资源分类标准；根据地表自然发育程度与地表附着物的本质属性等，研究制定地表覆盖分类标准；在全面梳理自然资源名词术语标准的基础上，制定自然资源调查监测分析评价的系列技术标准、规程规范，包括基础调查技术规程、专项调查技术规程、质量管理技术规程、成果目录规范等。

（三）技术体系

充分利用现代测量、信息网络及空间探测等技术手段，构建起"天—空—地—网"为一体的自然资源调查监测技术体系，实现对自然资源全要素、全流程、全覆盖的现代化监管。其中：航天遥感方面，利用卫星遥感等航天飞行平台，搭载可见光、红外、高光谱、微波、雷达等探测器，实现广域的定期影像覆盖和数据获取，支持周期性的自然资源调查监测。航空摄影方面，利用飞机、浮空器等航空飞行平台，搭载各类专业探测器，实现快捷机动的区域监测。实地调查方面，借助测量工具、检验检测仪器、照（摄）相机等设备，利用实地调查、样点监测、定点观测等监测模式，进行实地调查和现场监测。网络方面，利用"互联网+"等手段，有效集成各类监测探测设备和资料，提升调查监测工作效率。

加强自然资源模型建设和研究，建成系统完整的各类自然资源模型库。采用信息化手段，对自然资源调查监测数据成果集成、处理、表达和统一管理。继续加强智能化识别、大数据挖掘、网络爬虫、区块链等技术研究，支撑自然资源调查监测、分析评价和成果应用全过程技术体系高效运行。

（四）质量管理体系

建立自然资源调查监测质量管理制度，依法严格履行质量监管职责，保障调查监测成果真实准确可靠。开展生产过程质量监管、日常质量监督、成果质量验收等，逐步形成定期检查、监督抽查相结合的全过程质量管控机制。构建自然资源调查监测质量信用体系，完善成果质量奖惩机制、质量事故响应和追溯机制、质量责任追究机制等，充分利用好现有专业质检机构，切实发挥其成果质量检查作用。

五、组织实施与分工

（一）组织原则

自然资源调查监测由自然资源部统一负责，按照"总—分—总"方式组织实施，坚持"六统一"，即：统一的总体设计和工作规划，统一的制度和机制建设，统一的标准制定和指标设定，统一的组织实施和质量管控，统一的数据成果管理应用，以及统一的信息发布和共享服务。

调查监测工作中，按照中央与地方财政事权和支出责任划分，做好任务分工与统筹，发挥地方积极性和主动性。

（二）工作分工

总体上，中央部署的调查监测任务，由自然资源部统一组织，地方分工参与；自然资源日常管理必备指标，由自然资源部负责；与自然资源日常管理密切相关的指标，地方考核必需的指标，以及各专项调查和当前管理容易产生交叉甚至矛盾的区域或内容，由自然资源主管部门联合相关专业部门开展调查监测，结果由自然资源主管部门发布，或联合发布；各专业部门管理急需，与自然资源"两统一"职责不紧密的指标和内容，由各相关部门自行组织调查监测。

1. 基础调查

基础调查属重大的国情国力调查，由国务院部署。年度更新由自然资源部负责统一组织，地方自然资源主管部门分工参与。耕地、森林、草原、湿地、水域、海域海岛等资源的分布、范围和面积等内容在基础调查中完成，专项调查时原则上不再重新调查。

2. 专项调查

根据管理目标和专业需求，按照设计、实施、监督相分离的组织方式，分级分工、部门协作开展。

（1）耕地资源调查：耕地资源的等级、产能、健康状况等，由自然资源主管部门牵头组织。

（2）森林资源调查：森林蓄积量、森林覆盖率，由自然资源主管部门与林业和草原主管部门共同组织；森林的起源、树种、林种、龄组、权属及其动态变化等，由林业和草原主管部门负责。

（3）草原资源调查：草原综合植被盖度、草原生物量等，由自然资源主管部门与林业和草原主管部门共同组织；草原的病虫鼠害、毒害草、生物多样性及草原退化等，由林业和草原主管部门负责。

（4）湿地资源调查：湿地的分布、范围、面积等，由自然资源主管部门牵头组织；湿地生物多样性、湿地生态状况，以及湿地的水质、富营养化等，由林业和草原主管部门会同有关部门负责。

（5）水资源调查：地表水资源量和水资源总量，以及地表水资源质量，使用相关部门调查结果；地下水资源量及水质、重点区域水资源详查，以及海水淡化水资源量及水质等，由自然资源主管部门负责。

（6）海洋资源调查：海岛（含无居民海岛）、海岸带，以及滨海湿地和沿海滩涂调查，由自然资源主管部门会同林业和草原主管部门共同组织；海域海岛管理专题调查，海洋可再生能源调查，海洋生态系统，以及海洋水体、地形地貌、底质等，由自然资源主管部门负责。

（7）地下资源调查，由自然资源主管部门负责。

（8）地表基质调查，由自然资源主管部门负责，地调部门组织实施。

此外，野生动物调查，由林业和草原主管部门负责。涉及自然资源生态状况调查监测评价，由自然资源主管部门会同林业和草原主管部门共同组织。

3. 监测工作

常规监测由自然资源主管部门统一组织，监测结果及时推送各需求部门和单位使用；专题监测由自然资源主管部门牵头，统筹业务需求，统一组织开展；应急监测，根据工作任务和监测要求，由自然资源主管部门统一组织。

4. 其他工作

调查监测数据成果汇交和管理制度制定、数据库建设、统计分析评价，自然资源调查监测标准体系建设，自然资源调查监测法律法规的制定等，由自然资源主管部门牵头组织。

（三）实施安排

2019 年底，初步完成自然资源调查监测体系构建总体方案。初步拟定自然资源调查监测标准体系框架。

2020 年 6 月，初步建立自然资源调查监测制度。研究制定自然资源调查监测分析评价的主要指标，起草自然资源调查监测成果管理办法。

2020 年 10 月，初步完成自然资源基础调查和专项调查技术体系设计。建立自然资源调查成果动态监测机制。制定自然资源分类标准。

2020 年底，发布一批重要的自然资源基础调查、专项调查成果。建立自然资源调查监测质量管理体系。形成自然资源管理的调查监测"一张底图"。

2023 年，完成自然资源统一调查、评价、监测制度建设，形成一整套完整的自然资源调查监测的法规制度体系、标准体系、技术体系及质量管理体系。

六、保障措施

（一）加强组织领导

自然资源部负责自然资源调查监测工作的总体规划、统一部署和整体推进，研究解决重大问题。统筹各业务管理部门需求，推进落实调查监测"六统一"工作要求，谋划制定调查监测计划并统一部署安排，监督调查监测任务实施，指导地方调查监测工作，保证调查监测成果质量。各级自然资源主管部门加强组织领导，明确工作任务，落实责任分工，高质量完成各项调查监测工作。

（二）保障经费投入

加强与财政部门沟通协调，积极争取将各类调查监测工作所需经费纳入各级财政预算，统筹安排、突出重点、保障急需、提高绩效。当前要对系统内现有调查监测项目任务进行适当整合，集中资金保证重大调查监测任务的完成。

（三）统筹队伍建设

充分利用好系统内队伍，发挥各自专业优势，分工推进调查监测任务实施，形成严密有序的组织体系。优化自然资源调查监测工作机制，结合事业单位分类改革，整合系统内现有的调查监测力量，形成国家统一的自然资源调查监测专业化支撑队伍，逐步实现国家调查、地方举证、数据分发共享的自然资源调查监测新机制。引导社会力量，培育市场化调查监测队伍，更好支撑调查监测工作开展。积极吸纳科研院所和大专院校的力量参与调查监测工作，充分发挥其专业特长和智力优势。

（四）推动科技创新

组织开展自然资源调查监测方面的重大理论研究和技术创新，优化技术流程和技术方法，及时解决重大理论和技术问题，不断提高调查监测能力和水平，提升成果质量和工作效率。当前，重点加强人工智能、区块链技术、大数据分析、海量数据管理和三维展示等方面技术在调查监测中的应用研究，优化和创新技术路线、方法和手段，提升遥感影像获取保障、高光谱分析应用，以及调查监测成果展示、共享和应用的能力。

参考文献

[1] 蔡运龙：《自然地理学原理（第二版）》，科学出版社，2007 年。

[2] 陈丽萍等："国外自然资源登记制度及对我国启示"，《国土资源情报》，2016 年第 5 期。

[3] 高娟等：《生态文明与水资源管理实践》，上海科学技术文献出版社，2021 年。

[4] 国家标准化委员会：《固体矿产资源储量分类》（GB/T 17766-2020），中国标准出版社，2020 年。

[5] 国家测绘地理信息局：《关于全面开展地理国情监测的指导意见》（国测国发〔2017〕8 号），2017 年。

[6] 国家测绘地理信息局等：《第一次全国地理国情普查公报》，2017 年。

[7] 国家基础地理信息中心：《2019 年全国基础性地理国情监测实施方案（印发稿）》，2019 年。

[8] 国务院第一次全国地理国情普查领导小组办公室：《第一次全国地理国情普查实施方案》，2013 年。

[9] 科学普及出版社编辑：《1956—1967 年科学技术发展远景规划纲要（修正草案）通俗讲话》，科学普及出版社，1958 年。

[10] 陆昊："全面提高资源利用效率"，《人民日报》，2021 年 1 月 15 日。

[11] 马永欢：《生态文明视角下的自然资源管理制度改革研究》，中国经济出版社，2017 年。

[12] 庞振山等：《矿集区找矿预测技术要求》，地质出版社，2021 年。

[13] 水利部水利水电规划设计总院：《中国水资源及其开发利用调查评价》，中国水利水电出版社，2014 年。

[14] 孙鸿烈、成升魁、封志明："60 年来的资源科学：从自然资源综合考察到资源科学综合研究"，《自然资源学报》，2010 年第 9 期。

[15] 孙鸿烈等："自然资源综合考察与资源科学综合研究"，《地理学报》，2020 年，第 75 卷第 12 期。

[16] 孙鸿烈：《中国资源科学百科全书》，中国大百科全书出版社、石油大学出版社，2000 年。

[17] 温景春："自然资源综合考察委员会"，《中国科学院院刊》，1986 年第 4 期。

[18] 姚凤良等：《矿床学教程》，地质出版社，2006 年。

[19] 叶天竺等：《成矿地质背景研究技术要求》，地质出版社，2010 年。

[20] 叶天竺等：《勘查区找矿预测理论与方法（各论）》，地质出版社，2017 年。

[21] 叶天竺等：《勘查区找矿预测理论与方法（总论）》，地质出版社，2014 年。

[22] 叶天竺等：《矿产定量预测方法》，地质出版社，2010 年。

[23] 张九辰：《自然资源综合考察委员会研究》，科学出版社，2013 年。

[24] 《〈中共中央关于全面深化改革若干重大问题的决定〉辅导读本》编写组：《〈中共中央关于全面深化改革若干重大问题的决定〉辅导读本》，人民出版社，2013 年。

[25] 《〈中共中央关于深化党和国家机构改革的决定〉〈深化党和国家机构改革方案〉辅导读本》编写组：《〈中共中央关于深化党和国家机构改革的决定〉〈深化党和国家机构改革方案〉辅导读本》，人民出版社，2018 年。

[26] "中共中央印发《深化党和国家机构改革方案》"，中国政府网，https://www.gov.cn/zhengce/2018-03/21/content_5276191.htm#1。

[27] 中国大百科全书总编辑委员会：《中国大百科全书·地理学》，大百科全书出版社，1990 年。

[28] 中国科学院自然资源综合考察委员会：《自然资源综合考察研究 40 年（1956～1996）》，中国科学技术出版社，1996 年。

[29] 中华人民共和国农业部畜牧兽医司、全国畜牧兽医总站：《中国草地资源》，中国科学技术出版社，1996 年。

[30] 周仰效、李文鹏：《地下水监测信息系统模型及可持续开发》，科学出版社，2011 年。

[31] "自然资源部职能配置、内设机构和人员编制规定"，中国政府网，https://www.gov.cn/zhengce/2018-09/11/content_5320987.htm。

[32] 自然资源部自然资源调查监测司：《林草水湿海资源综合调查监测机制研究》，中国商务出版社，2021 年。

[33] Sauer C. O. 1963. *Land and life*. Los Angeles: University of California Press.

[34] Zimmermann E. W. 1933 revised 1951. *World resources and industries*. Harper. New York.

第二章 自然资源分类与调查监测标准体系

自然资源分类是自然资源管理的基础，也是开展调查监测工作的前提。自然资源调查监测体系构建的首要任务是建立逻辑清晰、科学统一的自然资源分类，在此基础上构建自然资源调查监测标准体系，着力解决基础性、源头性问题。本章阐述了调查监测体系中的自然资源分层分类模型概念，提出了自然资源分类方案，介绍了以自然资源分类为核心的自然资源调查监测标准体系建设情况。

第一节 自然资源分层分类模型

自然资源分层分类模型是以地球系统科学为指导，参考地质学、地理学、土壤学、农学和生态学等国际、国内现行的分类标准，结合自然资源调查监测工作实际，按照山水林田湖草是一个生命共同体的理念，构建自然资源立体时空模型，对地表基质层、地表覆盖层和管理层数据进行统一组织，并通过统一坐标系统与地下资源层建立联系，实现对自然资源的精细化综合管理。

一、研究进展

（一）地球圈层演化过程

地球自形成以来大约经历了 45 亿～46 亿年的历史，地球的起源与太阳系密切相关，自 18 世纪以来，先后提出过 30 多种地球起源的假说。有些假说因限于当时的科学水平，不能圆满解释太阳系存在的客观规律，大都相继退出历史舞台。但有些假说，如拉普拉斯的"星云假说"、康德的"微粒假说"、施密特的"俘获假说"、霍伊尔的"新星云假说"等，对认识天体形成和演化曾起到了一定积极作用（冯士筰等，1999）。

原始地球作为随太阳逐渐形成的行星，接近于均质体，由于内部热作用，发生物质运动并出现重者下沉、轻者上浮，形成地核、地幔和地壳，进而形成圈层结构。广泛的火山活动和巨大陨石冲击时释放的气体，形成了原始大气圈，其中的水汽冷凝形成水圈。最后，在有碳、氧、氢和氮化合物存在的情况下，通过闪电放电或紫外线辐射，或两者兼有的作用，产生日益复杂的有机分子，再进一步结合为能够自身繁殖的有机分子，形成生物圈。

地球外部出现大气、水、生物三个圈层后，在地球内力和外力作用下，地球外部与内部圈层，通过物质和能量的交互作用、相互影响，地球内外都发生了剧烈复杂的运动变化，尤以地球表面表现得最突出：大陆有分合，海洋有生灭，山川有升降，生物有演进。

（二）地球圈层理论研究进展

目前，地学界把地球系统划分为三个子系统：地球外层空间系统，即地—月和高空系统；由岩石圈、大气圈、水圈、生物圈组成的地球表面系统；固体地球（地球内部）系统。固体地球系统是地球的质量核心，也是最难观测其物质运动的子系统。本书中，仅关注由岩石圈、水圈、大气圈、生物圈组成的地球表面系统。

（1）岩石圈。岩石圈是具有高强度、高黏滞度、低流变性的地球外壳，而其下的软流圈则强度较低且能够流动，可以提供重力均衡补偿。岩石圈包括地壳和软流圈之上的上地幔部分。地表形态的塑造过程也是岩石圈物质的循环过程，它们存在的基础是岩石圈三大类岩石——岩浆岩、变质岩和沉积岩的变质转化，岩石圈的物质处于不断的循环转化之中。今天看到的山系和盆地，以及流水、冰川、风成地貌等，是岩石圈物质循环在地表留下的痕迹。

（2）水圈。水圈是地球表面和接近地球表面的各种形态的水的总称，包括海洋、河流、湖泊、沼泽、冰川，以及土壤和岩石孔隙中的地下水、岩浆水、聚合水，生物圈中的体液、细胞内液、生物聚合水化物等。海洋覆盖了地球表面积的71%，地球上的水大部分汇集在海洋里，占总水量的97%。水循环是地球上最重要的物质能量循环之一，水圈是地球外圈中作用最为活跃的一个圈层，也是一个连续不规则的圈层。地球水圈与岩石圈相互作用，直接影响地球表层系统演化与人类活动、内部系统的动力学过程，以及圈层间物质和能量交换（徐敏等，2019）。水圈也是外动力地质作用的主要介质，是塑造地球表面重要的角色。

（3）大气圈。大气圈是地球外圈中最外部的气体圈层，它包围着海洋和陆地。在地球历史长河中，经过复杂的地球生物学过程，生氧光合作用（梅冥相、孟庆芬，2017）与大气圈和海洋的氧化还原历史，大气圈氧化状态增强，展示了生物进化与环境变化之间的复杂关系，最终形成了今天可居住的地球。大气圈没有确切的上界，在2 000～16 000 km高空仍有稀薄的气体和基本粒子。在地下，土壤和某些岩石中也会有少量空气，它们也可认为是大气圈的一个组成部分。根据大气分布特征，在对流层之上还可分为平流层、中间层、热成层等。

（4）生物圈。生物圈是指地球上凡是出现并感受到生命活动影响的地区，是地球上生物生存和活动范围的总和，是地表有机体包括微生物及其自下而上环境的总称，是行星地球特有的圈层。生物圈是地球上最大的生态系统，也是人类诞生和生存的空间。生物圈占有大气圈的底部、水圈和岩石圈的上部，厚度约为20 km。生物圈演化就是生物的发生、发展或部分绝灭，然后新类型再发生、发展，形成新的生物圈面貌的过程。

只有将每一个圈层的性质和变化规律研究透彻，才能更好地认识整个地球系统的形成演化，建立一个更加科学的地球圈层模型，以解决更多尚未解决的科学难题。

二、基于自然资源立体时空的分层分类模型

基于上述地球圈层理论，同一平面位置地表以下可能有矿产资源、地下水，地表有土地资源（地表基质），地表以上有附着在土地上的森林、草地、湿地、地表水等资源，还存在地上空间资源等。结合自然资源产生、发育、演化和利用的全过程，借助现代测量和空间信息技术手段，遵循自然资源在同一平面位置上立体空间分布的客观规律，建立自然资源分层分类模型，按照三维空间位置，准确客观表达每个自然资源体的分布现状。

（一）地表基质层

1. 地表基质

地表基质是由天然物质经自然作用形成的重要自然资源，当前出露于地球陆域地表浅部或水域水体底部，也是地球表层孕育和支撑森林、草原、水、湿地等各类自然资源的基础物质。地表基质覆盖地球浅表，是地质作用和自然环境演化共同作用的产物，也是地球多圈层交互作用最为频密的空间，是维系地球生态系统功能和人类生存的物质基础。

地表基质所描述的对象在地球系统科学的不同领域均有相关的定义和学科基础。主要包括：地质学中的地表基岩、松散沉积物或第四纪沉积物，主要指直接出露地表或陆壳表层风化层之下的完整岩石、第四纪因地质作用形成的呈松散状态沉积的物质；林草学中的"立地层"或"立地条件"，指造林地或林地的具体环境，即与树木或林木生长发育有密切关系并能为其所利用的气体、土壤等条件的总和；土壤学中的"土壤"，主要是指发育于陆地表面的具有肥力、能够生长植物的疏松表层；水文学中"底质"，包括陆域大型和深水型江河湖等水体的底质，以及海洋的底质等等。

2. 地表基质分类

以地球系统科学为指导，以有效支撑当前自然资源调查监测工作需要和严格履行"两统一"职责为目标，充分吸收借鉴相关学科领域已有分类标准和指标，按照山水林田湖草是一个生命共同体的理念，系统综合考虑，形成 3 级地

表基质分类体系（详见本节扩展阅读），包含岩石、砾质、土质、泥质等 4 个一级类。一级类又划分为岩浆岩（即火成岩）、沉积岩、变质岩、巨砾、粗砾、中砾、细砾、粗骨土、砂土、壤土、黏土、淤泥、软泥和深海黏土等 14 个二级类；三级类可保留一定的开放性和自由度，在日常管理和科研工作中，根据需要进一步科学细分。二级和三级分类采用粒径、质地、组成、成因等作为分类依据，对专业知识要求并不很高，便于操作。

（二）地表覆盖层

在地表基质层上，按照自然资源在地表的实际覆盖情况，将地球表面（含海水覆盖区）划分为作物、林木、草、水等若干覆盖类型，每个大类可再细分到多级类。

自然资源部整合《土地利用现状分类》《城市用地分类与规划建设用地标准》《海域使用分类》等，建立了全国统一的国土空间调查、规划、用途管制用地用海分类，为科学规划和统一管理自然资源、合理保护和利用自然资源、加快构建国土空间开发保护新格局奠定了重要工作基础。依据国土空间的主要配置利用方式、经营特点和覆盖特征等，对国土空间用地用海类型进行归纳、划分，设置了 24 个一级类、106 个二级类及 39 个三级类，实现了国土空间的全域全要素覆盖。

（1）分类实现陆海全覆盖。用地用海分类遵循陆海统筹原则，将用海与用地分类作为整体考虑，将陆域国土空间的相关用途与海洋资源利用的相关用途在名称上尽可能进行统筹和衔接。由于无居民海岛多与周边海域一并开发利用，其现行用途分类与海域基本一致，将海域和无居民海岛视为整体进行分类。

（2）分类实现生产、生活、生态等陆域各类用地全覆盖。耕地、园地、林地、草地等用地分类衔接土地利用现状分类。结合第三次全国国土调查工作分类，修改完善了部分分类的含义：将"湿地"正式纳入用地用海分类，体现生态空间保护和治理的重要性；建设用地设置了"居住用地""公共管理与公共服务用地""商业服务业用地"等一级类，涵盖城乡建设、基础设施建设等各类用地的基本功能。

（3）分类实现建设用地全覆盖。分类首次明确将"农业设施建设用地"

单独列为一级类，下设"乡村道路用地""种植设施建设用地""畜禽养殖设施建设用地"和"水产养殖设施建设用地" 4 个二级类，将破坏耕作层的农业设施相关用地单设一类，切实防止耕地"非农化""非粮化"，适应了目前农业农村发展新形势、新特点。

实际使用中，可根据实际需要，在现有分类基础上制定用地用海分类实施细则。以森林资源为例，在地表覆盖的基础上，可从生态功能的角度，根据森林结构、林分特征等，进一步指定描述其资源量的指标，如森林蓄积量。

（三）管理层

在地表覆盖层上，叠加各类日常管理、实际利用等界线数据（包括行政界线、自然资源权属界线、永久基本农田、生态保护红线、城镇开发边界、自然保护地界线、开发区界线等），从自然资源利用管理的角度进行细分。如按照规划要求，以管理控制区界线，划分各类不同的管控区；按照用地审批备案界线，区分审批情况；按照"三区三线"的管理界线，以及海域管理的"两空间内部一红线"等，区分自然资源的不同管控类型和管控范围；还可结合行政区界线、地理单元界线等，区分不同的自然资源类型。这层数据主要是规划或管理设定的界线，根据相关管理工作直接进行更新。

（四）地下资源层

为完整表达自然资源的立体空间，在地表基质层下设置地下资源层，主要描述位于地表（含海底）之下的矿产资源，以及城市地下空间为主的地下空间资源。矿产资源参照《矿产资源法实施细则》，分为能源矿产、金属矿产、非金属矿产、水气矿产（包括地热资源）等类型。现有地质调查及矿产资源数据，可以满足自然资源管理需求的，可直接利用。对已经发生变化的，需要进行补充和更新。

通过构建自然资源立体时空模型，对地表基质层、地表覆盖层和管理层数据进行统一组织，并进行可视化展示，满足自然资源信息的快速访问、准确统计和分析应用，实现对自然资源的精细化综合管理。同时，通过统一坐标系统与地下资源层建立联系（图 2-1）。

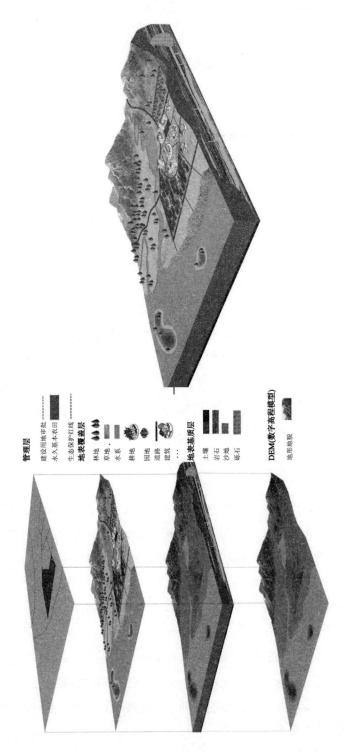

管理层
建设用地审批 -------
永久基本农田 -------
生态保护红线 -------

地表覆盖层
林地
草地
水系
耕地
园地
道路
建筑
……

地表基质层
土壤
岩石
沙地
砾石

DEM(数字高程模型)
地形地貌

图 2-1 自然资源数据空间组织结构图

扩展阅读

《地表基质分类方案（试行）》及编制说明

序号	一级类及依据	二级类及依据	三级类及依据	描　述
1	按照地表基质发育发展过程划分	**（A）岩石**			天然产出的具有一定结构构造的矿物集合体，少数由天然玻璃或胶体或生物遗骸组成
		成因	（A1）岩浆岩	参考：《岩石学分类和命名方案》（GB/T 17412.1/2/3—1998）	又称火成岩，是由岩浆喷出地表或侵入地壳冷却凝固形成的岩石
			（A2）沉积岩		在地壳表层条件下，母岩经风化作用、生物作用、化学作用和某种火山作用的产物，经搬运、沉积形成成层的松散沉积物，而后固结而成的岩石
			（A3）变质岩		在变质作用条件下，由地壳中已经存在的岩石（岩浆岩、沉积岩及先前已经形成的变质岩）变成的具有新的矿物组合及变质结构与构造特征的岩石
2		**（B）砾质**			指地表岩石经风化、搬运、沉积作用而成，颗粒粒径≥2 mm 者体积含量≥75%的岩石碎屑物、矿物碎屑物或二者的混合物
		粒级	（B1）巨砾	参考：温德华，第四纪沉积物的碎屑粒级分类	颗粒粒径≥256 mm 者体积含量≥75%
			（B2）粗砾		颗粒粒径 64 mm（含）～256 mm 者体积含量≥75%
			（B3）中砾		颗粒粒径 4 mm（含）～64 mm 者体积含量≥75%
			（B4）细砾		颗粒粒径 2 mm（含）～4 mm 者体积含量≥75%
3		**（C）土质**			由不同粒级的砾（体积含量<75%）、砂粒和黏粒按不同比例组成的地球表面疏松覆盖物，在适当条件下能够生长植物
		质地	（C1）粗骨土	参考：张甘霖等，2013，中国土壤系统分类土族和土系划分标准。三级类按土壤理化性质划分	不同粒级砾体积含量介于 25%到 75%之间
			（C2）砂土		不同粒级砾体积含量<25%，筛除砾质后砂粒质量含量≥55%
			（C3）壤土		不同粒级砾体积含量<25%，筛除砾质后砂粒质量含量<55%，黏粒质量含量<35%
			（C4）黏土		不同粒级砾体积含量<25%，筛除砾质后黏粒质量含量≥35%
4		**（D）泥质**			长期处在静水或缓慢的流水水体底部的特殊壤土、黏土，以及天然含水量大于液限、天然孔隙比≥1.5 的黏性土
		成因	（D1）淤泥	参考：张富元等，2006，深海沉积物分类与命名，海洋与湖沼，37(6)：517-523	湖沼、河湾、海湾或近海等水体底部有微生物参与条件下形成的一种近代沉积物，富含有机物，天然含水量大于液限
			（D2）软泥		生物遗骸质量含量<30%的深海泥质沉积物
			（D3）深海黏土		远洋沉积物中生物遗骸质量含量<30%的细粒泥质沉积物之总称

根据《自然资源调查监测体系构建总体方案》（自然资发〔2020〕15 号，以下简称《总体方案》），参考地质学、地理学、土壤学、农学和生态学等国际、国内现行的分类标准，结合自然资源调查监测工作实际，研究提出地表基质分类方案。

一、概念

《总体方案》规定：地表基质是地球表层孕育和支撑森林、草原、水、湿地等各类自然资源的基础物质。地表基质覆盖地球浅表，是地质作用和自然环境演化共同作用的产物，也是地球多圈层交互作用最为频密的空间，是维系地球生态系统功能和人类生存的物质基础。

地表基质所描述的对象在地球系统科学的不同领域均有相关的定义和学科基础。主要包括：一是地质学中的地表基岩、松散沉积物或第四纪沉积物，主要指直接出露地表或陆壳表层风化层之下的完整岩石、第四纪因地质作用形成的呈松散状态沉积的物质；二是林草学中的"立地层"或"立地条件"，指造林地或林地的具体环境，即与树木或林木生长发育有密切关系并能为其所利用的气体、土壤等条件的总和；三是土壤学中的"土壤"，主要是指发育于陆地表面的具有肥力、能够生长植物的疏松表层；四是水文学中"底质"，包括陆域大型和深水型江河湖等水体的底质，以及海洋的底质等。

综上，将地表基质定义为：当前出露于地球陆域地表浅部或水域水体底部，主要由天然物质经自然作用形成，正在或可以孕育和支撑森林、草原、水等各类自然资源的基础物质。

二、分类思路及原则

地表基质分类方案编制，以地球系统科学为指导，以有效支撑当前自然资源调查监测工作需要和严格履行自然资源部"两统一"管理职责为目标。同时，也充分吸收和借鉴相关学科领域已有的分类标准和指标规定。针对当前不同专业对地表基质描述和分类的差异等问题，按照山水林田湖草是一个生命共同体的理念，系统综合考虑分类标准。

该方案既要充分体现分类的科学性和逻辑性，又必须考虑与调查实际相结合，在分类体系上注重对地表基质赋存状态的真实刻画，在分类对象上注重整体类型的把握，达到易于掌握、便于应用、利于管理的效果。分类基本原则如下：

一是遵循科学，注重逻辑。从自然生态系统演替规律和内在机理出发，体现地表基质产生、发育、演化的逻辑关系，同时明确其空间范围，覆盖陆海全域。

二是突出实用，指代明确。地表基质分类注重与野外调查工作的结合，易于理解，便于操作，突出实用性。名称通俗易懂，含义指代明确，避免不同学科之间的交叉重叠。

三是注重继承，兼顾创新。注重对已有分类标准、规范的衔接利用，同时兼顾地表基质调查工作的创新性，对某些现有分类名称和规范进行创新性继承。

三、分类方案

本方案针对构成地表基质的主体物质进行分类，由 4 类 3 级分级体系构成。

（一）一级类

按照地表基质发育发展全过程，综合地质学等学科中的岩石、第四纪沉积物、土壤及水体底质等科学理论和概念，统筹考虑陆域岩石、砾石、砂、土等和包括海洋在内的各类水体的底质，从形态上进行整体性区分，划分为岩石、砾质、土质、泥质 4 类不同类型。同时，在分类名称上突出体现了"质"的含义，避免与已有的科学概念交叉重叠。

（1）岩石。继承现有地质学关于岩石的概念，为天然产出的具有一定结构构造的矿物集合体，少数由天然玻璃或胶体或生物遗骸组成。

（2）砾质。是岩石发育的产物。指地表岩石经风化、搬运、沉积作用而成，颗粒粒径≥2 mm 者体积含量≥75%的岩石碎屑物、矿物碎屑物或二者的混合物。

（3）土质。是砾质物质的进一步发育。指由不同粒级的砾（体积含量<75%）、砂粒和黏粒按不同比例组成的地球表面疏松覆盖物，在适当条件下

能够生长植物。

（4）泥质。是指长期处在静水或缓慢的流水水体底部的特殊壤土、黏土，以及天然含水量大于液限、天然孔隙比≥1.5 的黏性土。

一级分类依据自然呈现状态，将地表基质划分为岩石、砾质、土质、泥质等 4 种常见的类型，具有很强的辨识度。

（二）二级类

主要按其原有学科体系、理论或普遍接受的依据划分二级类，并结合地表基质实用性的分类原则，进行适当简化。二级类共有 14 个。

（1）关于岩石的划分。遵循继承的原则，按照现有的《岩石分类和命名方案》（GB/T 17412.1/2/3—1998），将岩石分为岩浆岩（即火成岩）、沉积岩、变质岩 3 个二级类。其三级类可分别依据二氧化硅含量、沉积物质来源、变质程度等标准进一步细分。

（2）关于砾质的划分。依据第四纪沉积物的碎屑粒级分类（即温德华分类法），按照不同粒级体积含量的占比分为巨砾、粗砾、中砾、细砾 4 个二级类。

砾质与岩石的主要区别在于砾质是岩石经物理、化学或生物风化作用发生破碎而形成的碎屑物。相比之下，岩石尚未发生破碎，具有稳定和完整的外形。为与第四纪沉积物的碎屑粒级分类衔接，在砾质的定义中未对粒径上限做限定。

（3）关于土质的划分。参考中国土壤系统分类土族和土系划分标准（张甘霖等，2013），以质地（包括砾、砂粒、黏粒）组分的含量作为划分依据，将土质分为粗骨土、砂土、壤土、黏土 4 个二级类。同时，还要按照砾＞砂粒＞黏粒的优先等级，依次划分二级类。如砂土（C2）划分依据为不同粒级砾体积含量＜25%，筛除砾质后砂粒质量含量≥55%，只要满足这两个条件就可以归为砂土（C2）。对于同时满足这两个条件且黏粒质量含量≥35%的，虽然也符合黏土（C4）的划分依据（砾体积含量＜25%，筛除砾质后黏粒质量含量≥35%），但按照砾、砂粒的优先等级大于黏粒，因此也应归为砂土（C2）。

土质三级类可根据土壤理化性质，如酸碱度、矿物质含量、土壤松软程度等进行进一步细分。

（4）关于泥质的划分。依据成因划分为淤泥、软泥和深海黏土 3 个二级类。

二级和三级分类采用粒径、质地、组成、成因等作为分类依据，对专业知识要求并不很高，便于操作。

四、有关说明及问题的处理

一是与现有土壤分类的关系。《中国土壤分类与代码》（GB/T 17296—2009）是围绕农业耕作从土壤利用的角度，将土壤划分为土纲、亚纲、土类、亚类、土属、土种 6 个层级。该分类体系复杂，划分类型繁多，且没有体现出土壤本身"质"的概念。而地表基质是对所有国土空间的孕育和支撑自然资源的基础物质从本质上进行划分，"土质"的分类并不局限于土壤学中土壤的概念，充分考虑自然界客观存在复合基质的情形，如石漠化、荒漠化、戈壁、岩溶等地区的岩土混杂，以及草原地区的岩土分层叠合等组合基质，以组成"土质"的质地，即砾、砂粒、黏粒组分含量占比，作为划分主要依据。

二是与土壤诊断分类的关系。土壤诊断分类目前主要应用于土壤分析，是按照质地将土壤分为粗骨土、粗骨砂土、粗骨黏土、粗骨壤土、砂土、黏土、壤土 7 类。本次分类沿用该分类思想，按照实用性原则适当做了简化，分为粗骨土、砂土、壤土、黏土 4 个类型，将原始定义的粗骨土赋予新的定义，指不同级别砾体积含量介于 25% 到 75% 之间的地表疏松覆盖物，包括粗骨砂土、粗骨黏土和粗骨壤土，将原始定义的粗骨土（砾体积含量≥75%）划归砾质，砂土、壤土、黏土则分别沿用了其原始定义。

三是关于冰川和常年积雪区。地球表面以固态形式存在的冰川与常年积雪是重要的水资源。按照《总体方案》，冰雪和水体等覆盖于地表基质上部，属于地表覆盖层，不属于地表基质层。在其下部物质未查清前，暂列为调查空白区。

四是关于基质的附属物质。本划分方案仅是针对地表基质的主体物质进行分类。地表基质层内实际还存在大量的水、有机质、生物、微生物等附属物质。这些附属物质及其物理化学性质，也应作为地表基质调查的重要内容。

五是关于人工堆积物。由人工堆积（如矿渣、堆填土等）或硬化（如建构筑物）等形成的特殊地表物质，属人工改造自然或利用自然的结果，不是自然产物，也非天然作用形成，因此不作为地表基质类型。

第二节　自然资源分类

地理环境要素中包含水资源、土地资源、大气资源、生物资源、矿产资源等已形成共识，以此为基础，构建"5+2+N"的自然资源分类框架。在突出自然资源自然属性的同时，又适当体现自然资源的利用属性；既继承现有各类自然资源的调查监测分类指标体系相关内容，又突破现有分类指标体系的局限，创新形成更加科学的自然资源基本分类。

一、统一自然资源分类的重要意义

（一）自然资源分类的必要性

自然资源分类是自然资源调查监测、确权登记和用途管制等工作的基本落脚点和出发点。理清自然资源整体的逻辑关系、构建科学统一的自然资源分类体系是重塑自然资源治理格局，实现山水林田湖草沙整体保护、系统修复、综合治理的必要途径，同时也是实现自然资源统一调查监测、统一确权登记、统一规划管理、统一用途管制、统一有偿使用和产权分类管理的基础。

目前在自然资源分类体系研究方面，不同学者按空间属性和用途、法理与科学基础、自然资源实际管理需要和自然资源可利用限度等进行分类。由于自然资源类型复杂多样，目前还尚未形成一套统一权威、涵盖门类齐全、适合我国国情的自然资源分类体系，因此提出一套以科学理论为指导，基于自然资源的"自然"内涵，并充分考虑我国有关自然资源的法律规定和政府管理职责的自然资源分类体系尤为必要。

（二）自然资源分类的重要性

（1）有利于贯彻全面深化自然资源管理体制改革的要求。长期以来，我国一直在努力探索科学合理的自然资源治理体制，自然资源管理由纵向的基于产业关系的行业管理，逐步转为横向的资源与产业分离的管理体制，由按资源类型分散管理、相对集中管理转为综合统一管理。自然资源的科学分类有利于使各类资源在原有部门管理中形成各自的管理规范和标准，进入统一管理平台下，从而进行科学划分资源类别，厘清资源边界。

（2）有利于实现自然资源的综合管理。自然资源科学合理分类是综合管理的基础和关键，是综合统一管理的有力支撑。因开发利用方式不同，自然的保护和开发利用需要采用不同的管控政策。各类自然资源的空间属性和要素属性差异巨大，开展国土空间规划需要充分考虑资源类型差异。不同自然资源的物理形态不同，在统一调查监测中采用的技术手段不同。可耗竭性的差异要求不同的自然资源采用不同的有偿使用制度。因此科学划分自然资源类型，建立健全相关的标准、规范和制度，有利于高效地提升自然资源综合管理质量，不至于使自然资源综合管理只是机构上的、形式上的统一管理。

（3）有利于解决长期存在的自然资源职能交叉和重叠。我国自然资源治理已经在实践工作中建立了相应的制度规范，归类管理的各门类自然资源建立了独立的分类标准，形成了各自的调查统计手段和方式。各管理机构依照自身职责在履行各门类资源治理过程中，倾向于将涉及本类资源的区域尽可能统计到本类资源当中，或者说尽可能覆盖全部国土空间。这一倾向导致了耕地、草地、林地、矿产、水域、滩涂等资源在管理实践中易产生资源权属不明晰、重复统计和职责交叉等问题，给确权登记管理和国土空间规划编制等带来不利影响。因此，建立自然资源分类体系可以解决诸如采矿过程中的矿业用地涉及矿产资源和土地资源审批程序问题；林地开发和产权管理过程中涉及土地资源和林业资源产权登记管理问题；地热温泉开发利用涉及矿产资源和水资源的分类标准问题；植树造林和退耕还林还草涉及土地、森林和草原的统一口径问题等等一系列长期存在的自然资源职能交叉和重叠问题。

（4）有利于理清自然资源的共性特征和个性差异。自然资源属性是由自然资源内部矛盾决定的，反映自然资源的性质、特点、状态与关系等。由于自然资源种类繁多，各类自然资源表现出共同属性的同时，还具有各自独特属性，体现不同资源类型的差异性。因此，自然资源分类体系的建立有利于从科学的角度理清自然资源的共性特征和个性差异交叉的问题。

（三）自然资源的管理需求

新发展阶段，我国自然资源管理对自然资源分类提出了新需求。

（1）突出目标导向与问题导向。以系统管理、共性管理为主，分类管理、差异管理为辅，着重履行"两统一"职责。过去我国自然资源管理重单资源的开发管理、轻生态系统的综合保护，同时忽视自然资源的资产管理，导致管理体制分散、空间规划"打架"、国家所有者权益流失等。"两统一"要求强化自然资源"山水林田湖草沙"系统性、整体性管理，对陆地资源与海洋资源、地上资源与地下资源、上游资源与下游资源要统筹考虑。在把握自然资源属性、类型结构、共性和特征的基础上，对自然资源及生态空间进行统一保护、统一修复和综合治理。特别是要加强对山水林田湖草生命共同体理论思想和地球系统科学理论的研究，为自然资源科学分类和综合管理奠定坚实基础。

（2）在继承基础上创新。自然资源分类要充分依托原有的相关分类标准，不能推倒重来。原有的分类标准已经在各门类自然资源调查评价和确权登记过程中建立相应的制度，形成了一套管理模式，要在继承的基础上改进和创新。我国各类自然资源相关法律法规和长期施行的自然资源管理体制，对土地资源、矿产资源、海洋资源、森林资源、草原资源、水资源等形成了专业化的管理经验，这为我国自然资源保护、开发利用、生态保护和科学分类等提供了专业化的保障。

（3）与国际惯例接轨。我国的自然资源分类及标准确实存在与国际惯例相违的现象，如我国的固体矿产资源/储量分类标准尽管不断在联合国分类框架下调整，但国际认可度不够，一些国内矿业公司在境外上市过程中因分类标准问题导致上市屡出波折。这些现实问题要求我们的自然资源细化分类过程中，不但需要结合我国国情，还要与国际标准保持一致。

二、关于自然资源分类的研究进展

基于人类对自然资源的认知程度和利用深度不同，以及探索深空、探秘微观的技术不断提高，人类对自然资源的分类更是多种多样。自然资源的分类具有相对性，可以从不同角度划分，各自然资源分类系统之间也可能存在交叉，但总体可以归纳为两种，即基于自然资源属性和用途的分类，以及基于自然资源利用特点的分类。

（一）基于属性和用途的自然资源多级综合分类研究

自然资源有其特有的自然和社会属性。自然属性着眼于自然资源的组成、结构、功能和边界，是指自然资源系统所具有的整体性、稀缺性、多功能性、地域性等特性。社会属性是指自然资源作为人类社会生产的劳动手段和劳动对象的性质，表现为有用性，这就需要人与自然和谐相处。例如，自然资源具有整体性，即各种自然资源要素之间相互联系、相互制约，构成一个整体系统；各地区之间的自然资源也是相互影响的。自然资源具有稀缺性，即自然资源的规模和容量有一定限度。自然资源具有多功能性，且随着社会经济技术的发展，自然资源的用途在发展。自然资源具有地域性，表现为自然资源的空间分布不平衡，有的地区富集，有的地区贫乏，自然资源空间分布不平衡决定了自然资源在地域间的流通和调剂。

自然资源按在人类生产生活中的用途，可分为劳动资料性自然资源和生活资料性自然资源。前者指作为劳动对象或用于生产的矿藏、树木、土地、水力、风力等资源，后者指作为人们直接生活资料的鱼类、野生动物、天然植物性食物等资源。

基于属性和用途的自然资源多级综合分类将自然资源分为陆地自然资源、海洋自然资源及太空自然资源。其中，陆地自然资源又分为土地资源、水资源、气候资源、生物资源和矿产资源。海洋自然资源可划分为海洋生物资源、海洋化学资源、海洋气候资源、海洋矿产资源以及海底资源。具体见表2-1。

表 2-1　基于属性和用途的自然资源多级综合分类

	土地资源
	水资源
陆地自然资源	气候资源
	生物资源
	矿产资源

续表

	海洋生物资源
	海洋化学资源
海洋自然资源	海洋气候资源
	海洋矿产资源
	海底资源
太空自然资源	/

（二）基于利用特点的自然资源分类研究

1. 自然资源的耗竭性与非耗竭性

按资源的固有特点可将自然资源划分为耗竭性资源与非耗竭性资源。其中耗竭性自然资源主要是指人类使用后将不能更新或无法循环再生的矿产及能源类资源（如金属或非金属矿产、石油、天然气等）；非耗竭性自然资源则指恒定资源、可再生资源或可循环使用的资源（如潮汐、洋流、地下水、土地、植物森林等）。具体见表2–2。

表2–2　基于利用特点的自然资源分类

一级类	二级类	分类列举
耗竭性资源	不可更新的耗竭性资源	矿产资源、能源矿产等
非耗竭性资源	恒定的非耗竭性资源	气候资源中的太阳能
	可再生的非耗竭性资源	生物资源、地热、潮汐能、沼气等和各种自然生物群落、森林、湿地、草原等
	可循环使用的非耗竭性资源	风能、水能

耗竭性自然资源也称为不可再生自然资源，其在有意义的时间范围内，该类资源质量总体上恒久保持不变，即耗竭性自然资源被人类消耗后其蕴藏量将不再增加。耗竭性自然资源不具备再生能力，初始禀赋一般是固定的，人类耗用、削减某类耗竭性资源，则该类资源储量就会减少。通常情况下，部分耗竭性自然资源在满足特定条件下可以回收利用，如金属或非金属等矿产资源；而

另一部分则不可回收再生，主要包括石油、煤、天然气等能源类资源。

非耗竭性自然资源通过或运用自然界自身再生、自我生长的力量，能够在一定时期内以某一增长率保持该类资源蕴藏量（储量）不变或增加。但该类资源能否保持自身再生的可持续性状态，将受到人类开发、利用资源方式的影响。倘若人类能够合理开发、利用该类自然资源，则非耗竭性自然资源可以恢复、更新，能够再生循环甚至不断增长；否则非耗竭性自然资源的蕴藏量（储量）将不断减少，最终被耗竭殆尽。

2. 可更新自然资源分类

可更新的非耗竭性资源是人类未来发展的重要依靠，是生态环境的重要自然要素。一般认为是通过天然作用再生更新，从而为人类反复利用的资源，如植物、微生物、可降解塑料袋、水资源、地热资源和各种自然生物群落、森林、草原、水生生物等。泛指在现阶段自然界的特定时空条件下，能持续再生更新、繁衍增长、保持或扩大其储量，依靠种源而再生。土壤属半可再生资源，是因为土壤肥力能通过人工措施和自然过程而不断地更新。

可更新自然资源分类更多的是满足管理的需要，针对某类自然资源作出了区别管理的要求，没有形成统一的分类。如关于土地，颁布了《土地利用现状分类标准》（GB/T 1010—2017），森林颁布了《林业资源分类及代码 森林类型》（GB/T 14721—2010），草地、湿地颁布了《草地分类》（NY/T 2997—2016）、《湿地分类》（GB/T 24708—2009）等。

（三）国内外自然资源分类情况

1. 主要国家自然资源管理分类

国外自然资源管理历史较长、类型多元、重点资源差异明显、资源环境与陆海空间统筹考虑。比较典型的有俄罗斯、加拿大等国，根据自身法律和政府部门管理需要，均设立了专门的自然资源部，美国、德国、日本等国家虽未设立专门的自然资源管理部门，但也有一个或多个部门负责自然资源管理。国外关于自然资源分类的最大特点有两点：一是从实际国情出发，对重点关注的自然资源均单独划分为一级资源类型，如加拿大将森林资源、德国将矿产资源单独划分为一级类型；二是一些自然资源类型之间并没有严格的边界，有些是综合体如自然环境、土地资源、农业资源、国家公园等，有些是相对独立的自然资源类型，如矿产资源、建筑用地等。国际上主要国家对自然资源的分类情况见表2–3。

表2–3　国际主要国家自然资源管理定义分类体系表

国家名称	自然资源一级分类
中国	土地、矿产、森林、草原、水、湿地、海域海岛
俄罗斯	自然环境、能源、农业、建筑用地、其他资源
加拿大	土地、能源、森林
美国	土地、矿产、自然环境、水、国家公园、野生动植物
德国	矿产、土地、自然环境
日本	国土、农林水产、矿产、环境和海洋

2. 主要国际组织关于自然资源的分类

国际组织偏重找到一个整体的、笼统的、基本可以覆盖各国的划分标准与体系，让各国以此标准为基础，结合本国实际情况，找到最适合的分类与依据。主要国际组织对自然资源分类的情况如下：

（1）联合国环境规划署。联合国环境规划署的分类方案被世界各国广泛采用，其对自然资源的一级分类为"原则分类"，直接分为有机类（生物性）和无机类（非生物性）两大类；二级分类为"注释性分类"，虽是粗略，但意义明确；三级分类才是我们通常熟知的"地理分类"，易理解、易操作。

（2）联合国粮农组织。联合国粮农组织提出的自然资源分类原则是：凡是与粮食生产和粮食消费相关的自然资源，乃至形态、功能等要素一律纳入。联合国粮农组织的分类方案主要包括土地资源、森林资源、水资源、牧地饲料资源、野生动物资源、鱼类资源及种质遗传资源等。

（3）联合国教科文组织。联合国教科文组织虽然没有形成自然资源的系统分类方法，但曾按资源类型设置了为期6年的环境与自然资源研究计划，所划分类型包括地壳及其矿产和能源资源、自然灾害、水资源、海洋资源、海岸和岛区管理、土地利用规划和资源、城市系统和城市化、自然界的产物及环境教育和信息等。从这个意义上讲，其分类方案的基础也属于"地理分类"。

（4）联合国经济及社会理事会。联合国资源分类框架（United Nations Framework Classification，UNFC）是一个基于项目和原则的资源分类系统，用于确定开发资源的项目在环境—社会—经济方面的可行性和技术可行性。联合国资源分类框架提供了一个一致的框架来描述项目未来生产数量的可信度。这些资源，如太阳能、风能、地热、水力—海洋、生物能源、注入储存、碳氢化合物、矿物、核燃料和水，是资源项目的原料，可以从中开发产品。这些资源可以是自然状态，也可以是次生状态（人为来源、尾矿等）。项目的产品可以被购买、出售或使用，包括电、热、碳氢化合物、氢气、矿物和水。值得注意的是，有些项目，如可再生能源项目，其产品（电、热、氢等）是由政府提供的。

（5）联合国与国际经合组织。联合国、欧盟委员会、经济合作与发展组织、国际货币基金组织、世界银行集团联合主持制定发布了经济核算体系中关于自然资源资产的核算内容，是一种以经济核算为目标的综合分类方案。环境经济核算体系（The System of Environmental Economic Accounting，SEEA）2012 分类框架中共有七大类自然资源，包括矿产和能源、土地、土壤、木材、水产、水资源及其他生物资源（木材和水生资源除外）。框架在七大类资源的基础上进一步划分了次一级资源类型，如矿产和能源资源包括煤（泥炭）、石油、天然气、非金属矿和金属矿资源。

3. 国内自然资源分类研究

梳理现有国内关于自然资源分类的文献发现：郝爱兵等（2020）提出了地球圈层与自然资源分层分类关系基本框架方案，初步划分了 10 个自然资源一级类和相应的 34 个自然资源二级类，并对自然资源综合调查的内涵和服务目标、地表基质分类及调查方法等方面提出了工作建议。于雪丽（2020）在梳理我国自然资源分类体系现状的基础上，探讨存在的问题与不足，提出重构统一的自然资源分类体系的建议。陈国光等（2020）从自然资源管理要求、自然资源相关立法分类入手，以自然资源空间为基础，以"自然资源属性与功能并重、与国家法律相衔接、与以往专业调查成果对接"为分类原则，探索性地建立了土地资源、湿地资源、草地资源、海域海岛资源、水资源、森林资源、矿产资源等 7 类资源以空间分布为基础的一级分类体系，以自然资源属性和功能划定相结合的二级分类体系，与第三次全国国土调查分类结果的三级分类体系相对接。

柯贤忠等（2021）根据学理注重的系统性和全面性等特点，以物质、能量、空间为主的 3 类自然资源表现形式为基础，形成 3 类五级自然资源学理分类方案；根据管理注重的实践性和权属边界特征，结合国家法律法规和自然资源部对自然资源统一管理的要求，将自然资源本身、赋存空间及属性并构建新的自然资源类型和 14 类三级自然资源管理分类方案。袁承程、高阳、刘晓煌（2021）建立了覆盖土地、地质矿产、森林、草原、湿地、水、海洋的自然资源分类体系。张洪吉等（2021）等将自然资源分为气候资源、（地上）空域资源、土地资源、水资源、（陆地）生物资源、海洋资源、地表基质、矿产资源、地下空间资源 9 个一级类，分为耕地资源、林地资源等 32 个二级类。

三、自然资源分类原则

（一）基于地球系统科学理论

根据地球圈层理论，土壤圈是处于上述 4 个圈层的交接面上，也是 4 个圈层的连接纽带，构成支撑植物生长的基底及人类生产、生活的重要空间。因此，水圈、土壤圈、大气圈、生物圈和岩石圈共同构成人类赖以生存的自然地理环境，即常说的"水土气生矿"。

以地球圈层理论为基础，结合各类自然资源发生、发展、演化的全过程，按"水土气生矿"及对应关系，将自然资源划分为：水资源、土地资源、气候资源、生物资源、矿产资源。每个地球圈层将对应一种或几种自然资源类型。其中，水圈主要对应水资源，土壤圈主要对应土地资源，大气圈主要对应气候资源，生物圈对应生物资源，岩石圈主要对应矿产资源。

海洋作为一个相对独立的生态系统，占据地球表面的 71%，下覆岩石圈、上连大气圈，中间夹生物圈、水圈，是各个圈层之间作用形成的交互空间，具有独立性和特殊性。因此，将海洋资源单列为一种自然资源。

空间资源作为人类开发利用、获得经济和其他效益的空间环境总称，是人类可利用的三维空间，是各种自然资源赋存的场所，是自然资源中物质、能量、空间的重要部分。同时，空间利用是社会发展到一定阶段，基于生产力水平对自然资源利用的空间延伸。因此，也将空间资源单列为一种自然资源。

（二）分类指导思想

坚持"以学理为基础、以法理为依据、以管理为目标"的总原则，在分类体系上既体现分类的科学性和逻辑性，又考虑自然资源管理需求和调查监测工作实际需要，确保二级类内容的"最大公约数"；同时，突出自然资源物质属性和空间属性，整体刻画自然资源物质、能量、空间，尽可能实现数据可测量、功能可评估、领域可指导。

（1）学理基础。按照山水林田湖草沙是一个生命共同体的理念，以自然地理学和地球系统科学理论为基础，遵循同一原则，对自然资源进行总体分类，确保分类标准的科学性及普遍认同度。主要分类依据包括自然资源的自然属性、分布规律和成因机制等。由于分类依据不同，类型呈现多样化。例如，根据资源存在的空间位置分为陆地资源、海洋资源；根据地球圈层特征分为气候资源、生物资源、土地资源、水资源和矿产资源；根据是否可再生分为可再生（可更新）资源和不可再生（不可更新）资源。

（2）管理基础。以《中华人民共和国宪法》《中华人民共和国土地管理法》《中华人民共和国民法典》《中华人民共和国矿产资源法》《中华人民共和国水法》《中华人民共和国森林法》《中华人民共和国草原法》等法律法规为依据，兼顾调查监测工作实际需要，对自然资源进行分类。管理分类是指各资源管理部门根据自己管理实际的需要，对自然资源进行的分类。自然资源部"三定规定"中明确，自然资源部主要履行全民所有土地、矿产、森林、草原、湿地、水、海洋等自然资源资产所有者职责和所有国土空间用途管制职责。2020年1月份印发的《自然资源调查监测体系构建总体方案》也主要划分了现阶段涉及自然资源部职责的土地、矿产、森林、草原、水、湿地、海域海岛等7类自然资源，同时指出阳光、空气、风等其他自然资源在条件成熟时开展调查。其他类型的自然资源，根据部门职责范围进行管理，如生态环境部、农业农村部、国家林业和草原局、中国民用航空局等相关部门分别管理野生动植物、无线电频谱、气候资源、空间资源、自然保护区、风景名胜区等自然资源。

（3）法理基础。充分借鉴和吸纳国内外自然资源分类研究成果，按照"连续、稳定、转换、创新"要求，重构现有各类自然资源的分类标准体系。坚持按照自然资源管理需求对自然资源进行分类，确保各类资源可测量、可调查、可量化，增强自然资源分类的可操作性。如《中华人民共和国宪法》明确了矿藏、水流、森林、山岭、草原、荒地、滩涂等7种国家所有的自然资源；《中华人民共和国民法通则》在《中华人民共和国宪法》基础上又增加了国家所有的水面；《中华人民共和国物权法》除包括了《中华人民共和国宪法》中的7类自然资源外，还包括了海域和无居民海岛、野生动植物和无线电频谱等共 10 类自然资源。此外，《中华人民共和国海岛保护法》将海岛资源单独划为一级自然资源，《中华人民共和国气象法》专门将气候资源单独作为一级自然资源进行开发利用和保护。

四、自然资源分类设计内容

基于上述分类依据和原则，可按照已形成共识的"水土气生矿"，将自然资源分为5个基本大类，即水资源、土地资源、气候资源、生物资源、矿产资源；单列海洋资源和空间资源，构成"5+2"的自然资源基本分类。同时，以规范性附录形式，列出当前自然资源管理的森林资源、草原资源、湿地资源、荒漠资源、遗迹资源等，构建形成"5+2+N"的自然资源分类框架。管理规范性附录，可根据后续管理需要扩充。实践工作中，各类自然资源调查监测工作可在基本分类基础上，细化更具体的三级类、四级类，满足实际工作需要。

作为自然资源基本分类，"5+2+N"自然资源分类框架仅作一级类、二级类划分，并列出相关三级类作为参考性或引导性意见。具体分类情况见表2–4。

森林资源、草原资源、湿地资源、荒漠资源等是土、水、林、草、生物等的有机统一体，表现为不同自然资源间相互依存、能量转换、物质循环、和谐共生、动态平衡的生态群落或生态系统，具有整体性和系统性。考虑生态系统整体性、自然资源管理需要及调查监测工作实际等，可以在学理基础上，兼顾资源的系统性、管理的继承性、调查的可操作性，将日常管理中的森林资源、草原资源、湿地资源、荒漠资源，以自然资源管理规范性附录的形式单列。同时，考虑到资源的特殊性和管理性，把遗迹资源列入自然资源管理规范性附录（表2–5）。

表 2-4 自然资源基本分类

一级类	定义	主要参考依据	二级类	定义	主要参考依据
气候资源	在一定的经济技术条件下，能为人类生活和生产利用的太阳能、热量、大气、风能、降水等物质和能量的总和。英文表述：Climate Resources（简称 C）	邓先瑞：《气候资源概论》，华中师范大学出版社，1995 年	太阳能	由于太阳辐射而产生的光能量，是地球上最主要的光热来源。英文表述：Solar Energy（简称-SE-）	刘福仁等：《现代农村经济辞典》，辽宁人民出版社，1991 年
			热量	蕴藏于大气微观粒子的无规则运动动能和相互作用势能，宏观主要表现为大气的温度。衡量热量资源的主要指标有最高温度、最低温度、平均温度、积温及积温天数等。英文表述：Heat（简称-H-）	《中国大百科全书（第二版）》总编委会：《中国大百科全书》，中国大百科全书出版社，2009 年；邓先瑞：《气候资源概论》，华中师范大学出版社，1995 年
			大气	包围地球的气体物质。三级类可分为氮气、氧气、稀有气体、二氧化碳及其他空气成分等。英文表述：Atmosphere（简称-At-）	孙卫国：《气候资源学》，气象出版社，2008 年
			风能	空气流动所产生的动能，可用于风力发电、风力机械驱动等。英文表述：Wind Energy（简称-WE-）	邓先瑞：《气候资源概论》，华中师范大学出版社，1995 年
			降水	能为人类利用，从云中降到地面上的液态或固态水。常见的形式有雨、雪、霰（白色不透明的松脆冰粒）等。英文表述：Precipitation（简称-Pre-）	农业大词典编辑委员会：《农业大词典》，中国农业出版社，1998 年
水资源	自然界以气态、液态和固态形态存在，现在或将来可供生产生活用水与生态耗水需求的水的总和。英文表述：Water Resources（简称 W）	河海大学《水利大辞典》编辑修订委员会：《水利大辞典》，上海辞书出版社，2015 年	地表水	以液态或固态形式覆盖在地球表面上的水体，三级类可分为河流、湖泊、水库、坑塘、滩涂、沟渠、沼泽、冰川、积雪等。英文表述：Surface Water（简称-SuW-）	中华人民共和国水利部：《中华人民共和国国家标准：水文基本术语和符号标准（GB/T 50095—2014）》，2015 年
			地下水	赋存于地表以下岩体或土体孔隙、裂隙，按照存条件分为包气带水、潜水和承压水。三级类根据含水介质特征可分孔隙水、裂隙水、岩溶水及一些特殊类型水。英文表述：Ground Water（简称-GW-）	张人权等：《水文地质学基础（第六版）》，地质出版社，2011 年
			大气水	以气态（蒸发产生的水蒸气）、液态（雨滴和覆盖固体颗粒的液态水）或固态（雪和冰）的形式存在于大气圈中的液态水，主要位于对流层中。英文表述：Meteoric Water（简称-MW-）	中国资源科学百科全书编委会：《中国资源科学百科全书》，石油大学出版社，2000 年

一级类	定义	主要参考依据	二级类	定义	主要参考依据
土地资源	包括出露于地球陆域地表浅部或水域水体底部，主要由天然物质经自然作用形成的基础物质，以及目前或可预见未来，可供农林牧业、城镇建设、生态或其他产业利用的土地，是来自水等自然资源的空间载体，也是其发生、发育、发展的母质。英文表述：Land Resources（简称L）	谢高地：《自然资源总论》，高等教育出版社，2009年	地表基质	当前出露于地球陆域地表浅部或水域水体底部，主要由天然物质经自然作用形成，正在或可以孕育和支撑森林、草原、水等各类自然资源的基础物质。可分为岩石、砾质、土质、泥质4个三级类。英文表述：Ground Substrate（简称GSu-）	自然资源部公厅：《地表基质分类方案（试行）》（自然资办发〔2020〕59号），2020年
			土地利用 — 耕地	利用地表耕作层农作物种植为主，每年种植一季及以上（含以一年一季以上的耕种多年生作物）的土地，包括熟地，新开发、复垦、整理地，休闲地（含轮歇地、休耕地）；以及间有零星果树、桑树或其他树木的耕地；包括南方宽度<1.0米，北方宽度<2.0m固定的沟、渠、路和地坎（埂）；包括直接利用表种植的温室、大棚、地膜等保温、保湿设施用地。三级类可分为水田、水浇地、旱地。英文表述：Cultivated Land（简称CuL-）	《中华人民共和国土地管理法》；中国土地勘测规划院、国土资源部地籍管理司：《中华人民共和国国家标准土地利用现状分类（GB/T 21010—2017）》，2017年；自然资源部办公厅：《国土空间调查、规划、用途管制用地用海分类指南（试行）》（自然资办发〔2020〕51号），2020年
			园地	种植以采集果、叶、茎、根、汁等为主的集约经营的多年生作物，覆盖度大于50%或每亩株数大于合理株数70%的土地，包括用于育苗的土地。三级类可分为果园、茶园、橡胶园、其他园地。英文表述：Garden（简称G-）	
			林地	生长乔木、竹类、灌木的土地。不包括生长林木的湿地，城镇、村庄范围内的绿化林木用地，铁路、公路征地范围内的林木，以及河流、沟渠的护堤林地。三级类可分为乔木林地、竹林地、灌木林地、其他林地。英文表述：Forestland（简称FL-）	
			草地	生长草本植物为主的土地，包括乔木郁闭度<0.1的疏林草地，灌木覆盖度<40%的灌丛草地，不包括生长草本植物的湿地。三级类可分为天然牧草地、人工牧草地、其他草地。英文表述：Grassland（简称GL-）	

一级类	定义	主要参考依据	二级类	定义	主要参考依据
土地资源	包括出露于地球陆域地表浅部或近水域水体底部，主要由天然物质经自然作用形成的基础物质，以及目前或可预见未来，可供农林牧业、城镇建设、生态或其他各业利用的土地，是林草水等自然资源的空间载体，也是其发生、发育、发展的母质。英文表述：Land Resources（简称 L）	谢高地：《自然资源总论》，高等教育出版社，2009 年	土地利用 · 湿地	陆地和水域的交汇处，水位接近或处于地表面，或有浅层积水，且处于自然状态的土地。三级类可分为红树林地、森林沼泽、灌丛沼泽、沼泽草地、沼泽地、沿海滩涂、内陆滩涂等。英文表述：Wetland（简称-WL-）	《中华人民共和国土地管理法》；中国土地勘测规划院、国土资源部地籍管理司：《中华人民共和国国家标准：土地利用现状分类（GB/T 21010—2017）》，2017 年；自然资源部办公厅：《国土空间调查、规划、用途管制用地用海分类指南（试行）》（自然资办发（2020）51 号），2020 年
			土地利用 · 建设用地	建造建筑物、构筑物的土地，含采矿用地和废弃物堆积场所。三级类可分为居住用地、公共管理与公共服务用地、商业服务业用地、工矿用地、水工建筑用地、仓储用地、交通运输用地、公用设施用地、绿地与开敞空间用地、特殊用地等。英文表述：Construction Land（简称-ConL-）	
			土地利用 · 水域	陆域内河流、湖泊、水库、坑塘水面、沟渠、冰川及永久积雪等用地。英文表述：Water Area（简称-WA-）	
			土地利用 · 其他用地	上述用地以外的其他类型土地，三级类可分为空闲地、田坎、田间道、盐碱地、沙地、裸土地等。英文表述：Other Land（简称-OL-）	
生物资源	生物圈中所有动物、植物和微生物及其组成的生物群落的总和。英文表述：Biological Resources（简称 B）	祝光耀、张塞：《生态文明建设大辞典（第二册）》，江西科学技术出版社，2016 年	动物	能自由运动，以碳水化合物和蛋白质为食的生物。在目前社会经济技术条件下人类可以利用或可能利用的动物，包括陆地、湖泊中一般动物和一些珍稀濒危动物。三级类可分为哺乳动物、鸟类、爬行动物、两栖动物、鱼类、线形动物、环节动物、扁形动物、节肢动物、腔肠动物、软体动物、原生动物、棘皮动物等。英文表述：Animal（简称-An-）	周宜君：《资源生物学》，中央民族大学出版社，2009 年；彭补拙等：《资源学导论》，东南大学出版社，2014 年

一级类	定义	主要参考依据	二级类	定义	主要参考依据
生物资源	生物圈中所有动物、植物和微生物及其组成的生物群落的总和。英文表述：Biological Resources（简称B）	祝光耀、张塞：《生态文明建设大辞典（第二册）》，江西科学技术出版社，2016年	植物	主要指具有细胞壁，能够进行光合作用或可以利用的自养生物，是在目前社会经济技术条件下，人类可以利用的一般植物和一些濒危植物，包括陆地、湖泊中的一般植物和一些濒危植物，地衣植物、菌类植物、苔藓植物、裸子植物、被子植物。三级类可分为藻类植物、蕨类植物、菌类植物、地衣植物、苔藓植物、裸子植物、被子植物。英文表述：Plant（简称-Pl-）	联合国：《生物多样性公约》，联合国环境和发展大会：1992年；姚敦义、王静之、陈汉斌：《植物学》，山东教育出版社，1985年
			微生物	人类可以利用或可能利用的，形态微小、结构简单，必须借助光学显微镜或电子显微镜才能看到的微小生物的总称。三级类可分为：真核微生物、原核形微生物、非细胞形微生物。英文表述：Microorganism（简称-M-）	祝光耀、张塞：《生态文明建设大辞典（第二册）》，江西科学技术出版社，2016年；彭补拙等：《资源学导论》，东南大学出版社，2014年
矿产资源	由地质作用形成的，具有利用价值的，呈固态、液态、气态的自然资源，不包括海底矿产资源。英文表述：Mineral Resources（简称M）	封吉昌：《国土资源实用词典》，中国地质大学出版社，2011年	能源矿产	蕴含某种形式的能，并可能转化成人类生产和人民生活必需的能源矿产。三级类可分为燃料能源矿产、放射性能源矿产、地热能源矿产等。英文表述：Energy Mineral（简称-EM-）	中国资源科学百科全书编委会：《中国资源科学百科全书》，石油大学出版社，2000年
			金属矿产	能供工业上提取某种金属元素的矿产资源。三级类可分为黑色金属矿产、有色金属矿产、贵金属矿产、稀土金属矿产、分散元素矿产等。英文表述：Metal Mineral（简称-MeM-）	黄宗理、张良弼：《地球科学大辞典（应用学科卷）》，地质出版社，2005年
			非金属矿产	能供工业上提取某种非金属元素的，物理或直接利用矿产资源，或由性质的矿物集合体的某种化学的，工业岩石和宝玉石矿产。三级类可分为工业矿物、工业岩石和宝玉石矿产。英文表述：Non-metallic Mineral（简称-NMM-）	黄宗理、张良弼：《地球科学大辞典（应用学科卷）》，地质出版社，2005年
			水气矿产	以液体、气体形式存在的特定矿产资源。三级类可分为矿泉水、二氧化碳气、硫化氢气、氦气、氡气等。英文表述：Gas Mineral（简称-GM-）	中国资源科学百科全书编委会：《中国资源科学百科全书》，石油大学出版社，2000年

一级类	定义	主要参考依据	二级类	定义	主要参考依据
海洋资源	海洋中能供人类开发利用、获得经济和其他效益的天然物质、能量和空间的总和。英文表述: Ocean Resources（简称 O）	国家海洋环境监测中心；《中华人民共和国国家标准: 海洋学术语 海洋资源学 (GB/T 18934—2005)》，2005 年	海底矿产	赋存于海底表层沉积物和海底岩层中矿物资源之总称。三级类可分为海底能源矿产、海底金属矿产、海底非金属矿产、海底水气矿产等。英文表述: Submarine Mineral（简称-SM-）	国家海洋环境监测中心；《中华人民共和国国家标准: 海洋学术语 海洋资源学 (GB/T 18934—2005)》，2005 年
			海洋能	以潮汐、海流、潮流、波浪、温度差、盐度差等形式存在于海洋中，以海水为能量载体形成的能量。三级类可分为潮汐能、海流能、潮流能、波浪能、温差能和盐差能等。英文表述: Ocean Energy（-OE-）	国家海洋技术中心；《中华人民共和国国家标准: 海洋能术语 第 1 部分: 通用 (GB/T 33543.1—2017)》，2017 年
			海洋生物	海洋中具有生命的能自行繁衍和不断更新的有机体。三级类可分为海洋动物、海洋植物、海洋微生物等。英文表述: Marine Organisms（简称-MO-）	国家海洋环境监测中心；《中华人民共和国国家标准: 海洋学术语 海洋资源学 (GB/T 18934—2005)》，2005 年
			海水	海水及海水中存在的可以被人类利用的物质。英文表述: Seawater（简称-SeW-）	国家海洋环境监测中心；《中华人民共和国国家标准: 海洋学术语 海洋资源学 (GB/T 18934—2005)》，2005 年
			海洋基质	存在于洋底部，主要由天然物质经自然作用形成的基础物质。三级类可分为海底面的岩石、砺质、土质，以及深海软泥等。英文表述: Marine Matrix（简称-MaM-）	自然资源部办公厅；《地表基质分类方案（试行）（自然资办发〔2020〕59 号）》，2020 年
			海洋空间利用	与海洋开发有关的海岸、海上、海中、海底空间利用的总称。三级类可分为渔业用海、工矿通信用海、交通运输用海、游憩用海、特殊用海及其他用海。英文表述: Ocean Space Utilization（简称-OSU-）	国家海洋环境监测中心；《中华人民共和国国家标准: 海洋学术语 海洋资源学 (GB/T 18934—2005)》 2005 年
空间资源	能够为人类开发利用、获得经济和其他效益的空间环境的总称。英文表述: Space Resource 简称 (SR)	/	地上空间	地表之上能够为人类开发利用、获得经济和其他效益的空间资源的总称，由低到高可分为对流层空间、太空空间，轨道航线等属于地上空间。英文表述: Ground Space（简称-GSp-）	中国数字科学馆
			地下空间	地表之下可供人类开发利用、获得经济和其他效益的空间资源的总称。三级类可分为天然地下空间、人工地下空间。英文表述: Underground Space（简称-US-）	贾宗仁."关于开展地下空间资源调查的背景研究和初步构想"，自然资源部内参《调查研究建议》，2020 年

表 2–5 自然资源管理规范性附录

一级类	定义	二级类	定义	统计要素及表示
森林资源	包括林木、林地等，以及依托森林、林木、林地等生存的野生动物、植物和微生物。英文表述 Forest Resources（简称 F）	林地	生长乔木、竹类、灌木的土地。不包括生长林木的湿地，城镇、村庄范围内的绿化林木用地，铁路、公路征地范围内的林木，以及河流、沟渠的护堤林用地。英语表述：Forestland（简称 F）	F-F-
		动物	森林空间范围内能自由运动、以碳水化合物和蛋白质为食的生物。英语表述：Animal（简称 A）	F-A-
		植物	森林空间范围内具有细胞壁、能够进行光合作用的自养生物。英语表述：Plant（简称 P）	F-P-
		微生物	森林空间范围内形态微小、结构简单，必须借助光学显微镜或电子显微镜才能看到的微小生物的总称。英语表述：Microorganism（简称 M）	F-M-
草原资源	包括草、草地以及依托草原、草、草地生存的野生动物、植物和微生物。英语表述：Grassland Resources（简称 G）	草地	生长草本植物为主的土地，包括乔木郁闭度<0.1的疏林草地、灌木覆盖度<40%的灌丛草地，不包括生长草本植物的湿地。英语表述：Grassland（简称 G）	G-G-
		动物	草原空间范围内能自由运动、以碳水化合物和蛋白质为食的生物。英语表述：Animal（简称 A）	G-A-
		植物	草原空间范围内具有细胞壁、能够进行光合作用的自养生物。英语表述：Plant（简称 P）	G-P-
		微生物	草原空间范围内形态微小、结构简单，必须借助光学显微镜或电子显微镜才能看到的微小生物的总称。英语表述：Microorganism（简称 M）	G-M-
湿地资源	包括湿地、水及依托其生存的野生动物、植物和微生物。英语表述：Wetland Resources（简称 W）	湿地	陆地和水域的交汇处，水位接近或处于地表面，或有浅层积水，且处于自然状态的土地。英语表述：Wetland（简称 W）	W-W-
		动物	湿地空间范围内能自由运动、以碳水化合物和蛋白质为食的生物。英语表述：Animal（简称 A）	W-A-
		植物	湿地空间范围内具有细胞壁、能够进行光合作用的自养生物。英语表述：Plant（简称 P）	W-P-
		微生物	湿地空间范围内形态微小、结构简单，必须借助光学显微镜或电子显微镜才能看到的微小生物的总称。英语表述：Microorganism（简称 M）	W-M-

续表

一级类	定义	二级类	定义	统计要素及表示
荒漠资源	能为人类利用的气候干燥、降水稀少，蒸发量大，植被贫乏的地区和依附其上的植物、动物、微生物的总称。Desert Resources（简称 D）	盐碱地	表层盐碱聚集，生长天然耐盐碱植物的土地。不包括沼泽地和沼泽草地。英语表述：Saline alkali land（简称 Sal）	D-Sal
		沙地	表层为沙覆盖、植被覆盖度≤5%的土地。不包括滩涂中的沙地。英语表述：Sand（简称 Sa）	D-Sa
		裸土地	表层为土质，植被覆盖度≤5%的土地。不包括滩涂中的泥滩。英语表述：Bare land（简称 Bl）	D-Bl
		裸岩石砾地	表层为岩石或石砾，其覆盖面积≥70%的土地。不包括滩涂中的石滩。英语表述：Bare rock gravel（简称 Brg）	D-Brg
		动物	荒漠空间范围内能自由运动、以碳水化合物和蛋白质为食的生物。英语表述：Animal（简称 A）	D-A
		植物	荒漠空间范围内具有细胞壁、能够进行光合作用的自养生物。英语表述：Plant（简称 P）	D-P
		微生物	荒漠空间范围内形态微小、结构简单，必须借助光学显微镜或电子显微镜才能看到的微小生物的总称。英语表述：Microorganism（简称 M）	D-M
遗迹资源	指天然或人工的，不可再生的，具有生态学、科学、文化和美学价值的自然客体及其保留或遗迹地。Heritage Resources（简称 HR）	地质遗迹	在地球演化的漫长地质历史时期，由于各种内外动力的地质作用而形成并保存下来具有典型特征的、珍贵的、不可再生的地质自然遗产。英语表述：Geological heritage（简称 Gr）	HR-Gr
		古生物化石	人类史前地质历史时期形成并赋存于地层中的生物遗体和活动遗迹。三级类可分为植物化石、无脊椎动物化石、脊椎动物化石。英语表述：Fossils（简称 F）	HR-F
		矿冶遗迹	在矿业开发过程中遗留下来的踪迹和采矿活动相关的实物，具体主要指矿产地质遗迹和矿业生产过程中探、采，以及位于矿山附近的选、冶、加工等活动的遗迹、遗物和史籍。英语表述：Mining heritage（简称 Mh）	HR-Mh

土地资源、矿产资源、水资源、海洋资源的分类与自然资源基本分类一致，不在此处列出。其他资源根据国务院规定的部门职责，可另列。

五、部分自然资源归类思考

（一）水资源的归类思考

水能资源是风和太阳的热引起水的蒸发，水蒸气形成了雨和雪，雨和雪的降落形成了河流和小溪，水的流动产生了能量，称为水能。水能是一种以位能、压能和动能等形式存在于水体中的能量资源，又称水力资源。它是在空间落差的作用下，作为势能的载体体现出的能量形式，不是水资源自身的能量，因此暂不归入水资源。"生物水"作为生物体的一部分，不再纳入水资源。

按照学界通识，降水是一种大气中的水汽凝结后以液态水或固态水降落到地面的过程现象，是水资源地表径流的重要来源，而且长期以来学界也普遍将其作为气候资源的组成部分。因此，将降水作为气候资源的二级类。

大气水是水资源的一种客观存在形式，是指对流层中所蕴含的水分，是水资源循环的重要内容，对生态环境影响至关重要。因此，将大气水作为水资源的二级类。

非常规水是区别于地表水、地下水等常规水资源的一种水资源，指经过处理后可以被利用的雨水、再生水、海水、空中水、矿井水、苦咸水等，属于地表水、地下水外的非常规性内容，且目前还在探索阶段，不宜单独作为二级类。深层地下热水属于能源矿产、矿泉水属于水气矿产。

（二）土地资源的归类思考

鉴于土地资源的重要性，自然资源分类从"地表基质"和"土地利用"两个角度，共同描述土地资源，更加符合实际需要。其中"地表基质"侧重从自然属性、物质属性角度，描述土地资源的基础物质；而"土地利用"侧重从利用角度描述土地资源的利用状况。沿用土地利用分类，主要是考虑长期以来国土资源管理都是依据土地利用类型，对土地资源实行用途管制、开发利用管理等。两个维度并不存在交叉，且沿用"土地利用"分类标准，有利于保持相关工作的连续和衔接。

（三）海洋资源归类思考

鉴于海洋是一个相对独立的系统和空间，《自然资源基本分类》将其单列为一级类自然资源，以保持其相对独立性。根据这一要求，海洋资源二级类"海底矿产""海洋基质""海洋空间利用"等，也应保持相对独立性；同时，体现海陆系统的对应性，对照土地利用资源，依据《国土空间调查、规划、用途管制用地用海分类指南（试行）》（详见本节扩展阅读）划分"海洋空间利用"，充分体现了海洋空间的利用属性。

海洋资源中海洋生物其生存、发育及演化具有其特殊性，单列为海洋资源的二级类。此外，海域、无居民海岛、海岸带作为海洋空间概念，在海洋空间利用中予以了体现。

（四）其他资源的归类思考

基因资源来源于植物、动物或微生物，是生物体的组成部分，且基因不符合称为生物的六大基本特征，目前还处于前沿探索阶段，因此不宜单独作为二级类。"空间资源"特指陆地上空间分类，海洋空间分类已在"海洋资源"分类中体现。空间资源的二级类包括地上空间、地下空间，使自然资源基本分类涵盖完整空间范围。考虑到"无线电频谱"，与自然资源管理职责不密切相关，且已有明确的职能部门管理，暂不列入自然资源分类。

（五）地理信息资源的归类思考

地理信息资源是指地球表面自然和人文地理要素的空间位置及其属性，本质上看是承载自然资源空间及信息等属性的一种特殊资源。区别于"水土气生矿"等以具体物质存在的自然资源，其包含了其他各类资源所表现出的信息形式，以与地理环境要素有关的物质数量、质量、性质、分布特征、联系和规律的数字、文字、图像和图形等多种信息相复合的形式存在。其以资源实体为参照，是与物质资源相对应的信息资源系统。因为地理信息与地理要素间的对应性关系，因此未将地理信息资源作为自然资源列入分类。

　　自然资源分类是实施自然资源管理的基础和前提。对自然资源进行分类，却是一项极为复杂的系统工作，不仅涉及众多学科的理论问题，而且与现行管理政策密切相关，还存在与历史分类的衔接与对应。上述的自然资源分类是基于科学理论研究形成的初步构想，同时也适当考虑了现实管理需要，仅是一种探索和尝试，供开展自然资源调查监测工作研究者参考。分类方案在实施自然资源调查监测中还需要通过具体的实践来验证其可行性和可操作性，也有待于结合实践来验证其适应性等，通过实践不断优化完善其内容。同时，自然资源的本质属性也决定了自然资源分类是不断变化的，随着人类对自然资源的认知、利用的过程不断深入，分类也不断地调整和改变。

扩展阅读

《国土空间调查、规划、用途管制用地用海分类指南（试行）》

前言

　　为贯彻党的十九大和十九届二中、三中、四中、五中全会精神，履行自然资源部统一行使全民所有自然资源资产所有者、统一行使所有国土空间用途管制和生态保护修复、统一调查和确权登记、建立国土空间规划体系并监督实施等职责，在整合原《土地利用现状分类》《城市用地分类与规划建设用地标准》《海域使用分类》等分类基础上，建立全国统一的国土空间用地用海分类，制定本指南。

　　本指南明确了国土空间调查、规划、用途管制用地用海分类应遵循的总体原则与基本要求，提出了国土空间调查、规划、用途管制用地用海分类的总体框架及各类用途的名称、代码与含义。主要内容包括：总则、一般规定、用地用海分类，共三章。

　　本指南由中华人民共和国自然资源部制定并负责解释。本指南为试行版，请各单位在使用过程中，及时总结实践经验，提出意见和建议。

本指南参与起草单位：中国城市规划设计研究院、中国国土勘测规划院、国家海洋信息中心、广州市城市规划勘测设计研究院、武汉市规划研究院、北京大学、中国建筑设计研究院有限公司城镇规划设计研究院、上海市规划和自然资源局、青岛市自然资源和规划局、厦门市规划和自然资源局、珠海市自然资源局、南通市自然资源和规划局。

1　总则

1.1　【编制目的】为实施全国自然资源统一管理，科学划分国土空间用地用海类型、明确各类型含义，统一国土调查、统计和规划分类标准，合理利用和保护自然资源，制定本指南。

1.2　【适用范围】本指南适用于国土调查、监测、统计、评价，国土空间规划、用途管制、耕地保护、生态修复，土地审批、供应、整治、执法、登记及信息化管理等工作。

1.3　【总体原则】国土空间调查、规划、用途管制用地用海分类（以下简称"用地用海分类"）坚持陆海统筹、城乡统筹、地上地下空间统筹，体现生态优先、绿色发展理念，坚持同级内分类并列不交叉，坚持科学、简明、可操作。

2　一般规定

2.1　【分类规则】用地用海分类应遵循下列规则：

2.1.1　依据国土空间的主要配置利用方式、经营特点和覆盖特征等因素，对国土空间用地用海类型进行归纳、划分，反映国土空间利用的基本功能，满足自然资源管理需要。

2.1.2　用地用海分类设置不重不漏。当用地用海具备多种用途时，应以其主要功能进行归类。

2.2　【使用原则】用地用海分类应符合下列使用规则：

2.2.1　用地用海二级类为国土调查、国土空间规划的主干分类。

2.2.2　国家国土调查以一级类和二级类为基础分类，三级类为专项调查和补充调查的分类。

2.2.3　国土空间总体规划原则上以一级类为主，可细分至二级类；国土空间详细规划和市县层级涉及空间利用的相关专项规划，原则上使用二级类和三级类。具体使用按照相关国土空间规划编制要求执行。

2.2.4　国土空间用途管制、用地用海审批、规划许可、出让合同和确权登记应依据有关法律法规，将国土空间规划确定的用途分类作为管理的重要依据。

2.2.5　在保障安全、避免功能冲突的前提下，鼓励节约集约利用国土空间资源，国土空间详细规划可在本指南分类基础上确定用地用海的混合利用，以及地上、地下空间的复合利用。

2.2.6　为满足调查工作中年度考核管理的需要，用途改变过程中，未达到新用途验收或变更标准的，按原用途确认。

3 用地用海分类

3.1　【用地用海分类】用地用海分类采用三级分类体系，本指南共设置24种一级类、106种二级类及39种三级类；其分类名称、代码应符合表3.1的规定；各类名称对应的含义应符合附录A的规定。

表3.1　用地用海分类名称、代码

一级类		二级类		三级类	
代码	名称	代码	名称	代码	名称
01	耕地	0101	水田		
		0102	水浇地		
		0103	旱地		
02	园地	0201	果园		
		0202	茶园		
		0203	橡胶园		
		0204	其他园地		

续表

一级类		二级类		三级类	
代码	名称	代码	名称	代码	名称
03	林地	0301	乔木林地		
		0302	竹林地		
		0303	灌木林地		
		0304	其他林地		
04	草地	0401	天然牧草地		
		0402	人工牧草地		
		0403	其他草地		
05	湿地	0501	森林沼泽		
		0502	灌丛沼泽		
		0503	沼泽草地		
		0504	其他沼泽地		
		0505	沿海滩涂		
		0506	内陆滩涂		
		0507	红树林地		
06	农业设施建设用地	0601	乡村道路用地	060101	村道用地
				060102	村庄内部道路用地
		0602	种植设施建设用地		
		0603	畜禽养殖设施建设用地		
		0604	水产养殖设施建设用地		
07	居住用地	0701	城镇住宅用地	070101	一类城镇住宅用地
				070102	二类城镇住宅用地
				070103	三类城镇住宅用地
		0702	城镇社区服务设施用地		
		0703	农村宅基地	070301	一类农村宅基地
				070302	二类农村宅基地
		0704	农村社区服务设施用地		
08	公共管理与公共服务用地	0801	机关团体用地		
		0802	科研用地		

一级类		二级类		三级类	
代码	名称	代码	名称	代码	名称
08	公共管理 与公共服务用地	0803	文化用地	080301	图书与展览用地
				080302	文化活动用地
		0804	教育用地	080401	高等教育用地
				080402	中等职业教育用地
				080403	中小学用地
				080404	幼儿园用地
				080405	其他教育用地
		0805	体育用地	080501	体育场馆用地
				080502	体育训练用地
		0806	医疗卫生用地	080601	医院用地
				080602	基层医疗卫生设施用地
				080603	公共卫生用地
		0807	社会福利用地	080701	老年人社会福利用地
				080702	儿童社会福利用地
				080703	残疾人社会福利用地
				080704	其他社会福利用地
09	商业服务业 用地	0901	商业用地	090101	零售商业用地
				090102	批发市场用地
				090103	餐饮用地
				090104	旅馆用地
				090105	公用设施营业网点用地
		0902	商务金融用地		
		0903	娱乐康体用地	090301	娱乐用地
				090302	康体用地
		0904	其他商业服务业用地		
10	工矿用地	1001	工业用地	100101	一类工业用地
				100102	二类工业用地
				100103	三类工业用地

续表

一级类		二级类		三级类	
代码	名称	代码	名称	代码	名称
10	工矿用地	1002	采矿用地		
		1003	盐田		
11	仓储用地	1101	物流仓储用地	110101	一类物流仓储用地
				110102	二类物流仓储用地
				110103	三类物流仓储用地
		1102	储备库用地		
12	交通运输用地	1201	铁路用地		
		1202	公路用地		
		1203	机场用地		
		1204	港口码头用地		
		1205	管道运输用地		
		1206	城市轨道交通用地		
		1207	城镇道路用地		
		1208	交通场站用地	120801	对外交通场站用地
				120802	公共交通场站用地
				120803	社会停车场用地
		1209	其他交通设施用地		
13	公用设施用地	1301	供水用地		
		1302	排水用地		
		1303	供电用地		
		1304	供燃气用地		
		1305	供热用地		
		1306	通信用地		
		1307	邮政用地		
		1308	广播电视设施用地		
		1309	环卫用地		
		1310	消防用地		
		1311	干渠		

续表

一级类		二级类		三级类	
代码	名称	代码	名称	代码	名称
13	公用设施用地	1312	水工设施用地		
		1313	其他公用设施用地		
14	绿地与开敞空间用地	1401	公园绿地		
		1402	防护绿地		
		1403	广场用地		
15	特殊用地	1501	军事设施用地		
		1502	使领馆用地		
		1503	宗教用地		
		1504	文物古迹用地		
		1505	监教场所用地		
		1506	殡葬用地		
		1507	其他特殊用地		
16	留白用地				
17	陆地水域	1701	河流水面		
		1702	湖泊水面		
		1703	水库水面		
		1704	坑塘水面		
		1705	沟渠		
		1706	冰川及常年积雪		
18	渔业用海	1801	渔业基础设施用海		
		1802	增养殖用海		
		1803	捕捞海域		
19	工矿通信用海	1901	工业用海		
		1902	盐田用海		
		1903	固体矿产用海		
		1904	油气用海		
		1905	可再生能源用海		
		1906	海底电缆管道用海		

续表

一级类		二级类		三级类	
代码	名称	代码	名称	代码	名称
20	交通运输用海	2001	港口用海		
		2002	航运用海		
		2003	路桥隧道用海		
21	游憩用海	2101	风景旅游用海		
		2102	文体休闲娱乐用海		
22	特殊用海	2201	军事用海		
		2202	其他特殊用海		
23	其他土地	2301	空闲地		
		2302	田坎		
		2303	田间道		
		2304	盐碱地		
		2305	沙地		
		2306	裸土地		
		2307	裸岩石砾地		
24	**其他海域**				

3.2　【地下空间用途分类】地下空间用途分类的表达方式，应对照表 3.1 的用地类型并在其代码前增加 UG 字样（同时删除用地字样），表达对应设施所属的用途；当地下空间用途出现表 3.1 中未列出的用途类型时，应符合表 3.2 地下空间用途补充分类及其名称、代码的规定；各类补充分类名称对应的含义应符合附录 B 的规定。

3.3　【细分规定】本指南在使用中可根据实际需要，在现有分类基础上制定用地用海分类实施细则；涉及用地用海类型续分的，尚应符合下列规定：

3.3.1　本指南用地用海分类未展开二级类的一级类、未展开三级类的二级类，以及三级类，可进一步展开细分。

3.3.2　本指南现有用地分类未设置复合用途，使用时可根据规划和管理实际需求，在本指南分类基础上增设土地混合使用的用地类型及其详细规定。

表 3.2   地下空间用途补充分类及其名称、代码

一级类		二级类	
代码	名称	代码	名称
UG12	地下交通运输设施	UG1210	地下人行通道
UG13	地下公用设施	UG1314	地下市政管线
		UG1315	地下市政管廊
UG25	地下人民防空设施		
UG26	其他地下设施		

附录 A

用地用海分类的含义应符合表 A 的规定。

表 A   用地用海分类名称、代码和含义

代码	名称	含义
01	耕地	指利用地表耕作层种植农作物为主,每年种植一季及以上(含以一年一季以上的耕种方式种植多年生作物)的土地,包括熟地,新开发、复垦、整理地,休闲地(含轮歇地、休耕地);以及间有零星果树、桑树或其他树木的耕地;包括南方宽度<1.0 m,北方宽度<2.0 m固定的沟、渠、路和地坎(埂);包括直接利用地表耕作层种植的温室、大棚、地膜等保温、保湿设施用地
0101	水田	指用于种植水稻、莲藕等水生农作物的耕地,包括实行水生、旱生农作物轮种的耕地
0102	水浇地	指有水源保证和灌溉设施,在一般年景能正常灌溉,种植旱生农作物(含蔬菜)的耕地
0103	旱地	指无灌溉设施,主要靠天然降水种植旱生农作物的耕地,包括没有灌溉设施,仅靠引洪淤灌的耕地
02	园地	指种植以采集果、叶、根、茎、汁等为主的集约经营的多年生作物,覆盖度大于50%或每亩株数大于合理株数70%的土地,包括用于育苗的土地
0201	果园	指种植果树的园地

续表

代码	名称	含义
0202	茶园	指种植茶树的园地
0203	橡胶园	指种植橡胶的园地
0204	其他园地	指种植桑树、可可、咖啡、油棕、胡椒、药材等其他多年生作物的园地，包括用于育苗的土地
03	**林地**	指生长乔木、竹类、灌木的土地。不包括生长林木的湿地，城镇、村庄范围内的绿化林木用地，铁路、公路征地范围内的林木，以及河流、沟渠的护堤林用地
0301	乔木林地	指乔木郁闭度≥0.2 的林地，不包括森林沼泽
0302	竹林地	指生长竹类植物，郁闭度≥0.2 的林地
0303	灌木林地	指灌木覆盖度≥40%的林地，不包括灌丛沼泽
0304	其他林地	指疏林地（树木郁闭度≥0.1、<0.2 的林地）、未成林地，以及迹地、苗圃等林地
04	**草地**	指生长草本植物为主的土地，包括乔木郁闭度<0.1 的疏林草地、灌木覆盖度<40%的灌丛草地，不包括生长草本植物的湿地、盐碱地
0401	天然牧草地	指以天然草本植物为主，用于放牧或割草的草地，包括实施禁牧措施的草地
0402	人工牧草地	指人工种植牧草的草地，不包括种植饲草的耕地
0403	其他草地	指表层为土质，不用于放牧的草地
05	**湿地**	指陆地和水域的交汇处，水位接近或处于地表面，或有浅层积水，且处于自然状态的土地
0501	森林沼泽	指以乔木植物为优势群落、郁闭度≥0.1 的淡水沼泽
0502	灌丛沼泽	指以灌木植物为优势群落、覆盖度≥40%的淡水沼泽
0503	沼泽草地	指以天然草本植物为主的沼泽化的低地草甸、高寒草甸
0504	其他沼泽地	指除森林沼泽、灌丛沼泽和沼泽草地外、地表经常过湿或有薄层积水，生长沼生或部分沼生和部分湿生、水生或盐生植物的土地，包括草本沼泽、苔藓沼泽、内陆盐沼等
0505	沿海滩涂	指沿海大潮高潮位与低潮位之间的潮浸地带，包括海岛的滩涂，不包括已利用的滩涂
0506	内陆滩涂	指河流、湖泊常水位至洪水位间的滩地，时令河、湖洪水位以下的滩地，水库正常蓄水位与洪水位间的滩地，包括海岛的内陆滩地，不包括已利用的滩地
0507	红树林地	指沿海生长红树植物的土地，包括红树林苗圃

续表

代码	名称	含义
06	**农业设施建设用地**	指对地表耕作层造成破坏的,为农业生产、农村生活服务的乡村道路用地以及种植设施、畜禽养殖设施、水产养殖设施建设用地
0601	乡村道路用地	指村庄内部道路用地以及对地表耕作层造成破坏的村道用地
060101	村道用地	指在农村范围内,乡道及乡道以上公路以外,用于村间、田间交通运输,服务于农村生活生产的对地表耕作层造成破坏的硬化型道路(含机耕道),不包括村庄内部道路用地和田间道
060102	村庄内部道路用地	指村庄内的道路用地,包括其交叉口用地,不包括穿越村庄的公路
0602	种植设施建设用地	指对地表耕作层造成破坏的,工厂化作物生产和为生产服务的看护房、农资农机具存放场所等,以及与生产直接关联的烘干晾晒、分拣包装、保鲜存储等设施用地,不包括直接利用地表种植的大棚、地膜等保温、保湿设施用地
0603	畜禽养殖设施建设用地	指对地表耕作层造成破坏的,经营性畜禽养殖生产及直接关联的圈舍、废弃物处理、检验检疫等设施用地,不包括屠宰和肉类加工场所用地等
0604	水产养殖设施建设用地	指对地表耕作层造成破坏的,工厂化水产养殖生产及直接关联的硬化养殖池、看护房、粪污处置、检验检疫等设施用地
07	**居住用地**	指城乡住宅用地及其居住生活配套的社区服务设施用地
0701	城镇住宅用地	指用于城镇生活居住功能的各类住宅建筑用地及其附属设施用地
070101	一类城镇住宅用地	指配套设施齐全、环境良好,以三层及以下住宅为主的住宅建筑用地及其附属道路、附属绿地、停车场等用地
070102	二类城镇住宅用地	指配套设施较齐全、环境良好,以四层及以上住宅为主的住宅建筑用地及其附属道路、附属绿地、停车场等用地
070103	三类城镇住宅用地	指配套设施较欠缺、环境较差,以需要加以改造的简陋住宅为主的住宅建筑用地及其附属道路、附属绿地、停车场等用地,包括危房、棚户区、临时住宅等用地
0702	城镇社区服务设施用地	指为城镇居住生活配套的社区服务设施用地,包括社区服务站以及托儿所、社区卫生服务站、文化活动站、小型综合体育场地、小型超市等用地,以及老年人日间照料中心(托老所)等社区养老服务设施用地,不包括中小学、幼儿园用地
0703	农村宅基地	指农村村民用于建造住宅及其生活附属设施的土地,包括住房、附属用房等用地
070301	一类农村宅基地	指农村用于建造独户住房的土地
070302	二类农村宅基地	指农村用于建造集中住房的土地

续表

代码	名称	含义
0704	农村社区服务设施用地	指为农村生产生活配套的社区服务设施用地,包括农村社区服务站以及村委会、供销社、兽医站、农机站、托儿所、文化活动室、小型体育活动场地、综合礼堂、农村商店及小型超市、农村卫生服务站、村邮站、宗祠等用地,不包括中小学、幼儿园用地
08	**公共管理与公共服务用地**	指机关团体、科研、文化、教育、体育、卫生、社会福利等机构和设施的用地,不包括农村社区服务设施用地和城镇社区服务设施用地
0801	机关团体用地	指党政机关、人民团体及其相关直属机构、派出机构和直属事业单位的办公及附属设施用地
0802	科研用地	指科研机构及其科研设施用地
0803	文化用地	指图书、展览等公共文化活动设施用地
080301	图书与展览用地	指公共图书馆、博物馆、科技馆、公共美术馆、纪念馆、规划建设展览馆等设施用地
080302	文化活动用地	指文化馆(群众艺术馆)、文化站、工人文化宫、青少年宫(青少年活动中心)、妇女儿童活动中心(儿童活动中心)、老年活动中心、综合文化活动中心、公共剧场等设施用地
0804	教育用地	指高等教育、中等职业教育、中小学教育、幼儿园、特殊教育设施等用地,包括为学校配建的独立地段的学生生活用地
080401	高等教育用地	指大学、学院、高等职业学校、高等专科学校、成人高校等高等学校用地,包括军事院校用地
080402	中等职业教育用地	指普通中等专业学校、成人中等专业学校、职业高中、技工学校等用地,不包括附属于普通中学内的职业高中用地
080403	中小学用地	指小学、初级中学、高级中学、九年一贯制学校、完全中学、十二年一贯制学校用地,包括职业初中、成人中小学、附属于普通中学内的职业高中用地
080404	幼儿园用地	指幼儿园用地
080405	其他教育用地	指除以上之外的教育用地,包括特殊教育学校、专门学校(工读学校)用地
0805	体育用地	指体育场馆和体育训练基地等用地,不包括学校、企事业、军队等机构内部专用的体育设施用地
080501	体育场馆用地	指室内外体育运动用地,包括体育场馆、游泳场馆、大中型多功能运动场地、全民健身中心等用地
080502	体育训练用地	指为体育运动专设的训练基地用地
0806	医疗卫生用地	指医疗、预防、保健、护理、康复、急救、安宁疗护等用地

续表

代码	名称	含义
080601	医院用地	指综合医院、中医医院、中西医结合医院、民族医院、各类专科医院、护理院等用地
080602	基层医疗卫生设施用地	指社区卫生服务中心、乡镇（街道）卫生院等用地，不包括社区卫生服务站、农村卫生服务站、村卫生室、门诊部、诊所（医务室）等用地
080603	公共卫生用地	指疾病预防控制中心、妇幼保健院、急救中心（站）、采供血设施等用地
0807	社会福利用地	指为老年人、儿童及残疾人等提供社会福利和慈善服务的设施用地
080701	老年人社会福利用地	指为老年人提供居住、康复、保健等服务的养老院、敬老院、养护院等机构养老设施用地
080702	儿童社会福利用地	指为孤儿、农村留守儿童、困境儿童等特殊儿童群体提供居住、抚养、照护等服务的儿童福利院、孤儿院、未成年人救助保护中心等设施用地
080703	残疾人社会福利用地	指为残疾人提供居住、康复、护养等服务的残疾人福利院、残疾人康复中心、残疾人综合服务中心等设施用地
080704	其他社会福利用地	指除以上之外的社会福利设施用地，包括救助管理站等设施用地
09	**商业服务业用地**	指商业、商务金融以及娱乐康体等设施用地，不包括农村社区服务设施用地和城镇社区服务设施用地
0901	商业用地	指零售商业、批发市场及餐饮、旅馆及公用设施营业网点等服务业用地
090101	零售商业用地	指商铺、商场、超市、服装及小商品市场等用地
090102	批发市场用地	指以批发功能为主的市场用地
090103	餐饮用地	指饭店、餐厅、酒吧等用地
090104	旅馆用地	指宾馆、旅馆、招待所、服务型公寓、有住宿功能的度假村等用地
090105	公用设施营业网点用地	指零售加油、加气、充换电站、电信、邮政、供水、燃气、供电、供热等公用设施营业网点用地
0902	商务金融用地	指金融保险、艺术传媒、研发设计、技术服务、物流管理中心等综合性办公用地
0903	娱乐康体用地	指各类娱乐、康体等设施用地
090301	娱乐用地	指剧院、音乐厅、电影院、歌舞厅、网吧以及绿地率<65%的大型游乐等设施用地
090302	康体用地	指高尔夫练习场、赛马场、溜冰场、跳伞场、摩托车场、射击场，以及水上运动的陆域部分等用地

续表

代码	名称	含义
0904	其他商业服务业用地	指除以上之外的商业服务业用地，包括以观光娱乐为目的的直升机停机坪等通用航空、汽车维修站以及宠物医院、洗车场、洗染店、照相馆、理发美容店、洗浴场所、废旧物资回收站、机动车、电子产品和日用产品修理网点、物流营业网点等用地
10	**工矿用地**	指用于工矿业生产的土地
1001	工业用地	指工矿企业的生产车间、装备修理、自用库房及其附属设施用地，包括专用铁路、码头和附属道路、停车场等用地，不包括采矿用地
100101	一类工业用地	指对居住和公共环境基本无干扰、污染和安全隐患，布局无特殊控制要求的工业用地
100102	二类工业用地	指对居住和公共环境有一定干扰、污染和安全隐患，不可布局于居住区和公共设施集中区内的工业用地
100103	三类工业用地	指对居住和公共环境有严重干扰、污染和安全隐患，布局有防护、隔离要求的工业用地
1002	采矿用地	指采矿、采石、采砂（沙）场，砖瓦窑等地面生产用地及排土（石）、尾矿堆放用地
1003	盐田	指用于盐业生产的用地，包括晒盐场所、盐池及附属设施用地
11	**仓储用地**	指物流仓储和战略性物资储备库用地
1101	物流仓储用地	指国家和省级战略性储备库以外，城、镇、村用于物资存储、中转、配送等设施用地，包括附属设施、道路、停车场等用地
110101	一类物流仓储用地	指对居住和公共环境基本无干扰、污染和安全隐患，布局无特殊控制要求的物流仓储用地
110102	二类物流仓储用地	指对居住和公共环境有一定干扰、污染和安全隐患，不可布局于居住区和公共设施集中区内的物流仓储用地
110103	三类物流仓储用地	指用于存放易燃、易爆和剧毒等危险品，布局有防护、隔离要求的物流仓储用地
1102	储备库用地	指国家和省级的粮食、棉花、石油等战略性储备库用地
12	**交通运输用地**	指铁路、公路、机场、港口码头、管道运输、城市轨道交通、各种道路以及交通场站等交通运输设施及其附属设施用地，不包括其他用地内的附属道路、停车场等用地
1201	铁路用地	指铁路编组站、轨道线路（含城际轨道）等用地，不包括铁路客货运站等交通场站用地
1202	公路用地	指国道、省道、县道和乡道用地及附属设施用地，不包括已纳入城镇集中连片建成区，发挥城镇内部道路功能的路段，以及公路长途客货运站等交通场站用地

续表

代码	名称	含义
1203	机场用地	指民用及军民合用的机场用地，包括飞行区、航站区等用地，不包括净空控制范围内的其他用地
1204	港口码头用地	指海港和河港的陆域部分，包括用于堆场、货运码头及其他港口设施的用地，不包括港口客运码头等交通场站用地
1205	管道运输用地	指运输矿石、石油和天然气等地面管道运输用地，地下管道运输规定的地面控制范围内的用地应按其地面实际用途归类
1206	城市轨道交通用地	指独立占地的城市轨道交通地面以上部分的线路、站点用地
1207	城镇道路用地	指快速路、主干路、次干路、支路、专用人行道和非机动车道等用地，包括其交叉口用地
1208	交通场站用地	指交通服务设施用地，不包括交通指挥中心、交通队等行政办公设施用地
120801	对外交通场站用地	指铁路客货运站、公路长途客运站、港口客运码头及其附属设施用地
120802	公共交通场站用地	指城市轨道交通车辆基地及附属设施，公共汽（电）车首末站、停车场（库）、保养场，出租汽车场站设施等用地，以及轮渡、缆车、索道等的地面部分及其附属设施用地
120803	社会停车场用地	指独立占地的公共停车场和停车库用地（含设有充电桩的社会停车场），不包括其他建设用地配建的停车场和停车库用地
1209	其他交通设施用地	指除以上之外的交通设施用地，包括教练场等用地
13	**公用设施用地**	指用于城乡和区域基础设施的供水、排水、供电、供燃气、供热、通信、邮政、广播电视、环卫、消防、干渠、水工等设施用地
1301	供水用地	指取水设施、供水厂、再生水厂、加压泵站、高位水池等设施用地
1302	排水用地	指雨水泵站、污水泵站、污水处理、污泥处理厂等设施及其附属的构筑物用地，不包括排水河渠用地
1303	供电用地	指变电站、开关站、环网柜等设施用地，不包括电厂等工业用地。高压走廊下规定的控制范围内的用地应按其地面实际用途归类
1304	供燃气用地	指分输站、调压站、门站、供气站、储配站、气化站、灌瓶站和地面输气管廊等设施用地，不包括制气厂等工业用地
1305	供热用地	指集中供热厂、换热站、区域能源站、分布式能源站和地面输热管廊等设施用地
1306	通信用地	指通信铁塔、基站、卫星地球站、海缆登陆站、电信局、微波站、中继站等设施用地
1307	邮政用地	指邮政中心局、邮政支局（所）、邮件处理中心等设施用地

续表

代码	名称	含义
1308	广播电视设施用地	指广播电视的发射、传输和监测设施用地，包括无线电收信区、发信区以及广播电视发射台、转播台、差转台、监测站等设施用地
1309	环卫用地	指生活垃圾、医疗垃圾、危险废物处理和处置，以及垃圾转运、公厕、车辆清洗、环卫车辆停放修理等设施用地
1310	消防用地	指消防站、消防通信及指挥训练中心等设施用地
1311	干渠	指除农田水利以外，人工修建的从水源地直接引水或调水，用于工农业生产、生活和水生态调节的大型渠道
1312	水工设施用地	指人工修建的闸、坝、堤林路、水电厂房、扬水站等常水位岸线以上的建（构）筑物用地，包括防洪堤、防洪枢纽、排洪沟（渠）等设施用地
1313	其他公用设施用地	指除以上之外的公用设施用地，包括施工、养护、维修等设施用地
14	**绿地与开敞空间用地**	指城镇、村庄建设用地范围内的公园绿地、防护绿地、广场等公共开敞空间用地，不包括其他建设用地中的附属绿地
1401	公园绿地	指向公众开放，以游憩为主要功能，兼具生态、景观、文教、体育和应急避险等功能，有一定服务设施的公园和绿地，包括综合公园、社区公园、专类公园和游园等
1402	防护绿地	指具有卫生、隔离、安全、生态防护功能，游人不宜进入的绿地
1403	广场用地	指以游憩、健身、纪念、集会和避险等功能为主的公共活动场地
15	**特殊用地**	指军事、外事、宗教、安保、殡葬，以及文物古迹等具有特殊性质的用地
1501	军事设施用地	指直接用于军事目的的设施用地
1502	使领馆用地	指外国驻华使领馆、国际机构办事处及其附属设施等用地
1503	宗教用地	指宗教活动场所用地
1504	文物古迹用地	指具有保护价值的古遗址、古建筑、古墓葬、石窟寺、近现代史迹及纪念建筑等用地，不包括已作其他用途的文物古迹用地
1505	监教场所用地	指监狱、看守所、劳改场、戒毒所等用地范围内的建设用地，不包括公安局等行政办公设施用地
1506	殡葬用地	指殡仪馆、火葬场、骨灰存放处和陵园、墓地等用地
1507	其他特殊用地	指除以上之外的特殊建设用地，包括边境口岸和自然保护地等的管理与服务设施用地
16	**留白用地**	指国土空间规划确定的城镇、村庄范围内暂未明确规划用途、规划期内不开发或特定条件下开发的用地

代码	名称	含义
17	**陆地水域**	指陆域内的河流、湖泊、冰川及常年积雪等天然陆地水域，以及水库、坑塘水面、沟渠等人工陆地水域
1701	河流水面	指天然形成或人工开挖河流常水位岸线之间的水面，不包括被堤坝拦截后形成的水库区段水面
1702	湖泊水面	指天然形成的积水区常水位岸线所围成的水面
1703	水库水面	指人工拦截汇集而成的总设计库容≥10 万 m³ 的水库正常蓄水位岸线所围成的水面
1704	坑塘水面	指人工开挖或天然形成的蓄水量<10 万 m³ 的坑塘常水位岸线所围成的水面
1705	沟渠	指人工修建，南方宽度≥1.0 m、北方宽度≥2.0 m 用于引、排、灌的渠道，包括渠槽、渠堤、附属护路林及小型泵站，不包括干渠
1706	冰川及常年积雪	指表层被冰雪常年覆盖的土地
18	**渔业用海**	指为开发利用渔业资源、开展海洋渔业生产所使用的海域及无居民海岛
1801	渔业基础设施用海	指用于渔船停靠、进行装卸作业和避风，以及用以繁殖重要苗种的海域，包括渔业码头、引桥、堤坝、渔港港池（含开敞式码头前沿船舶靠泊和回旋水域）、渔港航道及其附属设施使用的海域及无居民海岛
1802	增养殖用海	指用于养殖生产或通过构筑人工鱼礁等进行增养殖生产的海域及无居民海岛
1803	捕捞海域	指开展适度捕捞的海域
19	**工矿通信用海**	指开展临海工业生产、海底电缆管道建设和矿产能源开发所使用的海域及无居民海岛
1901	工业用海	指开展海水综合利用、船舶制造修理、海产品加工等临海工业所使用的海域及无居民海岛
1902	盐田用海	指用于盐业生产的海域，包括盐田取排水口、蓄水池等所使用的海域及无居民海岛
1903	固体矿产用海	指开采海砂及其他固体矿产资源的海域及无居民海岛
1904	油气用海	指开采油气资源的海域及无居民海岛
1905	可再生能源用海	指开展海上风电、潮流能、波浪能等可再生能源利用的海域及无居民海岛
1906	海底电缆管道用海	指用于埋（架）设海底通信光（电）缆、电力电缆、输水管道及输送其他物质的管状设施所使用的海域

续表

代码	名称	含义
20	**交通运输用海**	指用于港口、航运、路桥等交通建设的海域及无居民海岛
2001	港口用海	指供船舶停靠、进行装卸作业、避风和调动的海域，包括港口码头、引桥、平台、港池、堤坝及堆场等所使用的海域及无居民海岛
2002	航运用海	指供船只航行、候潮、待泊、联检、避风及进行水上过驳作业的海域
2003	路桥隧道用海	指用于建设连陆、连岛等路桥工程及海底隧道海域，包括跨海桥梁、跨海和顺岸道路、海底隧道等及其附属设施所使用的海域及无居民海岛
21	**游憩用海**	指开发利用滨海和海上旅游资源，开展海上娱乐活动的海域及无居民海岛
2101	风景旅游用海	指开发利用滨海和海上旅游资源的海域及无居民海岛
2102	文体休闲娱乐用海	指旅游景区开发和海上文体娱乐活动场建设的海域，包括海上浴场、游乐场及游乐设施使用的海域及无居民海岛
22	**特殊用海**	指用于科研教学、军事及海岸防护工程、倾倒排污等用途的海域及无居民海岛
2201	军事用海	指建设军事设施和开展军事活动的海域及无居民海岛
2202	其他特殊用海	指除军事用海以外，用于科研教学、海岸防护、排污倾倒等的海域及无居民海岛
23	**其他土地**	指上述地类以外的其他类型的土地，包括盐碱地、沙地、裸土地、裸岩石砾地等植被稀少的陆域自然荒野等土地以及空闲地、田坎、田间道
2301	空闲地	指城、镇、村庄范围内尚未使用的建设用地。空闲地仅用于国土调查监测工作
2302	田坎	指梯田及梯状坡地耕地中，主要用于拦蓄水和护坡，南方宽度≥1.0 m、北方宽度≥2.0 m 的地坎
2303	田间道	指在农村范围内，用于田间交通运输，为农业生产、农村生活服务的未对地表耕作层造成破坏的非硬化道路
2304	盐碱地	指表层盐碱聚集，生长天然耐盐碱植物的土地。不包括沼泽地和沼泽草地
2305	沙地	指表层为沙覆盖、植被覆盖度≤5%的土地。不包括滩涂中的沙地
2306	裸土地	指表层为土质，植被覆盖度≤5%的土地。不包括滩涂中的泥滩
2307	裸岩石砾地	指表层为岩石或石砾，其覆盖面积≥70%的土地。不包括滩涂中的石滩
24	**其他海域**	指需要限制开发，以及从长远发展角度应当予以保留的海域及无居民海岛

附录 B

地下空间用途补充分类及其含义应符合表 B 的规定。

表 B　地下空间用途补充分类及其名称、代码和含义

代码	名称	含义
UG12	**地下交通运输设施**	指地下道路设施、地下轨道交通设施、地下公共人行通道、地下交通场站、地下停车设施等
UG1210	地下人行通道	指地下人行通道及其配套设施
UG13	**地下公用设施**	指利用地下空间实现城市给水、供电、供气、供热、通信、排水、环卫等市政公用功能的设施，包括地下市政场站、地下市政管线、地下市政管廊和其他地下市政公用设施
UG1314	地下市政管线	指地下电力管线、通信管线、燃气配气管线、再生水管线、给水配水管线、热力管线、燃气输气管线、给水输水管线、污水管线、雨水管线等
UG1315	地下市政管廊	指用于统筹设置地下市政管线的空间和廊道，包括电缆隧道等专业管廊、综合管廊和其他市政管沟
UG25	**地下人民防空设施**	指地下通信指挥工程、医疗救护工程、防空专业队工程、人员掩蔽工程等设施
UG26	**其他地下设施**	指除以上之外的地下设施

附件：国土空间调查、规划、用途管制用地用海分类说明

国土空间调查、规划、用途管制用地用海分类（以下简称"用地用海分类"）遵循陆海统筹、城乡统筹、地上地下空间统筹的基本原则，对接土地管理法并增加"海洋资源"相关用海分类，按照资源利用的主导方式划分类型，设置 24 种一级类、106 种二级类及 39 种三级类。

1. 分类依据

用地用海分类主要参考的现行标准包括：现行国家标准《土地利用现状分类》（GB/T 21010—2017）、现行国家标准《城市用地分类与规划建设用地标准》

（GB 50137—2011）及其 1990 版的分类思路、现行国家标准《城市地下空间规划标准》（GB/T 51358—2019）、现行行业标准《第三次全国国土调查技术规程》（TD/T 1055—2019）（附录 A：第三次全国国土调查土地分类）、现行行业标准《海域使用分类》（HY/T 123—2009）。

2. 分类说明

用地用海分类应体现主要功能，兼顾调查监测、空间规划、用途管制、用地用海审批和执法监管的管理要求，并应满足城乡差异化管理和精细化管理的需求。本指南确定的分类按照用地用海实际使用的主要功能或规划引导的主要功能进行归类，具有多种用途的用地应以其地面使用的主导设施功能作为归类的依据。

为加强对基本公共服务设施的保障，在"公共管理与公共服务用地"（08）一级类中，进一步细分"机关团体用地"（0801）、"科研用地"（0802）、"文化用地"（0803）、"教育用地"（0804）、"体育用地"（0805）、"医疗卫生用地"（0806）及"社会福利用地"（0807）7 个二级类，同时进行了三级类细分，以满足不同层级、类型国土空间管理的需要。

为体现对市场的适应性，在"商务金融用地"（0902）中的各类商务办公用地，由于土地使用的可复合性与兼容性较强，则不再进行三级类细分。

为体现对安全底线的保障，在"工业用地"（1001）与"物流仓储用地"（1101）中，由于可能产生污染或存在安全隐患，需对不同污染程度的项目明确提出不同的选址布局、安全防护与隔离等要求，按其对居住和公共环境的干扰程度进行三级类细分。

为体现陆海统筹原则，将海洋资源利用的相关用途分为"渔业用海""工矿通信用海""交通运输用海""游憩用海""特殊用海"及"其他海域"6 个一级类，并进一步细分为 16 个用海二级类。围填海形成的陆地根据其地表土地利用的主要功能或资源保留保护的主要方式，按照陆域各类用地进行分类，用海分类不影响现行法律法规关于维护海洋权益和实行海岛保护的相关规定。

此外，"湿地"与"三调"工作分类稍有差别，不包括"盐田"。

3. 与"三调"工作分类对接

用地用海分类充分考虑了与"三调"工作分类的衔接，同样名称的一级类尽量保持内涵一致；并在此基础上对部分分类进行了调整、补充和细分。用地用海分类与"三调"工作分类的对接情况详见下列附表。

附表 与"三调"工作分类对接情况

"三调"工作方案用地分类			国土空间调查、规划、用途管制用地用海分类		
一级类		二级类	三级类	二级类	一级类
00	湿地	0303 红树林地	/	0507 红树林地	05 湿地
		0304 森林沼泽	/	0501 森林沼泽	
		0306 灌丛沼泽	/	0502 灌丛沼泽	
		0402 沼泽草地	/	0503 沼泽草地	
		0603 盐田	/	1003 盐田	10 工矿用地
		1105 沿海滩涂	/	0505 沿海滩涂	05 湿地
		1106 内陆滩涂	/	0506 内陆滩涂	
		1108 沼泽地	/	0504 其他沼泽地	
01	耕地	0101 水田	/	0101 水田	01 耕地
		0102 水浇地	/	0102 水浇地	
		0103 旱地	/	0103 旱地	
02	种植园用地	0201 果园	/	0201 果园	02 园地
		0202 茶园	/	0202 茶园	
		0203 橡胶园	/	0203 橡胶园	
		0204 其他园地	/	0204 其他园地	
03	林地	0301 乔木林地	/	0301 乔木林地	03 林地
		0302 竹林地	/	0302 竹林地	
		0305 灌木林地	/	0303 灌木林地	
		0307 其他林地	/	0304 其他林地	
04	草地	0401 天然牧草地	/	0401 天然牧草地	04 草地
		0403 人工牧草地	/	0402 人工牧草地	
		0404 其他草地	/	0403 其他草地	

续表

"三调"工作方案用地分类		国土空间调查、规划、用途管制用地用海分类		
一级类	二级类	三级类	二级类	一级类
05 商业服务业用地	05H1 商业服务业设施用地	/	0702 城镇社区服务设施用地	07 居住用地
		/	0704 农村社区服务设施用地	
		090101 零售商业用地	0901 商业用地	09 商业服务业用地
		090102 批发市场用地		
		090103 餐饮用地		
		090104 旅馆用地		
		090105 公用设施营业网点用地		
		/	0902 商务金融用地	
		090301 娱乐用地	0903 娱乐康体用地	
		090302 康体用地		
		/	0904 其他商业服务业用地	
	0508 物流仓储用地	110101 一类物流仓储用地	1101 物流仓储用地	11 仓储用地
		110102 二类物流仓储用地		
	05H1 商业服务业设施用地	110103 三类物流仓储用地	1101 物流仓储用地	
		/	1102 储备库用地	
06 工矿用地	0601 工业用地	100101 一类工业用地	1001 工业用地	10 工矿用地
		100102 二类工业用地		
		100103 三类工业用地		
	0602 采矿用地	/	1002 采矿用地	
07 住宅用地	0701 城镇住宅用地	070101 一类城镇住宅用地	0701 城镇住宅用地	07 居住用地
		070102 二类城镇住宅用地		

"三调"工作方案用地分类			国土空间调查、规划、用途管制用地用海分类	
一级类	二级类	三级类	二级类	一级类
07 住宅用地	0701 城镇住宅用地	070103 三类城镇住宅用地	0701 城镇住宅用地	07 居住用地
	0702 农村宅基地	070301 一类农村宅基地	0703 农村宅基地	
		070302 二类农村宅基地		
08 公共管理与公共服务用地	08H1 机关团体新闻出版用地	/	0801 机关团体用地	08 公共管理与公共服务用地
	08H2 科教文卫用地	/	0802 科研用地	
		080301 图书与展览用地	0803 文化用地	
		080302 文化活动用地		
		080401 高等教育用地	0804 教育用地	
		080402 中等职业教育用地		
		080403 中小学用地		
		080404 幼儿园用地		
		080405 其他教育用地		
		080501 体育场馆用地	0805 体育用地	
		080502 体育训练用地		
		080601 医院用地	0806 医疗卫生用地	
		080602 基层医疗卫生设施用地		
		080603 公共卫生用地		
		080701 老年人社会福利用地	0807 社会福利用地	
		080702 儿童社会福利用地		
		080703 残疾人社会福利用地		
		080704 其他社会福利用地		

续表

"三调"工作方案用地分类		国土空间调查、规划、用途管制用地用海分类		
一级类	二级类	三级类	二级类	一级类
08 公共管理与公共服务用地	08H2 科教文卫用地	/	0702 城镇社区服务设施用地	07 居住用地
		/	0704 农村社区服务设施用地	
	0809 公用设施用地	/	1301 供水用地	13 公用设施用地
		/	1302 排水用地	
		/	1303 供电用地	
		/	1304 供燃气用地	
		/	1305 供热用地	
		/	1306 通信用地	
		/	1307 邮政用地	
		/	1308 广播电视设施用地	
		/	1309 环卫用地	
		/	1310 消防用地	
		/	1313 其他公用设施用地	
	0810 公园与绿地	/	1401 公园绿地	14 绿地与开敞空间用地
		/	1402 防护绿地	
		/	1403 广场用地	
09 特殊用地	/ /	/	1501 军事设施用地	15 特殊用地
		/	1502 使领馆用地	
		/	1503 宗教用地	
		/	1504 文物古迹用地	
		/	1505 监教场所用地	
		/	1506 殡葬用地	
		/	1507 其他特殊用地	

续表

"三调"工作方案用地分类		国土空间调查、规划、用途管制用地用海分类		
一级类	二级类	三级类	二级类	一级类
10 交通运输用地	1001 铁路用地	/	1201 铁路用地	12 交通运输用地
		120801 对外交通场站用地	1208 交通场站用地	
	1002 轨道交通用地	/	1206 城市轨道交通用地	
	1003 公路用地	/	1202 公路用地	
	1004 城镇村道路用地	/	1207 城镇道路用地	
		060102 村庄内部道路用地	0601 乡村道路用地	06 农业设施建设用地
	1005 交通服务场站用地	120801 对外交通场站用地	1208 交通场站用地	12 交通运输用地
		120802 公共交通场站用地		
		120803 社会停车场用地		
		/	1209 其他交通设施用地	
	1006 农村道路	060101 村道用地	0601 乡村道路用地	06 农业设施建设用地
	1006 农村道路	/	2303 田间道	23 其他土地
	1007 机场用地	/	1203 机场用地	12 交通运输用地
	1008 港口码头用地	/	1204 港口码头用地	
		120801 对外交通场站用地	1208 交通场站用地	
	1009 管道运输用地	/	1205 管道运输用地	
11 水域及水利设施用地	1101 河流水面	/	1701 河流水面	17 陆地水域
	1102 湖泊水面	/	1702 湖泊水面	
	1103 水库水面	/	1703 水库水面	
	1104 坑塘水面	/	1704 坑塘水面	
	1107 沟渠	/	1705 沟渠	

续表

"三调"工作方案用地分类			国土空间调查、规划、用途管制用地用海分类		
一级类		二级类	三级类	二级类	一级类
11 水域及水利设施用地		1107 沟渠	/	1311 干渠	13 公用设施用地
		1109 水工建筑用地	/	1312 水工设施用地	
		1110 冰川及永久积雪	/	1706 冰川及常年积雪	17 陆地水域
12 其他土地	其他土地	1201 空闲地	/	2301 空闲地	23 其他土地
		1202 设施农用地	/	0602 种植设施建设用地	06 农业设施建设用地
			/	0603 畜禽养殖设施建设用地	
			/	0604 水产养殖设施建设用地	
		1203 田坎	/	2302 田坎	23 其他土地
		1204 盐碱地	/	2304 盐碱地	
		1205 沙地	/	2305 沙地	
		1206 裸土地	/	2306 裸土地	
		1207 裸岩石砾地	/	2307 裸岩石砾地	
无此用地用海分类			/	/	16 留白用地
			/	1801 渔业基础设施用海	18 渔业用海
			/	1802 增养殖用海	
			/	1803 捕捞海域	
			/	1901 工业用海	19 工矿通信用海
			/	1902 盐田用海	
			/	1903 固体矿产用海	
			/	1904 油气用海	
			/	1905 可再生能源用海	
			/	1906 海底电缆管道用海	

"三调"工作方案用地分类		国土空间调查、规划、用途管制用地用海分类		
一级类	二级类	三级类	二级类	一级类
无此用地用海分类		/	2001 港口用海	20 交通运输用海
		/	2002 航运用海	
		/	2003 路桥隧道用海	
		/	2101 风景旅游用海	21 游憩用海
		/	2102 文体休闲娱乐用海	
		/	2201 军事用海	22 特殊用海
		/	2202 其他特殊用海	
		/	/	24 其他海域

第三节 自然资源调查监测标准体系

充分考虑土地、矿产、森林、草原、湿地、水、海洋等领域现有标准基础，坚持标准体系编制原则和结构化思想，构建自然资源调查监测标准体系框架，建设贯穿调查监测工作全生命周期的系列标准，为更好履行自然资源部"两统一"职责奠定标准基础。

一、调查监测标准体系建设重要意义

标准是经济活动和社会发展的技术支撑，是国家基础性制度的重要方面。标准体系是为了实现本系统的目标，而具备的一整套具有内在联系的、科学的、由标准组成的有机整体。标准体系具有集合性、目标性、可分解性、相关性、整体性、环境适应性等特征，是指导一定范围今后发展的标准蓝图，是加强标准化工作发展的科学性、计划性和有序性的重要保障。

　　长期以来，我国自然资源调查监测工作存在概念不统一、内容相互交叉、指标之间相互矛盾等问题，实质上就是调查监测标准不统一的问题，这就迫切要求以自然资源科学和地球系统科学为理论基础，建立以自然资源分类标准为核心的自然资源调查监测标准体系。中共中央、国务院 2021 年 10 月印发的《国家标准化发展纲要》（以下简称《纲要》）明确，"构建自然资源统一调查、登记、评价、评估、监测等系列标准，研究制定土地、矿产资源等自然资源节约集约开发利用标准，推进能源资源绿色勘查与开发标准化"，对自然资源调查监测标准化工作提出了具体要求。落实好《纲要》部署要求，必须牢固树立"山水林田湖草沙生命共同体"理念，统筹各类自然资源调查监测标准化需求，全面梳理现有各类调查监测标准的内在联系，加强调查监测标准化工作的顶层设计，系统构建调查监测标准体系。

　　调查监测标准体系作为调查监测标准化工作的总体框架和顶层设计，是调查监测工作的重要组成部分和基础性工作，贯穿调查监测工作全生命周期。同时，调查监测标准体系还是未来一段时间内推动调查监测标准编制、修订、增补的行动方案。制定的相关标准，将为调查监测工作提供强有力的技术与管理依据，更好发挥标准对调查监测工作的保障支撑作用。

　　建立调查监测标准体系，可以有效管理和指导调查监测标准化工作，统筹调查监测标准的立项、制定、修订及宣贯实施，明确调查监测及其标准化工作的发展方向和工作重点，提高土地、矿产、森林、草原、湿地、水、海洋等自然资源调查监测标准的科学性、系统性、协调性、适用性和计划性，为更好履行自然资源部"两统一"职责奠定标准基础。

二、调查监测相关标准分析

　　当前，自然资源调查监测工作长期形成的标准众多，涉及的业务范围和标准化对象可做如下划分（图 2-2 和图 2-3）。

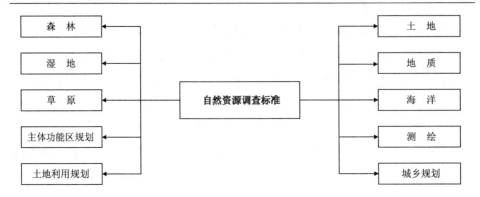

图 2-2　自然资源调查监测标准设计业务范围

图 2-3　自然资源调查监测标准主要标准化对象

（一）主要标准情况

（1）土地调查监测标准。土地资源调查业务范围共有 30 项土地调查标准，主要涉及基础标准、土地调查、土地评价、土地规划、土地利用、土地保护和土地监测监管等方面，其中基础类标准 3 项、调查监测类标准 11 项、评价类标准 2 项、数据类标准 5 项、规划类标准 9 项，无质量、管理和服务标准。

（2）森林资源调查监测标准。森林资源调查业务范围共有 170 项森林资源调查标准，主要涉及林业基础、森林资源、湿地保护、生物多样性保护、管理与服务方面，其中基础类标准 18 项、调查监测类标准 92 项、评价类标准 13 项、数据类标准 22 项、规划类标准 5 项、质量类标准 8 项、管理类标准 3 项、服务类标准 9 项，标准化覆盖对象较为齐全。

（3）湿地调查监测标准。湿地调查业务范围共有 12 项湿地调查标准，基础类标准有 2 项、调查监测类标准 6 项、评价类标准 3 项、规划类标准 1 项，无数据、质量、管理、服务类标准。

（4）草原调查监测标准分析。草原调查业务范围共有 18 项，其中，基础类 3 项、调查监测类标准 13 项、数据类标准 1 项、评价类标准 1 项，无规划、质量、管理、服务类标准。

（5）水资源调查监测标准。水资源调查业务范围共有 100 项水资源调查监测标准，主要涉及水文调查、水文地质调查、用水调查和水质调查等方面，其中基础类标准 11 项、调查监测类标准 56 项、评价类标准 7 项、数据类标准 15 项、管理类标准 5 项、规划类标准 6 项，无质量、服务类标准，标准化覆盖对象比较全面。

（二）标准总体问题分析

上述自然资源调查监测标准都是在各自管理和业务体系下形成的，侧重点不一样，标准化对象综合程度不一样，标准分类不同，标准数量差异较大。

（1）标准的完善性方面。基础标准和调查监测技术标准受重视程度高，调查监测技术标准占比最高，存在大量专业性很强的技术标准。但普遍存在标准比例不协调、标准不完善的情况，一些调查技术标准稳定性、完善性不足，评价、数据、质量、管理方面的标准数量普遍偏少，服务类标准普遍缺失。

（2）标准的协调性方面。土地调查标准基础性、通用性较强，在其他各类调查监测标准中引用较多。但森林、湿地、草原各类自然资源调查之间的引用几乎没有，主要是从各自专业角度和管理需要出发，未兼顾协调性。

（3）标准的适用性方面。由于各部门分散制定的标准主要是服务各自专业管理需要，因此无论是国家标准还是行业标准，适用范围均具有一定局限性。同时各标准时间跨度很长，随着技术环境和业务变化，一些标准适用性有待确定或明确。

（三）不同标准间的具体问题分析

1. 分类内涵范围不一致

各类自然资源调查监测标准的相关名词、术语是遵循有关国家标准规定，在原有各自的标准体系下制定的，由于部门管理思路差异原因，不同行业部门间的名词、术语存在较大差异。河湖库塘、海岸线、海岸带、林地、湿地、草地等名词或术语的定义，在不同部门的调查监测工作中，其内涵范围不一致。

《林地分类》（LY/T 1812—2009）中的林地定义为，用于林业生态建设和生产经营的土地和热带或亚热带潮间带的红树林地，包括郁闭度 0.2 以上的乔木林及竹林、灌木林地、疏林地、采伐和火烧迹地、未成林造林地、苗圃地、森林经营单位辅助生产用地和县级以上人民政府规划的宜林地。林地划分为 8 个一级类，包括有林地、疏林地、灌木林地、未成林造林地、苗圃地、无立木林地、宜林地、辅助生产林地；其中有林地、灌木林地、未成林造林地、无立木林地、宜林地等 5 个一级类，又细化划分为 13 个二级类。

《土地利用现状分类》（GB/T 21010—2017）中的林地定义为，生长乔木、竹类、灌木的土地，及沿海生长红树林的土地。包括迹地，不包括城镇、村庄范围内的绿化林木用地，铁路、公路征地范围内的林木，以及河流、沟渠的护堤林。林地划分为 7 个二级类，包括乔木林地、竹林地、红树林地、森林沼泽、灌木林地、灌丛沼泽、其他林地。《第三次全国国土调查技术规程》（TD/T 1055—2019）则将上述林地中的红树林地、森林沼泽、灌丛沼泽纳入为"湿地"（与林地并列的一级类）的二级类。

2. 同一调查监测对象的分类标准不统一

各类自然资源调查监测标准侧重点不尽相同，同一调查监测对象的分类依据、概念、详细程度不一致，内容也存在交叉，严重制约了自然资源统一调查、评价、监测工作。

在水（海）陆交互区域，各行业调查监测分类中就有沿海滩涂、滨海湿地、海岸带、红树林等不同分类，且各行业的分类详细程度不一致。《湿地分类》（GB/T 24708—2009）中的近海及海岸湿地主要有以下几种类型：浅海水域、潮下水生层、珊瑚礁、岩石海岸、沙石海滩、淤泥质海滩、潮间盐水沼泽、红树林、河口水域、河口三角洲/沙洲/沙岛、海岸性咸水湖、海岸性淡水湖。而《第三次全国国土调查技术规程》（TD/T 1055—2019）关于近海湿地的分类主要有：红树林地、沿海滩涂。《滨海湿地生态监测技术规程》（HY/T 080—2005）则将海平面以下 6 m 至大潮高潮位之上与外流江河流域相连的微咸水和淡浅水湖泊、沼泽及相应的河段间的区域，称之为滨海湿地，细分为浅海水域、潮间带滩涂、三角洲和岩石性海岸湿地。

3. 调查规程和技术要求交叉、不统一

各类自然资源调查监测标准调查比例尺、技术方法和调查周期等方面，也存在交叉重叠、不一致的情况，这就造成调查监测成果数据不一致、不易对比。如，土地调查与森林资源调查、水资源调查评价、湿地资源调查、草原资源调查等标准，在调查比例尺、技术方法和调查周期等方面本就不一致；而且水利部、国土资源部、环境保护部各自的水资源调查评价标准上，对水资源量、水资源允许开采量、生态需水量等技术要求也存在差异和重叠。

三、调查监测标准体系框架构建

自然资源调查监测标准体系应由各相关标准，按照内在联系构建系统、统一、科学的有机整体，具有一定的通用性、层次性、完整性、扩展性。构建过程中应统筹考虑自然资源调查监测工作基础、数据、技术、服务、管理等各方面对标准的需求，建成系统科学、技术先进、开放兼容、完整协调、循序渐进的标准体系，满足未来一段时间内我国调查监测标准化工作的需求，以实现标准制定工作的统一规划、组织、部署和协调，规范指导调查监测开展，引领数据和成果应用协调有序发展。调查监测标准体系应符合以下要求：范围完整，标准体系应完整覆盖自然资源调查和监测工作全链路的活动内容；抽象概括方式合理，充分反映自然资源调查和监测工作活动的规律与特点；分类合理、明确，层次清晰、简洁适当；适应性强，易于扩展，满足技术和需求不断发展要求；稳定性强，满足一定时期自然资源调查和监测标准化工作的需要。

（一）总体流程

调查监测标准体系着眼顶层设计，充分考虑事业、技术、应用和标准化现状，兼顾相关科技领域发展和专业应用需求，坚持系统和结构化观念，按照科学的理论、方法和步骤，多角度、多视点对标准化对象进行分析、设计。构建调查监测标准体系，首先，要建立统一参考模型作为指南，以保证标准体系建

设方法一致；其次，按照标准体系框架的层次与结构，梳理分析现有与自然资源调查和监测工作密切相关的标准，以及调查监测工作标准化需求；最后，按照参考模型及技术路线，研究构建统一、协调和结构化的标准体系，确保其具有系统性、协调性、适用性和前瞻性（图 2–4）。

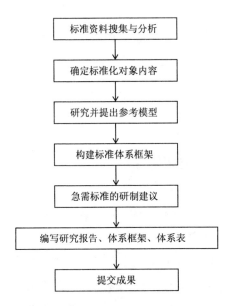

图 2–4　调查监测标准体系框架研究技术路线

（二）基本方法

当前，国内外各行业在标准化工作中比较关注标准的架构，即模型化。国外各标准化组织为协调标准制修订工作，提高标准化水平，在标准化工作中均提出了反映自身标准化需求架构的参考模型。参考模型是对标准化范围、内容及其内在结构用图形表达的一种描述形式。参考模型按一定视角描述标准化工作总体需求与范围，确定领域内标准化内容和结构，说明各部分间的组合关系和联系。参考模型涉及标准化各部分的确定，对标准化工作具有普遍约束，是指导、组织和协调领域标准的前提，也是标准化信息交流的基础。建立参考模型，可明确标准化需求和范围，为标准体系建立提供统一的方法，并为标准统一协调提供保障，引导用户对标准的理解和使用。

（三）体系模型

自然资源调查监测标准化内容可基于以下视角进行抽象概括：一是从信息视角抽象概括，按照自然资源调查监测的全链条实现过程，将标准化内容抽象概括为通用基础、资源调查、变化监测、分析评价、成果应用服务等；二是从工程视角抽象概括，按照调查监测对象，抽象概括为耕地、森林、草原、湿地、水、海洋、地表和地下等；三是从技术视角抽象概括，按调查监测技术领域，抽象概括为大数据、人工智能、5G、区块链、知识图谱、空间信息等；四是从企业视角抽象概括，按照标准性质，抽象概括为强制性标准、推荐性标准；按照标准层级，抽象概括为国家标准、行业标准、地方标准等；五是从计算视角进行抽象，按照信息服务模式，抽象概括为数据获取、信息提取、存储管理、分析应用等。

根据分类方法的特点和调查监测标准化的实际需求，自然资源调查监测标准体系框架模型按信息视角、企业视角、工程视角、计算视角抽象概括。同时，综合考虑各类抽象方式的特点，基于信息维抽象概括调查监测标准体系框架模型的最高层次。在第一层级下，充分考虑各类别实际特点，采用合理方式进一步抽象概括下一层级。其中，通用基础内容主要按信息视角划分和构建下一层标准小类；自然资源调查、监测和分析评价主要内容按工程视角，划分和构建下一层标准小类；成果应用和服务内容参考计算视角，划分和构建下一层标准小类，详见图 2–5。

四、调查监测标准体系主要内容

按照前述调查监测标准体系框架参考模型，充分考虑土地、矿产、森林、草原、湿地、水、海洋等领域现有标准基础，坚持标准体系编制原则和结构化思想，以统一自然资源调查监测标准为核心，依据调查监测体系构建总体方案和调查监测工作流程，协调构建统一的自然资源调查监测标准体系框架（图 2–6）。

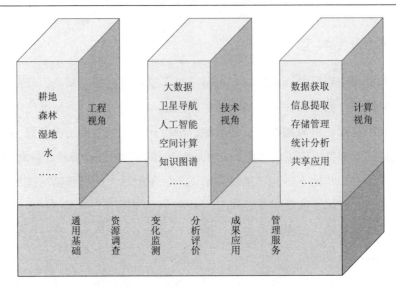

图 2-5　自然资源调查监测标准体系框架参考模型

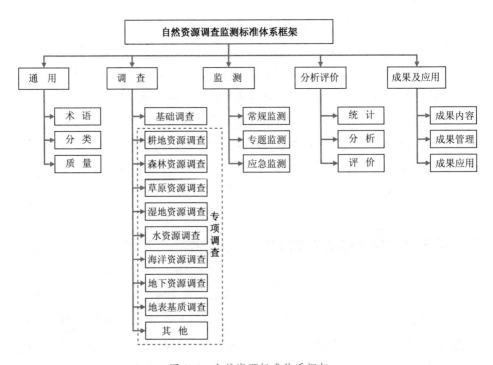

图 2-6　自然资源标准体系框架

《标准体系》包括通用、调查、监测、分析评价、成果及应用 5 个大类、

22 个小类。

（一）通用类标准

规定自然资源调查监测评价活动和成果所需的基础、通用标准，包含术语、分类、质量 3 个小类 17 项标准，其中，术语、分类是基础和核心，质量类标准是通用要求，贯穿整个自然资源调查监测活动过程的质量监管、日常质量监督、成果质量验收等（表 2–6）。

表 2–6　通用类标准

标准小类名称	标准小类编号	标准序号	标准名称	代号/计划号	制定/修订
术语	101	101.1	自然资源术语（系列）	/	制定
	101	101.2	土地基本术语	GB/T 19231—2003	修订
	……	……	……	……	……
分类	102	102.1	自然资源分类	/	制定
	102	102.2	国土空间调查、规划和用途管制用地用海分类指南	/	制定
	102	102.3	地表基质分类	/	制定
	102	102.4	地表覆盖分类	/	制定
	102	102.5	自然地理单元划定	/	制定
	102	102.6	土地利用现状分类	GB/T 21010—2017	/
	102	102.7	固体矿产资源储量分类	GB/T 17766—2020	/
	102	102.8	油气矿产资源储量分类	GB/T 19492—2020	/
	102	102.9	海域使用分类	HY/T 123—2009	修订
	……	……	……	……	……
质量	103	103.1	自然资源调查监测质量要求	/	制定
	103	103.2	自然资源调查监测成果质量检查与验收（系列）	/	制定
	103	103.3	地理国情监测成果质量检查与验收	20181653-T-466	制定
	103	103.4	地理国情普查成果质量检查与验收	CH/T 1043—2018	/
	103	103.5	自然资源调查监测技术设计要求	/	制定
	103	103.6	国土调查县级数据库更新成果质量检查规则	202016003	制定
	……	……	……	……	……

（二）调查类标准

规定自然资源调查的内容指标、技术要求、方法流程等，包含基础调查、耕地资源调查、森林资源调查、草原资源调查、湿地资源调查、水资源调查、海洋资源调查、地下资源调查、地表基质调查、其他 10 个小类 27 项标准（表 2–7）。

表 2–7　调查类标准

标准小类名称	标准小类编号	标准序号	标准名称	代号/计划号	制定/修订
基础调查	204	204.1	自然资源基础调查规程	/	制定
	204	204.2	第三次全国国土调查技术规程	TD/T 1055—2019	/
	204	204.3	年度国土变更调查技术规程	/	制定
	204	204.4	国土调查数据库标准	TD/T 1057—2020	/
	204	204.5	第三次全国国土调查数据库建设技术规范	TD/T 1058—2020	/
	204	204.6	国土调查数据库更新技术规范	202031013	制定
	204	204.7	国土调查数据库更新数据规范	202031012	制定
	204	204.8	国土调查数据缩编技术规范	202016004	制定
	204	204.9	国土调查监测实地举证技术规范	202016005	制定
	204	204.10	国土调查面积计算规范	/	制定
	……	……	……	……	……
耕地资源调查	205	205.1	耕地资源调查技术规程（系列）	/	制定
	……	……	……	……	……
森林资源调查	206	206.1	森林资源调查技术规程（系列）	/	制定
	……	……	……	……	……
草原资源调查	207	207.1	草原资源调查技术规程（系列）	/	制定
	……	……	……	……	……
湿地资源调查	208	208.1	全国湿地资源专项调查技术规范	202016002	制定
	……	……	……	……	……

续表

标准小类名称	标准小类编号	标准序号	标准名称	代号/计划号	制定/修订
水资源调查	209	209.1	水资源调查技术规程	/	制定
	209	209.2	地下水统测技术规程	/	制定
	......	......	......	......	......
海洋资源调查	210	210.1	海洋自然资源调查技术总则	/	制定
	210	210.2	海洋调查规范（部分）	GB/T 12763（6、9）	修订
	210	210.3	海岛资源调查技术规程	/	制定
	210	210.4	海岸线资源调查技术规程	/	制定
	......	......	......	......	......
地下资源调查	211	211.1	矿产资源国情调查技术规程	/	制定
	211	211.2	地下空间资源调查技术规程	/	制定
	211	211.3	矿产资源地质勘查规范	/	制定
	......	......	......	......	......
地表基质调查	212	212.1	地表基质调查技术规程（系列）	/	制定
	......	......	......	......	......
其他	213	213.1	城乡建设用地和城镇设施用地调查技术规程（系列）	/	制定
	213	213.2	区域水土流失调查技术规程	/	制定
	213	213.3	海平面变化影响调查技术规程（系列）	/	制定
	......	......	......	......	......

（三）监测类标准

规定自然资源监测的技术要求和方法流程等，包含常规监测、专题监测、应急监测 3 个小类 14 项标准（表 2–8）。

（四）分析评价类标准

规定自然资源调查与监测成果统计、分析、评价的方法和内容，包含统计、分析、评价 3 个小类 11 项标准（表 2–9）。

表 2–8　监测类标准

标准小类名称	标准小类编号	标准序号	标准名称	代号/计划号	制定/修订
常规监测	314	314.1	自然资源全覆盖动态遥感监测规范	/	制定
	314	314.2	土地利用动态遥感监测技术规程	TD/T 1010—2015	/
	314	314.3	自然资源要素综合观测技术规范	/	制定
	……	……	……		……	……
专题监测	315	315.1	基础性地理国情监测内容与指标	CH/T 9029—2019	/
	315	315.2	区域性综合监测技术规程	/	制定
	315	315.3	海洋监测规范（系列）	GB 17378—2007	修订
	315	315.4	生态状况监测技术规程（系列）	/	制定
	315	315.5	矿产资源利用监测技术规程（系列）	/	制定
	315	315.6	重点自然资源专题监测技术规范（系列）	/	制定
	315	315.7	地下水监测工程技术规范	GB/T 51040—2014	/
	315	315.8	矿区地下水监测规范	202012002	制定
	……	……	……	……	……
应急监测	316	316.1	自然资源应急监测要求	/	制定
	316	316.2	自然资源快速反应监测要求	/	制定
	316	316.3	自然资源灾害应急监测技术规范（系列）	/	制定
	……	……	……	……	……

表 2–9　分析评价类标准

标准小类名称	标准小类编号	标准序号	标准名称	代号/计划号	制定/修订
统计	417	417.1	地理国情监测基本统计技术规范	20170310-T-466	制定
	417	417.2	自然资源专项调查统计技术规范（系列）	/	制定
	417	417.3	自然资源调查监测综合统计规范	/	制定
	417	417.4	地理国情普查基本统计技术规范	2015-03-CHT	制定
	……	……	……	……	……

续表

标准小类名称	标准小类编号	标准序号	标准名称	代号/计划号	制定/修订
分析	418	418.1	自然资源调查监测综合分析技术规范	/	制定
	418	418.2	自然资源调查监测专题分析技术规范（系列）	/	制定
	……	……	……	……	……
评价	419	419.1	自然资源调查监测综合评价技术指南	/	制定
	419	419.2	自然资源分等定级规程	/	制定
	419	419.3	区域自然资源保护与开发利用评价规范（省级、市县、跨行政区、主体功能区）	/	制定
	419	419.4	重点自然资源保护与开发利用评价规范（系列）	/	制定
	419	419.5	生态状况评价技术规范（系列）	/	制定
	……	……	……	……	……

（五）成果及应用类标准

规定自然资源调查监测成果的汇交要求、每类成果应达到的指标要求、成果应用要求等，包括成果内容、成果管理、成果应用 3 个小类 10 项标准（表 2–10）。

表 2–10　成果及应用类标准

标准小类名称	标准小类编号	标准序号	标准名称	代号/计划号	制定/修订
成果内容	520	520.1	地理国情普查成果图编制规范	CH/T 4023—2019	/
	520	520.2	自然资源调查监测数据（成果）规范（系列）	/	制定
	520	520.3	自然资源三维立体时空数据库规范	/	制定
	520	520.4	自然资源调查监测统计分析评价报告内容与格式	/	制定

续表

标准小类 名称	标准小 类编号	标准 序号	标准名称	代号/计划号	制定/ 修订
成果内容	520	520.5	自然资源调查监测数据成果元数据	/	制定
	520	520.6	国土调查坡度分级图制作技术规定	201916004	制定
	……	……	……		……	……
成果管理	521	521.1	自然资源调查监测成果管理规范	/	制定
	521	521.2	自然资源调查监测成果目录规范	201916002	制定
	……	……	……	……	……
成果应用	522	522.1	自然资源调查监测数据服务内容与模式	/	制定
	522	522.2	自然资源调查监测数据服务接口规范	/	制定

五、调查监测标准体系建设进展

2021年1月,自然资源部办公厅印发《自然资源调查监测标准体系(试行)》。调查监测标准体系作为标准化工作的顶层设计,贯穿自然资源调查监测工作整个生命周期,涵盖当前自然资源调查监测标准化工作主要内容,包括未来3年内急需制定的国家和行业标准、标准化需求方向,以及部分已发布或正在制定的国家和行业标准共计79项(含系列标准)。按照自然资源标准化管理程序和要求,对《标准体系》已明确的标准,加快立项、研制、审查、报批等标准制修订进程;鼓励产学研用各领域积极参与,牵头重点领域和需求方向开展预研。已明确系列标准可进一步补充细化。随着自然资源管理需求和自然资源调查监测工作的不断开展,《标准体系》将持续动态更新和完善。

调查监测标准体系印发后,自然资源部加快推进体系规划的调查监测标准编制。坚持急用先行原则,组织梳理了各类调查监测工作现行标准,研究明确了可沿用的现行标准,并按照标准制定修订计划或原主管部门确定计划,推进调查监测急需标准的研制或修订工作。目前,已发布的调查监测工作国家标准9项、行业标准11项。其中,通用类标准8项(国标6项、行标2项)、调查类标准5项(国标1项、行标4项)、监测类标准5项(国标2项、行标3项)、分析评价类标准1项(行标)、成果及应用类标准1项(行标)。已立项研制的调查监测标准 28 项（国标 2 项、行标 26 项）。其中，通用类标准 3 项（国标 1 项、行标 2 项）、调查类标准 17 项（行标）、监测类标准 3 项（行标）、分析评价类标准 2 项（国标、行标各 1 项）、成果及应用类标准 3 项（行标）。同时，研制了 4 项调查监测标准（《地表基质分类》《国土变更调查技术规程》《自然资源监测指标（2021 年）》《国土空间调查、规划、用途管制用地用海分类指南》），以自然资源部办公厅文件印发试行。上述标准的印发试行，满足了自然资源调查监测、国土空间规划等工作急需，有效支撑自然资源管理工作开展，也为上述标准上升为正式标准提供实践检验，以便进一步丰富和完善有关指标内容。

参考文献

[1] 陈国光等："自然资源分类体系探讨"，《华东地质》，2020 年第 3 期。

[2] 邓先瑞：《气候资源概论》，华中师范大学出版社，1995 年。

[3] 封吉昌：《国土资源实用词典》，中国地质大学出版社，2011 年。

[4] 冯士筰等：《海洋科学导论》，高等教育出版社，1999 年。

[5] 国家海洋环境监测中心：《中华人民共和国国家标准：海洋学术语　海洋资源学》（GB/T 19834—2005），2005 年。

[6] 国家海洋技术中心：《中华人民共和国国家标准：海洋能术语 第 1 部分：通用》（GB/T 33543.1—2017），2017 年。

[7] 郝爱兵等："学理与法理和管理相结合的自然资源分类刍议"，《水文地质工程地质》，2020 年第 6 期。

[8] 河海大学《水利大辞典》编辑修订委员会：《水利大辞典》，上海辞书出版社，2015 年。

[9] 黄宗理、张良弼：《地球科学大辞典（应用学科卷）》，地质出版社，2005 年。

[10] 贾宗仁："关于开展地下空间资源调查的背景研究和初步构想"，自然资源部内参《调查研究建议》，2020 年。

[11] 柯贤忠等："新时期面向管理的自然资源分类"，《安全与环境工程》，2021 年第 5 期。

[12] 联合国：《生物多样性公约》，联合国环境和发展大会，1992 年。

[13] 刘福仁等：《现代农村经济辞典》，辽宁人民出版社，1991 年。

[14] 梅冥相、孟庆芬："大气圈氧气上升与生物进化：一个重要的地球生物学过程"，《现代地质》，2017 年，第 31 卷第 5 期。

[15] 农业大词典编辑委员会：《农业大词典》，中国农业出版社，1998 年。

[16] 彭补拙等：《资源学导论》，东南大学出版社，2014 年。

[17] 孙卫国：《气候资源学》，气象出版社，2008 年。

[18] 谢高地：《自然资源总论》，高等教育出版社，2009 年。

[19] 徐敏等："俯冲带水圈—岩石圈相互作用研究进展与启示"，《海洋地质与第四纪地质》，2019 年，第 39 卷第 5 期。

[20] 姚敦义、王静之、陈汉斌：《植物学》，山东教育出版社，1985 年。

[21] 于雪丽："自然资源分类体系的现状与问题探讨"，《国土与自然资源研究》，2020 年第 6 期。

[22] 袁承程、高阳、刘晓煌："我国自然资源分类体系现状与完善建议"，《中国地质调查》，2021 年第 2 期。

[23] 张甘霖等："中国土壤系统分类土族和土系划分标准"，《土壤学报》，2013 年，第 50 卷第 4 期。

[24] 张洪吉等："浅议自然资源分类体系"，《资源环境与工程》，2021 年，第 35 卷第 4 期。

[25] 张人权等：《水文地质学基础（第六版）》，地质出版社，2011 年。

[26] 《中国大百科全书》总编委会：《中国大百科全书（第二版）》，中国大百科全书出版社，2009 年。

[27] 中国土地勘测规划院、国土资源部地籍管理司：《中华人民共和国国家标准：土地利用现状分类》（GB/T 21010—2017），2017 年。

[28] 中国资源科学百科全书编辑委员会：《中国资源科学百科全书》，石油大学出版社，2000 年。

[29] 中华人民共和国水利部：《中华人民共和国国家标准：水文基本术语和符号标准》（GB/T 50095—2014），2015 年。

[30] "中华人民共和国土地管理法"，中国人大网，http://www.npc.gov.cn/npc/c30834/201909/d1e6c1a1eec345eba23796c6e8473347.shtml。

[31] 周宜君：《资源生物学》，中央民族大学出版社，2009 年。

[32] 祝光耀、张塞：《生态文明建设大辞典（第二册）》，江西科学技术出版社，2016 年。

[33] 自然资源部办公厅：《地表基质分类方案（试行）》（自然资办发〔2020〕59 号），2020 年。

[34] 自然资源部办公厅：《国土空间调查、规划、用途管制用地用海分类指南（试行）》（自然资办发〔2020〕51 号），2020 年。

第三章 自然资源调查监测 技术融合与体系构建

构建符合我国国情、先进适用的自然资源调查监测技术体系，是自然资源调查监测体系的重要组成部分和关键支撑。围绕生态文明建设和自然资源管理的国家重大需求，把握自然资源调查监测工作的系统性、整体性和重构性，坚持目标导向、问题导向和结果导向相统一，全面研究与重点突破相统筹，先进性和实用性相结合等基本原则，在充分继承已有调查监测工作基础和技术积累的基础上，通过跨学科的优势互补、协同创新和技术融合，设计面向自然资源统一调查监测的技术体系和工程化技术模式，为自然资源调查监测提供高效技术支撑。本章简要介绍遥感、现代测绘和人工智能等先进与成熟技术及其自然资源调查监测领域应用情况，重点围绕技术融合，系统介绍自然资源调查监测技术体系设计和构建情况。

第一节 高新技术及其自然资源调查监测领域应用

当前各类高新技术的迅猛发展与交叉融合，在自然资源调查监测评价中广泛应用并发挥了重要作用，为构建统一自然资源调查监测体系提供了必要的技术支撑和保障条件。

在数据获取方面：一是航天卫星遥感可实现大范围、高分辨率影像数据的定期覆盖。目前由自然资源部牵头在轨运行的国产公益性遥感卫星达到 18 颗，形成了大规模、高频次、业务化卫星影像获取能力和数据保障体系，能够支持周期性的调查监测。二是各种无人机航空遥感平台具有快捷机动的特点，可以支撑局域的精细调查与动态监测。三是基于"互联网"和手持终端的巡查工具，能够实现地面场景的快速取证、样点监测。综合利用这些先进观测与量测技术，构建"天—空—地—网"一体化的技术体系，可以大幅度提升调查工作效率，逐步解决足不出户的实时变化发现与监测问题。

在信息提取方面：大数据、人工智能、5G、北斗定位等技术的快速发展与融合应用，使基于影像的地表覆盖及变化信息高精度自动化提取成为可能；基于多源数据的定量遥感反演技术，为提取森林蓄积量等相关自然资源参数提供了先进手段。

在存储管理与分析应用方面：地理空间分析、区块链、知识图谱等技术的交叉融合，不仅可以解决资源—资产—资本信息的时空建模和一体化管理等难题，克服调查监测过程中的信息汇聚与协同处理等困难；还可以用于支撑自然资源生命共同体的分析评价，揭示自然资源"格局—过程—服务"的地域分异、形成机理及演化规律，实现从调查监测成果数据到知识服务的跨越。

遥感技术是 20 世纪 60 年代兴起的一种探测技术，指利用安装在平台上的传感器，以电磁波为信息传播媒介，从遥远的地方感知地球表面和一定空间范围内的对象，并将探测到的信息传输到地面，经信息处理系统的分析处理达到对对象的识别、监测、预测等应用目标的过程。该技术产生以来，随着空间技术、计算机技术、现代物理学、人工智能理论、信息技术、现代通信技术等相关理论和技术的发展，遥感技术的理论和技术体系得到了长足发展，其应用领域愈加广泛，应用的层次越来越高。利用遥感技术能实时掌握和动态获取地球自然资源、环境、灾害等发展态势的重要信息资料，实现对自然资源全覆盖、全天候、多要素、多尺度的调查监测，为自然资源调查监测提供技术保障。从自然资源调查监测领域应用来看，在国土资源调查监测，地质矿产和水资源的勘探，森林、草场资源调查与评价，海洋渔业调查，城市规划，气象、海洋预报及其他灾害的预测预报等领域均发挥着重要作用。遥感技术应用促进了自然资源调查方法和管理方式的转变，以遥感技术为主线，是自然资源调查监测技术体系构建的重要内容。

随着遥感理论和探测技术的发展，遥感的传感器包括传统的摄影机、数字相机、高分辨率扫描仪、雷达及其他先进的探测器。传感器的工作波段覆盖了自可见光、红外到微波的全波段范围，探测光谱的连续性越来越强，分辨力越来越高。在未来 10 年内，高空间和高光谱分辨率将是卫星遥感总的发展趋势。雷达遥感技术将会得到更广泛的应用，干涉雷达技术、被动微波合成孔径成像及三维成像技术、植被穿透性宽波段雷达将会成为实现全天候对地观测的主要技术手段。热红外遥感技术也将得到广泛应用，通过开发和完善陆地表面温度和发射率分离技术，定量估算和监测陆地表面物质和能量的交换及流动，从而在全球变化的研究中发挥更大的作用。本节前四部分将分别介绍高分辨率光学遥感技术和高光谱、雷达、热红外遥感等新型遥感技术及其在自然资源调查监测领域的应用情况。

一、高分辨率光学遥感技术与应用

（一）高分辨率光学遥感技术原理及特点

随着我国卫星遥感技术的飞速发展，国产卫星遥感影像的几何分辨率不断提高，如高分一号（GF-1 号）、资源三号（ZY-3 号）卫星遥感影像的空间分辨率可达 2.0 m，高分二号（GF-2 号）、北京二号（BJ-2 号）卫星遥感影像的空间分辨率可达 0.8 m，实现了高分辨率光学遥感数据的自主获取能力，国产卫星遥感技术已成为自然资源管理的重要手段。光学卫星遥感技术具有数据获取能力强、多光谱、信息量大、重访时间短等优点。一是探测的范围大。每幅卫星图像覆盖的地面范围可达上千甚至上万平方千米。二是获取数据的速度快，周期短，能反映地表动态的变化。如高分一号星座组网可实现 11 天全球覆盖、1 天重访的数据获取能力。三是受地面条件限制少。在远离地面的高空感知地物，受地面条件限制很少。四是获得的信息量大。遥感可以根据不同的目的和任务，选用不同的波段和不同的遥感仪器，获取所需的信息，甚至能探测到一定深度的海底和冰层。五是用途广。遥感技术已广泛应用于国土资源、农业、海洋、水文、气象、测绘、环境保护、防灾救灾和军事侦察等许多领域。

常规高分辨率光学遥感技术的应用流程主要包括：卫星遥感影像数据获取和处理，解译提取自然资源要素信息，外业调查核实验证，提取信息综合分析等。在自然资源调查监测领域，遥感技术具有其他技术方法无法替代的技术优势，体现在以下几个方面：

第一，遥感可以快速观测自然资源的分布特征。利用多目标增强的遥感影像，通过人工智能解译，可以快速查明目标区的山、水、林、田、湖、草等自然资源要素的类型、位置、形态和分布特征等信息。利用多空间分辨率的遥感图像，不仅可以调查、监测大区域乃至全球尺度，而且还可以直观显示自然资源要素的细节。

第二，遥感可以快速监测自然资源的动态变化。利用不同时期、不同时相的遥感数据，可对山、水、林、田、湖、草进行长时间序列的动态监测，研究其随时间和季节的变化特征及规律，形成林草田占用破坏、水土流失、荒漠化、矿山开发治理等有关灾变风险变化数据。同时利用多源遥感数据，还可提取多年植被覆盖度、净初级生产力、叶面积指数、蒸散发等生态特征参量，支撑国土空间规划、生态保护与修复、自然资源资产管理、耕地保护、自然资源开发利用、地质矿产等工作。

第三，遥感可以快速分析自然资源利用涉及的人地关系。遥感影像是地物信息综合体的真实反映，不仅可以掌握山、水、林、田、湖、草之间的相互转化关系，还可以分析其所处的地质背景、地形地貌、气温降水、人类活动等，从而进行"水—土—气—生—人"综合作用分析，从源头上为国土空间优化和生态保护修复提供理论依据和技术支撑。

（二）自然资源调查监测领域应用

1. 土地资源调查监测

土地资源调查主要针对不同土地的类型、范围、分布、面积等情况，以及对土地利用变化情况进行动态监测。光学卫星遥感具备较强的区域性数据获取能力，在满足土地资源领域应用对完整行政辖区覆盖的需求方面，具有显著优势。土地资源调查监测遥感应用的基础是影像地类的识别能力，即不同地表覆盖/土地利用类型的可分性。遥感影像可识别耕地、园林、草地、建（构）筑物、铁路与道路、水域等土地利用类型，以遥感正射影像图为基础，全面掌握各类用地的分布与利用状况，实地调查土地的类型、面积和权属，为土地资源调查提供基础信息。通过多时相高分辨率遥感影像比对，可提取新增建设用地等变化，获取疑似违法图斑范围等信息，采用室内解译与野外调查相结合，开展土地资源遥感调查与动态监测，获取土地资源类型与空间分布状况，综合分析土地资源分布特征与变化规律，为土地资源保护与开发利用提供决策建议。

2. 地理国情监测

地理国情监测是对地表自然和人文地理要素进行全覆盖的基础性监测。利用高分辨率光学卫星遥感影像，根据"内业为主、外业为辅"的原则，采用内外业相结合的方法，以前期监测成果为监测本底，以获取的覆盖任务区的多源航空航天遥感影像数据为主要数据源，结合正射影像识别变化区域，收集利用各类行业专题数据；采用遥感影像解译、变化信息提取、数据编辑与整理、外业调查等技术与方法，对本底数据进行更新。内业无法获取和难以识别的区域辅以外业调查，其他内业能判定的变化区域也应合理确定核查路线开展外业调查，确保采集的变化信息的准确性，以实现基础地理国情变化信息的快速、准确获取，为优化国土空间开发格局和资源配置提供技术依据。

3. 森林资源调查

森林资源调查中运用遥感技术的方面较多，例如资源分布成像、调查林分因子、划分林班等（张煜星等，2007）。其中资源分布成像是通过遥感技术对森林资源的覆盖范围和分布情况形成专业的图像，便于更好地了解相关资源的具体内容，也能够对过去的资源进行校正与更新。调查林分因子是因为森林中的各类树木的生长环境、体态、树龄、生长速度等方面都存在差异，需要将相同或相似的部分进行划分，形成森林区域单位，为了能够更好地区分，就会标注相应的测试标志，不仅达到资源划分的目的，也能够有效防止砍伐的情况。通过遥感技术能够将已经调查到的情况与以前的内容相对比，确保资源的完整。划分林班是通过对林班线的设置来实现的，然而林班线多设置在山脊、沟谷等地带，普通的检查方式效率低下，投入也相对较多，运用遥感技术，能够通过传感装置将不同的地势与林班线以不同的形态进行区分，从而有效减少在划分林班时的不必要投入。

4. 水资源调查

与传统的水文水资源调查方法相比，遥感技术可准确、迅速地识别地物，并进行分析，有效辨别水体特征，已广泛应用于地表水调查工作中（唐国强等，2015）。另外，遥感技术可针对地表及地质概况建立三维水文调节点，估计区域地下水表层，在分析地下水水流体系的基础上对地下水模型进行概念化扩展。应用概念化地下水模型可以获取模型参数达到上限时如何使用遥感数据，估算出地下水补给、蒸发散失、地下水灌溉用水量等。在径流量监测中，遥感技术可以研究土壤、植被、地质、地貌及相关水系，从而估算出降水量、蒸发量、土壤含水量等径流量的相关要素，在收集径流量相关要素信息的基础上建立计算模型，即可推算出相应的径流量预测结果。此外，遥感技术还可应用于水体富营养化的研究工作。富营养化研究主要利用单波段及多波段的因子进行组合，分析水体中主要成分，判断水体富营养化的程度，并对水体富营养化的发展趋势作出预测（孙元杰，2016）。

二、高光谱遥感技术与应用

（一）高光谱遥感技术原理及特点

高光谱遥感属于电磁波遥感技术中光学遥感的一种，始于20世纪80年代，它融合了成像技术和光谱技术，可实现空间信息、光谱信息和辐射信息的综合观测。由于光谱往往在很大程度上表征了地物的本征特性，光谱分辨率的提高有助于对地物的精确识别和分类（Goetz，2009）。高光谱遥感的光谱分辨率可达到纳米级，从可见光到红外波段，以几十到几百个波段同时对地表地物成像，可获得地物的连续光谱信息，具有光谱波段密、波段连续、数据量大、光谱宽度窄等优势，使得高光谱遥感成为21世纪遥感领域重要的研究方向之一（童庆禧等，2016；Goetz，2009）。高光谱遥感可在空间大尺度上进行地物的探测，可以精确识别和分类、指示地物的地面特征、反演植被生长参数等。

与传统遥感数据相比，高光谱遥感数据具有波段多、光谱分辨率高、空间分辨率高、数据量大等特点，这使得高光谱遥感数据面临诸如混合像元、噪声干扰、数据冗余等问题，因此，针对这些问题，高光谱数据处理包括混合像元分解、噪声评估、数据降维、图像融合等。

混合像元分解：遥感影像以像元为单位记录地面的辐射和反射信号，由于高光谱遥感影像空间分辨率相对较低，混合像元问题普遍存在于高光谱影像中，因而需进行像元解混处理。常用的混合像元分解方法有光谱混合模型（线性混合模型、随机混合模型和非线性混合模型）、端元个数估计[归一化像素差异特征（Normalized Pixel Difference，NPD）算法和正交子空间投影]、端元自动提取（典型端元提取算法、空间信息辅助下的端元提取技术和基于粒子群优化的端元提取算法）和光谱解混技术（非监督分类算法和监督分类算法）等（任鹏洲，2018）。

噪声评估：高光谱遥感数据对地物的光谱特性及微小变化极其敏感，受成像环境及成像系统硬件特性的影响，高光谱成像仪记录地面数据时，除了目标地物的反射光谱信息，一些因地形因子、传感器本身、地物二向性反射等因素导致的干扰信息，以及大气辐射传输效应带来的反射、辐射、照度、信息等噪声也将被记录（林勇等，2020）。高光谱影像数据的辐射校正处理通过相应的反演系数对每个波段进行反演，得以获取目标辐射能量值，进而实现辐射噪声消除，以获得地物反射率、辐射率和地表温度等真实的物理参数（康孝岩等，2018）。目前已有多种针对高光谱图像的噪声参数评估方法，这些方法大多认为图像中的噪声与信号源无关。针对此类噪声评估方法的研究主要包括两类：一是基于空间域的方法，主要包括均匀区域法、地学统计法、局部均值与局部标准差法、局部均匀块标准差法和基于高斯波形提取的优化方法；二是基于光谱域的方法，主要有空间光谱维去相关法、残差调整的局部均值与局部标准差法、基于均匀区域划分和光谱维去相关法。

数据降维：光谱分辨率高的特点决定了高光谱遥感影像数据量非常大，庞大的数据体量使得影像在处理和应用过程中计算难度增大、耗时增长；同时，相关研究表明，当训练样本数量有限时，存在最优特征维数，使分类精度达到最佳状态（余旭初等，2013），超过这个维数，则会导致分类精度随特征维数上升而下降，甚至产生维数灾难现象（Hughes，1968）。对高光谱影像进行降维运算，可以有效提取信息，摒弃冗余信息，有利于实现最优特征的选择与应用。

高光谱图像数据降维有特征提取和特征选择两种方法。①特征提取通过数学变换将光谱波段重新组合、压缩和优化。常用的特征提取方法有基于类别可分性的特征提取、依类内类间距离准则的特征提取、依概率距离准则的特征提取和依信息熵准则的特征提取。②特征选择又称波段选择，通过从原始波段中选择部分特征波段实现降维，同时使波段的物理信息得以保留，在后续分析中能够揭示数据潜在的模式机理。波段选择是高光谱遥感图像预处理的一项重要内容，其最终目标是从原始波段中选择出信息量大、相关性小、类别可分性好的少数特征波段组合（Zhang，2021）。当前高光谱遥感图像波段选择采用的策略主要包括：①以评价准则为依据的波段选择；②以特征选择方式为依据的波段选择；③以训练样本为依据的波段选择；④以与应用模型的关系为依据的波段选择。

图像融合：高光谱图像通常空间分辨率比较低，通过对多源遥感影像的融合处理，可在保持光谱分辨率的基础上，实现空间分辨率的提升。目前，高光谱数据融合方法主要分为面向空间维和面向光谱维两类。面向空间维的融合算法分为：①多分辨率分析法，将原始图像分解成不同分辨率的一系列图像，然后将其在不同分辨率水平上进行融合，最后通过逆变换获得融合数据，如小波变换、广义拉普拉斯金字塔法（Generalized Laplacian Pyramid，GLP）（Michael，2016）；②成分替换法，对原始图像进行投影变换，将原始图像的空间信息成分替换为高空间分辨率图像，最后通过逆变换获得空间维提升的遥感数据（Ghassemian，2016）。面向光谱维的算法主要有：①利用概率统计方法结合高光谱和高空间分辨率数据之间的物理相关性实现优化拟合，如最大后验概率算法；②基于混合光谱解混理论，利用高空间分辨率数据的空间信息，辅助高光谱解混得到高空间分辨率下的像元光谱（童庆禧等，2016），如耦合非负矩阵分解（Coupled Non-negative Matrix Factorization，CNMF）算法；③基于稀疏表达法进行融合，将原始数据分解为稀疏系数、字典矩阵，加入稀疏约束条件，进而求解出稀疏系数，从而获得融合重建数据（张立福等，2019）；④基于人工神经网络、卷积神经网络的方法，人工智能可以学习系统输入输出的非线性关系以进行较好的融合。

（二）自然资源调查监测领域应用

1. 森林资源调查监测

现代遥感技术的发展，为森林监测、评价、经营管理、造林设计等方面提供了多层次的多传感器的观测网络和信息处理方法，使林业生产和经营管理从宏观控制到微观调整、从定性分析到定量决策、从对森林整体的数量估测到林分的数量测定，乃至经营小班的自动化计测，监测评价结果直接作用于对林分的控制，从而减少或削弱对森林可持续发展不利的环境因素。现代遥感技术已成为精准林业的核心技术之一。

（1）森林资源和环境现状调查。森林资源和环境调查是遥感技术在林业信息化中最直接也是比较成熟的应用。包括宏观的森林覆盖率调查，环境要素调查，以及落实到林分的树种组成、林分结构调查和小班的微观地形调查，土壤、水分和地质调查等。对于小班内单株木的测树因子调查，是精准林业的基本要求，通过高光谱高空间分辨率的遥感技术与卫星定位技术的结合，可以实现这一目标。通过遥感技术的森林资源和环境调查，在宏观范围内可以有针对性地获得调查总体的样本数据，对总体的特征作出准确估计，在微观和极微观范围内直接对林分和测树因子进行数据获取和分析，从而极大地降低调查成本，缩短调查周期，减少人为因素和其他客观条件对地面调查的影响，提高调查的精度、客观性和可操作性。

（2）森林资源与环境动态监测和评价。森林资源的数量和质量在空间上的分布特征及动态演变规律，是现代林业发展的主要监测内容之一。通过时间序列的森林及其环境信息的采集和分析，获得森林与环境之间相互作用相互影响的机理，从而有针对性地对其作出及时合理的控制措施。从宏观上讲，可以通过地球资源卫星数据获得大范围的森林资源动态消长规律，从微观上，可以通过树木及林分中下层植被的生长和环境因子的精确计测，获得生物量的精确估计，从而揭示森林生长的生物—化学和物理特性，确定有利环境和不利因素，开出相应的森林处方，合理安排小班作业。

（3）森林健康监测和预测预报。森林健康监测和预测预报主要包括森林病虫害和森林火灾的监测及预测预报，以及灾后的损失评价和生态后果评价。对于遥感技术在森林火灾的监测和预测预报中的应用，在我国应用比较成熟，如 20 世纪 80 年代末期的大兴安岭特大森林火灾的动态监测，西南林火遥感动态监测和灾后生态评价等都是成功范例。森林火灾监测一般对遥感的空间分辨率要求不是很高，但对时间分辨率及传感器的热红外波段的探测精度有较高的要求。精准林业中的病虫害监测则希望落实到具体的地块，因此对传感器的空间分辨率、光谱分辨率和时间分辨率要求都很高，进行灾后损失评价时，要求获得精确的受灾面积的估计。

（4）森林资源与生态环境及灾变定量估测。森林数量估测是森林计测中的重要内容。应用现代遥感技术的多层次多传感器的立体观测网络，可以获得从森林、景观到林分和小班的数量计测，包括森林蓄积量、郁闭度的估测，林分的蓄积、生物量估测，以及单株木的树高、树冠直径、材积等测树因子的自动化量测等。高光谱遥感技术的遥感定量化方法将为森林的数量估测提供工具和可操作的途径，森林生态系统中各组分的光谱数据库的建立将会使遥感数量化研究和森林数量估测迈上新的台阶。目前，应用遥感技术对森林、景观和某些林分数量计测特征的估测有广泛的研究，但对于小班级的数量估测还存在技术上的问题，有待进一步研究和解决。同时，利用遥感技术可以为大区域森林林火及病虫害监测、监测及预测提供可靠数据源，可应用到国家森林安防部门、应急部门等森林灾害监测中。

（5）森林空间结构分析。森林空间结构分析是现代林业发展的必然要求，也是精准林业的核心内容之一。常规的空间结构分析一般只注重水平结构的分析，对垂直结构的分析由于缺乏相应的技术支持还没有达到实用性阶段。目前，应用 GNSS、近景摄影测量、全站仪等技术进行的森林空间结构模拟研究还不能应用于大范围的结构调查和分析中，而机载三维立体同步观测定位系统也处于实验阶段，其真正的应用尚受到很大限制。未来的森林结构的三维空间分析将有赖于星载三维立体同步观测定位系统的发展。

除了上述几方面应用外，遥感技术在精准林业研究中还有很多的应用，如森林景观三维模拟，通过精细的 DEM 及高光谱数据，对森林景观结构和特征进行三维模拟，实现森林的可视化，从而为智能决策提供信息基础。又如应用遥感技术的森林制图，通过遥感图像的特征信息提取、分类和解译，制作高精度的森林资源与环境专题图件，如森林资源分布图、林相图、空间结构模式图等。此外，应用高分辨率的遥感技术，还可以进行林业经营活动的效果分析，及时提供对森林生态系统的控制所产生的系统反馈信息，从而调整经营策略使其达到更好的效果。

2. 草原资源调查监测

高光谱遥感以其快速、便捷、准确等优势，已广泛应用于大尺度的草地产草量估算、草地调查、草地盖度监测、草地灾害监测和预报，以及牧草的营养含量、牧草品质估测、退化草地指示草种识别等领域。连续、快速、大范围地监测草原植被状况及其动态变化，对合理利用草地资源、实现草地畜牧业的可持续发展具有重要的技术支撑作用。

（1）草原估产：利用遥感手段可以监测草原产草量，提供快速、及时的草原信息，同时，将遥感数据与草地地面调查数据相结合，则可满足草原生产力估产的不同精度要求；研究表明，高光谱遥感技术可以有效地发掘生物量与植被光谱特征的关系，高光谱遥感技术可以对大尺度的草地生物量进行精确估测。

（2）草地退化监测：利用遥感手段可以在区域尺度上实时、准确地监测草地的生态状况及时空特征，高光谱遥感波段连续、光谱分辨率高，能够准确地探测到植被的精细光谱信息。

（3）牧草的营养含量：草地营养状况对草地畜牧业有重要影响，牧草的营养含量与光谱特性密切相关。因此，可以利用高光谱数据进行草地营养成分的遥感估测。

（4）牧草长势估测：高光谱遥感不仅能对植被进行识别与分类，还能对植被的化学成分及长势作出评估。研究发现不同草地类型及不同植被光谱曲线特征差异明显，同时环境因子也对植被的反射光谱影响显著，因此高光谱遥感在此方面具有很大的潜力。

3. 湿地资源调查应用

（1）湿地资源提取及动态监测：通过多层次、多时相的遥感动态监测技术获取实时高精度的数据，然后以地理信息系统技术对已有数据库内容进行实时更新。将 GIS 和 RS 相结合，还可以基于获取数据进行空间分析，得到湿地动态变化情况，主要是湿地类型、面积、分布特征及动态变化等。

（2）湿地植被信息提取：使用遥感影像提取湿地植被信息，主要是利用绿色植被不同于水体、土壤、沼泽地等的光谱特点，即在红光波段具有吸收谷和近红外波段具有反射峰。提取植被的方法可分为两类：一是通过比较植被与其他地物的光谱差异区分植被与非植被，二是结合经验知识使用新型的分类方法提取植被信息。

（3）湿地景观格局变化监测：监测湿地景观格局变化，可以在景观层次上对湿地生态环境变化进行分析，进而研究景观格局的空间分布，对湿地景观格局进行设计与优化。湿地景观格局动态变化分析方法主要包括景观格局的指数分析方法和景观分类方法。

（4）湿地水域环境监测：除纯水之外，湿地水体中还包含浮游生物、水生植物、有机物、悬浮沉淀物等物质，这些物质的含量直接影响湿地水体的光谱反射率。利用高光谱遥感的高维光谱信息能够有效识别水体中物质的含量，进而对湿地环境状况进行评价。

（5）湿地植被精细划分及生物物理参数反演：与多光谱遥感相比，高光谱数据拥有更加精细的光谱信息，"图谱合一"的特点使其在植被识别、信息提取和参数反演等方面具有的独特优势。因此可以用来进行更加精细的工作，如湿地植被精细划分及生物物理参数反演。

4. 水文水资源调查应用

（1）降水量监测：通过遥感技术，综合卫星遥感和雷达微波遥感技术，可以对降水量的空间、分布等进行监测，从而获取地区降水量数据。现阶段运用最为广泛的是利用航空飞机深入云层进行航空遥感监测，对云层及周围的粒子分布情况进行监测，可以得到更为详细、准确的地面与云层的具体情况，传送至计算机中，进行分析、处理，并作相应的预测。

（2）蒸发量监测：通过遥感技术，利用多层模型，对土壤进行分层、分类、测量，结合地表特征，可以全方位对该地区的蒸发量进行监测。目前，我国已经利用遥感技术建立了蒸腾计算模型，实现不均匀地面的蒸发量计算，为蒸发量监测、计算提供了更为便捷的方式。

（3）地下水遥感：地下水遥感技术主要是通过综合地貌形状、地表植被、地质情况等数据和信息，建立相应的模型进行分析和处理。地表植被可以真实反映地下水的具体信息，通过遥感技术可以解译地表、地形体现的潜在信息，通过对遥感数据的处理得到所需信息，可供研究人员进行分析与研究。

（4）水资源保护：水体被污染后，很多指标，如颜色、温度、密度会有所改变，会导致它的反射率发生变化，因此，利用遥感技术可以对水体进行监测，估算水体的污染范围、污染源、浓度与面积等，并对该水体的污染情况实行跟踪监测，并通过卫星追踪污染的过程，查找污染源，进行有效防治。同时，遥感技术也可以根据监测到的悬浮物反射情况，确定其浓度和范围，然后相关人员可以制订合适的预防方案与治理措施，预防大范围水体污染情况的发生。

（5）灾害预防：遥感技术可以对一些恶劣天气进行监测，如洪涝、干旱、积雪消融等，可以提醒相关部门做好灾害预防工作。此外，遥感技术还可以对土壤的侵蚀状况和土壤的流失情况进行动态监测，对发现的隐患与灾害及时进行治理，减少水土流失。尤其是泥石流、山地滑坡等灾害比较频繁的地区，可以通过遥感技术进行监测，及时做好特殊情况的准备工作，从而可以有效减少人员伤亡与财产损失。

三、SAR 技术与应用

（一）SAR 原理及特点

合成孔径雷达（Synthetic Aperture Radar，SAR）属于微波遥感的一种，通过雷达天线主动发射并接收地面物体反射回来的微波信号来获取地表信息。作为一种主动式传感器，SAR 能够不受光照和天气条件的限制，实现全天时、全天候对地观测，还具有一定的穿透性，可以获取地表和植被下的信息。这些特点使其在测绘、农业、林业、水利、地质、海洋、灾害等领域具有广泛的应用能力。在光学遥感成像困难的云雨雾地区（如我国西南部山区，东南亚地区等），SAR 遥感更是具有无法替代的重要作用。

目前在自然资源行业应用较多的 SAR 技术主要有合成孔径雷达干涉测量（Interferometric Synthetic Aperture Radar，InSAR）、合成孔径雷达极化测量

（Polarimetric Synthetic Aperture Radar，PolSAR）和合成孔径雷达极化干涉测量（Polarimetric Synthetic Aperture Radar Interferometry，PolInSAR）。InSAR 是指对 SAR 传感器在不同空间位置获取同地区单次或多次观测数据的相位差等信息进行分析处理，获取三维地形及其变化信息，主要应用于数字表面模型（Digital Surface Model，DSM）和数字高程模型（Digital Elevation Model，DEM）的获取、地表形变监测等领域。PolSAR 通过发射和接收水平极化（Horizontal Polarization，简称 H 极化）和垂直极化（Vertical Polarization，简称 V 极化）两种极化电磁波，能获取地物目标的完整散射特性，主要应用于地表覆盖分类及变化检测等方面。PolInSAR 综合利用极化散射信息对森林结构的表达能力和干涉相位对高度的敏感性，能够获取植被高度和植被下地形，主要应用于树高和生物量反演。

（二）自然资源调查监测领域应用

1. 极化 SAR（PolSAR）地表覆盖分类

利用 PolSAR 观测获得的 HH（表示以水平极化发射并以水平极化接收）、HV（表示以水平极化发射并以垂直极化接收）、VH 和 VV 四个极化通道数据，可以计算出表面散射、偶次散射、体散射、螺旋体散射、极化熵、散射角、异质性等各种与地物类别有关的特征参数，从而实现地表覆盖的分类识别。图 3–1 是武汉地区全极化 Radarsat-2 影像的地表覆盖分类效果。

 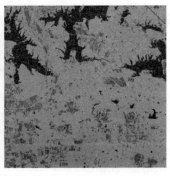

　　a.全极化伪彩色影像　　　　　　　　b.分类结果
图 3–1　全极化 Radarsat-2 的地表覆盖分类

2. 森林蓄积量估算

（1）基于多波段 InSAR 的森林蓄积量调查及变化监测

InSAR 技术可获取米级高精度的地表高程信息。目前，SAR 常用的微波波段有 X（波长约 3 cm）、C（约 5 cm）、L（约 20 cm）、P（约 100 cm）等波段，其中 X 波段散射强烈，穿透弱，以植被冠层散射为主，可获取植被冠层高程信息；而 P 波段穿透性强，以地面和树干散射为主，能获取地面高程信息。将两者相减就可以得到树高及森林蓄积量信息，如图 3–2 所示。利用多波段 InSAR 技术可快速调查并监测我国森林蓄积量现状及变化信息，为我国顺利实现"双碳"目标提供科技支撑。

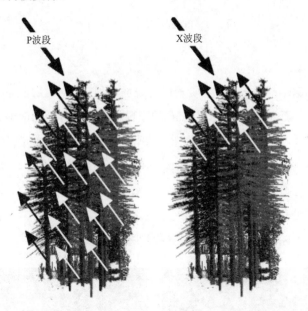

图 3–2　P 波段和 X 波段植被穿透能力示意图

在数据源方面，我国目前已有 X 波段的 TH-1 SAR 卫星及其 DSM 产品。欧洲空间局 2023 年将发射的 Biomass SAR 卫星，可提供全球的 P 波段 InSAR 数据。

（2）极化干涉 SAR（PolInSAR）树高反演

不同于上述多波段 InSAR 树高反演技术，PolInSAR 技术通常利用长波长 L 波段极化 SAR 传感器重复多次观测获取森林地区的干涉数据，通过建立植被结构函数模型来反演树高。图 3–3 是利用 3 次观测获取的全极化 SAR 影像进行极化干涉处理反演得到的树高效果。

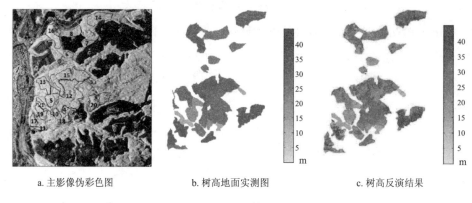

a. 主影像伪彩色图　　　　b. 树高地面实测图　　　　c. 树高反演结果

图 3-3　PolInSAR 技术树高反演

3. 水体识别

电磁波到达平静水面后，主要表现为镜面反射，后向散射能量很低，在 SAR 图像上呈黑色；而高低起伏大于 3 cm 的粗糙地表，具有后向散射作用，呈浅色调。因此，水体与其他地物呈现显著的图像差异。水体的微波后向散射特征决定了利用 SAR 图像能高效地识别水体分布信息。目前我国已有多颗 SAR 卫星在轨运行，利用国产卫星 SAR 数据可快速、精确识别我国河流、湖泊、水库等水体分布，有利于全面掌握我国陆地地表水资源"家底"。图 3-4 展示了我国高分三号（GF-3）SAR 数据的水体自动提取效果。

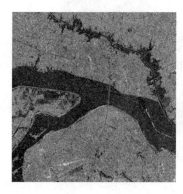

a. GF-3SAR 影像　　　　b. 水体提取结果

图 3-4　GF-3 数据水体提取

4. 水稻、大豆等大宗农产品种植区提取

SAR 不受云雨雾等天气观测条件的限制，能够保障农作物从播种到收割整个生育期内时间序列影像的有效获取。时间序列 SAR 影像可以有效获取农作物在整个生长期内雷达后向散射特征，非常有利于大范围农作物种植区的快速提取。图 3-5 是时间序列 Sentinel-1（哨兵 1 号）数据应用于 2020 年松嫩平原五大连池市大豆种植区的提取效果，提取精度查准率为 85.9%、查全率为 79.5%。

 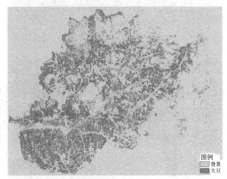

a. Sentinel-1 伪彩色影像　　　　　　　　　　b. 大豆提取结果

图 3-5　2020 年松嫩平原五大连池市大豆种植区提取

5. 自然资源变化检测

通过对覆盖同一地区多期 SAR 或者极化 SAR 影像的对比分析，可以获取地表自然资源的变化情况。根据 SAR 影像成像机理，建筑物由于二面角反射效果，回波很强，在 SAR 影像上表现为高亮，而水体因镜面反射回波很弱，在 SAR 影像上呈现为黑色，利用多期 SAR 影像能高精度地检测出与这两类地物相关的变化。因此，SAR 特别适合"建设用地占用耕地"的自然资源监测应用。图 3-6 展示了武汉地区 2017 年 2 月 12 日和 2018 年 12 月 11 日两景高分三号全极化数据的变化检测效果，能够很好地检测出"耕地（裸土）变为建筑物""水体变为建筑物"等地表变化。图 3-7 展示了江苏常州地区 2018 年 6 月 3 日和 2019 年 11 月 25 日两期 Sentinel-1 SAR 数据的变化检测效果，能够很好地检测出"耕地到建筑物""裸土到建筑物"的变化类型。

a. 前时相 PolSAR 影像　　　　b. 后时相 PolSAR 影像

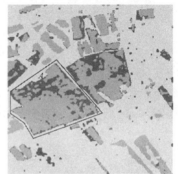

c. 变化地面参考　　　　d. 变化检测结果

图 3-6　两期极化 SAR 变化检测

a.前时相影像　　　　b.后时相影像

图 3-7　两期 SAR 变化检测（边框表示变化图斑范围）

四、热红外遥感技术与应用

（一）热红外遥感技术原理及特点

热红外遥感是指传感器工作波段限于红外波段范围之内的遥感。探测波段一般在 0.76～1 000 μm 之间，是应用红外遥感器（如红外摄影机、红外扫描仪）探测远距离外的植被等地物所反射或辐射红外特性差异的信息，以确定地面物体性质、状态和变化规律的遥感技术。

所有的物质，只要其温度超过绝对零度，就会不断发射红外能量。常温的地表物体发射的红外能量主要在大于 3 μm 的中远红外区，是热辐射。它不仅与物质的表面状态有关，而且是物质内部组成和温度的函数。在大气传输过程中，它能通过 3～5 μm 和 8～14 μm 两个窗口。热红外遥感就是利用星载或机载传感器收集、记录地物的这种热红外信息，并利用这种热红外信息来识别地物和反演地表参数如温度、湿度和热惯量等。

热红外遥感对研究全球能量变换和可持续发展具有重要的意义，在地表温度反演、城市热岛效应、林火监测、旱灾监测、探矿、探地热，岩溶区探水等领域都有很广泛的研究。

（二）自然资源调查监测领域应用

1. 森林火情监测

遥感监测火灾主要利用 NOAA（National Oceanic and Atmospheric Administration，美国国家海洋和大气管理局）/AVHRR（Advanced Very High Resolution Radiometer，先进甚高分辨率辐射计）和 MODIS（Moderate Resolution Imaging Spectroradiometer，中分辨率成像光谱仪）影像，原理是高温点在中红外波段的辐射能量比热红外波段大，中红外比热红外对高温点的反应更敏感，方法主要有 3 种：固定阈值法、临近像元分析法、温度结合植被指数的方法。林火监测的难点是混合像元的判断和明火区与闷烧区的区别，另外火点信息、烟尘光学厚度、烧痕面积等火灾相关参数的提取及火灾的预警也是研究的热点。

2. 地表温度反演

地表温度与土壤温度、近地气温、光合作用、蒸散发、风形成、火灾危险等都有直接的关系，是地表能量平衡的重要参数，也是资源环境动态变化的主要影响因素，地表温度遥感已经成为遥感地学分析的一个重要研究领域。用于地表温度反演的方法主要有单窗算法、劈窗算法、多通道和多角度算法。单窗算法是只利用一个热红外通道反演地表温度的方法，最初是根据 Landsat TM6 波段来设计的，后来又有了普适性的单通道算法，适用于几乎所有的热红外波段。劈窗算法是利用相邻的两个热红外通道来进行地表温度反演的方法，是发展最为成熟的地表温度反演算法，在国际上已经公开发表了十几种劈窗算法。多通道算法是随着多通道传感器的发展而发展起来的，比较有代表性的是 Wan 和 Li 的算法，利用 MODIS 的多波段特点，研究设计了可以同时反演地表温度和比辐射率的方法，用于 NASA 标准地表温度产品的生产。

3. 植被水分胁迫探测

植被水分亏缺胁迫是指由于土壤水分亏缺或大气对蒸发的高需求而导致的有效水分缺乏所引起的植物的生理反应。水分胁迫是影响植物生长、产量和品质的最重要的非生物胁迫因子之一，也是反映土壤干旱缺水状况的重要指标之一。测量叶片或冠层的温度以检测植物对水分亏欠胁迫的反应是基于 Tanner（1963）的思想，由于植物叶片的蒸腾作用，正常情况下，植物叶片温度比周围空气温度低 2～5 K，当植物缺水时，由于叶片气孔关闭，叶片的蒸腾作用减弱，会导致叶片和冠层温度的升高（Tanner，1963）。由于气孔关闭是植物对水分胁迫的初始响应，热红外遥感对于早期水分胁迫的检测具有独特的优势（吴骅等，2021）。

五、测绘技术与应用

测绘技术是研究地球和其他实地的与时空分布有关的信息的采集、量测、处理、显示、管理和利用的技术。它的研究内容和科学地位是确定地球和其他实体的形状和重力场及空间定位，利用各种测量仪器、传感器及其组合系统获取地球及其他实体与时空分布有关的信息，制成各种地形图、专题图和建立地理、土地等空间信息系统，为研究地球的自然和社会现象，解决人口、资源、环境和灾害等社会可持续发展中的重大问题，以及为国民经济和国防建设提供技术支撑和数据保障。测绘科学与技术的学科内容包括大地测量学与测量工程、摄影测量与遥感、地图制图学与地理信息工程等。测绘科学与技术已广泛应用于国民经济建设中的方方面面，如自然资源调查监测、城市规划、交通管理等。

现代测绘是自然资源管理中摸清家底、科学规划、精准施策的基础性工作，是自然资源统一监管的重要技术手段。自然资源调查监测是在测绘工作的基础上开展的，并以测绘技术作为重要手段。当前，测绘科学与技术同互联网、大数据、云计算等高新技术不断融合发展，信息化测绘技术体系和新型基础测绘体系正在形成，测绘科学与技术将在自然资源管理中发挥越来越重要的作用。以第三次全国国土调查工作为例，介绍测绘基准、地理信息系统、地图制图等测绘技术支撑自然资源调查监测工作。

（一）测绘基准

测绘基准主要包括大地基准、高程基准和重力基准，它是进行各种测量或调查工作的起算数据和起算面，是确定地理空间信息几何与物理特征和时空分布的基础，是在数学空间里表示地理要素在真实世界的空间位置的参考基准。测绘基准体系包含了理论体系、技术体系、基础设施、标准等方面，其中理论体系建立在大地测量学、天文学及相关地学理论基础上；技术体系包含了空间大地测量技术（GNSS 全球导航卫星系统、SLR 卫星激光测距、VLBI 甚长基线干涉测量等）、物理大地测量技术（绝对/相对重力测量、航空重力测量、卫星重力测量、似大地水准面等）、大地测量数据处理技术等。我国测绘基准体系经历了数十年的发展，发生了很大变化，土地调查的测绘基准也相应进行了调整。第二次全国土地调查采用 1980 西安坐标系，1985 国家高程基准；第三次全国国土调查采用 2000 国家大地坐标系，1985 国家高程基准。其中，1980 西安坐标系是采用整体平差方法构建的参心坐标系；2000 国家大地坐标系是我国自主建立、适应现代空间技术发展趋势的地心坐标系；1985 国家高程基准是我国现采用的高程基准。

（二）地理信息系统

地理信息系统（GIS）是指在计算机软硬件及网络支持下，对有关地理空间数据进行输入、存储、检索、更新、显示、制图、综合分析和应用的技术系统。地理信息系统的用途非常广泛，凡是与地理空间位置有关的领域，如自然资源、交通、水利、农业、环境、军事等部门都需要应用地理信息系统。"国土三调"数据库，就是典型的地理信息系统应用范例，包含了国土调查、土地权属、专项用地调查、基础地理、数字正射影像、数字高程模型、相关自然资源专项调查等各类信息数据，按照空间位置关系等将各类成果数据建立空间数据库，并提供快捷的检索查询与统计分析等。通过第三次全国国土调查等各类调查数据库，能够快速查清山水林田湖草各类资源面积、分布、质量等信息，建立统一的自然资源数据库和综合监管与共享平台，从而实现调查成果的"一查多用"，实现"以图管地、网上管理、在线审批"的自然资源数字化管理新模式。

（三）地图制图

地图制图主要研究地图制作的基础理论、地图设计、地图编制和制印的技术方法及其应用。具体研究内容一般包括：地图设计，通过研究、实验，制定新编地图的内容、表现形式及其生产工艺程序的工作；地图投影，依据一定的数学法则建立地球椭球表面上的经纬线网与在地图平面上相应的经纬网之间函数关系的理论和方法，研究把不可展曲面上的经纬线网描绘成平面上经纬线网所产生各种变形的特性和大小及地图投影的方法等；地图编制，研究制作地图的理论和技术，即从领受制图任务到完成地图原图的制图过程，主要包括制图资料的分析和处理、地图原图的编制，以及图例、表示方法、色彩、图形的制印方案等编图过程的设计；地图制印，研究复制和印刷地图过程中各种工艺理论和技术方法；地图应用，研究地图分析、地图评价、地图阅读、地图量算和图上作业等。目前，各类调查监测成果的展示，都需要地图制图来支撑，已形成直观、形象、准确的展示效果，也推动了调查成果的社会化应用。

六、人工智能与应用

人工智能（Artificial Intelligence，AI）是研究、开发用于模拟、延伸和扩展人的智能的理论、方法、技术及应用系统的一门新的技术科学，自 20 世纪

50 年代提出以来，已经有了迅猛的发展。人工智能是计算机科学的一个分支，它试图了解智能的实质，并生产出一种新的能以人类智能相似的方式作出反应的智能机器，该领域研究包括机器人、语言识别、图像识别、自然语言处理和专家系统等。人工智能是研究使计算机来模拟人的某些思维过程和智能行为（如学习、推理、思考、规划等）的学科，主要包括计算机实现智能的原理、制造类似于人脑智能的计算机，使计算机能实现更高层次的应用。人工智能将涉及计算机科学、心理学、哲学和语言学等学科，可以说几乎包括自然科学和社会科学的所有学科，其范围已远远超出了计算机科学的范畴。人工智能与思维科学的关系是实践和理论的关系，人工智能是出于思维科学的技术应用层次，是它的一个应用分支。从思维观点看，人工智能不能仅限于逻辑思维，要考虑形象思维、灵感思维才能促进人工智能的突破性发展。

在人工智能迅速发展的环境下，机器视觉、机器学习在摄影测量与遥感领域的应用持续丰富，基于时空大数据的认知推理不断纵深，极大地促进了遥感与测绘地理信息技术的发展，呈现出智能化、空间化、泛在化和多源化特点，推动了自然资源调查监测技术的发展。遥感影像信息自动提取及变化检测，是人工智能与自然资源调查监测相结合的典型应用之一。

（一）遥感影像信息提取和变化检测的理论研究

AI 深度学习等技术的兴起与发展提高了遥感影像特征提取和变化检测的能力。深度学习是对多层次认知的计算模拟，突破计算机视觉、语音识别等感知类问题的瓶颈，而有效解决感知类问题是实现整体认知的基础。深度学习是遥感信息提取和变化检测研究方法中的主流算法，用于遥感图像的分类、识别、检索和提取。其中，深度卷积神经网络（Deep Convolutional Neural Network，DCNN）是深度学习重要算法之一，是以层次化的抽象处理机制实现了从影像中抽取底层特征，再到高层视觉信息的抽象与综合反馈。基于 DCNN 的分割与目标识别方法，将全链接神经网络结构转换为全卷积神经网络结构，通过扩大感受视野、融入多种策略、引入实例约束等方法，实现自然影像上场景的语义解析。相关研究表明，基于 DCNN 的方法在 Image Net、MS-COCO 等数据集上取得了超过 90% 的识别精度，其性能已超越人类水平。同时，DCNN 方法的查全率和精度大大高于传统的 LBF-HF（Local Binary Pattern Histogram Fourier）和 EFT－HOG（the Elliptic Fourier Transform－Histogram of Oriented Gradients）方法，其精度高出 20%～30%。

"感知—推理—优化"的深度学习组合技术链条构成了智能信息提取系统。首先通过感知功能的深度学习对图斑形态特征进行分层抽取和结构化重组，可构建精准的信息基准，用于对外部多源多模态数据的时空聚合，进而协同具有推理功能的迁移学习机制，从结构化数据集中挖掘相关联的语义特征或模式，从而对图斑指标与类型进行定量而全面地判别与分析，最后耦合优化功能的强化学习与主动学习机制，提高因碎片式的训练数据扩增而对提取精度的迭代式增益。基于此，周成虎院士团队研究提出了"粒化—重组—关联"的智能计算模型，即在时空框架下综合集成多源遥感及多模态非遥感数据，以多层次、多视角与多维度地实现对复杂地表信息的逐层解构与由外及里的透视，基于多粒度计算思想构建精准地表（P-LUCC）"五土合一"（土壤、土地资源、土地利用、土地覆盖和土地类型等五个方面）信息提取与应用体系，发展了分区分层感知（粒化）、时空协同（融合）与多粒度决策（关联）三个基础性模型。

（二）遥感影像信息提取和变化检测的实践探索

AI 深度学习技术在自然资源领域的实践应用不断丰富。首先，企业、科研院所等不断创新技术方法，提高了自然资源要素信息提取效率。例如，吉威承担自然资源部国土卫星遥感应用中心自然资源全天候遥感监测 310 工程项目，开展了建筑物、线状建设用地、推填土等新增建设用地监测，以及高尔夫球场、光伏、湖泊、道路等多类专题用地的自动提取业务；利用水体自动提取与基于 GIS 底层的堤防线整合编辑技术，为水利部水利信息中心提供全国范围流域十大流域河流、湖泊自动提取服务，获取大江大河水体面状空间信息。中国科学院空天信息研究院利用精准土地信息模型自动提取了道路、水系、建筑/建筑群、耕地、水体、林地、草地和其他要素图斑，生成江苏省土地利用与覆盖变化数据，其中大类的准确率平均为 90%，且分析了其他地类不准确的分布及概率特征。商汤科技自主研发的 Sense Earth 平台以北京和上海地区为例探索了道路建筑物提取及变化检测，四维图新公司研发了基于人工智能的路网检测工具应用于导航路网数据生产，南京市测绘院研发基于人工智能的遥感解译工具自动提取建筑物、道路、植被、水体等要素信息。武汉大学张良培教授利用深度学习算法识别房屋位置及房屋受损情况，为人道主义救援与灾害应急响应提供支撑，并应用在江苏省测绘研究所的高分辨率基础要素制图中。国家基础地理信息中心以巴基斯坦、越南、乌兹别克斯坦、中国陕西等作为试验区，利用资源三号、高分一号和高分二号、高景等卫星影像，针对水系、交通、居民地、植被等典型地形要素进行提取测试，同时综合运用大数据、OSM、Google Earth 等开源信息填补属性信息空白，与人工采集相比，利用深度学习技术的遥感信息自动化提取可提升 40%以上的工作效率。国土卫星遥感应用中心基于 Tensorflow、PyTorch 等深度学习框架，研发了"影像—标注—特征"深度学习样本库，以及复杂场景下自然资源要素现状和变化信息提取深度学习模型，建设了国产卫星数据统筹、影像处理、DOM 生产、信息提取、成果建库及应用服务的自然资源卫星遥感监测全链条生产线，基本形成了全国季度、重点区域月度和重点目标即时监测技术体系和业务流程，实现 2 m 分辨率影像变化信息的每日自动提取，每月数据处理面积约 500 万 km^2，其中新增建设用地信息提取精度 60%以上，湖泊、大棚、高尔夫球场、光伏用地、机场、道路等典型目标提取精度为 80%左右。

其次，部门和企业、科研院所通过多种业务合作模式，创新自然资源治理模式。例如，商汤科技为青岛西海岸新区研发人工智能视觉分析平台，开展矿山生态环境恢复治理智能遥感监测、重点工程施工进度智能遥感监测、河湖遥感智能监管等应用，提升了青岛西海岸新区政府管理和社会治理能力。阿里达摩院服务于北京市规划和自然资源委员会，通过遥感影像的自动智能识别比对分析算法，实现全自动的大棚提取、新增建筑物提取和全要素变化图斑提取，应用于北京市的大棚房专项整治以及城市违法用地、城市空间变化的快速发现和精准定位，并进行常态化、动态化监测监管；服务于淄博市自然资源局，利用 AI 算法一天完成全市范围内土地、水域等要素变化情况的自动提取，提升了 10 倍效率，降低了人工错误提取概率，减轻了外业工作人员工作量，并通过月度高频监测，及早发现违法建设、非法侵占等行为，将监管模式由事后处罚改为事中干预模式；服务于水利部信息中心，利用遥感 AI 助力河道四乱监测，实现全国七大流域管理范围内水体、临河房屋、采砂场、拦河坝、片林、大棚、光伏电场、网箱养殖等典型目标的智能化识别和变化检测，为执法人员治理河湖四乱提供技术支持；服务于生态环境部卫星环境应用中心，利用遥感影像数据和 AI 人工智能技术，实现对山水林田湖草等自然资源生态环境各要素的比对分析，助力生态红线监测监管。航天宏图基于深度学习检测、大数据分析应用及语义分割算法，通过"先定位后筛查"的技术流程，实现了大棚房目标检测和语义分割两种方式检测，满足全国范围大棚检测及工程化检测精度需求。吉威开展"四乱"线索要素自动提取定位，以赣江、湘江、梅江、府澴河的"四乱"遥感监测为例开展实验；服务于生态环境部卫星中心的生态红线监管平台，建设红线区遥感监测"自动化巡查、交互式详查、便捷化核查"三查遥感监测业务流程，实现对红线区域的实时、动态及持续的遥感监测；面向自然保护区、饮用水水源地保护区、重点资源开发区等环境重点区域，开展监测线索检测、环境问题判读、环境问题取证和信息交汇与服务等研究，实现重点环境问题大范围快速自动监测（王硕等，2021）。

第二节　自然资源调查监测总体技术架构

适应新时代生态文明建设和自然资源改革发展需要，构建自然资源调查监测技术体系，支撑各项调查监测任务业务化运行，具有良好的基础条件，明确的应用需求。同时也要看到，当前还存在一些制约调查监测工作的"卡脖子"技术问题，急需通过各项先进技术的融合与创新，设计面向自然资源"两统一"管理的调查监测技术体系。基于遥感对地观测技术，叠加融合现代测量、人工智能、信息网络等技术手段，构建先进实用、协同高效的"天—空—地—海—网"一体化自然资源调查监测技术体系（以下简称"调查监测技术体系"），设计技术体系的总体架构、构建技术与实现途径，提出构建技术体系的总体技术思路与解决方案，指导重构各级各类调查监测业务实施的工程化技术方法与业务化应用模式，全面支撑自然资源调查监测体系。

一、需求与挑战

（一）实施统一调查监测迫切需要先进技术支撑

长期以来，自然资源调查监测工作分散在不同部门，缺乏统一的组织协调，在技术支撑层面存在以下不足：一是不同调查监测的概念有差异、内容有交叉，标准规范不一致，难以全面覆盖自然资源"资源—资产—资本"的三大属性；二是各类调查监测的技术手段较为单一，自动化和协同化程度有待提高，难以保证大范围调查监测的高效率；三是成果分析以单要素统计与对比评价为主，缺乏对自然资源要素关联匹配、人地关系、演变规律和调控机理等的综合性研究，难以有效支撑自然资源与国土空间的格局解析、结构诊断、趋势预测、态势预警等高层次应用；四是各级、各部门各类资源调查技术协同与共享共建的工作机制亟待强化，组织保障体系高效运转、调查技术队伍的融合还有待深入。

新时代自然资源调查监测体系下，自然资源调查监测要按照统一体系、统一逻辑、统一规范，查清各类自然资源种类、数量、质量、分布、权属、保护和开发利用等状况，实现对自然资源状况及变化的精细化调查、动态化监测及场景化管理。为满足自然资源统一调查监测业务需求，要以地球系统科学和自然资源科学为理论基础，综合运用现代测绘、信息网络及空间探测等先进技术手段，设计和构建标准统一、手段智能、业务联通、先进实用的调查监测技术体系，为全面摸清家底，及时掌握变化，提供完善可靠的基础数据，支撑自然资源精准化管理和政府科学决策提供现代化的技术支撑。

（二）构建先进实用的技术体系面临诸多挑战

先进性和实用性是调查监测技术体系应满足的两大基本要求。前者是指要充分吸收对地观测、大数据和人工智能等先进技术，面向时空信息基础设施的支撑保障定位，设计构建出体系完备、架构合理、功能先进的技术体系，有效提高调查监测数据获取、处理、分析、服务的效率与水平；后者是指能有效支撑《自然资源调查监测体系构建总体方案》提出的各项调查监测任务，满足当前的业务急需和未来的发展需要。为此，要遵循"连续、稳定、转换、创新"原则，做好调查监测技术体系的总体设计和构建，解决好当前面临的以下挑战。

（1）基于整体性的体系架构设计。以往各类自然资源调查监测的技术体系相对独立，彼此间差异较大，即便采用"同一方法手段"，也存在"不同指标要求"的状况。当前，开展自然资源统一调查监测，对技术创新模式提出了新要求。首先要从整体上思考和解决各单项调查监测技术的集成化和架构的体系化问题，提出调查监测技术体系的总体框架、组成要素、结构功能，梳理出需要使用或研发的算法、模型和装备，建立起涵盖数据获取、信息提取、成果管理和分析应用全过程的自然资源调查监测统一技术架构，同时也为各地开展特色调查监测留出可扩展空间。

（2）先进性与适用性相结合的技术创新。当前使用的调查监测技术方法相对稳定成熟，但自动化和协同化程度不够、效率有待提高。充分利用高新技术，消除技术痛点、解决工作堵点，实现全要素、全天候、全流程的统一调查监测，尚需突破诸多技术瓶颈。例如，一些基于新一代信息化技术的算法、模型仍处于研发或试验阶段，尚无法完全满足工程化应用需求；地表基质、地下空间等调查监测业务亟需成熟稳定的技术方法与平台支撑等。这就需要在调查监测技术体系总体架构下，统筹考虑技术的先进性和适用性，以"降低成本、提高质效"为目标，提出破解技术瓶颈的思路，研发实用的技术方法、工具软件或系统，有重点、有步骤地推进调查监测的协同化、自动化、精细化和智能化。

（3）业务化工程技术模式的系统性重构。自然资源统一调查监测业务内容多、技术复杂多样，彼此间关联与秩序关系复杂。为有效实施自然资源的统一调查监测，应根据业务组织实施需要，对业务模式和技术流程进行梳理，实现系统性重构。需要在调查监测技术体系总体架构下，按照调查监测对象的资源特性和技术特点，以"数据获取—信息提取—集成建库—综合分析"为主线，分析厘清不同调查监测业务之间的边界与衔接关系，凝练出共性技术环节，优化工程化业务模式，重构出跨越单一专业界限的统一调查监测的技术流程，提出遵循统一分类标准、指标体系、服务共享协同要求的工程化生产技术模式，以支撑构建横向连通、纵向贯通的统一调查监测业务体系。

二、总体目标和设计思路

（一）总体目标

综合利用对地观测、人工智能、现代测量、信息网络等技术手段，设计"空天地海网"一体化技术体系的总体架构、构建技术与实现途径，分析凝练创新方向和重点，为构建先进实用、协同高效的技术体系提供总体技术思路与解决方案，指导重构各级各类调查监测业务实施的工程化技术方法与业务化应用模式，全面有效支撑自然资源统一调查监测工作。

（二）技术思路

基于自然资源调查监测的技术现状和业务需求，综合考虑现有技术水平与未来发展趋势，按照"连续、稳定、转换、创新"的原则，以一体化体系设计、现代化技术实现、业务化支撑服务为总体思路开展设计工作，首先提出调查监测技术体系的总体架构、主要技术路线和工程化技术实现思路，形成总体指导技术体系的设计方案，然后再逐步提出指导具体技术实现和工程化应用的专项技术方案，并结合日常调查监测工作不断优化完善，逐步形成可推广应用的技术方法和软硬件平台。

具体思路如图 3-8 所示。

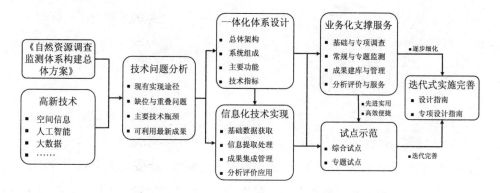

图 3-8 技术体系设计思路

（1）一体化体系设计。围绕统一调查监测的业务融合需求，梳理当前各类调查监测的技术流程，分析不同调查监测任务之间的边界与衔接关系，凝练共性技术环节，重构技术流程，以系统、平台、装备为基本单元，设计技术体系框架的组成、功能和接口关系，构建集算法、模型、装备于一体的全链条多时空分辨率自然资源调查监测技术框架，支撑构建横向连通、纵向贯通的信息化技术体系和业务化运行模式。

（2）现代化技术实现。分析制约全要素、全流程、全覆盖和多时空分辨率调查监测的关键技术瓶颈，以提升调查监测的精准性、实时性、智能化为突破重点，以快速发展的空间信息、人工智能、大数据、云计算、物联网等现代信息技术为契机，研究评估突破相关技术瓶颈的可能途径，分类梳理可直接应用的技术、需要融合改造的技术和亟待创新攻关的技术，提出实现统一调查监测的技术路线及其实现途径，全面提升调查监测的科技水平。

（3）业务化支撑服务。针对《总体方案》中明确的调查监测内容、对象与任务，分析当前工程化方法的技术缺位与弱项，统筹业务当前急需和长远发展需要，研究设计技术体系支撑下的统一调查监测业务模式，分析提出全面业务化应用的设计重点与实现途径，通过试验试点，形成工程化技术方法与技术流程。

（4）迭代式实施完善。调查监测技术体系构建与业务化运行是一项复杂的系统工程，既要解决众多的技术难题，也要创新管理运行机制，推进制度、标准、技术协同促进。应根据技术体系的总体架构，围绕重构调查监测工程化技术模式这一目标，采用急用先行、分步实施、迭代逼近的策略，逐步提出专项技术方案，做好科研攻关、测试验证、试点示范等工作的统筹衔接，推进完善调查监测技术体系。

（三）总体技术架构

调查监测技术体系的总体架构包括协同式数据获取、自动化信息处理、精细化场景管理、智能化信息服务等4个部分，如图3-9所示，在人工智能、5G+物联网、云服务等新技术支持下，根据有关数据规定、指标体系和技术规程，实现跨越单一专业界线、标准统一、数据共享、技术协同、信息汇聚、按需服务的自然资源调查监测体系。

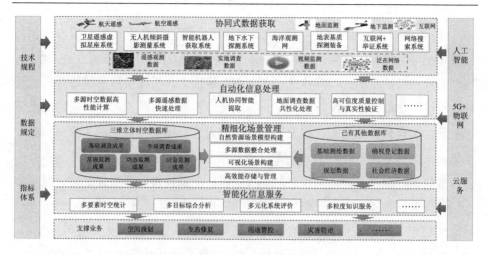

图 3-9　技术体系的总体架构

（1）协同式数据获取。以满足自然资源多要素、高精度、高频率、多层次综合调查监测为目标，加强遥感机理研究，提高遥感数据适用性、匹配性，利用卫星观测、航空摄影、地面采集、海洋调查监测、网络数据挖掘等"空天地海网"数据获取手段，通过协同任务规划、多星联合拍摄、航空组网观测、地面一体化采集、海洋信息综合获取及众源数据智能发现等技术方法，将卫星观测平台、航空观测平台、地面观测平台、海洋观测平台和计算机网络平台有效协同起来，构建内外业一体、地面协同、点面结合、综合集成的多层次、多尺度动态协同式数据获取系统网络，形成服务自然资源调查监测的全天候、全天时、全要素、全尺度数据协同获取能力。主要内容包括：多源卫星数据协同获取、航空数据协同观测、地面实时采集与智能测量、海洋信息协同获取及众源信息协同获取等。

（2）自动化信息处理。针对"空天地海网"协同获取的多源多模态数据，综合利用云存储、服务计算、人工智能等新技术，构建"以算法为基础、知识为引导、服务计算为支撑"的自动化信息处理平台，实现多源遥感数据快速处理、信息智能提取、时空数据高性能计算，提升调查监测信息处理的效率与精度。主要内容包括：多源时空数据高性能计算、多源遥感数据快速处理、人机协同智能提取、地面调查数据共性化处理、高可信度质量控制与真实性验证等。

（3）精细化场景管理。以实景三维中国为空间基底、遥感影像为背景、基础地理信息为空间框架、自然资源调查监测成果为核心内容，结合各类审批、规划等管理界线及相关经济社会、人文地理等信息，构建自然资源场景模型及管理系统，实现自然资源时间、空间、语义等精细化建模、一体化表达、集成化管理，为自然资源空间分布及变化的立体表达、精细测定、科学认知等奠定基础，支撑构建自然资源"一张图"，形成全覆盖的三维自然资源数据底版。主要内容包括：自然资源语义模型与场景建模、多源异构数据整合处理、海量数据高效能存储管理、可视化场景呈现等。

（4）智能化信息服务。综合利用空间知识工程、大数据、人工智能等技术，通过数据共享、数据分析、信息提取、知识挖掘、知识图谱构建等技术手段，以"生产—生活—生态"空间冲突与极限条件为约束，"数量—分布—结构"为基础，"格局—过程—服务"为框架，"资源—资产—资本"为内涵，构建以"时空统计—综合分析—系统评价—知识服务"为主线的自然资源信息服务体系，支撑建设统一的国土空间基础信息资源管理与自然资源业务信息化管理服务体系，建成部门联动、开放共享、安全高效的分布式国土空间基础信息平台，提升自然资源调查监测对政府、部门、企业和公众的服务能力。主要内容包括：时空统计、综合分析、系统评价及信息服务等。

三、统一调查监测的技术实现思路

针对自然资源基础调查、专项调查、监测、数据库建设、分析评价等具体工作任务，围绕信息源获取、调查监测要素采集、多源信息集成建库、数据统计分析评价与应用服务等工作环节，在已有技术基础上，聚焦存在的问题与弱项，对总体技术路线所确定的共性技术进行具体化应用，对特定的专题性技术和设备进行创新性研发，对具体的方案和指标进行优化完善，对成果统计分析与应用服务进行细化确定，从而形成一套涵盖相关调查监测全部工作内容、流程清晰、指标明确、方法先进、能有效指导日常各项调查监测任务实施的系列工程性技术与方法，如图 3-10 所示。

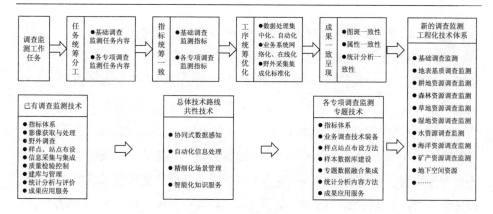

图 3-10　统一调查监测设计思路

（一）统一调查监测的技术路线

统筹考虑工程实施和技术实现两条主线，开展统一调查监测的工程任务技术设计。一是统筹考虑基础调查、专项调查工作之间的数据衔接关系，按照基础调查监测突出"基础性、通用性"、专项调查监测突出"专题性、深入性"的数据建设思路，推进调查监测间工程技术体系的整体性、协同性建设。二是统筹考虑总体技术创新与各调查监测技术创新的关系，按照总体技术负责共性技术创新、各类调查监测负责专题技术创新的思路，推进调查监测工程技术的系统性、创新性建设。

（二）统一调查监测的技术要点

为保障自然资源基础调查、专项调查和监测的整体性与系统性，快速、准确、高效获得完整、翔实、一致的调查监测成果，在工程技术设计时要遵循以下要求：

（1）统一指标体系。根据相关调查监测指标冲突情况，科学分析、统一制定基础和各专项调查监测的指标要求，消除精度、语义、尺度等的差异。加强指标包容性分析，预留接口避免新歧义新矛盾。

（2）统一调查监测底图。各专项调查监测应以"国土三调"和年度变更调查成果为底图开展。获取的专项调查变化图斑及信息，纳入国土变更调查，保障"国土三调"和年度变更调查成果的时效性和权威性。

（3）多源数据统筹获取。统筹分析各项调查监测的"空天地海网"等各类数据获取需求，全面分析数据资源的获取渠道、可靠性、投入等因素，合理制定获取目标、方案及应急措施，保障调查监测任务的基础数据源供给。

（4）多源数据集中自动化处理。研发多源遥感数据快速处理系统，实现可见光、LiDAR、SAR、高光谱、多光谱等数据的快速处理。统筹考虑各类调查监测图斑自动化提取要求，开展基于遥感影像智能化处理技术研究。研发面向地面调查监测数据的共性处理方法，支撑基础调查与各种专项调查的有序衔接。

（5）统一成果内容。制定统一调查监测的相关影像、样本、样点、站点成果，以及调查监测阶段和最终成果的内容及格式要求，确保各项成果能在统一调查监测模式下快速共享利用。

第三节　自然资源调查监测主要技术路线

一、构建"空天地海网"立体协同的数据保障体系

针对自然资源基础调查和常规监测及各专项调查、专题监测和应急监测等多样化业务需求，按照"全域覆盖、时相适宜、计划统筹、以需定取"原则，构建光学、高光谱、SAR、激光测高等遥感卫星观测网。利用多载荷航空协同、高空系留气球/平流层飞机（艇）以及无人机组网构建航空传感网。利用车载测量、移动终端、观测台站、专项装备及定点观测传感网构建地面观测网。利用海洋站、海上固定平台、海洋移动平台（包括船舶、浮标、无人船、ROV、AUV、glider 等移动平台）、岸基雷达及海底观测系统构建海洋信息观测网。利用"互联网+"、手机信令及数据挖掘等构建众源信息采集网。通过整合构建"空天地海网"数据获取保障体系，满足全覆盖、高可靠信息提取、高精度参数反演、高时效多维度数据获取等观测需求，实现对国土空间的全时、全域、立体实时感知，如图 3-11 所示。

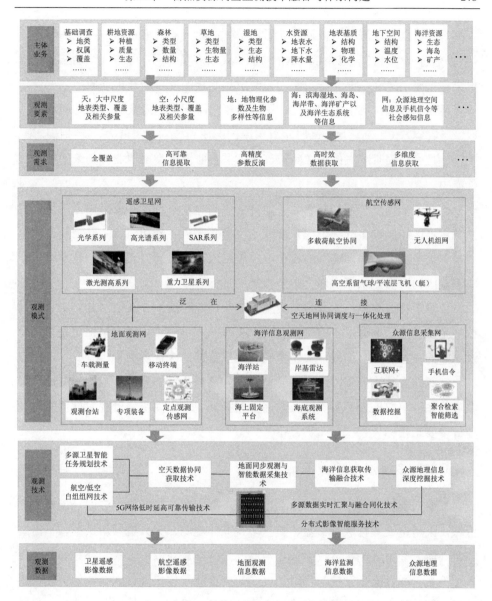

图 3-11　协同式数据获取的技术路线

（一）多源化卫星数据协同获取

根据自然资源各要素的特点和当前技术发展水平，与相关部门协调，推动应用于调查监测的相关新型遥感卫星研发；采用虚拟组网、多源卫星协同智能规划等星座立体观测技术，通过"光学多分辨率组网""多星统一规划与时相互补""平面+立体协同""光学+SAR 协同"及"多星组网"等方式，动态构建虚拟卫星星座，建立多维立体观测、民商卫星联合调度及敏捷机动应急数据保障等多种观测模式，实现不同尺度、不同时相、不同类型卫星高效编排和统筹获取，形成全方位、高精度、高时空分辨率的影像和技术保障能力，支撑按年度、季度、月度和即时观测的影像获取，保障调查监测各类不同业务场景的按需服务能力。

针对基础调查和常规监测、耕地调查监测等业务对 2 m 级影像全国季度覆盖和重点区域优于 1 m 级影像月度或季度覆盖需求，分别构建 2 m 级和亚米级虚拟卫星星座，利用同级别的雷达卫星星座或空天协同方式，补充光学卫星获取困难区的影像，从而实现全国全覆盖的目标。

针对森林、湿地、草原和水资源等专项调查对优于 2 m 空间分辨率、满足植被生长季的影像需求，构建光学、SAR 和高光谱等多型谱虚拟卫星星座，通过统一的任务规划和调度，实现多载荷卫星数据的综合观测。

针对地表基质调查，通过多光谱、高光谱和热红外载荷协同构建空地数据获取体系，获取地表基质类型及平面分布特征、理化性质、景观属性及生态环境等多要素指标。

（二）多维度航空数据协同观测

对航天数据覆盖困难、分辨率不足、精度不够、时效性保证弱等调查监测区域，采用空天数据联合覆盖、航空多视立体观测、无人机倾斜摄影、平流层飞机（艇）驻留观测、多尺度同步观测及协同信息获取等模式，补充航空影像获取不足。通过安全管控与实时调度、数据在线远程快速传输、影像快速摄影测量处理等技术，探索发展多维复合立体实时成像等新型航空载荷应用，形成光学、高光谱、红外、LiDAR、SAR、倾斜摄影等各种遥感数据快速获取能力，与航天遥感数据有效互补，为自然资源调查监测和管理提供更精准、更强时效和更高维度信息的影像和技术保障。

针对基础调查和耕地调查等对更高精度的影像和数据需求，采用无人机、热气球、系留气球等航空平台，获取高分辨率航空遥感影像和高精度地形坡度等信息。

针对森林、湿地、草原和水资源等专项调查对重点区域高时空分辨率调查及样方高精度观测需求，通过航空+无人机组网观测模式，实现重要流域、重点下垫面类型 10～50 cm 分辨率遥感监测能力。利用激光雷达、数码相机、视频等航空多视数据获取技术，提高样点信息采集能力，获取森林垂直结构信息，采集森林参数。

针对地表基质等特定调查需求，通过航空无人机协同观测，辅以野外补充验证调查的模式，采集地球浅表数据，获取地表基质的调查监测信息。

（三）便捷化地面观测调查

采用车载测量平台、船载平台、手持移动调查和样地、样点、样方定点观测及观测台站实时采集等方式，充分发挥"国土调查云"和已有网格员、基层河湖林长等作用，通过"互联网+"外业采集设备、通导遥一体化移动终端等装备，利用 AR 增强现实、多参数一体化采集及 5G NR 数据实时传输等技术，实现对自然资源地表覆盖类型、属性、利用状况等信息的现场采集与核实核查，开展理化参数、生物信息、地面信息等高精度采集、实时获取和持续观测。

针对基础调查和耕地调查等对地类及属性调查核实、图斑边界调绘、地物补测和图斑实地举证等需求，通过车载+手持移动终端的一体化调查模式，利用"互联网+"核查、5G NR 数据实时传输技术，对内业预判地类和权属等属性信息进行实地调查，逐图斑核实和调绘。

针对林草水湿等专项调查中的抽样调查与图斑调查技术需求，利用实时动态（Real-time Kinematic，RTK）和精准测高仪等专项装备集成、3S 技术集成、地面一体化智能观测等技术，实现森林资源内外业一体、点面结合、互为补充的多层次立体森林资源动态调查监测。针对降水、蒸散发等水文状态和通量指标，发展从点到面的高效精准估算技术，通过新建测流装置、监测井，并结合蒸渗仪、涡度相关仪等地面观测设备采集数据，获取格网蒸散发量，并辅以农作物野外调查，获取水资源下垫面状况。

针对地表基质地下结构状态，利用磁法、电法、电磁法等地球物理的技术方法，以及物探、钻探等技术手段，实现对地表基质垂向结构的调查。对于物理状态和物质成分调查，采用分析测试、野外解译仪器等技术手段，实现对各类型基质的物理、化学特征及有机质的调查监测。

针对地下空间探测，采用分布式光纤声波传感器（DAS）、绿色气枪和其他热敏电阻温度传感器等专项装备，通过钻探、物探等方式，获取岩土体类型、地质结构特征、关键参数及场属性，利用钻探、地球物理探测、分析测试实验，以及"空地井"地球物理立体探测等装备与技术，开展波速、温度、水位等指标的监测，实现矿山遗留地下空间、城市地下地质体、构筑物等各类地下空间信息协同获取。

（四）立体式海洋信息协同获取

综合利用卫星、船基、空基、岸基、海床基等观测手段，发展岸基观测、海洋水下探测、视频、原位在线观测技术，高精度、多波束重、磁、浅地层剖面和地震联合采集技术，地面一体化智能观测以及数据实时传输等技术，结合海面、海中、海底现场调查的方式，构建"空天地（岸）海"点面结合、互为补充、综合协同的全方位多层次立体海洋动态数据协同获取体系，支撑构建国家全球海洋立体观测网，全面掌握海洋自然资源范围、数量、质量等方面的现状、变化和开发利用状况。

针对海岸线、海岛、滨海湿地、沿海滩涂和海域等资源调查监测，发挥海洋监视监测卫星、SAR 数据和海洋水色卫星各自遥感优势，通过海洋卫星多星组网、光学和微波遥感观测模式互补，对卫星覆盖困难区域补充获取无人机数据，满足我国海岛海岸带重复覆盖周期小于 15 天的时效需求。

针对海洋生态环境要素监测，综合应用卫星遥感、在线监测、水下探测和实验室分析等技术手段，开展生态系统结构、功能等的调查监测。

二、构建多源时空数据自动化处理系统

按照"以算法为基础、知识为引导、服务计算为支撑"的技术思路，构建基于云基础设施的开放、可扩展的高性能计算框架，实现多源异构数据的集成管理、算法模型的服务化接入、计算资源的应需调度。研发多源遥感数据快速

处理系统，实现可见光、LiDAR、SAR、高光谱、多光谱等数据的快速处理。设计包含"像素、目标、场景"三级样本库，构建面向遥感信息提取的场景知识图谱，将地理知识、人文知识等与深度学习算法相融合，提高遥感信息提取的精准性和自动化程度。研发面向地面调查监测数据的共性处理方法，实现样地、样点、样方数据的逐级外推，专项调查数据与基础调查数据的空间一致性处理，多模态时空数据的融合与统计分析。构建云端结合的调查监测数据处理模式，满足统一调查监测所需的高性能共享处理需求，支撑基础调查与各种专项调查的有序衔接。自动化信息处理技术系统构建的技术路线如图 3-12 所示。

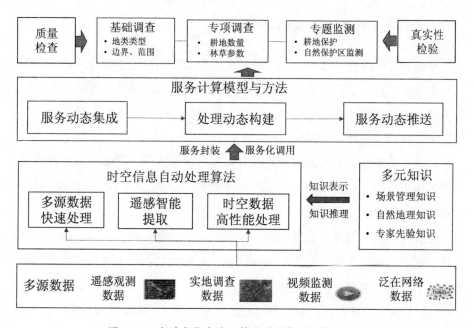

图 3-12 自动化信息处理技术系统构建的技术路线

（一）多源时空数据高性能计算平台

构建满足多样化业务存储、计算和服务需求的高性能计算平台，包括物理层、系统层、数据层、算法层、服务层，实现数据资源的按需利用、算法模型的动态封装与组合、业务流程的动态编排与实时监控、多元时空数据的并行处理、处理结果的动态推送，解决处理速度慢、算法共享性差等问题，支撑基础调查、林草水湿资源调查等业务对多源时空数据快速处理需求。其中：物理层提供高性能集群、存储服务器、网络设备、安全设备等硬件支撑；系统层提供基础性软件支持，包括集群调度、容器镜像管理、微服务管理、资源管理、人员管理和任务管理等；数据层提供数据支撑，实现遥感数据、专题数据、知识图谱、容器镜像、样本库、模型库等的组织管理和海量存储。算法层提供极化信息、海洋要素场、遥感建模反演、模型构建、地类信息提取、变化信息提取、质量分析等通用算法；服务层提供多源遥感数据快速处理、人机协同智能提取、地面调查数据共性化处理、质量控制和真实性验证等计算服务。

（二）多源遥感数据快速处理

根据调查监测特殊技术需求，设计全流程一体化快速处理技术框架，基于高性能计算平台，实现对可见光、SAR、LiDAR、高光谱等各种手段获取的多类多源遥感数据快速产品级处理，形成海量遥感数据大规模、高精度处理，以及快速、高频度个性化处理能力。

针对基础调查、专项调查和监测对高精度影像底图、三维地形等的需求，利用各种先进的测绘技术，发展常规 SAR 影像、干涉 SAR 数据地理编码技术，实现基于立体卫星光学影像、航空多视立体数据、SAR 数据的底图快速生产。

针对地下空间调查对地质模型、地下空间三维实景融合需求，研发激光扫描等数据的区域网平差、密集点云匹配、三角网构建和纹理自动映射等功能，实现地下空间三维模型自动构建；利用基于钻孔、地质剖面的地质模型自动化构建、基于地质统计数据的训练图像三维建模等技术，实现地质模型快速构建、更新与融合。

（三）人机协同智能提取

将多源遥感数据与地面调查信息相结合、专家知识与机器智能相结合，研究面向多源遥感影像的深度学习框架，构建支撑自然资源关键参数提取的各类样本库及模型库，推进全国样本库建设与共享应用；突破人机协同智能解译、变化信息自动提取、地类自动精准识别、内外一体化协同处理、三维场景立体解译、遥感建模反演等核心技术，实现自然资源地类的自动提取、动态更新及重要参数反演，耕地、林地、草地、道路、建筑物等地类的提取精度稳定在90%以上，参数反演的精度和时空连续性显著提升。

针对基础调查的业务需要，利用高分遥感影像、地面调查数据、基础底图等多源数据，构建顾及地形、时相差异的地表覆盖样本库及模型库，基于光学遥感影像、LiDAR、SAR、三维全景等数据，利用智能解译和变化自动识别提取技术，通过地类人机协同解译、内业判读、外业核查、内业修正等处理，实现地类、属性等信息的准确获取。

针对年度国土变更调查、耕地保护、国土空间规划实施监督等业务需求，综合应用基础底图与多源数据成果，构建地类变化样本库、变化信息提取模型库，利用人机协同、深度学习等技术，通过发现变化、提取变化、类型确认、信息表达等处理，实现变化信息的精准快速提取与动态更新。

针对草原植被覆盖度、森林生物量等参数调查需求，依据我国显著的地表分异性规律和专项调查参数年际变化规律，构建面向自然资源关键参数的各类样本库，以及辐射传输、生态过程、尺度转换等模型库，综合利用长时间序列地面调查样地数据、星载和机载光学、SAR、LiDAR、高光谱等多源数据，通过大气校正、模型构建、参数反演等处理，实现不同草原区域、森林区域融合"星天地"数据的植被覆盖度、森林生物量等参数高精度反演和产品生产。

（四）地面调查数据共性化处理

针对林草湿、地表基质、水资源、海洋等专项调查监测的实际需要，研发共性处理技术，对所获取的样地调查、外业调绘、图斑举证、属性调查、定位观测、移动终端、观测台站等数据进行处理，解决各类调查数据格式不一、数据交叉、指标相矛盾等问题，实现海量、多类型、多层次地面调查数据一体化处理。主要包括：多层次数理统计方法与模型；样点、样地、样方数据逐级外推技术方法；多源异构数据标准化处理，空间、时间一致性处理，数据融合、尺度转换、叠加分析、数据冲突自动检测、数据智能关联与映射等；设计基于统一云架构的图片、表格、视频等结构化与非结构化地面调查数据通用处理系统。

（五）高可信度质量控制和真实性验证

为确保调查监测的数据质量，围绕数据多样性、流程复杂性及人为因素等质量问题产生的根源，设计集自然资源时空信息、生态环境知识、人文地理知识等为一体的自然资源质量知识图谱，构建集卫星遥感、无人机遥感、众源、互联网大数据、监测站点、样地样本、外业巡查等数据为一体的调查监测真实性验证支撑库，突破海量时空信息与自然资源信息的一致性检查、基于知识图谱与支撑库的多源信息交叉验证、互联网+众筹的信息真实性举证、空地结合的实地巡检等多模式验证技术，为各项调查监测提供实时、动态、可靠的质量信息与质量预警服务。

三、建立自然资源精细化场景管理系统

自然资源场景是一定区域、不同时空范围内各种自然资源、管理规划、社会经济等要素相互联系、相互作用所构成的具有特定结构和功能的地域综合体。

根据自然资源调查监测数据立体化统一管理和形成全覆盖的三维自然资源时空数据底版的需要，改变传统自然资源数据分类、分散、二维平面管理的现状，对数据模型、数据处理、可视化、数据存储与管理等环节的技术路线进行优化与重构。基于统一的三维空间框架，建立土地、矿产、森林、草原、湿地、水、海域海岛等各类自然资源统一的三维立体时空模型，构建"地上地下、陆海相连"的统一的自然资源"一张图"大数据体系。突破多源异构数据整合处理、三维立体可视化场景构建、海量数据高效能存储与计算等技术，构建自然资源的精细化场景管理系统，全面直观反映各类自然资源的空间分布、演化过程和相互作用关系，支撑各种自然要素、人文要素、社会经济信息等的综合管理与分析研判。精细化场景管理系统构建的技术路线如图 3–13 所示。

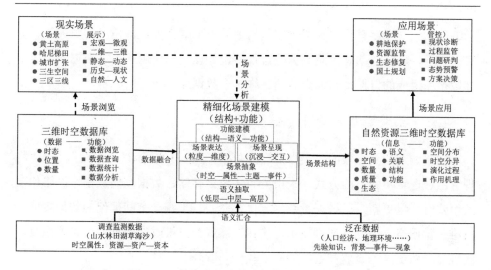

图 3-13　精细化场景管理系统构建的技术路线

（一）精细化场景建模

设计构建自然资源场景模型，形成涵盖自然资源语义表达、空间位置、要素关系、分布格局、属性特征、演化过程等综合信息的自然资源场景数据模型和表达模型，准确反映自然资源实体的时态、位置、数量、质量、生态五位一体的"时空—属性"关系。自然资源场景模型包括数据模型和表达模型两部分。

数据模型采用实体关系（Entity-Relationship，E-R）建模法，设计立体时空数据模型，实现各类自然资源实体、管理界线、社会经济要素等在空间上的分层，在时间上的分期，在地理位置上的分区，在业务上的逻辑关联。

表达模型在数据模型的基础上，基于统一的三维空间框架，针对土地、矿产、森林等各类自然资源的不同应用需要，兼顾时空分布、演化过程和要素相互作用等，设计多维度场景和多模式展示方法，实现不同类型、不同层次、不同尺度、动静耦合、全局和局部嵌套的自然资源场景统一立体表达。

（二）多源异构数据整合处理

针对各类调查监测、规划管理、基础地理信息、三维模型等数据，以及社会、经济、人口等行业数据，采用要素一致性检核、分类重组、实体构建、统一编码、三维金字塔构建、单体模型与地形模型融合处理等技术，对矢量、栅格、三维、表格、动态监测数据等进行整合处理，构建由一个主数据库、多个分数据库组成的自然资源调查监测三维时空数据库。

（三）海量数据高效能存储管理

围绕调查监测获取的各类自然资源数据，基于自然资源"一张网"，按照"物理分散、逻辑集成"的方式，采用分布式数据存储、数据存储加密、网络化要素级实时增量更新、巨量矢量数据分块存储、基于统一空间框架的数据集成、三维矢量栅格一体化管理等技术，构建自然资源三维时空数据库及管理系统，实现对自然资源调查监测数据的高效存储和管理。

（四）可视化场景呈现

基于多源异构三维数据动态融合、海量影像动态服务等技术，构建多粒度三维空间框架。按照地下、地表、地上等各类自然资源要素的立体空间位置，采用巨量矢量要素三维化动态表达、二维数据三维空间模拟等技术，构建全域覆盖、空间连续、二三维一体的可视化场景，并利用 WebGL 3D 渲染、虚拟现实、增强现实等多种技术手段，对自然资源实体、要素相互作用及演变规律加以综合呈现，实现各类自然资源"宏观微观、地上地下、室外室内"的一体化综合展示。

四、研发自然资源智能化信息服务平台

充分利用调查监测数据，深度融合人口、社会经济统计、高精度遥感影像和泛在网络等数据，建立自然资源统计分析评价指标体系、模型和智能化信息服务平台，实现数据融合、时空统计、综合分析、系统评价、智能服务等功能，实现由被动向主动、静态向实时、单一向综合、平面向立体、人工向智能的服务深度转型，形成自然资源"一张图"分布式的管理、应用和共享服务机制，支撑构建数字化、网络化和智能化的国土空间基础信息平台，为自然资源调查

监测评价、国土空间规划实施监督、行政审批、政务服务、资源监管、分析决策等应用提供数据支撑和技术保障。智能化信息服务的技术路线如图 3–14 所示。

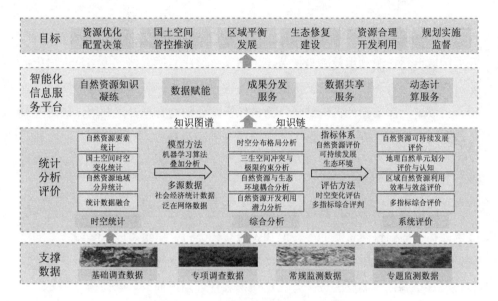

图 3–14　智能化信息服务的技术路线

（一）时空统计

通过标准化数据融合、统计单元和指标匹配、模型算法筛选等方法，构建地上、地表、地下时空统计框架，实现多尺度、全要素、分类型的自然资源大数据高速计算和精准统计，形成反映自然资源"历史—现状—发展"状况的数量、分布、变化等统计成果，准确反映我国自然资源"家底"。

（二）综合分析

以自然地理单元、行政区划、社会经济区域、规则网格等为分析单元，以自然资源的分层结构、时空分布格局、开发利用潜力，自然生态状况、生态压力、生态保护与绿色发展，以及经济发展格局与潜力等为目标，建立"数量—质量—生态"三位一体指标体系，实现对自然资源"格局—过程—机理"的状态解析,开展自然资源现状、开发利用程度及潜力分析,研判自然资源变化、发展趋势,综合分析自然资源、生态环境与区域高质量发展整体协调情况。

(三)系统评价

从"资源—资产—资本"角度,基于自然地理、环境要素和社会经济条件,开展区域自然资源利用效率与效益、生态系统健康与适宜性、生态资产与价值服务等综合分析评价,以及耕地适宜性、森林生产力、碳储碳汇等分层单项评价,形成定性和定量的评价结果,为自然资源保护与合理开发利用,确定开发红线和适宜开发强度,以及国家宏观调控提供决策参考。

(四)知识服务

以应用需求为驱动,集成倾向性分析、热点发现、聚类搜索、信息分类等技术,构建面向自然资源的多粒度知识捕获、分析、重组、应用等流程。通过矢量和网格地图、影像地图、专题地图、多媒体、流媒体方式向国家政府管理和公众发布调查监测有关成果。通过知识聚合、知识抽取、图谱构建等处理,形成立体时空知识图谱,借助云原生、动态服务计算等技术,构建"数据—产品—计算"的知识发现机制,实现用知识服务资源优化配置决策、国土空间管控推演等管理工作。

第四节 自然资源调查监测工程技术

一、基础调查监测

基础调查是查清各类自然资源的分布、范围、面积、权属等基本特征,为开展各类专项调查和监测提供基础和控制。监测分为常规监测、专题监测和应急监测。常规监测是以每年 12 月 31 日为时点,监测包括土地利用在内的各类自然资源的年度变化情况,有条件地区可探索开展月度或季度监测,探索实时变更新机制，及时监测各类自然资源的变化情况。专题监测以地理国情监测为基础，主要监测地表覆盖变化，直观反映水草丰茂期地表各类自然资源的变化情况。应急监测重点是第一时间为决策和管理提供第一手的资料和数据支撑。

（一）基础调查监测主要技术方法与流程

基础调查监测的任务是采用高分辨率航天航空遥感影像，综合利用各类自然资源日常管理资料和成果，准确查清全国自然资源的利用类型、面积、权属和分布等现状情况。采用"互联网+"技术核实调查数据真实性，充分运用大数据、云计算和互联网等新技术，建立基础调查数据库和增量更新数据库，按县、地、省、国家逐级完成质量检查与数据更新入库，基于数据库成果开展数据共享应用与知识服务等工作。主要技术流程包括：遥感数据采集、遥感监测、地方调查与建库、成果核查与数据库更新、成果分析与共享应用等。

（二）重点工程技术

（1）提高常规监测影像保障能力。利用多源卫星数据协同获取、多维多层次航空数据协同观测等技术和装备，进一步提高卫星影像的空间、时间和光谱分辨率，实现优于 2 m 光学影像按月全国覆盖，重点区域优于 1 m 分辨率影像年度全覆盖。

（2）提升信息智能化提取水平。利用人机协同技术，发挥光学、多光谱、SAR、三维全景等遥感数据联合解译、立体解译优势，实现多资源全要素的人工综合信息快速提取与检核检验，突破从单地类到全地类、从局部到全域、从辅助识别到全自动识别的技术瓶颈，实现基础调查监测地类自动化精准识别、智能解译与变化检测。

（3）拓展地面调查监测与核查技术。以"互联网+"调查监测技术为基础，集成整合视频流、无人机等多种外业实时动态感知技术，创新应用照片人工智能识别、在线实时对比、区块链等技术，构建"获取、识别、传输、检核"于一体、"空天地网"技术于一身的快捷智能"互联网+"外业调查和成果核查新模式。

（4）完善数据库建设技术。发展实时自动更新建库技术，集成整合专项调查成果，实现与基础调查数据库的有机衔接。探索应用区块链数字签名和密钥机制，保障调查监测成果的真实性、数据分发的可靠性和版本管理的一致性及可追溯性。

（5）提升多元服务与共享应用能力。利用高性能计算平台，研究集群环境下并发任务均衡分发、并行计算和全流程检查循环机制等技术方法，实现超大体量自然资源时空数据快速统计分析。完善基础调查监测成果多元服务应用产品、服务系统和共享机制，研究涉密成果脱密技术，提供用户端的"云计算"服务等多种离线、在线服务及决策分析支持。

二、专项调查监测

（一）地表基质调查监测

地表基质是指当前出露于地球陆域地表浅部或水域水体下部，主要由天然物质经自然作用形成，正在或可以孕育和支撑森林、草原、水、湿地等各类自然资源的基础物质。

1. 地表基质调查监测主要技术方法与流程

地表基质调查是全面了解和准确掌握地表基质的空间结构、数量质量、景观属性等基本特征，注重与生存、生产、生态和碳汇等相关属性因子的调查。主要技术流程一般包括：多源异构数据融合集成；多手段外业数据的协同获取；全要素数据成果的综合分析；全时空三维数据的模拟预测等。

2. 重点工程技术

（1）加强顶层设计，统一界定调查对象指标。研究确定地表基质分类体系，全面反映地表基质空间分布与结构、理化性质、生态状况、地质地理景观等要素属性特征。

（2）发展地表基质调查技术，实现多要素一体化调查。发展野外调查监测数据综合获取技术。研发多要素一体化、实时观测分析便捷化的野外观测分析设备。

（3）加强地表基质数据信息综合集成，开展综合分析与应用服务。以"国土三调"和年度变更调查成果为底版，发展综合集成、服务应用和分析评价技术研究，分析地表基质各要素间、地表基质与其支撑和孕育的自然资源类型间，以及人—地（表基质）间的作用机理和互馈机制，构建属性—指标分析评价模型，科学开展趋势预测和评估。

（二）耕地资源调查监测

耕地资源调查是在基础调查所确定的耕地范围内，开展耕地类型、种植体系、气候条件、地形条件、土壤属性、耕作系统、健康状况、生态系统等调查，查清各类耕地资源的数量变化、质量分类、健康水平、产能状况等，全面掌握全国耕地资源数量、质量、生态基础状况。

耕地资源监测分为常规监测、专题监测和重点区域监测。常规监测以耕地和永久基本农田保护目标地块图斑为基础，发现疑似耕地"非农化""非粮化"变化图斑，每年监测两次，可根据卫星数据获取情况增加监测频次，遏制耕地"非农化"，防止耕地"非粮化"。专题监测重点对耕地质量情况进行调查，分析耕地质量生态状况，以及对新补充耕地进行专项监测。重点区域监测主要围绕黑土地区、粮食主产区、高标准农田建设区、永久基本农田等区域，监测耕地资源变化，及时发现耕地"细碎化""边际化""逆生态化"等问题。

1. 耕地资源调查监测的主要技术方法与流程

根据不同区域、不同类型的耕地资源，从自然地理格局、土壤条件、生物多样性等角度出发，开展质量分类、健康水平、产能状况、农田生态系统景观格局等调查监测评价，摸清耕地资源家底，形成面向耕地资源调查、监测、数据库建设、分析评价及服务等业务的工程化技术方法和生产技术。主要技术流程包括：基础资料收集整理；耕地资源细化分类；调查样点布设；样点数据快速获取；数据集成和管理平台建设；多目标综合分析评价；调查评价成果应用等。

2. 重点工程技术

（1）构建耕地调查监测指标。围绕耕地数量、质量、生态"三位一体"保护，细化耕地体系，制定耕地资源调查监测指标，构建多维度评估耕地资源安全的调查监测评价指标。

（2）发展耕地资源调查监测网络。顾及典型性、代表性和经济可行性，设计针对不同分区的监测样区指标差异化布设技术方法，发展站点（样点）数据到区域数据的尺度推演技术方法，构建耕地资源数量、质量、生态知识图谱，建立耕地资源调查监测真实性验证数据库，实现多维度、全链条、实时化的耕地质量动态评价。

（3）创新耕地指标数据快速获取技术。针对耕地类型、种植情况和耕作条件，研究提出基于遥感的快速监测识别方法。针对土壤条件、健康状况、生态系统等关键特征指标，研制土壤多参数原位或现场原位快速检测装备。

（4）推进多目标分析评价和预测预警研究。研究耕地资源大数据自适应可视化表达技术，建立耕地资源共享服务平台。研究基于多源大数据的智慧耕地模拟仿真技术，发展空间格局变化与预测预警模型，探索耕地资源质量关键性指标时空变化规律，多维度揭示耕地资源演化的规律和驱动支持，提前发现潜在风险。

（三）森林资源调查监测

森林资源调查监测目的是查清森林资源的种类、数量、质量、结构、功能和生态状况及变化等情况，通过每年开展森林资源调查监测，及时掌握森林资源的年度变化情况，开展森林资源数据年度更新，保持森林资源的现势性、准确性和时效性。

1. 森林资源调查监测的主要技术方法与流程

森林资源调查监测以"国土三调"及年度变更调查成果为基础，通过制作森林资源调查底图，以数理统计和抽样理论为依据，依托国家森林资源连续清查的抽样框架，优化抽样设计，按照"图斑+抽样"的方法，利用高分定量遥感、卫星精准定位、无人机快捷核实及大数据建模等现代技术手段，开展森林资源数量、质量、结构等的调查监测，综合采用统计、建模和评估等方法对森林资源状况及其质量与功能进行分析评价。同时，采用遥感等技术手段，利用自动及人机交互方式，通过影像解译、智能化自动提取等技术方法，发现地类变化图斑，并通过核对档案资料、实地验证等方法进行核实，及时掌握森林资源动态变化，同步更新森林资源调查监测成果数据库，构建国家森林资源年度监测评价体系。

主要技术流程包括：基础资料收集处理；要素自动解译和变化信息提取；森林资源调查底图制作；抽样设计；样地布设；固定样地调查和模型更新；图斑调查和更新；成果统计汇总；成果入库及共享平台建立等。

2. 重点工程技术

（1）丰富调查监测内容，提高调查监测时效。把森林资源数量、质量、结构和森林生态系统、碳储碳汇纳入调查监测对象，深入调查植被种类和群落结构，科学揭示生物个体及其环境之间的内在联系。将调查监测周期缩短为 1 年，实现森林资源年度出数，提高调查监测信息的时效性。

（2）加强信息自动化提取，实施一体化调查监测。应用高时空分辨率遥感影像进行森林类型提取分类，提高调查监测底图信息的可靠性。建立变化解译样本库和变化解译规则，开发自动化精准识别、智能解译与变化监测等技术，实现核心要素和变化信息的自动化提取与处理。开发森林资源一体化调查监测技术，推进抽样调查和图斑调查指标融合、技术结合，保障各类森林调查监测成果与具体地块空间位置对应、属性信息对应，实现微观图斑调查监测成果与宏观抽样调查监测成果有效对接、结果一致。

（3）建立林分生长模型，开发数据更新技术。按树种（组）建立单木水平生长模型，按森林类别等建立林分水平生长模型。采用生长量/率模型、现地调查、直接扣除等技术方法更新各类固定样地和图斑信息。采用"现地调查+遥感判读"方法，调查样地因子和样木因子。采用无人机调查技术方法调查困难和无法达到等区域，实现调查监测范围的全覆盖。

（4）建设数据共享平台，畅通信息共享渠道。运用大数据、云计算、分布式存储技术，构建森林资源调查监测数据库，研发各类数据服务和业务应用接口，形成全域覆盖、统筹利用、统一接入的便捷高效数据共享体系。

（四）草原资源调查监测

草原资源调查监测负责查清草原的类型、生物量、等级、生态状况及变化情况等，获取全国草原植被覆盖度，分析测算综合植被盖度、草原生产力等指标数据，掌握全国草原植被生长、利用、退化、鼠害病虫害、生态修复状况等信息。

1. 草原资源调查监测的主要技术方法与流程

草原资源调查监测基于现有"国土三调"和年度变更调查成果等基础开展，主要技术流程一般包括：多源数据资料整合；图斑边界规范划分；多样化图斑因子赋值；高精度遥感监测模型构建；数据库建设；数据统计分析与成果制作等。

2. 重点工程技术

（1）统一调查指标，丰富采集内容。确定本底调查和年度监测指标，丰富完善草原资源类型、质量、生态系统结构、服务功能及利用状况变化等信息，支撑草原资源调查监测向服务草原生态、生产、文化等多功能应用转变。

（2）图斑因子全覆盖赋值，精准化变化监测。利用卫星遥感技术进行草原变化地块识别和样地布设，使"地毯式"区划调查变为"靶向性"区划调查，建立草原调查遥感大样地。充分应用遥感卫星数据和模型算法对植被盖度、生物量等指标进行遥感反演。

（3）植被覆盖度遥感反演分区建模，动态估算。利用遥感数据时空融合技术保障影像的时空分辨率，科学划分建模分区，分别建立估算模型，保障草原植被覆盖度动态估算模型建模精度达到85%以上。

（4）构建生物量遥感监测模型，实现生物量高精度监测。通过地面和遥感相结合，开展生物量高精度监测。科学划分监测子区，保持子区草地类型、植物特征等的一致性和均质性。构建子区生物量遥感监测模型，开发模型地面真实性检验和精度综合评估技术，实现全国草原生物量遥感监测。

（5）推进草原资源数据库建设。推进草原资源本底调查与年度调查监测数据建库，实现草原资源调查监测数据与自然资源三维立体时空数据库的有机集成。

（五）湿地资源调查监测

湿地资源调查的内容包括查清湿地的分布、面积、类型、功能、生态状况、保护利用等情况。湿地资源监测是为了选取能够反映湿地动态变化和人为影响因素的指标开展实时监测活动，及时掌握湿地资源变化情况，预测湿地资源变化趋势。

1. 湿地资源调查监测主要技术方法与流程

湿地调查通过遥感影像、无人机、雷达探测、红外摄像、地面调查、环境DNA等技术，基于"国土三调"和年度国土变更调查成果，结合湿地"二调"等调查数据和其他资料，根据调查内容和指标开展空缺分析和关键指标获取方法分析，构建适合湿地调查的全面高效技术路线和技术流程。

湿地监测以多季相、多时相的长序列遥感数据为基础，使用深度学习技术，结合地形、水文、气象等因素开展湿地变化监测，结合湿地保护、利用数据开展湿地生态质量状况及湿地损毁等变化趋势分析，制定湿地监测技术路线和实施流程。其主要技术流程包括：湿地边界划定；资料准备；调查监测单元划定；全覆盖调查；重点湿地调查；质量检查；统计汇总等。

2. 重点工程技术

（1）细化湿地划界技术，完善工程技术方法。在统一湿地概念标准的基础上，加强对湿地过程和功能的研究，寻找共性特征指标，建立湿地资源调查监测指标体系。开展湿地相关边界研究，科学确定湿地划界方法。建立湿地解译样本库，利用湿地影像特征和机器自动识别技术，建立完善湿地边界自动解译划定、现场核查划定的工程技术方法。

（2）开发水、土、生物最新调查监测技术。开发湿地水资源相关指标快速测定技术。研发遥感影像反演土壤含水量技术。研究泥炭厚度测定技术和土壤有机碳快速测定技术。开发多源遥感影像湿地植被边界自动化划定技术、植物物种智能识别技术、优势种自动识别技术。研究动物物种的图片、视频、声纹、毛发、粪便、足迹自动采集和识别技术、环境DNA技术、水鸟数量智能判定技术、水鸟和兽类卫星监测跟踪技术，鱼类水下探测技术。综合应用遥感定位、卫星跟踪、声纹识别、红外相机、高清摄像等技术手段，开展湿地动物调查监测。

（3）研发分析评价模型和湿地功能评价方法。构建湿地分析评价模型，实现自动分析和预警、预测。研究湿地生态系统优劣、健康状况、演替趋势等内在规律和关键影响因子，提出湿地功能、质量评价方法。

（4）建立信息融合和共享服务平台。建立全国湿地信息共享服务平台，完善编辑、查询、统计、分析等功能，实现数据共享、传输、统计、分析等业务化应用。

（六）探索森林、草原、湿地等资源一体化调查方法

结合高新技术手段，探索开展林草湿一体化调查，全面掌握森林、草原、湿地等资源的面积、分布、范围、质量、生态等基本情况，掌握林草覆盖率、生物量、碳储量等数据，综合反映林草湿覆盖、交错重叠等情况，以统筹推进林草湿生态治理、保护修复。

1. 林草湿一体化调查主要技术方法与流程

以"国土三调"数据为底版，融合森林、草原、湿地等已有调查监测数据，形成涵盖各类林草湿资源信息的综合监测图斑本底。以图斑为单元，基于遥感技术开展全覆盖面积变化监测，获取林草湿资源各类面积及其变化数据。构建抽样监测体系，设置森林样地、草原样地、湿地样地和校验样地，开展样地调查，查清各类资源储量及其质量、结构，校验图斑监测的面积数据。建立林草湿数据库，利用定点观测数据，获取生态功能评估参数，基于各类林草湿资源调查监测数据，综合评价生态系统的类型、质量、格局、功能与效益，形成各类资源专题监测评价报告和林草生态综合监测评价报告。主要技术流程包括：数据融合；图斑监测；抽样监测；数据建库；分析评价等。

2. 重点工程技术

（1）提升综合分析评价能力和方法。基于图斑、样地监测数据，综合分析评价林草湿资源状况，生态系统格局、质量、生物量和碳储量等生态状况，以及固碳释氧、防风固沙、涵养水源等生态服务功能效益，突出国家重点区域评价。

（2）开展统一调查监测理论研究和技术攻关。重点推进人工智能识别、激光雷达测量、关联耦合分析等关键技术，持续推进调查仪器设备研发升级，推进监测方法和技术手段的科技进步。

（七）水资源调查监测

水资源调查监测是通过水资源周期和年度评价，全面掌握水资源数量、质量、空间分布、开发利用、生态状况及动态变化。主要技术流程一般包括：连

续监测；年度统测；基础调查；水资源评价；数据库与信息服务系统建设；知识服务等。重点工程技术包括：构建调查监测指标体系，提高监测数据时空覆盖能力，研发水资源调查监测新技术与新装备，建设水资源调查数据库和知识服务系统。

（八）矿产资源调查监测

1. 矿产资源调查监测主要内容

矿产资源调查监测是要全面获取当前我国各类矿产资源数量、质量、结构和空间分布情况等基础数据，开展矿产资源可利用性评价，对不同矿种和类型矿产资源潜力状况作出评价，对资源储量、开发状况等年度变化进行监测，满足社会经济发展需要，促进有效保护和合理利用。

矿产资源调查监测主要工作包括：矿产资源调查、潜在矿产资源调查、数据库建设、汇总等。

2. 重点工程技术

（1）实施现状调查与动态监测，完善矿产资源储量家底数据。摸清矿产资源储量的数量、质量、结构和空间分布等基础数据，全面掌握查明矿产资源现状，每年发布全国重要矿产资源调查结果。

（2）开展矿产资源潜力评价，提高找矿靶区准确性。以战略性矿产和战略性新兴矿产为重点，动态评价我国矿产资源潜力，圈定有利的找矿远景区，为矿产地质调查提供靶区，为找矿勘查部署提供科学依据。完善矿产资源调查与监测规范，包括方法、成果表达、信息化等，发展数据统计和分析技术，提高成果的可信度。

（3）开展矿产资源可利用性评价，保障国家矿产资源安全。开展能源矿产资源状况评价、战略性新兴矿产资源状况评价、重要功能区矿产资源状况调查、压覆重要矿产资源状况调查、能源资源基地、国家规划矿区矿产资源状况调查等专项调查与评价。分矿种按区域科学评价我国可利用矿产资源的数量、质量、空间分布和开发利用状态，提出国内矿产资源供应能力和开发利用潜力，综合评价国内矿产资源可持续保障能力。开展国内战略性矿产资源可供性研究，结合国外矿产资源可供性分析，建设我国矿产资源安全预警体系。

（4）发展矿产地质调查和矿产勘查技术。开展矿产地质专项填图，大比例尺矿产综合检查，开展地物化遥综合信息找矿预测，开展"三位一体"综合评价，圈定找矿靶区，为勘查区块出让提供地质资料。

（5）加强数据库建设，推进"三维管矿"。建设国家和地方矿产资源定期调查数据库，实现调查成果集成管理、三维呈现、应用服务等功能，建立"三维储量"管理、更新、展示平台，实现"三维管矿"。

（九）海洋资源调查监测

海洋资源调查监测包括海洋资源专项调查和海洋专题监测。海洋资源专项调查主要包括海洋空间资源、海洋生态资源和海洋可再生能源等 3 个领域的专项调查。海洋专题监测内容包括：海岸线、岸滩动态、河口及三角洲演变、典型海洋生态系统；海岸带海岛保护和人工用海用岛；海洋水文要素、海洋生态要素、海洋化学要素、海洋污染物等。通过海洋专题监测对相关指标进行动态跟踪，掌握资源数量、质量等自身变化和人类活动引起的变化情况。

1. 海洋空间资源调查监测

海洋空间资源调查是查清海岸线类型（如基岩岸线、砂质岸线、淤泥质岸线、生物岸线、人工岸线）、长度，查清海域类型、分布、面积和保护利用状况，以及海岛的数量、位置、面积、开发利用与保护等现状及其变化情况，掌握全国海岸带保护利用情况、围填海情况，以及海岛资源现状及其保护利用状况。海洋空间资源监测主要监测海洋空间资源开发利用、地表覆盖等的资源年度或季度变化情况。

其主要技术流程一般包括：建立统一调查体系；一体化数据获取与集成应用；多源数据汇聚与融合处理；调查要素信息智能解译与提取；多元成果产品优化与决策服务等。重点工程技术包括：

（1）统一调查指标体系。建立统一资源分类框架下的海洋空间资源细分分类标准，分别确定不同种类海洋空间资源的调查指标，形成涵盖类型、权属、边界、地表覆盖、开发利用等多重属性的指标体系，合理界定不同类型海洋空间资源边界范围。

（2）构建"空天地海网"一体化的海洋立体调查监测布局。建设涵盖卫星、无人机、雷达、调查船、浮标、水下机器人（Remote Operated Vehicle，ROV）、自主水下潜器（Autonomous Underwater Vehicle，AUV）、水下滑翔机（Glider）、无人船、海洋站、原位传感器等多技术、多类型的调查监测技术及装备体系，研发适合砂质、粉砂淤泥质岸滩和浅水区调查监测的滩涂爬行器，构建一体化调查监测技术平台，形成一体化的调查监测技术系统，突破海岸带、海岛近岸浅水区和"盲区"的调查监测技术瓶颈，实现海洋自然资源全覆盖调查监测。

（3）加强自主海洋遥感数据应用。发展我国自主海洋卫星数据处理技术，发展自动化精准识别、智能解译与变化监测等技术，实现海洋空间资源从单一到多元，从局部到全域，从辅助识别到全自动识别。构建海洋资源一体化处理技术，实现各类海洋资源数据的清洗整理、标准处理、提炼转换、融合处理、叠加分析等功能，提升数据智能化处理效率和处理结果准确性。

（4）强化成果应用服务。发展海洋资源调查监测数据的三维立体实景可视化、多源异构数据集成管理和共享服务技术，拓展海洋资源管理决策支持产品，通过大数据分析、数据挖掘等技术加强知识服务。

2. 海洋生态资源调查监测

海洋生态包括以水质环境、地理与环境和海洋生物为识别特征的典型生态系统生物群落分布和栖息环境等。海洋生态资源调查包括海洋生态基本状况调查和重要海洋生态系统监测。海洋生态状况调查负责摸清海洋生态家底基本分布格局与变化趋势，调查要素包括水体、海底底质、海底地形地貌、生物和碳通量等。重要海洋生态系统监测负责掌握典型生态系统分布格局、基本特征与功能，对重要河口、海湾、海岛、红树林、牡蛎礁、珊瑚礁、海草床、海藻场、盐沼、泥质海岸、砂质海岸等典型生态系统实施长期连续监测评价，评估其变化趋势和受损程度。

基本技术流程一般包括：多尺度海洋生态数据协同获取；多类型调查监测数据智能处理；多源异构调查监测数据汇集管理；海洋生态基本格局和生态系统状况分析评估；信息化平台与产品服务等。重点工程技术包括：

（1）建立海洋生态监测指标体系。根据气候、地形地貌、水动力条件和生物特征等，科学划分近海生态系统。健全以生物为核心，涵盖地形地貌、底质和水体环境的生态监测指标体系。

（2）优化观测监测站点布局。对现有各类观监测站位加以整合优化和分级设置，强化遥感和在线监测技术的应用。优化水体、底质、地形地貌、生物等生态组分的站位布局。发展野外定点精细化监测能力和配套室内测试、分析评价、样品数量保存能力，重点提升典型生态系统精细化监测能力、全球候鸟迁徙重要中转湿地监测能力及珍稀海洋生物栖息地监测能力。

（3）深化典型生态系统监测。对典型生态系统实施长期连续监测评价。对重要生态系统设立海洋生态监测站和监测样地，围绕关键物种、生境和威胁因素遴选监测指标，开展长期连续跟踪监测。评估典型生态系统变化趋势和受威胁程度，诊断生态受损退化问题和影响因素，重点关注水动力条件变化、生物多样性降低、生物群落结构退化、栖息地丧失与破碎化等问题。

加强多元监测手段应用。升级船舶监测设施设备，加快卫星、无人机、无人艇、在线监测、水下声学测量、水下视频等多尺度监测手段应用，加强海洋生态监测关键技术、关键仪器设备攻关，提高近海生态监测工作效率和覆盖水平。

发展多源数据融合处理技术。针对获取的多源调查监测数据，建立相应配套数据处理系统，提升各类海洋资源数据的解码、标准化、质量控制和标准输出能力，研发海洋资源大数据融合处理技术，实现海洋资源数据高效自动化处理，提升数据处理效率。

建设信息化平台。建设海洋生态调查监测信息化平台，综合集成海洋生态调查监测成果，实现对各类生态系统资源的动态更新、分布式管理、网络化调用和协同式服务。

3. 海洋可再生能源调查

海洋可再生能源主要包括潮汐能、潮流能、波浪能、温差能和盐差能。

海洋能资源调查与评估是在选定的海域，对海洋能资源分布及其规律、潜在量及其富集程度、开发利用条件等进行有针对性地调查、分析和评价，主要采用海洋动力要素现场观测、海洋动力环境数值模拟、理论分析计算等技术手段。海洋能现场调查包括流、浪、潮、温、盐、海表面风等基本要素和水深地形、港湾岸线、海底底质、河口径流量、海洋能转换技术类型等辅助参数。

主要技术流程一般包括：海洋能多源数据获取与整编；海洋能资源评估方法及评估参数体系建立；海洋能资源要素时空分布特征分析及总量评估；海洋

能资源信息服务平台搭建与应用。重点工程技术包括：

（1）发展多源数据获取与处理技术。研发高效、节能的水下数据传输设备，完善海洋数据实时传输标准，突破海洋能代表站位的水下观测设备的长期实时获取能力，实现海流、波浪、温盐等关键动力要素的实时稳定传输。开发海洋能资源标准化数据处理软件，实现多源数据融合处理与集成管理。

（2）研究典型海域海洋能调查站布设技术。分析海洋能资源时空分布特征及变化规律，研究影响各类海洋能资源禀赋、储量等资源关键要素的关键影响因子，开展海洋能资源关键影响因素分类分析，为海洋能资源长期站位的补充、规划等海洋能调查监测站位布局提供依据。

（3）发展海洋能资源数值模拟技术。研究海洋能转换过程机理，统一海洋能装置运动表征方法，突破多尺度水动力特性的科学建模，开展海洋能装置提取过程对海洋动力环境的影响分析，改进基于海洋能发电装置运动过程定量分析的参数化方案，提高海洋动力环境数值模拟精度，建立海洋能资源评估的专业海洋动力环境数值模型，提高评估精度和评估成果的实用性。

（4）发展海洋能资源分析评估技术。完善海洋能资源时空分布特征和总量估算的表征方法，完善海洋能资源评估方法、计算理论、成图要求，满足自然资源"一张底图、一套数据和一个平台"的建设要求。

（十）地下空间资源调查监测

地下空间资源主要包括矿山开采遗留空间、油气开发残留空间、溶岩溶蚀洞穴空间、古遗迹空间等既有地下空间资源，以及城市地下、完整岩基中待开拓的地下空间资源。

1. 地下空间资源调查监测主要技术方法与流程

地下空间资源调查主要获取空间类型、规模、形态、埋藏深度、空间连通性、地质结构，岩石成因、物理化学参数、多场指标等信息。地下空间资源监测主要获取空间资源实际利用数量的变化，空间资源废弃数量的变化，已利用地下空间功能、地下水、地下应力场、温度场、活动构造、地面沉降速率等变化情况。主要技术流程一般包括：地下空间精细调查探测；多源数据汇聚整合；一体化智能建模与场景构建；三维要素分析与提取；地下全空间评价与多目标数据出口等（程光华等，2019）。

2. 重点工程技术

（1）构建探测指标体系。围绕地下空间资源调查评价、协同规划、安全利用等需求构建调查指标体系。针对待开发地下空间，按照不同立体空间尺度，构建统一全要素探测指标体系、技术体系、标准体系。

（2）发展全要素探测监测技术。开展抗干扰高分辨地下空间资源探测研究与技术攻关，发展全要素探测监测工程化技术。规范不同监测指标的数据格式及要求，利用分布式监测技术实时动态监测，构建不同尺度、不同层次的地下空间智能监测感知和安全预警平台。

（3）开展地下空间资源边界划分与演化监测。按照统一的技术方法和要求，划分各实体的类型、范围、边界等，对其结构、容量、稳定性等要素及内部多场的演变进行监测。

（4）发展多源数据融合与管理技术。建立地下空间多源数据融合标准化处理流程，形成分布式异构多源数据动态集成框架，开发（半）自动化专题数据整合软件系统，实现多源数据融合与集成管理。构建地下空间三维全要素模型。

（5）推进地下空间数据综合集成建库。整合集成地下空间相关调查监测信息，建设地下空间综合数据库和专题数据库，研发构建地下空间智慧管理平台，实现地下空间地质结构、场等地下空间全资源三维信息的高效存储、处理与调用。

（6）开展地下空间分析评价与数据成果应用。研究地下空间规划、开发、治理等的分析评价指标，开发三维分析评价工具，实现三维分析评价。开展地下空间大数据应用服务和产品服务。

三、城镇国土空间调查监测

城镇国土空间是主要承载城镇居民生产生活的国土空间，包括城市和建制镇，是人口最为密集、经济活动最为集中的区域。城镇国土空间调查监测是指对城镇国土空间的各类土地开发利用状况，以及相关人口、经济状况开展调查，掌握其利用类型、利用强度、利用效益、空间格局和变化特征，了解支撑城市运行的城镇公共管理与服务、生态环境、交通网络、公用设施的分布与功能状态，动态监测其时空变化，分析变化趋势。主要包括城镇土地利用调查监测、城镇建设强度和建筑量调查监测、城镇地下空间调查监测、城镇生态环境调查监测、城镇公共服务功能调查监测、城镇交通系统调查监测、城镇安全韧性调查监测、城镇国土利用效益调查监测等内容。

（一）城镇国土空间调查监测主要技术方法与流程

以"国土三调"和年度变更调查确定的城市、建制镇为范围开展，以遥感数据、地籍宗地、用地管理、建筑等数据为基础，制作调查底图，开展实地调查。同时逐步建立数据共享机制，发展新型数据采集和提取技术，充分利用统计、住建、城市管理、水利、电力等行业部门专业管理数据，以及手机信令、互联网、交通等大数据，作为城镇国土空间调查监测主要数据来源。按照实施方式可分为城镇国土空间常规调查监测、专题调查监测。常规调查监测以城镇国土空间的空间利用和开发建设状况为主，以城镇国土空间开发利用的类型、规模、建设强度、建筑量、结构、布局为基础，以城市公共服务设施和功能要素为重点，定期开展全覆盖、全类型的调查监测，及时掌握年度变化信息。专题调查监测是面向特定城市或特定需求开展的调查监测，如长三角城市调查监测、城镇安全韧性调查监测、城镇生态环境调查监测等。主要技术流程一般包括：确定调查监测目标及要素；制作调查底图；划分调查单元；获取城镇调查监测数据；多源异构数据标准化处理；成果汇总与综合分析等。

（二）重点工程技术

（1）新型智能化城镇国土空间数据采集方法。开展面向城镇国土空间的多源数据快速获取方法研究，充分利用航空航天和无人机遥感技术，结合空基与地基观测，研发基于三维的城镇观测和要素提取技术方法。面向城镇调查监测，研究新型高效的手机信令、互联网、交通、视频、物流等大数据采集方法，实现大数据的快速获取。

（2）城镇多源异构数据快速处理和数据融合技术。针对城镇调查监测数据的特点，研究不同类型数据标准化、空间化和可视化的处理方法，形成包括数据获取、数据清洗、数据管理、数据使用、数据库建设等城镇时空大数据技术规范。研究观测数据、管理数据和手机信令、互联网、交通、视频、物流等大数据的数据融合技术，实现调查监测指标数据的智能化快速处理、验证、匹配、比较、替代和分析。

（3）跨部门数据共享机制。明确面向城镇国土空间调查监测的统计和部门管理数据清单，逐步建立协调机制，建设共享平台，在不同政府部门和专业机构之间实现数据共享，畅通数据获取渠道，掌握城镇基本功能和运行状态的动态变化。

四、国土空间规划实施监测

国土空间规划实施监测是指在自然资源调查监测的基础上，根据国土空间规划实施管理需求，监测国土空间开发保护状况，了解国土空间开发进度，掌握耕地、林地、湿地、海洋等各类资源保护情况，跟踪永久基本农田、生态红线和自然保护地保护状况，以及全域土地整治进展和国土空间生态修复情况和陆海统筹落实情况等，与规划目标、指标及社会经济发展状况对比，对规划实施方向、进度、程度等进行监测预警。

（一）国土空间规划实施监测主要技术方法与流程

根据国土空间规划实施监测的尺度范围和服务对象，分为常规监测、专题监测。常规监测围绕国土空间规划目标要求，以每年 12 月 31 日为时点，以国土空间规模、结构、布局、效率、质量等内容为监测重点，对国土空间开发保护状况定期开展陆海全覆盖动态监测，及时掌握年度变化等信息，服务国土空间规划实施监督和执法督察。专题监测是对某一区域、某一类型国土空间规划涉及的要素进行动态跟踪，如长江经济带国土空间规划的监测、都市圈国土空间规划实施监测、海岸带综合保护与利用规划实施监测等。

按照"数据集成—指标构建—综合分析—信息平台建设"的技术路线，形成实施监测的统一技术标准，针对五级三类国土空间规划开展常规监测和专题监测评价，以及时了解国土空间规划实施动态，服务于国土空间规划实施管理、城市体检评估与规划实施评估预警、绩效考核等。其主要技术流程一般包括：多源异构数据快速获取和融合集成；动态调整的监测指标体系建设；全要素数据成果综合分析；国土空间规划监测信息平台搭建等。

（二）重点工程技术

（1）构建五级三类国土空间规划监测指标体系。坚持规律导向，开展国土空间规划实施监测评估预警总体框架和技术体系研究，合理设计监测指标，科学构建五级三类国土空间规划监测指标体系。建立完善的常规监测、专题监测指标体系，明确监测内容、范围和频度。

（2）研究智能化规划实施监测技术。充分利用遥感、互联网/物联网和大数据技术，加强自动化、智能化监测技术研究，发展间接性表征性指标（如经济社会运行和人口数据）监测技术，实现规划要素现状及动态变化与规划目标、边界、社会发展状况的自动监测、匹配和比较。研究基于资源环境承载力评价的监测技术与方法，对耕地、建设用地、水资源、灾害情况、生态变化，以及承载力极限进行动态监测。研究陆海分区、一体化保护、资源互补利用和关联产业布局的监测技术方法，开展海岸带空间陆海统筹状况监测。

（3）研究规划实施综合分析模型和可视化技术。研究跨部门、跨领域的城镇国土空间开发建设、人口、经济状况、生态环境等各类现状和规划数据的融合与综合分析技术，建立国土空间规划数据模型，研发满足不同目标需求下的综合分析模型和可视化技术。开展规划效能与空间结构布局的关系研究，开展城镇空间利用、人口、经济、环境的相互耦合关系和机理研究，进行规划实施综合分析与模拟仿真，科学划定预警等级，开展自然资源开发利用风险预测预警。

五、综合分析评价

综合分析评价是指按照自然资源管理需求，统计汇总自然资源调查监测数据，建立科学的自然资源评价指标，开展综合分析和系统评价，为科学决策和严格管理提供依据。

（一）综合分析评价主要内容

研究建立分析评价的指标体系和技术方法，利用各类自然资源的调查监测现状、历史数据，以及人文地理、经济社会等数据，围绕自然资源的"资源、资产、资本"等方面，开展相关统计、分析和评价工作，准确回答自然资源现状、发展趋势、利用效率效益等情况和指标；科学研判自然资源生态格局、功能、价值等信息。主要内容包括：

（1）自然资源现状分析评价。主要分析评价各类自然资源的数量、分布、格局、质量状况，以及自然资源的生态格局、功能和经济价值等情况，全面准确掌握我国自然资源的底数，详细了解不同区域自然资源禀赋差异，为自然资源的合理规划、利用和相关治理奠定基础。

（2）自然资源趋势分析评价。主要分析各类自然资源在数量、分布、格局、质量等关键指标的变化情况和发展趋势，准确掌握因政策、经济和社会活动对自然资源的影响状况，得到变化的主要影响因子及改变趋势的关键因素，为自然资源管理和政策制定提供依据。

（3）自然资源利用分析评价。主要按行业、地区等分析单元，分析各类自然资源的利用效率效益、人—地（资源）冲突、资源不同用途价值差异等情况，为国土空间布局优化、资源集约节约利用、平衡资源开发与保护、实现碳达峰碳中和等提供数据支撑。

（二）综合分析评价重点技术

（1）自然地理单元划分与认知。全面、系统梳理现有资源调查监测、国土空间规划、用途管制、生态恢复、监督执法工作过程中数据分析与管理需求，研究提出自然地理单元体系，形成一套符合我国国情的统一的自然地理空间管理单元。明确相应的理论基础、概念内涵、表征特性及基本原理等。开展单元划分指标体系、边界提取方法、综合研判方法研究，形成相关指标体系和方法体系。

（2）自然地理要素匹配程度分析。以水土资源为核心要素，分析土地、水、森林、草原等主要自然资源要素的时空分异特征，分析自然资源要素相互关系和生态系统演替规律，构建自然资源要素匹配测算模型，实现主要自然资源要素的时空匹配特征的定量分析，反映区域水土、水土与森林、水土与草原等主要资源要素间的平衡状态，为优化自然资源空间配置和资源可持续利用提供信息支撑。

（3）国土空间人地关系分析。建立国民社会经济要素（人口—社会—经济）与国土空间资源（耕地、建设用地等）分析框架，综合分析国民社会经济要素空间分布与时空演化过程，以及与主要地表资源要素的空间分异性、空间关联性及影响因素，围绕国土空间开发—资源供给—生态环境约束构建国土空间资源人地关系知识图谱并进行知识推理，支撑国土空间规划体系建设、人地挂钩政策实施、资源利用与开发、生态保护与修复等业务领域。

（4）三生空间（生产、生活、生态三类空间）冲突与矛盾分析。界定三生空间的内涵、基本原则、划定规则等，设计提出三生空间分类体系，建立三生空间划定方法体系，基于生态空间不减、粮食生产安全和城镇集约发展等约束条件下，分析三生空间的内在联系及内部协调性，形成统一的三生空间划分体系、技术方法、数据集、图件成果，为自然资源精细管理、国土空间格局优化与高效治理提供支撑。

（5）可持续发展程度评估。对标联合国可持续发展目标（Sustainable Development Goals，SDGs）全球指标框架，对标我国碳达峰碳中和进程，研究构建涵盖经济、社会、环境和自然资源的本地化可持续发展指标体系，建立包括统计算法、分析方法和评估模型等的评价方法体系及支撑工具，以定性、定量、定位相结合的方式，分析评估我国社会、经济、环境协调发展的状况和进展情况，统计分析我国碳汇资源总量和分布状况，服务国家可持续发展战略。

第五节　自然资源调查监测关键技术

面向自然资源基础调查、专项调查、监测、数据库建设、分析评价、成果应用等业务工作需求，全面深入分析目前制约调查监测工作高效开展所面临的技术瓶颈，梳理关键技术清单，明确技术需求方向，探索开展关键技术应用试点，引导科研单位与社会力量共同开展关键技术研究与攻关。

一、数据实时获取技术

（一）众源数据协同获取技术

以建立众源数据的质量模型和多源数据配准和变化检测为核心，研究众源地理数据的信息提取与更新的协作机制和方法，形成利用网络拓扑分析、空间数据统计建模、地理模拟、时空数据挖掘、统计物理学等方法对众源地理数据进行分析和挖掘的能力，形成网络多源条件下的自然资源大数据发现、融合、处理、挖掘、安全维护的软件工具体系。

（二）"天空地海网"一体化立体遥感监测技术

紧密围绕中央关于"山水林田湖草"生命共同体监测管理要求，发展以"天空地海网"协同作业为特征的自然资源全要素、全方位、全天候监测技术，开展自然资源立体监测体系研究，突破航天（高/中/低/极轨）、航空（临近空间飞艇/飞机）、低空（高分辨率迅捷对地观测无人机遥感）、地面、地下、海洋等多层次高精度遥感观测体系研究，研制高精度的倾斜、大幅面、SAR、LiDAR、多光谱、高光谱等系列载荷和无人机数据联合获取系统，建立多时次高分辨率"空天海地"遥感立体观测网络与数据实时保障体系。

（三）自主可控高端技术装备研制与整合技术

集成研发自主可控自然资源调查监测遥感技术装备，突破新型国产高端探测监测装备，加快遥感监测传感器及平台的研制升级与整装集成，国产率不低于60%；研究智能化无人机系统平台、无人机高光谱仪、无人机激光雷达、轻小型极化SAR等高性能无人机新型传感器，满足厘米级高分数据动态获取、突发自然灾害实时监测、林下及复杂地区监测等应用需求；突破厘米级高频迅捷无人机组网对地观测技术，整合快捷精准数据获取系统和数据分发服务云平台，实现厘米级无人机影像快速获取和处理，开展自然资源和人工地物高精度三维重建与智能监测服务，满足我国自然资源精细化、及时性调查监测需求。

二、地表覆盖智能解译技术

（一）多维可视化场景交互解译技术

综合利用人脑感知、假设、推理能力，以及计算机对海量数据高速、准确计算的能力，借鉴游戏引擎可视化技术，研究多维可视化场景交互解译技术，构建多维可视化交互环境，实现自然资源实体的分布、结构、几何等信息的准确提取、可视化展现。

（二）基于规则的图斑自动推送技术

定义推送单元及推送规则，引入规则引擎，用于接受数据输入、解释推送规则、并根据推送规则作出决策，根据推送规则将后台自动提取的结果推送给前台解译员，并及时通知更新和更改内容，使解译员在交互时更加方便和快捷，满足人机交互的智能化需求。

（三）样本库构建技术

根据已有的地理国情普查、第三次全国国土调查等历史解译数据，按照全面性、代表性、均衡性、正确性、负样本等原则，构建针对不同传感器、不同地区的典型要素样本数据集。

（四）基于深度学习的自然资源要素自动提取与变化检测技术

针对自然资源地类自动提取与变化检测需求，利用深度学习特征自动提取与自学习的优势，构建时效性强、数据量大、类型丰富、样本均衡、精度高的自然资源要素样本数据集，针对遥感影像大规模、高分辨率、多尺度、多波段等特征，研究针对不同自然资源要素自动提取与变化检测的深度学习模型，构建从数据增强、模型训练、超参数调整到模型推理、精度评价的一体化技术方案。

三、重要参数定量反演技术

（一）基于深度学习的统计关系模型构建及精化技术

研究适用于大范围场景的生态参数模拟模型、基于深度学习的统计关系模型，以及大规模样本库构建方法，在地面观测大数据支持下，构建模型校核、同化和误差补偿的方法体系，突破模型和样本库迁移学习技术，实现面向国产卫星和融合数据的高通用性反演模型和产品生产。

（二）融合先验知识的病态问题反演技术

关键参数的反演过程需要考虑参数本身的特点和规律，地学参数本身的变化规律的理解，有利于物理算法反演中更加高效地收敛到理性的范畴。构建地学、生态学等先验知识作为反演的初始场，或增加反演模型方程组的个数，或作为参数反演的约束因子加入反演模型的方法体系。研制敏感性分析、先验知识和边界条件构建、误差传递分析和模型优化算法及其相应软件模块。

（三）多源数据点面结合的反演产品真实性验证技术

构建尺度转换模型和地理加权统计模型，逐步解决地面"点"观测尺度到遥感传感器"面"观测尺度的转换问题，形成利用国内外观测网络进行地面实测、并与机载数据、高分辨率卫星数据相结合形成多级检验的方案。

四、专题调查数据高效整合与自动检测技术

（一）基于知识规则的数据冲突自动检测技术

总结分析各类数据的精度、语义等方面的差异，分析空间（边界）冲突、属性冲突的来源，探索建立区分真、伪冲突的关键指标，发展基于知识规则的数据冲突自动检测技术，最大限度减少人工校验和编辑工作量。

（二）点面数据空间化及插值技术

研究发展基于非线性回归机器学习、基于空间平稳性假设的地统计等技术方法，实现地面观测站点数据与基础调查数据的空间化整合，提高空间异质性区域的插值精度，发展由点到面的图斑属性赋值技术方法。

（三）不确定图斑辅助判别信息自动关联与定位技术

研究发展疑似图斑辅助判别信息自动关联、定位、抽取、排序等技术，形成支撑人机交互的辅助判别数据集，提高人机交互的判别速度与编辑效率。

五、三维立体时空数据库构建技术

（一）自然资源三维立体时空数据模型设计

在现有自然资源各类调查数据技术标准的基础上，面向调查监测成果立体化统一管理的需要，研究设计自然资源三维立体时空数据模型，在全国统一的三维空间框架下，准确表达地上、地表、地下各类自然资源空间关系及属性信息，为各类自然资源一体化统一建模奠定基础。

（二）多源异构三维数据动态融合技术

针对自然资源三维立体时空数据种类多样、精度不一的特点，基于统一三维立体空间基底，研究分布式三维数据动态融合处理技术，实现对海量不同来源、不同分辨率、不同类型三维数据的高效融合。

（三）基于统一图形引擎的二三维一体化技术

研究基于图形处理器（Graphics Processing Unit，GPU）的三维显示引擎，在统一的三维立体环境下，采用细节层次（Levels of Detail，LOD）技术，实现二维矢量数据、三维体数据、栅格数据、三维模型数据等海量二三维场景数据的高效浏览展现，实现数据展现、数据浏览、统计分析等全方位的一体化效果。

六、自然资源大数据知识图谱构建与服务技术

（一）重要地理单元定义及划定技术

针对我国山脉、河流、盆地、海岸带等重要地理单元概念不统一、范围不确定，边界不一致等问题，研究提出重要地理单元的定义、划定内容、划定规则，建立一套统一的重要地理单元分类体系，运用空间聚类与分类、Voronoi图法等方法，结合社会历史文献，通过理论分析与研究实验相结合的方式，突破重要地理单元边界划定、综合研判等技术，为自然资源调查监测和管理业务补充必要的基础单元。

（二）自然资源统计大数据空间融合技术

针对不同来源、不同时空尺度的多源数据存在的标准、格式不统一与冲突、应用受限等问题，研究构建高精度社会经济要素空间化技术，突破地上、地表、地下等多层、多源数据一体化融合处理技术，解决多源自然资源要素之间、不同地理单元之间、自然资源与专题属性信息之间、社会经济要素与自然资源要素之间的无缝融合难题，为自然资源分析评价与应用服务提供基础数据支撑。

（三）时空格局智能分析与异常发现技术

基于自然资源时空立方体，从空间—时间—属性等视角，构建自然资源多维立体格局智能分析模型，实现自然资源分布—格局—结构等内容的自动识别和发现，基于不同单元和管理界线，建立不同目标及各目标的相应场景，实现不同单元、不同尺度、不同区域条件下的适宜性、智能化、可操作的规律性分析和异常性发现。

（四）知识挖掘与知识图谱构建技术

针对如何将自然资源数据进行分析得到信息，进而将信息转化为自然资源知识，建立不同区域自然和社会条件下的要素协调、制约与博弈规则，研究知

识发现、知识表示、知识推理技术，在业务目标和指标体系的基础上，形成自然资源知识图谱，实现从平面化到立体化的知识图谱构建与知识表达。

（五）多目标指标体系构建与智能提取技术

面向不同区域、专题等目标，建立基础性和专题性指标体系，从空间、时间、立体三个层面反映自然资源要素位置、数量、质量、生态功能等定量化信息，在此基础上面向不同自然资源要素构建专题性指标体系；建立不同要素、不同专题导向下的指标关联规则，研究自然资源综合评价和单项评价技术，突破顾及自然资源要素多特性的多尺度时空非平稳性检验技术。

（六）智能化知识服务平台研制技术

采用面向多层次应用的柔性管理策略，研制由"基础平台"与"专题应用服务"组成的自然资源智能化知识服务平台，完成指标库、模型库、规则库及知识库构建，实现指标、模型、规则和知识的智能化创建、调整、组合、验证与管理，以及面向目标需求的指标、模型、规则、知识的智能化分析与自动化提取。

七、基于大数据的信息真实性交叉验证与动态质量服务技术

（一）基于大数据的真实性验证技术

针对多源、多流程的时空信息、自然资源信息的自动化处理过程，研究现场照片、卫星遥感数据、基础调查与专项调查等信息的一致性验证算法，研发基于数据自身的特性、质检大数据、知识图谱等的自动化、实时化、智能化的信息真实性交叉验证技术。

（二）调查监测质量控制及质量信息动态服务技术

针对调查监测数据处理流程的复杂性、成果类型的多样性，构建全链条、实时化的质量控制体系，研究基于基因理论的质量趋势分析技术，基于卫星遥

感、众源、地质水文等实时监测信息的质量服务动态监测技术和质量预警机制。

（三）自然资源调查监测质检大数据支撑库构建技术

针对实时获取的卫星遥感数据、地质水文监测数据、众源数据和政府部门发布信息等，构建自然资源调查监测质检大数据支撑库，实现大数据的存储、计算、分析与挖掘，构建数据间的一致性关系，分析自然资源的变化趋势等，支撑自然资源调查监测数据、信息、服务的质量监测。

参考文献

[1] 陈军等："基础地理知识服务的基本问题与研究方向"，《武汉大学学报（信息科学版）》，2019 年，第 44 卷第 1 期。

[2] 陈军等："基于地理信息的可持续发展目标（SDGs）量化评估"，《地理信息世界》，2018 年，第 25 卷第 1 期。

[3] 程光华等："城市地下空间探测与安全利用战略构想"，《华东地质》，2019 年，第 40 卷第 3 期。

[4] 冯仲科等："创建新一代森林资源调查监测技术体系的实践与探索"，《林业资源管理》，2018 年第 3 期。

[5] 黄国胜、刘谦、蒲莹："大数据时代森林资源监测新模式"，《林业资源管理》，2020 年第 6 期。

[6] 黄龙生："我国森林资源监测体系问题及对策分析"，《安徽农业科学》，2014 年，第 42 卷第 7 期。

[7] 康孝岩等："高光谱图像的 JM 变换自适应降维"，《遥感学报》，2018 年第 1 期。

[8] 李新等："黑河流域生态——水文过程综合遥感观测联合试验总体设计"，《地球科学进展》，2012 年，第 27 卷第 5 期。

[9] 李新等："黑河流域遥感——地面观测同步试验：科学目标与试验方案"，《地球科学进展》，2008 年第 9 期。

[10] 林勇等："高光谱遥感技术在城市绿地调查中的应用及发展趋势"，《园林》，2020 年第 6 期。

[11] 闾国年等："地图学的未来是场景学吗？"，《地球信息科学学报》，2018 年，第 20 卷第 1 期。

[12] 任鹏洲："高光谱遥感技术在林业监测中的应用"，《中国战略新兴产业》，2018 年第 4X 期。

[13] 孙元杰："水文水资源调查中遥感技术的应用"，《农业与技术》，2016 年，第 36 卷第 14 期。

[14] 汤怀志等："我国耕地占补平衡政策实施困境及科技创新方向"，《中国科学院院刊》，2020 年，第 35 卷第 5 期。

[15] 唐国强等："全球水遥感技术及其应用研究的综述与展望"，《中国科学：技术科学》，2015 年，第 45 卷第 10 期。

[16] 童庆禧等："中国高光谱遥感的前沿进展"，《遥感学报》，2016 年，第 20 卷第 5 期。

[17] 王硕等："人工智能时代自然资源调查监测技术的发展与挑战"，《测绘与空间地理信息》，2021 年，第 44 卷第 10 期。

[18] 吴骅等："高光谱热红外遥感：现状与展望"，《遥感学报》，2021 年第 8 期。

[19] 余旭初等：《高光谱影像分析与应用》，科学出版社，2013 年。

[20] 张立福等："遥感数据融合研究进展与文献定量分析（1992~2018）"，《遥感学报》，2019 年，第 23 卷第 4 期。

[21] 张煜星等：《遥感技术在森林资源清查中的应用研究》，中国林业出版社，2007 年。

[22] 自然资源部办公厅：《地表基质分类方案（试行）》（自然资办发〔2020〕59 号），2020 年。

[23] 自然资源部国土整治中心：《第三次全国国土调查耕地资源质量分类技术要求》，2020 年 10 月。

[24] Altenburger R., S. Ait-Aissa, P. Antczak, et al. 2015. Future water quality monitoring-adapting tools to deal with mixtures of pollutants in water resource management. *Science of the Total Environment*, Vol. 512, pp. 540-551.

[25] Dobriyal P., R. Badola, C. Tuboi, et al. 2017. A review of methods for monitoring streamflow for sustainable water resource management. *Applied Water Science*, Vol. 7, No. 6, pp. 2617-2628.

[26] Ghassemian, H. 2016. A review of remote sensing image fusion methods. *Information Fusion*, Vol. 32, pp. 75-89.

[27] Goetz, F. H. Alexander. 2009.Three decades of hyperspectral remote sensing of the Earth: a personal view. *Remote Sensing of Environment*, Vol. 113, No. S1, pp. S5-S16.

[28] Hughes, G. F. 1968. On the mean accuracy of statistical pattern recognizers. *IEEE Transactions on Information Theory*, Vol. 14, No. 1, pp. 55-63.

[29] Jia X., D. O'Connor, D. Hou, et al. 2019. Groundwater depletion and contamination: Spatial distribution of groundwater resources sustainability in China. *Science of The Total Environment*, Vol. 672, pp. 551-562.

[30] Kravchenko A. N., N. N. Kussul, E. A. Lupian, et al. 2008. Water resource quality monitoring using heterogeneous data and high-performance computations. *Cybernetics and Systems Analysis*, Vol. 44, No. 4, pp. 616-624.

[31] Michael, Schmitt et al. 2016. Data Fusion and Remote Sensing: An ever-growing

relationship. *IEEE Geoscience and Remote Sensing Magazine*, Vol. 4, No. 4, pp. 6-23.

[32] Ning J., J. Liu, W. Kuang, et al. 2018. Spatiotemporal patterns and characteristics of land-use change in China during 2010-2015. *Journal of Geographical Sciences*, Vol. 28, No. 5, pp. 547-562.

[33] Peterson J. T., M. C. Freeman 2016. Integrating modeling, monitoring, and management to reduce critical uncertainties in water resource decision making. *Journal of Environmental Management*, Vol. 183, pp. 361-370.

[34] Tan H., Z. Liu, W. Rao, et al. 2017. Stable isotopes of soil water: Implications for soil water and shallow groundwater recharge in hill and gully regions of the Loess Plateau, China. *Agriculture, Ecosystems & Environment*, Vol. 243, pp. 1-9.

[35] Tanner C. B. 1963. Plant temperatures. *Agronomy Journal*, Vol.55, No.2, pp.210-211.

[36] Van Dijk A., L. J. Renzullo 2011. Water resource monitoring systems and the role of satellite observations. *Hydrology and Earth System Sciences*, Vol. 15, No. 1, pp. 39-55.

[37] Zhang, Hui, J. Lan, et al. 2021. A dense spatial-spectral attention network for hyperspectral image band selection. *Remote Sensing Letters*, No. 1, pp. 1-14.

第四章　统一自然资源调查监测
工作实践

　　自组建以来，自然资源部准确把握自然资源统一调查这项改革任务的系统性、整体性、协同性，注重制度建设，创新工作理念，系统协同驱动，推进体系构建各项任务。在全面完成第三次全国国土调查工作的基础上，建立以"国土三调"数据为统一底版的工作理念，切实发挥"国土三调"基础调查定边界、定地类、定面积的基础作用，形成各类自然资源专项调查与"国土三调"衔接融合工作机制。创新有统有分的组织实施方式，按照"优势共享、融合统一"的思路，既坚持各类资源调查的"六个统一"，又注重部门间分工协作，积极主动沟通协调林草、水利等部门，依托其基础、发挥其优势，在分工合作中打造形成横向统筹相关部门、纵向指导地方部门，部属有关单位技术支撑、有关派出机构和单位具体承担的工作格局，构建起协调高效的组织实施体系。按照自然资源调查监测体系构建工作安排，系统协同驱动各项调查监测工作开展。优化完善年度国土变更调查工作机制，调整优化工作内容，加强耕地非农化和非粮化监测，持续更新国土调查数据成果，确保"国土三调"底版、底数、底图的现势性。协调组织实施林、草、水、湿地和海域海岛等专项资源调查，按照"成熟一个、推进一个"的思路，从重大基础性工作高度，谋划推进森林、草原、水、湿地资源等自然资源专项调查，构建形成部局联合的森林草原湿地综合调查监测工作制度。整体布局自然资源监测工作，实现从地理国情监测向自然资源监测转换，初步构建自然资源监测快速反应机制，将年度国土变更调查、地理国情监测、应急监测一并纳入监测体系框架,统筹考虑国土空间规划实施监督等重点任务。强化数据共享服务,收集整合各类自然资源和经济社会数据成果,研究建立自然资源调查监测评价指标体系,探索开展自然资源调查监测数据分析评价。推进自然资源三维立体时空数据库建设,推动数据库建设标准研究和模型研发,支撑国土空间基础信息平台建设。制定调查监测成果共享管理办法,推进"国土三调"等自然资源调查监测成果共享应用。本章详细介绍了机构改革以来,推进调查监测体系构建中第三次全国国土调查及年度变更调查、自然资源专项调查、三维立体时空数据库和质量管理体系建设等工作实践情况。

第一节　第三次全国国土调查

2017年10月,国务院印发《关于开展第三次全国土地调查的通知》(国发〔2017〕48号),部署开展第三次全国土地调查。2018年,自然资源部组建后,为全面支撑新时代自然资源管理、更科学有效推进生态文明建设,经国务院同意,将"第三次全国土地调查"名称调整为"第三次全国国土调查"。2018年9月,国务院召开全国电视电话会议,全面启动第三次全国国土调查工作。

将"土地"调查改为"国土"调查,虽然是一字之差,但在调查的手段和内容上都有了新的变化,更充分反映了支撑自然资源管理的新职责和生态文明建设的新视角。原来土地调查主要是满足土地管理的需要,调查内容以土地利用现状地类为主;自然资源部组建以后,整合了原来的土地调查和水资源调查、森林调查、草原调查和湿地调查等相关调查的管理职责,要通过一次调查,把各类自然资源在国土空间上的分布状况同步调查清楚,而且更加侧重资源的概念,将湿地等生态功能重要的地类纳入调查内容。尤为重要的是,按照统一标准和分类,统一组织开展的国土调查,将解决以往因各部门采取各不相同的调查标准、工作分类、调查精度、调查周期和技术方法等造成的数据口径各异、相互打架现象。

一、第三次全国国土调查的重大意义

第三次全国国土调查的主要任务是：在第二次全国土地调查成果基础上，按照国家统一标准，在全国范围内利用遥感、测绘、地理信息、互联网等技术，统筹利用现有资料，以正射影像图为基础，实地调查土地的地类、面积和权属，全面掌握全国耕地、园地、林地、草地、商服、工矿仓储、住宅、公共管理与公共服务、交通运输、水域及水利设施用地等地类分布及利用状况；细化耕地调查，全面掌握耕地数量、质量、分布和构成；开展低效闲置土地调查，全面摸清城镇及开发区范围内的土地利用状况；建立互联共享的覆盖国家、省、地、县四级的集影像、地类、范围、面积和权属为一体的土地调查数据库，完善各级互联共享的网络化管理系统；健全土地资源变化信息的调查、统计和全天候、全覆盖遥感监测与快速更新机制。

相较于第二次全国土地调查和年度土地变更调查，第三次全国国土调查是对"已有内容的细化、变化内容的更新、新增内容的补充"，并对存在相关部门管理需求交叉的耕地、园地、林地、草地、养殖水面等地类进行利用现状、质量状况和管理属性的多重标注。

在第二次全国土地调查成果基础上，全面细化和完善全国土地利用基础数据，是国家直接掌握翔实准确的全国土地利用现状和土地资源变化情况，进一步完善土地调查、监测和统计制度，实现成果信息化管理与共享，满足生态文明建设、空间规划编制、供给侧结构性改革、宏观调控、自然资源管理体制改革和统一确权登记、国土空间用途管制等各项工作的需要。开展第三次全国国土调查，对贯彻落实最严格的耕地保护制度和最严格的节约用地制度，提升自然资源管理精准化水平，支撑和促进经济社会可持续发展等均具有重要意义。

（1）开展第三次全国国土调查，是服务供给侧结构性改革，适应经济发展新常态，保障国民经济平稳健康发展的重要基础。当前我国经济发展进入新常态，不动产统一登记、生态文明建设和自然资源资产管理体制改革等工作提上了重要议事日程，这些都对土地基础数据提出了更高、更精、更准的需求。开展第三次全国国土调查，全面掌握各行各业用地的数量、质量、结构、分布和利用状况，是实施土地供给侧结构性改革的重要依据；是合理确定土地供应总量、结构和时序，围绕"三去一降一补"精准发力的必要前提；是优先保障战略性新兴产业发展用地，促进产业转型和优化升级，推进实体经济振兴和制造业迈向中高端的现实需要。

（2）开展第三次全国国土调查，是促进耕地数量、质量、生态"三位一体"保护，确保国家粮食安全，实现尽职尽责保护耕地资源的重要支撑。耕地是我国最为宝贵的资源和粮食生产最重要的物质基础，也是农民最基本的生产资料和最基础的生活保障。我国人均耕地不到世界平均水平的 1/2，中低产田约占72%，粮食生产保障能力不够稳定。随着人口持续增长，我国人均耕地还将下降，耕地资源紧约束态势仍将进一步加剧。这一基本国情决定我们要多措并举，要像保护大熊猫一样保护耕地。开展第三次全国国土调查，全面掌握全国耕地的数量、质量、分布和构成，是实施耕地质量提升、土地整治，建设高标准农田，合理安排生态退耕和轮作休耕，严守 18 亿亩耕地红线的根本前提；是确保永久基本农田"划足、划优、划实"，实现"落地块、明责任、建表册、入图库"的重要基础；是全面实施"藏粮于地"战略，加强耕地建设性保护、激励性保护和管控性保护，建立健全耕地保护长效机制的根本保障。

（3）开展第三次全国国土调查，是牢固树立和贯彻落实新发展理念，促进存量土地再开发，实现节约集约利用自然资源的重要保障。我国人多地少，当前工业化、城镇化正处于快速发展阶段，国民经济也处于中高速发展时期，建设用地供需矛盾十分突出。牢固树立和贯彻落实创新、协调、绿色、开放、共享的发展理念，大力促进节约集约用地，走出一条建设占地少、利用效率高的符合我国国情的土地利用新路子，是关系民族生存根基和国家长远利益的大计。开展第三次全国国土调查，全面查清城镇、工矿、农村及开发区等内部各类建设用地状况，是全面评价土地利用潜力，精准实施差别化用地政策，开展土地存量挖潜和综合整治，贯彻"严控增量、盘活存量、放活流量"建设用地管控方针的基本前提；也是落实最严格的节约用地制度，科学规划土地、合理利用土地、优化用地结构、提高用地效率，实现建设用地总量和强度双控的重要依据。

（4）开展第三次全国国土调查，是实施不动产统一登记，维护社会和谐稳定，实现尽心尽力维护群众权益的重要举措。保护产权是坚持社会主义基本经济制度的必然要求。土地和矿产是人民群众和企业的重要财产权益。自然资源领域重大改革、征地拆迁补偿、保障性住房用地保障、农村宅基地管理、土地整治、矿产勘查开发、地质灾害防治、执法督察等工作，均与人民群众和企业利益息息相关。开展第三次全国国土调查，查清土地权属状况，巩固并完善现有各类不动产确权登记成果，是有效保护人民群众合法权益和企业利益，及时调处各类土地权属争议，积极显化农村集体和农民土地资产，维护社会和谐稳定的重要基础。

（5）开展第三次全国国土调查，是推进生态文明体制改革，健全自然资源资产产权制度，重塑人与自然和谐发展新格局的重要前提。国土是生态文明建设的空间载体，山水林田湖草是一个生命共同体。党的十八大将生态文明纳入中国特色社会主义"五位一体"总体布局，生态文明体制改革正协同整体推进，自然资源统一确权登记试点已全面铺开。开展第三次全国国土调查，掌握耕地、水流、森林、山岭、草原、荒地、滩涂等各类自然资源范围内土地利用状况，是贯彻落实中央生态文明体制改革战略，夯实自然资源调查基础和推进统一确权登记的重要措施。

二、第三次全国国土调查新技术方法应用

第三次全国国土调查采用高分辨率的航天航空遥感影像，充分利用现有土地调查、地籍调查、集体土地所有权登记、宅基地和集体建设用地使用权确权登记、地理国情普查、农村土地承包经营权确权登记颁证等工作的基础资料及调查成果，采取国家整体控制和地方细化调查相结合的方法，利用影像内业比对提取和3S一体化外业调查等技术，准确查清全国城乡每一块土地的利用类型、面积、权属和分布情况，采用"互联网+"技术核实调查数据真实性，充分运用大数据、云计算和互联网等新技术，建立土地调查数据库。经县、地、省、国家四级逐级完成质量检查合格后，统一建立国家级土地调查数据库及各类专项数据库。在此基础上，开展调查成果汇总与分析、标准时点统一变更，以及调查成果事后质量抽查、评估等工作。

第三次全国国土调查注重新技术、新方法、新机制的应用，在全面部署开

展之前，选择不同地区开展了 3 个省级和 20 个县级土地调查新技术试点，通过试点实践来验证评估这些新技术的可靠性、新方法的可行性和新机制的有效性。试点内容包括分级调查组织与实施、调查工作分类、"互联网+"调查举证技术优化、"土地调查云"云平台支撑能力、地类预判技术方法与要求、田坎调查方法、城镇土地利用现状调查方法、数据库建设等方面。在试点基础上，第三次全国国土调查综合运用了近年来逐步成熟的调查技术方法。

一是基于高分辨率遥感数据制作遥感正射影像图。农村土地调查全面采用优于 1 m 分辨率的航天遥感数据；城镇土地利用现状调查采用现有优于 0.2 m 的航空遥感数据。为保证第三次全国国土调查成果的基础数学精度，自 2017 年下半年开始，用了一年半左右的时间，采集覆盖全国的优于 1 m 分辨率的卫星遥感影像数据，并采用高精度数字高程模型或数字地表模型和高精度纠正控制点，制作正射影像图。

二是基于内业对比分析制作土地调查底图。国家在最新数字正射影像图基础上套合第二次全国土地调查数据库，逐图斑开展全地类内业人工判读，通过对比分析，提取数据库地类与遥感影像地物特征不一致的图斑，预判土地利用类型，并制作调查底图。对于通过卫星遥感影像难以判断地类的图斑，给出最可能的两种地类选项。第三次全国国土调查初始调查阶段，国家内业预判共勾绘图斑 1.6 亿个，其中依据卫星遥感影像可基本确定一级地类的图斑占 71.4%。

三是基于 3S 一体化技术开展农村土地利用现状外业调查。地方根据国家下发的调查底图，结合日常自然资源管理相关资料，制作外业调查数据，采用 3S 一体化技术，全面开展实地调查，细化调查图斑的地类、范围、权属等信息。对地方实地调查地类与国家内业预判地类不一致的图斑，地方需使用带卫星定位和方向传感器的手机，利用"全国三调办"统一下发的互联网+举证软件，实地拍摄带定位坐标的举证照片，并将包含地块实地卫星定位坐标、拍摄方位角、拍摄时间、实地照片及举证说明等综合信息的加密举证数据包，上传至统一举证平台。第三次全国国土调查通过实地拍照、无人机拍照举证的图斑有 1.24 亿个，约占调查图斑总数的 40%，此外还有 5 000 多万个图斑采用了高分辨率航空遥感影像进行举证。

四是基于地籍调查成果开展城镇村庄内部土地利用现状调查。对已完成地籍调查的区域，利用现有地籍调查成果，获取城镇村庄内部每块土地的土地利用现状信息。对未完成地籍调查的区域，利用现有的航空正射影像图，实地开展城镇村庄内部土地利用现状调查。

五是基于内外业一体化数据采集技术建设国土调查数据库。按照全国统一的数据库标准，以县（市、区）为单位，采用内外业一体化数据采集建库机制和移动互联网技术，结合国家统一下发的调查底图，利用移动调查设备开展土地利用信息的调查和采集，实现各类专题信息与每个图斑的匹配连接，形成集图形、影像、属性、文档为一体的土地调查数据库。

六是基于"互联网+"技术开展内外业核查。国家和省（自治区、直辖市）利用"互联网+"技术，对县级调查初步成果开展全面核查和抽样检查。采用计算机自动比对和人机交互检查方法，对地方报送成果进行逐图斑内业比对，检查调查地类与影像及地方举证照片的一致性，并采用"互联网+"技术开展在线举证及外业实地核查。

七是基于增量更新技术开展标准时点数据更新。在初始调查的基础上，开展统一时点更新调查工作。按照第三次土地调查数据库标准，设计国土调查增量更新模型，结合2019年度国土变更调查工作，获取国土调查成果标准时点变化信息，开展实地调查，形成增量更新数据，将各级国土利用现状调查成果统一更新到2019年12月31日标准时点。

八是基于"独立、公正、客观"的原则，由国家统计局负责完成全国土地调查成果事后质量抽查工作。国家统一制定抽查方案，结合统计调查的抽样理论和方法，在全国范围内利用空间信息与抽样调查等技术，统筹利用正射遥感影像图、土地调查成果图斑，开展抽查样本的抽选、任务包制作、实地调查、内业审核、结果测算等工作，抽查耕地等地物类型的图斑地类属性、边界及范围的正确性，客观评价调查数据质量。

九是基于大数据技术开展国土调查成果多元服务与专项分析。利用大数据、云计算等技术，面向政府、自然资源管理部门、农业部门、科研院所和社会公众等不同群体特点，优化海量数据处理效率，提供第三次土地调查成果快速共享服务；开展各类自然资源、重点城镇节约集约用地分析，形成第三次土地调查数据成果综合应用分析技术机制。

三、第三次全国国土调查的实践经验

第三次全国国土调查，立足支撑生态文明建设、服务自然资源统一管理，将土地调查调整为国土调查，查清了各类国土资源在空间上的分布和边界。和以往的全国土地调查工作相比，在调查内容、技术方法、组织模式等方面都有较大的调整和提升，其主要经验如下。

一是党中央权威和集中统一领导，为顺利推进第三次全国国土调查，确保调查数据真实准确提供了根本保障。党的十八大以来，以习近平同志为核心的党中央坚持党要管党、全面从严治党，党中央权威和集中统一领导不断加强，各级党委政府对党中央坚决防范和惩治统计造假作假的鲜明态度有了更加深刻的感受和理解，为确保"国土三调"数据真实性提供了坚强有力的政治保障。党和国家机关机构改革后，新组建的各级自然资源主管部门都亟需掌握国土资源家底的真实情况，不背过去的历史包袱、实事求是调查的理念也逐渐成为了共识。自然资源党组深入落实党中央的鲜明要求，坚决把保证数据真实性贯穿调查工作始终，千方百计地引领地方按照"坚持党中央精神，坚持国家立场，坚持实事求是，坚持与时俱进和严起来"的工作理念做好"国土三调"工作。

二是适应新要求，修订了调查分类，丰富了调查内容。按照山水林田湖草系统治理、推进"多规合一"及机构改革要求，第三次全国国土调查统一了陆海分界、明晰了林草分类标准、细化了城镇建设用地分类，并将"湿地"列为一级地类。同时，摸清了地类之间的转换变化情况，掌握了耕地"非农化"和"非粮化"情况，还把耕地变为其他农用地的情况，按恢复耕种的难易程度进行了区分和标注。

三是运用新技术，提高了调查数据精度。第三次全国国土调查在遥感、卫星定位和地理信息系统等常规调查技术基础上，进一步整合了移动互联网、云计算、无人机等新技术。第三次全国国土调查将建设用地和设施农用地图斑的最小上图面积标准从第二次全国土地调查时的 $400\ m^2$ 提高到 $200\ m^2$，耕地等农用地图斑的最小上图面积标准从 $600\ m^2$ 提高到 $400\ m^2$，其他地类图斑的调查精度也有相应提升。第三次全国国土调查查清并汇集的调查图斑数达 2.95 亿个，比第二次全国土地调查时的 1.45 亿个增加了一倍多。

四是建立新机制，提升了调查工作效能。第三次全国国土调查建立并全面应用"互联网+调查"机制，通过全国统一的"国土调查云"平台，实现了外业调查、内业核查、数据建库等工作的上下联动、远程对接和实时印证。外业调查中，同步拍摄实地照片，全面反映地块全貌、利用特征，以及拍摄坐标、方位角和时间等信息，通过云平台实时上传、比对、校核。"互联网+调查"机制的应用，有力支撑了调查效能提升，特别是有效地克服了新冠疫情带来的外业核查困难。

五是坚持全程质量管控，强化督察制衡，确保调查数据真实准确。第三次全国国土调查强化培训指导，严格持证上岗，国家级先后开展培训 6 800 余人次，省级培训 11 万人次，提升调查一线骨干、核查和监理人员的业务能力水平。第三次全国国土调查层层压实地方政府调查主体责任，严格执行分阶段和分层级质量检查验收制度，每一阶段成果检查合格后才能转入下一阶段，只有检查合格的数据才能建库逐级汇交。为提高工作效率，"全国三调办"组织各省（自治区、直辖市）将省级、国家级核查的关口前移，及早发现典型质量问题，及时纠正工作偏差，消除问题隐患。县级初始调查成果平均经过了 7 轮"检查—反馈—整改—再检查"的反复核查整改，才汇交开展国家级核查和汇总。同时，自然资源部坚持"刀刃向内"，在开展第三次全国国土调查工作的过程中，组织自然资源督察机构在县级初始调查、初始调查国家级核查、初始调查国家级复核和统一时点更新调查 4 个关键节点，开展了 4 轮专项督察，先后覆盖了 394 个县级调查单元，公开通报了督察发现的 5 起弄虚作假和 152 起调查不认真不到位、审核把关不严等典型案例。第一轮督察在初始调查过程中开展，无法计算差错率，后三轮督察发现的差错率分别是 0.73%、0.34% 和 0.11%，呈逐次降低的态势，说明专项督察在保证成果质量方面发挥了重要的制衡作用。

四、第三次全国国土调查的成果与作用

第三次全国国土调查历时 3 年，21.9 万调查人员参与，汇集了 2.95 亿个调查图斑，以 2019 年 12 月 31 日为标准时点，全面查清了我国陆地国土利用现状

等情况，建立了覆盖国家、省、地、县四级的国土调查数据库。2021 年 4 月 30 日，中共中央政治局召开会议，听取了第三次全国国土调查主要情况汇报。会议指出，第三次全国国土调查是近年来开展的一次重大国情国力调查，也是党和国家机构改革后统一开展的自然资源基础调查，要深入开展资源国情宣传教育，推动全社会牢固树立资源节约利用意识。2021 年 8 月 25 日，国务院第三次全国国土调查领导小组办公室与自然资源部、国家统计局联合印发了《第三次全国国土调查主要数据公报》，并于次日召开了新闻发布会，向社会发布了主要数据结果。

第三次全国国土调查数据成果全面客观反映了我国国土利用状况，是国家制定经济社会发展重大战略规划、重要政策举措的基本依据。中央政治局会议听取第三次全国国土调查主要情况汇报时指出，对调查中反映出的问题，要高度重视、深入分析，采取有针对性措施切实加以解决。强调要坚持最严格耕地保护制度，优化调整农村用地布局，确定各地耕地保有量和永久基本农田保护任务，规范耕地占补平衡，确保可以长期稳定利用的耕地总量不再减少。要压实地方各级党委和政府责任，实行党政同责，从严查处各类违法违规占用耕地或改变耕地用途行为，遏制耕地"非农化"、严格管控"非粮化"，对在耕地保护方面有令不行、有禁不止、失职渎职的，要严肃追究责任。要坚持系统观念，加强顶层规划，因地制宜，统筹生态建设。要坚持节约集约，合理确定新增建设用地规模，提高土地开发利用效率。要继续推动城乡存量建设用地开发利用，完善政府引导市场参与的城镇低效用地再开发政策体系。要强化土地使用标准和节约集约用地评价，大力推广节地模式。要加强调查成果共享应用，在此基础上做好国土空间规划，调整并进一步明确生态保护红线、环境质量底线、资源利用上线。

第三次全国国土调查是我国发展进入新阶段和新时代以后，开展的一次极其重要的基础国情国力调查，其结果涉及我国对 2020 年之后一系列重大国情国策作出判断的基本依据。2035 年之前，我国要基本实现现代化，全国国土空间规划、三条控制线划定、自然资源管理政策的加强，都要以"国土三调"成果为依据。首先，"国土三调"成果既是国土空间规划和各类相关专项规划的统一底数、统一底图，也是自然资源调查监测工作的统一底版，通过查清各类资源分布、范围、面积等共性特征，确定了自然资源总体系统形态的空间关系。其次，构建国土空间规划"一张图"，实现相关空间规划在"一张图"上的协调衔接，解决过去各类规划底图不一，多规冲突，数、线、区分离等突出问题，国土空间规划编制中三条控制线交叉重叠等矛盾问题，也在"国土三调"统一底版基础上解决。再次，"国土三调"成果促进了土地管理政策和管理手段的变革。党中央基于"国土三调"结果，对严格耕地保护、节约集约用地、生态文明建设等政策作出重大判断，提出明确要求。以"国土三调"为统一空间底版，构建国土空间基础信息平台，集成国土空间规划、用地用海审批和实施监管等相关数据，支撑推进自然资源治理体系和治理能力现代化。

目前，"国土三调"成果已充分应用在国土空间规划编制、用途管制等自然资源管理业务工作中。同时为做好成果共享应用，制定了"国土三调"成果部门共享流程，向国务院各部门印送了《关于提供第三次全国国土调查成果数据的函》，按需向水利部、农业农村部、国家广播电视总局等国家部委和系统内相关单位提供了成果数据，支撑了相关部门的管理工作。

扩展阅读

《第三次全国国土调查主要数据公报》

2018年9月，国务院统一部署开展第三次全国国土调查（以下简称"三调"），以2019年12月31日为标准时点汇总数据。"三调"全面采用优于1米分辨率的卫星遥感影像制作调查底图，广泛应用移动互联网、云计算、无人机等新技术，创新运用"互联网+调查"机制，全流程严格实行质量管控，历时3年，21.9万调查人员先后参与，汇集了2.95亿个调查图斑数据，全面查清了全国国土利用状况。现将全国主要地类数据公布如下：

（一）耕地12 786.19万公顷（191 792.79万亩）。其中，水田3 139.20万公顷（47 087.97万亩），占24.55%；水浇地3 211.48万公顷（48 172.21万亩），占25.12%；旱地6 435.51万公顷（96 532.61万亩），占50.33%。64%的耕地分布在秦岭—淮河以北。黑龙江、内蒙古、河南、吉林、新疆等5个省份耕地面积较大，占全国耕地的 40%。

位于一年三熟制地区的耕地 1 882.91 万公顷（28 243.68 万亩），占全国耕地的 14.73%；位于一年两熟制地区的耕地 4 782.66 万公顷（71 739.85 万亩），占 37.40%；位于一年一熟制地区的耕地 6 120.62 万公顷（91 809.26 万亩），占 47.87%。

位于年降水量 800 mm 以上（含 800 mm）地区的耕地 4 469.44 万公顷（67 041.62 万亩），占全国耕地的 34.96%；位于年降水量 400～800 mm（含 400 mm）地区的耕地 6 295.98 万公顷（94 439.64 万亩），占 49.24%；位于年降水量 200～400 mm（含 200 mm）地区的耕地 1 280.45 万公顷（19 206.74 万亩），占 10.01%；位于年降水量 200 mm 以下地区的耕地 740.32 万公顷（11 104.79 万亩），占 5.79%。

位于 2 度以下坡度（含 2 度）的耕地 7 919.03 万公顷（118 785.43 万亩），占全国耕地的 61.93%；位于 2～6 度坡度（含 6 度）的耕地 1 959.32 万公顷（29 389.75 万亩），占 15.32%；位于 6～15 度坡度（含 15 度）的耕地 1 712.64 万公顷（25 689.59 万亩），占 13.40%；位于 15～25 度坡度（含 25 度）的耕地 772.68 万公顷（11 590.18 万亩），占 6.04%；位于 25 度以上坡度的耕地 422.52 万公顷（6 337.83 万亩），占 3.31%。

（二）园地 2 017.16 万公顷（30 257.33 万亩）。其中，果园 1 303.13 万公顷（19 546.88 万亩），占 64.60%；茶园 168.47 万公顷（2 527.05 万亩），占 8.35%；橡胶园 151.43 万公顷（2 271.48 万亩），占 7.51%；其他园地 394.13 万公顷（5 911.93 万亩），占 19.54%。园地主要分布在秦岭—淮河以南地区，占全国园地的 66%。

（三）林地 28 412.59 万公顷（426 188.82 万亩）。其中，乔木林地 19 735.16 万公顷（296 027.43 万亩），占 69.46%；竹林地 701.97 万公顷（10 529.53 万亩），占 2.47%；灌木林地 5 862.61 万公顷（87 939.19 万亩），占 20.63%；其他林地 2 112.84 万公顷（31 692.67 万亩），占 7.44%。87% 的林地分布在年降水量 400 mm（含 400 mm）以上地区。四川、云南、内蒙古、黑龙江等 4 个省份林地面积较大，占全国林地的 34%。

（四）草地 26 453.01 万公顷（396 795.21 万亩）。其中，天然牧草地 21 317.21 万公顷（319 758.21 万亩），占 80.59%；人工牧草地 58.06 万公顷（870.97

万亩），占 0.22%；其他草地 5 077.74 万公顷（76 166.03 万亩），占 19.19%。草地主要分布在西藏、内蒙古、新疆、青海、甘肃、四川等 6 个省份，占全国草地的 94%。

（五）湿地 2 346.93 万公顷（35 203.99 万亩）。湿地是"三调"新增的一级地类，包括 7 个二级地类。其中，红树林地 2.71 万公顷（40.60 万亩），占 0.12%；森林沼泽 220.78 万公顷（3 311.75 万亩），占 9.41%；灌丛沼泽 75.51 万公顷（1 132.62 万亩），占 3.22%；沼泽草地 1 114.41 万公顷（16 716.22 万亩），占 47.48%；沿海滩涂 151.23 万公顷（2 268.50 万亩），占 6.44%；内陆滩涂 588.61 万公顷（8 829.16 万亩），占 25.08%；沼泽地 193.68 万公顷（2 905.15 万亩），占 8.25%。湿地主要分布在青海、西藏、内蒙古、黑龙江、新疆、四川、甘肃等 7 个省份，占全国湿地的 88%。

（六）城镇村及工矿用地 3 530.64 万公顷（52 959.53 万亩）。其中，城市用地 522.19 万公顷（7 832.78 万亩），占 14.79%；建制镇用地 512.93 万公顷（7 693.96 万亩），占 14.53%；村庄用地 2 193.56 万公顷（32 903.45 万亩），占 62.13%；采矿用地 244.24 万公顷（3 663.66 万亩），占 6.92%；风景名胜及特殊用地 57.71 万公顷（865.68 万亩），占 1.63%。

（七）交通运输用地 955.31 万公顷（14 329.61 万亩）。其中，铁路用地 56.68 万公顷（850.16 万亩），占 5.93%；轨道交通用地 1.77 万公顷（26.52 万亩），占 0.18%；公路用地 402.96 万公顷（6 044.47 万亩），占 42.18%；农村道路 476.50 万公顷（7 147.56 万亩），占 49.88%；机场用地 9.63 万公顷（144.41 万亩），占 1.01%；港口码头用地 7.04 万公顷（105.64 万亩），占 0.74%；管道运输用地 0.72 万公顷（10.85 万亩），占 0.08%。

（八）水域及水利设施用地 3 628.79 万公顷（54 431.78 万亩）。其中，河流水面 880.78 万公顷（13 211.75 万亩），占 24.27%；湖泊水面 846.48 万公顷（12 697.16 万亩），占 23.33%；水库水面 336.84 万公顷（5 052.55 万亩），占 9.28%；坑塘水面 641.86 万公顷（9 627.86 万亩），占 17.69%；沟渠 351.75 万公顷（5 276.27 万亩），占 9.69%；水工建筑用地 80.21 万公顷（1 203.19 万亩），占 2.21%；冰川及常年积雪 490.87 万公顷（7 362.99 万亩），占 13.53%。西藏、新疆、青海、江苏等 4 个省份水域面积较大，占全国水域的 45%。

　　"三调"是一次重大国情国力调查，也是党和国家机构改革后统一开展的自然资源基础调查。"三调"数据成果全面客观反映了我国国土利用状况，也反映出耕地保护、生态建设、节约集约用地方面存在的问题，必须采取有针对性的措施加以改进。要坚持最严格的耕地保护制度，压实地方各级党委和政府耕地保护责任，实行党政同责。要坚决遏制耕地"非农化"、严格管控"非粮化"，从严控制耕地转为其他农用地。从严查处各类违法违规占用耕地或改变耕地用途行为。规范完善耕地占补平衡。确保完成国家规划确定的耕地保有量和永久基本农田保护目标任务。要坚持系统观念，加强顶层规划，因地制宜，统筹生态建设。要坚持节约集约，合理确定新增建设用地规模，提高土地开发利用效率。继续推动城乡存量建设用地开发利用，完善政府引导市场参与的城镇低效用地再开发政策体系。强化土地使用标准和节约集约用地评价，大力推广节地模式。

　　"三调"成果是国家制定经济社会发展重大战略规划、重要政策举措的基本依据。要加强"三调"成果共享应用，将"三调"成果作为国土空间规划和各类相关专项规划的统一基数、统一底图，推进国家治理体系和治理能力现代化。

第二节　年度国土变更调查

　　党中央、国务院要求第三次全国国土调查形成的"一张底图"是动态、现势的，要保持国土空间一张底图始终是准确的，而不能十年准确一次，这样才能真正意义上实现第三次全国国土调查成果的价值。以保证国土调查成果真实性、准确性为主要目标，满足生态文明建设及自然资源管理等各项工作需要，在第三次全国国土调查基础上，自然资源部每年组织开展一次全国性的国土变更调查工作，更新各级国土调查数据库成果，确保第三次全国国土调查成果的现势性和准确性。

　　随着机构改革后各方面调查力量的整合，卫星遥感影像保障能力的不断提升，"互联网+"调查技术的深入应用等，现阶段开展年度国土变更调查，基本具备了对各地类和相关属性信息进行全面更新的能力，在调查精度、数据口径与准确度、质量要求等方面与"国土三调"工作基本相当。通过优化组织方式、丰富调查内容、严格质量要求等措施，切实发挥年度国土变更调查支撑各专项调查监测工作和自然资源管理的基础调查作用。

一、年度国土变更调查的目标任务

年度国土变更调查的总体目标是：在第三次全国国土调查统一时点调查成果基础上，利用最新卫星遥感影像，对比上年度国土调查成果，开展遥感监测，通过县级实地调查，省级、国家级核查，掌握年度国土利用的变化情况，更新国土调查数据库，满足当前自然资源管理工作的需要，保障全国国土调查成果的现势性和准确性。

主要任务包括：按照国家统一标准，在全国范围内利用卫星遥感、互联网、云计算等技术，统筹现有资料，利用卫星遥感影像数据，制作正射影像图，对照上年度国土变更调查结果，提取国土利用变化信息，作为地方开展变更调查工作的指引，各地结合有关监测及相关自然资源管理信息，制作外业调查底图，并开展实地调查举证，全面掌握当年度的地类、面积、属性及相关图层属性信息的变化情况，更新县级国土调查数据库，形成年度变更增量包，逐级报省级和国家级核查后，更新国家级国土调查数据库，并汇总形成年度国土变更调查数据结果。通过调查、统计和分析，掌握年度内永久基本农田变化，建设占用农用地、耕地非粮化、耕地非农化状况，设施农用地变化，25 度和 15 度以上坡耕地变化，耕地资源质量分类变化情况，农村建房、临时用地、批而未用土地、退耕还林、围填海、足球场、高尔夫球场、光伏用地和农业结构调整，以及难以或不宜长期稳定利用的耕地等变化状况，各类自然保护区及生态保护红线范围内的土地利用变化状况，土地整治、高标准农田、增减挂钩等项目的实施状况，空间规划的实施状况等有关情况。

二、年度国土变更调查的工作流程

年度国土变更调查总体上按照第三次全国国土调查形成的"统一制作底图、内业判读地类，地方实地调查、地类在线举证，国家核查验收、统一分发成果"的流程顺次压茬推进（图4–1）。总体安排如下：

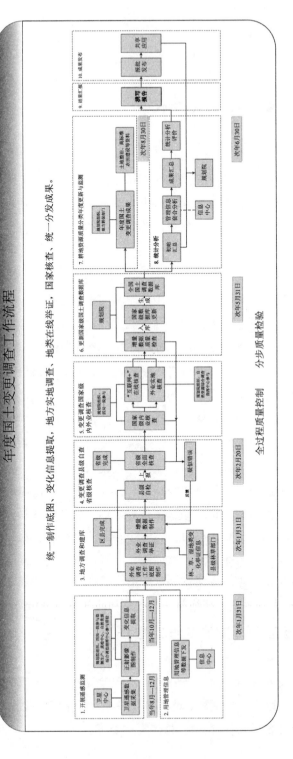

图 4-1 年度国土变更调查工作流程图

（1）当年 8 月至 12 月底，按不同分辨率和监测时点计划，采集覆盖全国的遥感影像，并在"国土三调"底图基础上进行正射纠正。

（2）当年 10 月至 12 月，开展国土利用变化信息提取工作。利用遥感正射影像图与上年度变更调查数据库进行比对，提取年度国土利用变化信息，并陆续发给地方。

（3）当年 12 月至次年 1 月 31 日，县级调查单元完成县级国土变更调查工作，向省级自然资源主管部门报送变更调查更新数据增量包。

（4）次年 1 月至 2 月 20 日，省级自然资源主管部门组织完成省级检查和整改工作，向部报送省级检查合格的县级国土变更调查初报数据。

（5）次年 3 月至 5 月 31 日，部组织完成国土变更调查更新数据增量包的国家级内业核查、数据库质量检查、"互联网＋"在线核查、数据库修改工作。各地根据国家核查意见开展补充举证和调查结果修改完善。

（6）次年 6 月 30 日前，部组织完成国土变更调查最终数据库质检和更新入库及数据汇总分析工作，形成上年度国土变更调查成果。

第三次全国国土调查基础上的年度国土变更调查，相较于过去的年度土地变更调查，有以下几个方面的优化完善。

一是加大遥感数据采集投入，提高国家层面发现国土利用变化的能力。年度国土变更调查的第一个环节是国家组织按不同分辨率和监测时点计划，采集覆盖全国的遥感影像，并在第三次全国国土调查底图基础上进行正射纠正。随着卫星遥感影像保障能力的提升，年度国土变更调查采用的卫星遥感影像数据虽然达不到第三次全国国土调查时优于 1 m 分辨率卫星遥感影像全覆盖的水平，但较过去优于 1 m 分辨率卫星遥感影像数据只能覆盖东南沿海和人口 50万以上的城市及周边等经济建设和农业生产活动频繁、地类变化活跃区域（约267 万 km^2）扩大到覆盖"胡焕庸线"以东和西部重点城市及周边区域（约 425万 km^2）。

二是对各地类开展全面监测和变更。为全面保持国土调查数据的现势性，国家层面的国土利用动态全覆盖遥感监测工作有所调整，监测重点从建设用地扩展到耕地、园地、林地、草地、湿地等各地类，以便指导各地能够通过年度国土变更调查全面更新国土调查数据。随着经验积累，全地类监测技术能力逐

步提升，以往年度土地变更调查工作中，国家监测提取的总变化范围面积仅为
1 500 万亩左右；2020 年，国家首次将农用地纳入监测，提取的总变化范围面
积达 3 500 万亩；2021 年，国家又将未利用地等纳入监测，提取的总变化范围
面积达 7 000 万亩。

三是改变了国土利用动态遥感监测的比对内容。为应对全地类监测带来的
技术挑战，避免因年际间卫星遥感影像特征变化不明显而难以全面发现国土利
用变化的情况，国土利用变化信息提取从过去采用前后两个年度的两期卫星遥
感影像数据比对调整为当年卫星遥感影像与上年度国土调查数据库地类比对。
对于那些变化缓慢、年际卫星遥感影像特征变化不明显，但实地地类已发生变
化，最新的遥感影像特征与地类应有的遥感影像特征不一致的情形也能全面监
测出来。同时，这也能弥补优于 1 m 分辨率卫星遥感影像未能覆盖全部国土的
局限。

四是优化地方调查举证方式方法。年度国土变更调查以县级调查单元为单
位开展，根据国家下发的调查底图开展内业补充和外业实地调查举证工作，对
土地调查数据库进行更新，并生成年度国土变更调查增量数据包，逐级上报。
年度国土变更调查的内容扩展后，实地调查举证的工作量也增加了数倍，为实
现变化图斑应举尽举，年度国土变更调查在地方实地调查举证上也在探索逐步
优化，一方面推广运用无人机等多种举证方式，对人类难以到达或人工拍摄困
难的图斑进行调查举证；一方面通过日常变更机制，将地方调查举证任务分解
前移，增加了实际工作时间。

五是将年度国土变更调查质量与相关管理考核相关联，切实压实了各级调
查成果质量的主体责任，提高成果质量。在县级自查合格的基础上，各省（自
治区、直辖市）要对县级调查成果开展省级核查，经核查和整改达到规定的质
量要求后，才能汇交开展国家级核查。国家根据县级调查成果的核查结果，计
算县级调查成果的差错率，评价省级调查成果的质量情况。省级年度国土变更
调查质量情况纳入"土地管理水平综合评估"，通过将调查数据质量与相关管理
的考核评价及奖补政策挂钩。

六是在国家层面对全部年度变化图斑及国家监测变化而地方未变更图斑、
持续跟踪关注的图斑等开展逐图斑核查。通过在遥感监测阶段，利用本年度卫

星遥感影像数据与上年度国土调查数据库比对，提取国土利用变化图斑交地方核实举证，又在国家级核查阶段对地方提交的变更图斑开展逐图斑核查，相当于国家层面实现了每年利用最新的卫星遥感影像数据对上年度全国国土调查数据库开展了一次全覆盖的比对更新，进一步提高了调查数据真实性。

七是与多种机制的结合。目前，我国已经全面实施河长制、湖长制和林长制。为落实中央关于严格耕地保护决策部署，各地正在积极探索实行"田长制"。河长制、湖长制、林长制和田长制的实施，从省到村、分级保护、逐级负责的工作格局，为国土变更调查动员更广泛的力量参与，实现更快捷、更及时地调查监测提供了有利条件。延伸到乡镇级、村级的责任体系，充分发挥了乡镇、村庄离耕地、园地、林地、草地等自然资源更近的优势。在技术方面，可以为护林员、管水员、护田员等配备装有国土调查云 APP，实时上传国土利用变化情况，为地类核实变更提供指引。在巡查频度方面，可以要求护林员、管水员、护田员等每日或根据实际固定周期开展巡查，及时发现变化。在调动积极性方面，结合河长制、湖长制和林长制已有的逐级考核机制，进一步设立奖励机制，对成效突出的地方和人员给予通报表扬和物质奖励，同时，也可以结合土地管理调控政策，给予一定的政策奖励。这种机制可以有效弥补卫星遥感影像受时间、天气、分辨率等因素影响，不能及时准确发现国土变化状况的短板，把地方地面巡查上传变化情况自下而上的工作模式与国家通过卫星遥感影像提取变化交由地方进行核实变更自上而下的工作模式，有效结合，互相补充，互相验证，形成上下贯通，良性互动的工作局面。

三、年度国土变更调查的主要成果

年度变更调查主要成果包括遥感影像、矢量及图形、权属、统计数据及数据库、文字报告等。包括年度变更调查更新数据包（含增量信息与统计报表，由数据库质检软件打包生成），"互联网+"举证图斑与信息表，遥感监测图斑信息核实记录表，统计汇总表，更新后的土地调查数据库等。

汇总分析年度永久基本农田变化，建设占用农用地、耕地非粮化、耕地非农化状况，设施农用地变化，25 度和 15 度以上坡耕地变化，农村建房、临时用地、批而未用土地、退耕还林、围填海、足球场、高尔夫球场、光伏用地和农业结构调整以及不稳定耕地等的变化状况，各类自然保护区及生态保护红线范围内的土地利用变化状况，土地整治、高标准农田、增减挂钩、增存挂钩等项目的实施状况，空间规划的实施状况等情况，形成专题报告。

典型案例

年度国土变更调查是以更新第三次全国国土调查"统一底版"数据为目的开展的基础调查。按照自然资源调查监测体系的工作规划，基础调查与专项调查统筹谋划、同步部署、协同开展。各项专项调查以"国土三调"成果为统一底版，衔接调查内容、主要指标与技术规程等，不重复调查自然资源分布、范围、面积等，确保图件资料相统一、获取数据不重复、基础控制能衔接、调查成果可集成。近年来，在自然资源部组织指导下，一些地方围绕推进自然资源调查监测体系构建，进行了一些实践与探索，本案例介绍江苏省在基础调查"一查多用"方面的思路和做法。

江苏省自然资源厅选择盱眙县作为试点区域，开展"一查多用"基础调查技术方法与流程研究，通过确定多个分类指标、实施一次调查、衔接多个专项调查；开展自然资源动态监测网络建设技术研究，推广成熟的多源数据获取、智能处理等技术成果，形成全省自然资源动态监测网络布局方案；完善自然资源综合分析评价指标体系，研究单项自然资源评价和反映自然资源空间格局、分布特征、区域差异、生态作用的综合评价模型构建技术方法。

1. 设计思路

集成包括资源空间利用分类在内的一套指标体系，形成统一技术标准，按照统一技术流程，通过一次综合调查，形成集中统一基底成果，以衔接多类自然资源专项调查，衔接自然资源监测，支撑自然资源多业务管理应用。

2. 技术路线

以"国土三调"和年度变更调查成果为基础，充分吸收国土调查、地理国情监测和自然资源专项调查技术，应用其相关成果，以查清土地、森林、水、草、湿地等各类自然资源的位置、分布、范围、地类、权属等信息，掌握最基本的自然资源质量、生态本底状况和共性特征为目的，按照《国土空间调查、规划、用途管制用地用海分类指南（试行）》的要求，以研究形成的自然资源分类统一标准为基本指标，将专项调查相关业务中的重要指标、类同属性、典型属性提取（转换）纳入基础调查形成多分类指标集合，统筹利用最新航天、航空和无人机等遥感影像，采用三维实景建模、内业解译、变化发现、外业核查、数据建库、统计分析等技术手段，实施一次综合调查，结合业务需要同步开展相关监测（"一查"），建立包括自然资源空间利用状况、各类自然资源专项类型属性、各类国土空间管理（管控）等要素在内的自然资源分层分类三维数据库，形成自然资源"一查"的"一张图"成果，为开展自然资源全要素调查监测建立统一基础本底；在此基础上，通过数据统计、对比历史数据提取变化信息和业务分析，与耕地、森林、水等自然资源专项调查进行衔接，解决专项调查的权属、位置、类型、面积、分布等问题；为耕地保护、国土空间规划编制、实施监督、用途管制、自然资源统一确权、林草湿保护和生态保护修复等自然资源管理提供数据支撑和决策依据，形成"一查"成果的多业务管理服务能力（"多用"）。

3. 技术流程

以分辨率优于 1 m 的遥感影像为基本数据源，综合采用地面分辨率为 0.3 m 的航空影像 DOM 数据，以及无人机倾斜摄影、常规摄影数据制作 DOM 并建立实景三维模型，形成用于自然资源解译的多源综合数据源。

以"国土三调"和年度变更调查成果为基础，按照统一的自然资源空间利用分类标准进行图斑分类转换，同时继承土地利用图斑原有信息；对已有的各类自然资源专题调查数据、管理要素、多尺度基础地理信息数据及相关行业专题数据等资料同步开展分析、整合处理。

叠加解译数据源，参照已有专题调查数据、管理要素、地理信息数据，按照统一的自然资源分类标准和相关技术规范，开展自然资源判读解译，辅助以自动与人机交互的变化发现手段，借鉴地理国情监测的核查标识技术方法对解译成果进行外业核查确认信息的标志标识。

外业采用传统与信息化调查相结合的手段，开展陆表国土空间的自然资源信息的实地调查、核实、采集、记录、处理，查清耕地、森林、水、草地、湿地等各类自然资源的范围、边界、分类、属性等信息，补充调查特定业务需求的相关信息，核查相关自然资源管理要素；记录现状成果相对于"国土三调"成果基期的变化标识。

按自然资源数据库标准，应用各项技术研究成果对自然资源各类要素进行精准编辑、快速建库、质量控制，采用数据统计、空间分析等方法进行自然资源基础统计、分类专题统计，建立集地形三维和实景三维、实体三维在内的自然资源基础信息调查与统计本底数据库，形成三维立体"一张图"；通过二三维一体化技术实现可视化三维展示、查询管理等功能，以实现对自然资源基础调查成果的管理；进一步可拓展开发业务管理应用。

开展多类型资源数据间对比分析和业务分析，提取特定变化信息，与耕地、森林、水、湿地等自然资源专项调查进行衔接，解决专项调查的目标、范围、位置、对象、权属、内容等问题，以更好开展专项调查或实施专项调查成果的一致性融合等工作；根据"一查"成果，为自然资源耕地保护、国土空间规划监督实施等做好应用支撑。

第三节　森林、草原、湿地统一调查监测

一、工作探索与实践

党和国家机构改革以来，为满足生态文明建设新需求，围绕履行承诺支撑碳达峰碳中和的目标需要、推动高质量发展支撑考核评价的刚性需要、推进治理能力现代化支撑生态保护修复的现实需要、强化自然资源资产管理支撑生态产品价值实现机制的改革需要、践行人类命运共同体思想支撑国家外交的客观需要，自然资源部、国家林草局遵循"连续、稳定、转换、创新"的要求，充分继承以往森林、草原、湿地调查工作基础，优化调查组织模式和技术方法，分别或联合组织开展了森林蓄积量、年度森林资源调查、年度草原资源调查、湿地调查试点、林草生态综合监测评价等一系列调查监测工作，形成了丰富的

调查监测实践经验和成果。

（1）初步建立联合组织实施机制。依据《总体方案》中明确"自然资源日常管理必备指标，由自然资源部负责；与自然资源日常管理密切相关的指标，地方考核必需的指标，以及各专项调查和当前管理容易产生交叉甚至矛盾的区域或内容，由自然资源主管部门联合相关专业部门开展调查监测"，初步建立森林资源调查部局共同组织的管理模式，包括联合发文、定期会商、检查督导等，指导推进了全国工作部署与落实。

（2）初步形成"图斑+抽样"的新型调查技术路线。在年度森林资源调查、草原资源调查监测、林草生态综合监测评价工作中，沿用原有森林、草原、湿地资源抽样调查的技术方法和样地成果，在"国土三调"林地、草地、湿地图斑上布设调查样地，提高了调查精度，减少了人力和经费投入，推进了"国土三调"基础调查与自然资源专项调查的衔接融合。

（3）改进了森林、草原、湿地调查周期，推动主要指标年度出数。在森林资源连续清查原有五年周期调查基础上，将每年调查"1/5 省份"调整为每年实地调查全国"1/5 样地"，并采用模型推算与联合估计方法产出年度调查成果。草原、湿地调查也采用类似方法开展调查，探索森林面积、森林蓄积量、草原综合植被盖度等主要指标年度出数。

（4）探索构建国家、省、市、县纵向统一调查机制。一是以省为总体，布设国家级样地、省级样地，由国家级调查队伍和省级调查队伍分工完成，确保年度出数；二是以地市为副总体，布设省级加密样地，由省级队伍完成调查，并以此控制市、县级森林资源总量和精度；三是开展县级森林资源调查监测试点。各省选择试点县，以森林资源调查底图为框架，制作县级森林资源调查图，开展县级森林资源图斑调查，查清每块森林图斑的面积和林分特征等。各级调查监测成果经验收后逐级上报，国家层面按照统一标准进行数据统计汇总，以确保各级数据的一致性。

通过多年的实践和积累，特别是"国土三调"全面查清了我国陆地国土利用现状等情况，详细掌握了林地、草地、湿地在国土空间上的分布和范围，为开展林草湿统一调查监测工作提供了统一底版。同时，森林、草原、湿地调查监测工作加强与"国土三调"和年度国土变更调查协同配合，将调查监测结果及时纳入年度国土变更调查，有利于支撑和保障国土变更调查成果真实性和完整性。

二、统一调查监测体系

工作实践中发现，森林、草原、湿地调查监测目前仍存在一些问题与不足：一是森林、草原、湿地 3 类资源的调查监测工作仍是独立开展，在组织实施、样地设置、调查时点上并未完全统一，没有形成工作合力；二是在调查内容与指标方面，仍按单一资源进行调查，没有充分考虑生态系统的整体性和森林、草原、湿地间相互影响的关系等，在综合调查监测评价指标方面仍有不足，未消除相关指标间精度、语义、尺度等的差异；三是没有充分整合已有各类调查监测队伍力量，省、市、县级自然资源和林草主管部门作用发挥不够，由于调查目标、方向不同，导致国家和地方出"两套数"且差距较大；四是草地、湿地年度调查监测工作仍处于探索阶段，调查内容和调查范围不够全面，难以满足生态文明建设和自然资源、林草等精细化管理的需要。

针对以上问题，为统筹各方力量形成森林、草原、湿地调查监测工作合力，提升森林、草原、湿地调查监测工作效率、成果质量和服务能力，在充分继承已有工作基础上，自然资源部探索构建森林、草原、湿地统一调查监测（以下简称"林草湿统一调查监测"）新的工作模式和工作机制。2022 年 1 月，为做好森林、草原、湿地资源调查监测工作协调配合，减少重复浪费，充分发挥现有机构队伍的调查监测能力，自然资源部和国家林草局联合印发了《关于共同做好森林、草原、湿地调查监测工作的意见》（自然资发〔2022〕5 号），统一了各项调查监测制度，明确了工作任务和分工，为统筹开展林草湿统一调查监测，全面掌握森林、草原、湿地资源的数量、质量、生态情况，提供了基本遵循和工作方向。

（一）统一调查监测基本要求

1. 统一工作底版

"国土三调"是党和国家机构改革后统一开展的自然资源基础调查，作为体现国土空间唯一性的一张底图，林草湿统一调查监测以"国土三调"及上年度国土变更调查形成的林地、草地、湿地地类图斑为工作范围。获取的专项调查监测变化图斑及信息，要纳入国土变更调查进行更新，保障"国土三调"和年度变更调查成果的时效性和权威性。

2. 统一分类标准

依据《国土空间调查、规划、用途管制用地用海分类指南（试行）》严格界定林地、草地、湿地的概念和指标。实践工作中，可以根据需要，在林地、草地、湿地的二级地类基础上细化。森林面积、森林覆盖率、森林蓄积量指标应覆盖并仅限于"国土三调"及其国土变更调查的全部林地范围，草原面积、草原综合植被盖度应覆盖并仅限于"国土三调"及其国土变更调查的全部草地范围。

3. 统一工作部署

森林、草原、湿地统一调查监测每年组织开展一次，由自然资源部和国家林草局共同部署开展，地方各级自然资源主管部门与林草主管部门协同做好本行政辖区森林、草原、湿地调查监测工作。森林、草原、湿地调查监测成果由自然资源主管部门和林草主管部门共同审核。

4. 统一开展数据采集、处理和综合评价

在"国土三调"底图上统一开展林地、草地和湿地图斑遥感监测，统一设置森林、草原、湿地调查样地，统一开展内外业数据处理，根据统一的分析评价指标开展综合分析评价。

（二）统一调查监测工作任务

按照《总体方案》框架，依据《国土空间调查、规划、用途管制用地用海分类指南（试行）》，以每年 12 月 31 日为统一时点，以"国土三调"成果为统一底版，整合各类调查监测资源，构建林草湿统一调查监测评价体系，统筹开展森林、草原、湿地调查监测，实现森林、草原、湿地监测数据统一采集、统一处理、综合评价，查清全国和各省森林、草原、湿地资源的种类、数量、质量、结构、分布，掌握年度消长动态变化情况，分析评价森林、草原、湿地生态系统状况、功能效益，以及演替阶段和发展趋势，形成统一时点的森林、草原、湿地调查监测评价成果，服务自然资源管理、林长制督查考核，以及碳达峰碳中和战略等需要。主要任务包括：

（1）建立健全国家森林、草原、湿地资源及其生态系统调查监测评价指标体系，完善相关技术标准规范。

（2）开展林草湿数据与国土变更调查数据年度协同更新。林草湿数据与"国土三调"数据对接融合，形成综合监测图斑本底。采用遥感判读与现地核实相结合的方法，掌握林草湿各类面积、分布及其变化。在调查监测工作中发现实地现状相对上年度国土变更调查结果发生变化的，要及时纳入当年国土变更调查。林草湿统一调查监测工作中，要对此类图斑的相关属性信息进行记录，在当年国土变更调查成果形成后，及时将相关属性信息关联到对应图斑上，纳入当年森林、草原、湿地调查监测成果和国土空间基础信息平台。

（3）以森林资源清查体系固定样地为基础，根据林长制考核等各项工作需要，科学设置林草湿监测样地，开展森林、草原、湿地样地外业调查，查清各类资源储量及其质量、结构和动态变化等。

（4）基于图斑、样地监测数据，综合分析评价林草湿资源状况，生态系统格局、质量、生物量和碳储量等生态状况，以及固碳释氧、防风固沙、涵养水源等生态服务功能效益，突出国家重点区域评价。

（5）建立森林、草原、湿地调查监测数据库，纳入自然资源三维立体时空数据库，构建数据采集、处理、分析、服务信息平台，提升林草湿综合信息服务水平。

（6）开展统一调查监测理论研究和技术攻关，重点推进人工智能识别、激光雷达测树、关联耦合分析等关键技术，持续推进调查仪器设备研发升级，不断推进监测方法和技术手段的科技进步。

（三）统一调查监测指标体系

调查监测内容包括林草湿资源状况和生态综合状况两个方面。其中，林草湿资源状况监测内容包括：森林、草原、湿地的数量、质量、结构、功能等；林草湿生态综合状况监测内容包括：植被综合覆盖度、林草湿总生物量、碳储量、碳汇量、生物多样性及生态系统类型、质量、格局、功能与效益等（表4-1）。

表 4–1 森林、草原、湿地调查监测评价指标

调查监测评价内容			调查监测评价指标
林草资源状况	森林	种类	调查监测指标：森林类型、植被类型、树种
		数量	调查监测指标：森林覆盖率及各类森林面积、各类森林储量（包括蓄积量、生物量、碳储量）、各类森林面积增长量和减少量、各类森林储量生长量和消耗量、毛竹和其他竹株数及变化
		质量	调查监测指标：平均胸径、平均树高、平均优势高、郁闭度/覆盖度、密度、单位面积储量、单位面积生长量、灌木平均高及覆盖度、草本平均高及覆盖度、土壤种类、土壤厚度、腐殖质厚度、枯枝落叶厚度；评价指标：森林灾害类型及等级、森林健康等级、林地质量等级、森林质量等级、植被总覆盖度
		结构	调查监测指标：土地权属、林木权属、起源、龄组、径组、群落结构、树种结构
		功能	评价指标：碳汇量、释氧量、涵养水源量、固土保肥量、防风固沙量、滞尘量、吸收大气污染物量等
	草原	种类	调查监测指标：草地类型、植被结构、草原类别
		数量	调查监测指标：草原面积、产草量、碳储量
		质量	评价指标：草原植被盖度、草原覆盖率、草畜平衡指数、草平均高度、生物灾害发生面积、危害程度、健康等级、草地等级
		功能	评价指标：碳汇量、水源涵养量、土壤保持量、防风固沙量、种质资源保育、滞尘量、释氧量等
	湿地	种类	调查监测指标：湿地类型、植被类型
		数量	调查监测指标：各类型湿地面积、湿地植被面积、生物量、土壤碳储量、保护形式；评价指标：湿地保护率
		质量	调查监测指标：积水状况、自然状况、生物丰度、植被覆盖度、利用方式、受威胁状况；评价指标：生态状况
		功能	评价指标：防洪蓄水量、水质净化量、土壤保持量、固碳量、释氧量等
林草生态综合状况	生态状况	综合状况	调查监测指标：植被覆盖类型及其构成、林草生物量、群落结构；评价指标：植被综合覆盖度、净初级生产力、总碳储量、总碳汇量、生物多样性指数、丰富度指数、均匀度指数等
		土地退化状况	调查监测指标：林地、草地、湿地内荒漠化/沙化/石漠化等退化土地的面积、类型、程度及其变化情况

续表

调查监测评价内容			调查监测评价指标
林草生态综合状况	生态系统	生态系统类型	调查监测指标：生态系统规模及其构成，生态系统群丛类型及其构成，生态系统建群种及其分布
		生态系统格局	评价指标：斑块密度、边界密度、破碎度指数、聚集度指数
		生态系统质量	评价指标：生态系统生物量密度和碳密度、生态系统功能指数、生态系统稳定指数、生态系统胁迫指数，生态系统质量指数、健康指数
		生态系统结构	评价指标：生态系统的生物种类、种群数量、种群的空间配置（水平分布、垂直分布）
		生态系统功能效益	评价指标：碳储量、碳汇量、释氧量、涵养水源量、固土保肥量、防风固沙量、滞尘量、吸收大气污染物量等相应的价值量

（四）统一调查监测技术方法

以"国土三调"和上年度全国国土变更调查成果数据，作为 2022 年度综合调查监测的图斑监测本底。以图斑为单元，开展基于遥感图斑监测和地面验证核实的全覆盖监测，获取林草湿资源本年度各类面积变化数据。以国家森林资源连续清查抽样样地为基础，以均衡抽样为补充，设置森林、草原、湿地统一的抽样调查样地，以样地为单元，开展基于地面实测的储量（蓄积量、生物量等）和结构调查，获取林草湿资源各类储量及其质量、结构数据；综合利用图斑监测和样地调查数据，建立林草湿调查监测数据库，分析林草湿资源的种类、数量、质量、结构、变化等，产出林草湿综合调查监测年度报告。

林草湿综合调查监测，采取图斑监测和抽样调查相结合的方法，经综合分析和系统评价，年度产出林草湿资源主要指标，5 年一次产出资源与生态状况综合监测报告。

1. 图斑监测

以最新遥感数据，对接上年度国土变更调查成果的林地、草地和湿地图斑，以图斑为单元，统一开展基于遥感图斑监测和验证核实的全覆盖监测，完成林草湿图斑年度变化监测和相关属性数据的更新，获取全国及各省林草湿资源各类面积及其变化数据。

2. 样地调查

以国家森林资源连续清查固定样地为基础,以空间/属性均衡抽样为补充,建立森林、草原、湿地统一的抽样调查样地体系;以样地为单元,开展基于地面实测的储量(蓄积、生物量等)和结构调查,获取全国及各省林草湿资源各类储量及其质量、结构数据。

3. 汇总分析

综合利用图斑监测和样地调查数据,建立林草湿调查监测数据库,分析林草湿资源的分布、种类、数量、质量、结构及其变化情况,形成点面融合、国家与地方一体的林草湿资源图数库,产出林草湿年度调查监测成果。每5年组织开展林草湿生态系统评价和数据挖掘分析,产出全面反映林草湿资源及生态状况的综合调查监测评价成果。

(五)统一调查监测质量检查

各级自然资源和林草主管部门是本区域森林、草原、湿地调查监测成果质量的责任主体,严格执行自然资源部办公厅与国家林草局办公室联合印发的《自然资源调查监测质量管理导则(试行)》(自然资办发〔2021〕49号),按照《全国林草湿综合调查监测质量检查办法(试行)》,建立县级自查、省级复查、国家检查的三级检查机制,坚持分阶段分层级的全程质量管控,建立质量回溯机制,前一阶段调查监测结果检查合格后方可开展下一阶段的工作,调查成果经逐级检查合格后方可汇交。质量管控工作内容包括:

1. 图斑检查

实行县级自查、省级审核和国家级复查的三级检查,采用遥感影像结合现地检查方式进行检查。检查内容包括变化图斑检查和图斑数据库检查。变化图斑检查主要是检查林草资源变化图斑边界与影像的吻合程度、是否存在漏划、错划图斑、面积求算是否准确、面积单位是否正确等;图斑数据库检查主要是检查图斑的空间拓扑关系、属性数据的完整性、合理性和逻辑性、图斑和属性数据的关联性内容。

县级自查应对变化图斑全面自查;省级审核抽取变化图斑总数的 2%～3% 进行检查;国家级复查按变化情况,抽取不少于变化图斑总数的 1%,每个类型抽查数量不少于 5 个图斑，其中与省级审核抽查图斑重叠不少于 20%。

2. 样地检查

实行调查单位自查和国家质检组检查两级检查，采取随机抽样和典型选取检查样地，采用原调查的方法进行检查。

森林调查样地。对每个工组调查的样地记录（卡）进行全面检查。将外业检查样地的检查项目分为重要项目、次重要项目和其他项目 3 类，分别进行检查评分。草原、湿地调查样地。按照植被覆盖度、产草量、植被类型等重要因子和其他因子进行检查评分。

检查阶段及数量。检查分指导性检查、质量评定检查、调查记录检查 3 个阶段，每个阶段设置不同的检查数量。

3. 质量评定

按照图斑检查占 40%（变化图斑检查 20%、图斑数据库检查 20%）；样地检查占 60%（质量评定检查 50%、样地调查记录 10%），计算综合得分，质量进行综合评定。质量等级按综合合格率高低评定为优、良、可、差 4 等。

典型案例

山东省自然资源厅对"国土三调"数据和地理国情监测、森林资源调查、荒漠化沙化监测、湿地监测等相关调查监测数据从标准体系、数据体系、技术体系等方面开展深入分析，探索地类融合的角度和可行性，建立操作性更强的地类衔接关系，构建自然资源地类间关系模型，形成自然资源地类衔接图谱，通过整合汇交、在线调用、数据集成等方式，将衔接研究成果按照统一的空间基础和数据格式开展自然资源调查监测数据建库，将成果进行集成管理应用，实现二维三维一体化展示与分析。

1. 设计思路

以山东省各项省级自然资源数据为基础，以第三次全国国土调查数据为纽带，通过整合汇交、在线调用、数据集成等方式汇集基础调查、地理国情、专项调查等数据。采用层次分析、对比分析、交叉分析和聚类分析方法，对第三次全国国土调查成果与地理国情、森林、湿地、草地、荒漠化沙化土地等标准规范、数据及差异原因研究分析，以地类为主线，对异源、不同数学基础的自然资源数据提出"语义关联""空间关联"和"属性关联"的技术方法。采用交集并集算法，对地类实现数据融合，获取空间位置准确、属性信息丰富的自然资源新数据；依据各地类属性之间内在的关联性、唯一性和完整性，以自然资源现状为主，不同属性兼容共存，开展数据关联，解决要素间相互矛盾、不同数据源间交叉重叠、突破单一数据的局限，获得更多、更准确的属性因子。

基于国土调查成果及自然资源融合衔接成果，对不同时间、调查方式、调查方法获取的自然资源数据，提出"空间化、结构化、标准化"处理方法，实现逻辑上的融合，达成统一标准、统一目录、统一技术体系。采用基于大数据框架下的海量自然资源数据存储技术，构建自然资源调查监测数据库，实现自然资源调查监测数据的集成管理。构建数据循环更新机制，通过全省地理国情监测、森林资源管理"一张图"年度更新、荒漠化沙化监测、湿地监测等调查监测工作实现数据的动态更新。

以自然资源调查监测数据库为数据基础，充分采用自主化三维球、矢量瓦片、影像动态渲染、大数据计算等技术，实现自然资源调查监测数据的二三维一体化展示及应用分析，为国土空间规划、耕地保护、自然资源确权登记、建设用地审批及自然资源监督执法等业务管理工作提供专题应用支撑。

2. 关键技术研究成果

（1）建立起兼顾语义关系和空间统计的地类关联模型

各个专项监测与"国土三调"地类中存在相同或相近地类，因此首先根据某一专项监测和"国土三调"的地类语义对照体系，建立地类的关联关系，该关联关系是明确数据对应关系的理论基础。根据语义分析建立起的对应关系具有理论依据和确定性，却难以充分表达实际中的复杂性、多样性，关联度在不同时间、不同尺度、不同地区往往有较大差异，计算结果相差较大。因此，需要基于实地数据计算地类间统计关联关系，对语义关系进行验证、核实与补充。具体方法是忽略地类内涵外延、逻辑关系等，直接对两类数据进行空间叠置分析，统计每一图斑上的"国土三调"和专项监测地类，据此建立起两类数据的交叉关联矩阵；根据地类间交叉矩阵，计算地类语义关联度，反映"国土三调"数据和专项监测重归类数据空间重合情况；基于统计关联方法，计算统计关联度，即"国土三调"地类中某一专项监测地类最大构成比，称为"第一关联度"，同理可求得"第二关联度""第三关联度"等，提取前3个关联度，将剩余的关联度求和作为"其他关联度"，则"国土三调"与专项监测地类间的对应关系则可建立起线性关联模型。

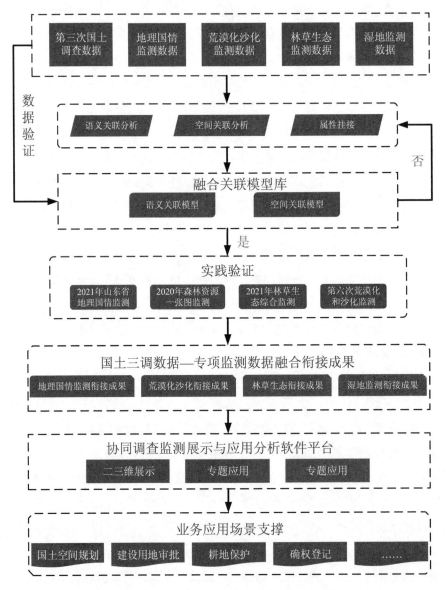

图 4–2　协调调查监测关键技术流程图

（2）异形图斑自动处理关键技术

在生成地理国情监测图斑底图数据过程中，地理国情地表覆盖层与"国土三调"地类图斑层叠加分析，产生了大量的细碎图斑。虽然国家在下发底图图斑时，已经对细碎图斑进行了合并处理，但是仍然存在一些面积较大、尖锐折角、连接通道等异常图斑问题，在进行后续的数据入库、叠加分析过程中，有时会发生图形错误。

异形图斑的处理，现在通常以人工手动处理为主，处理工作量大、费时费力。针对该问题，对该类异形图斑共性开展深入分析，开发专门工具，实现了异形图斑的自动处理、宽于 5 m 水渠内耕地图斑的自动提取等，大幅度减少了人工处理的工作量，提高了判读效率，经生产单位核算，该方法对异形图斑的自动处理效率达 90%以上。该关键技术的主要思路是：

1）设定阈值，对异形图斑开展内缓冲；

2）采用内缓冲获取平行复制的边界线，对边界线的自相交、超出原始面边界等错误进行整理，获取完整闭合的内缓冲边界线；

3）整理后图斑按照原设定阈值开展外缓冲，非异常处图形缓冲回原图形；以外缓冲后图形裁切原异常图斑，将图斑分为细碎图斑和正常图斑；

4）将裁切后的异常图形按照细碎图斑融合至相应的图斑中，完成异常图斑处理。

（3）多源自然资源数据空间对应关系可视化展示

"国土三调"数据包含 13 个一级类、56 个二级类，地理国情监测数据包含 8 个一级类、47 个二级类及 88 个三级类。从地理本体和语义的角度建立两者之间的基本关联关系，在只考虑分类标准的前提下两者的关系总量即可达到 9 867 个，再加上"国土三调"中的"种植属性"及地理国情监测中的"feature"等属性信息，分门别类进行组合分析，则会产生更多的关联关系。而地类关联关系以表格形式呈现，信息量大，难以发现趋势性。为更直观、形象、层次化表达地理国情监测与"国土三调"地类间的相似度、关联度、对应关系等，试点结合 E-CHARTS、Highcharts、UCINET 软件、知识图谱构建等方式，定制开发合适的显示方式。具体来说，构建了从数据到信息到知识的智能化、交互式可视化系统，可依托多源数据快速生成信息可视化、知识可视化结果，满足描述性、解释性、探索性等不同层次的可视化成果表达需求。系统的关键核心算法实现了从多源空间数据到多维信息提取，再到语义、结构重组及格式变换，进而满足可视化表达对数据的结构化需求，在此基础上构建了基于语义级视觉变量映射的全空间场景表达模块，将海量"国土三调"和国情空间数据和多维、庞杂的统计数据及其隐含的信息和知识进行了有效的可视化表达。

（4）海量自然资源协同调查监测数据展示与应用分析

基于自然资源海量数据高效存储管理体系，集成各类自然资源专项调查成果，形成物理分散、逻辑统一、动态更新的自然资源协同调查监测成果数据库。以第三次全国国土调查数据为纽带，通过统一对象描述和对象编码，建立对象实体模型，构建"国土三调"数据与相关自然资源专项调查数据的衔接计算机关联模型，为自然资源专项调查数据与国土调查数据协同展示与应用分析提供模型基础。针对森林资源、草地资源、沙化荒漠化等自然资源专项调查数据，基于自主化三维球技术，实现各类自然资源专项调查成果与"国土三调"数据的二三维一体化协同展示与应用分析。

——底图数据协同三维可视化展示

自然资源调查监测工作采用第三次全国国土调查成果作为统一底图，为支撑全省调查监测工作协同开展，采用矢量瓦片技术和影像动态渲染技术，将标准的矢量瓦片服务和栅格数据接入三维数字地球引擎，实现全省矢量数据的秒级浏览和单幅、多幅大数据量栅格图像实时调度与快速显示。

——协同调查监测专题应用技术方法

1）梳理数据种类：以国土调查数据为核心，结合地理国情、森林、湿地、草地、沙化荒漠化等其他专项数据，分析各类数据的主要图层与对应的核心内容。

2）确定数据对象：一方面以国土调查数据的地类图斑为核心，另一方面与其他数据进行关联，确定能够分析的内容，形成功能点或应用场景。

3）确定分析尺度：包括空间尺度与时间尺度。

4）确定分析方法：梳理总结多种分析方法，针对各种分析功能或应用场景，确定合适的分析方法。

5）确定展示方式：针对不同的应用分析结果，选择合理的可视化表达方式进行分析成果综合展示。

6）梳理应用分析：依据自然资源调查监测相关业务，灵活"组装"，形成分析功能与应用场景。

——自然资源协同展示与应用分析的专题应用

针对调查监测数据成果的二三维协同展示、分析与应用需求，按照一致性、集约性、独立性、完整性、实用性和适用性的原则，构建森林资源、草地资源、沙化荒漠化等协同展示与应用分析的专题应用。根据统一的数据标准、行业标准与规范，按照统一的数据口径、统一的数据分析指标，结合空间信息技术、大数据计算等技术，采用三维空间分析与大数据可视化技术，通过 DEM、DSM 及倾斜摄影测量等数据构建精细化的全空间三维立体框架，实现在三维场景下调查监测成果的查询浏览、应用分析与可视化展示。基于三维空间数据和高程信息，在三维场景中实现调查监测成果的矢量数据和影像数据展示、浏览、查询等，同时具备距离量测、面积量测、坡度分析、坡向分析、地形分析、等高线分析等能力。

第四节 水资源调查监测评价体系

遵循习近平生态文明思想，把水资源作为最大的刚性约束，坚持"以水定城、以水定地、以水定人、以水定产"，以说清水资源状况和变化趋势为切入点，反映水资源与各生态系统相互影响的关系为重点，创新构建水资源表达和评价体系。以支撑自然资源部"两统一"职责、服务国家战略安全为目标，在保证水利部水资源监测评价工作完整、延续的前提下，将其作为水资源调查监测的重要部分，纳入水资源统一调查监测评价体系。重点开展水资源与耕地、森林、草原等自然资源制约关系的水平衡分析研究，支撑耕地保护、国土空间规划、生态保护修复等工作需要。

一、新时代水资源调查监测评价的基本理念

水资源作为人类生存与发展的重要自然资源要素，起着关键性制约和支撑

的作用。由于水资源的地表与地下、空间分布等变化，会直接影响其他自然资源的种类与分布，开发利用适合的种类与规模。坚持山水林田湖草沙是一个生命共同体的理念统一调查、系统治理，把水资源作为最大的刚性约束，通过对水资源及各类自然资源进行系统调查，用系统关联的理念分析水平衡需求。

（一）体现拓展性、创新性

一是拓展生态文明建设要求下的"水资源"内涵。长期以来，水资源调查主要侧重于满足开发利用需要，主要关注地表水与地下水逐年更新的动态水量，尚未充分考虑储存量及其对生态系统的调节作用。面向生态文明建设新需求，加强对流域尺度大气降水量、蒸发量、土壤水与自然和人工林草覆被生态需水量的调查评价，重点关注气候变化最为敏感的冰川冻土区水资源变化，协同地表水与地下水重复量计算，厘清深层承压水资源可利用性与地质环境属性等问题，满足水资源合理开发与生态保护修复需要。

二是完善水资源监测基础设施站网建设系统性和全局性。长期以来，水利、自然资源、住建等结合本部门水资源利用需求，分别组织开展了相关水资源监测站网建设，但部分地区监测站点密度依然不足，尤其是青藏高原、内蒙古高原等生态功能保护区和生态脆弱区水资源监测站点严重不足。从系统和全局角度，完善监测网络体系，突出江河源区和生态脆弱区等水资源监测网络规划和补充建设，满足新时代水资源调查监测评价的需要。

三是创新水资源调查方法。充分考虑土地开发利用和植被覆盖与水资源的相互影响，以及水资源的流动性和动态性特征，不断创新水资源调查评价技术方法和技术标准，合理划定评价单元，将水资源评价成果精准落到自然资源"一张图"上，把水资源与国土利用、地表覆盖等联系起来调查评价，满足"以水定城、以水定地、以水定人、以水定产"国土空间规划和生态保护修复等需求，满足山水林田湖草沙统一管理的需要。

（二）体现系统性、关联性

《中共中央关于制定国民经济和社会发展第十四个五年规划和二〇三五年远景目标的建议》（以下简称《建议》），为中国未来发展擘画了宏伟蓝图，指明了前进方向。建议明确"十四五"时期经济社会发展必须遵循的一个重要原则——坚持系统观念，要求我们加强前瞻性思考、全局性谋划、战略性布局、整体性推进。习近平总书记曾多次强调："生态系统是一个有机整体""牢固树立'一盘棋'思想，尊重规律，更加注重保护和治理的系统性、整体性、协同性""要从生态系统整体性和流域系统性出发"，系统的观念一以贯之。

水是基础性的自然资源和战略性的经济资源，是生命之源、生态之基、生产之要，又是制约各类自然资源和国土空间布局的核心要素。作为贯穿整个生态系统，最大的刚性约束指标，更需要用系统的观念重构水资源调查监测评价体系。不能对以往调查监测做简单延续和物理拼接，而要适应生态文明建设的新要求和自然资源管理与国土空间规划的需要，在充分继承已有水资源调查工作成果和方法基础上，研究水与其他资源之间内在联系和互馈机理，从生态系统整体性和流域系统性出发，对水资源调查监测评价进行改革创新和系统重构。

体现系统性、关联性的水平衡，是指在可控的人为活动下，维持自然生态系统平衡的水的状况，即以实现水资源、经济社会、生态环境三大系统相均衡为目标，以水资源为核心，耦合土地、林、草、湿地等自然资源要素基础上的自然资源匹配平衡分析。对不同区域、不同生态空间特点的水平衡需求调查评价清楚，从而实现"以水定城、以水定地、以水定人、以水定产"。

（三）体现准确性、高效性

现行水资源评价主要包括人工统计调查、数据整编、报表上报、三级复核分析、评价成果等工作流程，主要使用地面观测和统计数据。受限于监测站网分布和人工调查数据的准确性，评价工作效率偏低，对水资源变化的反映存在一定滞后性；且由于社会水循环部分监测体系尚未完全建立，部分成果仍具有一定主观性和不确定性。当前，航天遥感、航空遥感等立体观测技术，大数据分析、人工智能等高新技术手段快速发展，为水资源调查评价提供了大量全新的数据来源，建议进一步整合监测资源，创新监测技术，强化空—地一体化的多圈层立体监测网络建设，同时全面推进人工智能、大数据等新技术的使用，对自然水循环过程和社会水循环过程进行多角度、全过程、全要素监测，创新发展水资源评价数据体系和评价方法。

二、主要思路与目标任务

（一）主要思路

充分考虑水资源具有流动性和可更新性的特点，以掌握水资源数量和质量动态变化为重点，切实调查清楚水资源的整体情况。与水利等部门建立信息共享机制，充分利用已有长序列气象、水文站点监测数据（地表径流量）、水资源开发利用统计数据等成果资料和水文监测站点网络等工作基础；完善生态功能保护区和生态脆弱区等区域地下水资源监测站点布局和监测网站建设，满足全面准确调查监测水资源需求。在补短板、强弱项的同时，注重扬优势、稳拓展，充分发挥自然资源系统在水文地质调查监测和卫星遥感等方面的技术优势、陆海统筹的职能优势，以及国土和各类自然资源最新调查成果等优势，积极稳妥地拓展水资源调查监测工作内容，更好地服务新时代生态文明建设和高质量发展的新要求。

（二）总体目标

以习近平生态文明思想为指引，按照生态文明建设总体部署，落实党和国家机构改革要求和履行自然资源部"两统一"职责，以自然生态系统和水循环理论为指导，坚持新发展理念，建立符合国家治理体系和治理能力现代化要求的水资源调查监测评价体系。建立统一的水资源调查评价监测制度、高效的部门信息共享合作和中央地方联动的工作机制；形成水资源状况十年一次周期调查评价与年度更新调查监测制度，全面准确掌握全国水资源数量、质量、空间分布、开发利用、生态状况及动态变化，客观评价水资源在经济社会发展和生态系统保护修复中的关键性支撑和制约作用，全面支撑山水林田湖草整体保护、系统修复和综合治理。

（三）工作任务

1. 丰富水资源调查内容，开展水资源调查评价

遵循客观、科学、系统、实用的原则，统一地表水与地下水、水量与水质、水资源利用与保护等调查评价，主要内容包括以下几个方面。

（1）地表水资源调查评价

通过调查统计与分析计算，摸清地表水的数量、质量及时空分布规律，估算水资源总量和可利用量，为合理利用和供需平衡提供依据，调查评价主要内容包括水平衡要素分析、地表水资源计算、水质调查分析和可利用量估算等。

（2）地下水资源调查评价

地下水资源评价是对地下水资源数量、质量、可开采量及重复计算量等方面作出的恰当的评价和建议。调查评价主要内容包括区域水文地质条件调查、地下水开发利用现状调查分析、地下水资源量计算及地下水评价。

（3）地表水和地下水转换关系以及水资源总量计算

地表水和地下水都是水资源的重要组成部分，是水资源的两种表现形式，它们之间互相联系互相转化，河川径流中包括了一部分地下水的排泄量，地下水的补给量中又包括了一部分地表水的补给量。计算水资源总量时须扣除地表水和地下水之间的重复量。

从生态系统整体性和流域系统性出发，丰富水资源调查的范围，由传统可供人类直接利用的水拓展到自然生态系统中各种形态（固态、液态和气态）的水，探索将冰川冻土、土壤水等生态水，以及海水淡化等非常规水源纳入水资源调查范畴，重点关注以往被忽视或者受调查监测技术手段限制不能精准获取、体现水在生态系统中重要作用的指标。按照系统观念"固根基、扬优势、补短板、强弱项"的要求，牢固在多年来水文地质方面的根基、发挥在卫星遥感"空天地"一体化监测等技术手段和陆海统筹的优势、弥补以往水资源调查缺少面积指标，以及空间概念弱的短板、加强水循环要素演变分析等方面的弱项，重点从关注生态状况指标等方面丰富拓展水资源调查监测范围。

以往的水资源调查中，对水生态状况的调查主要包括河流水生态调查、湖泊湿地水生态调查，以及地下水超采状况调查等内容。调查方法以地方统计和

卫星遥感等手段相结合。存在的主要问题:一是调查对象少,不能体现生态系统特征,仅包括水土流失、河湖萎缩、植被覆盖等指标;二是定性描述多、定量表达少,不能反映生态系统的清晰状况;三是缺乏空间概念,难以落地、落图,难以为空间规划提供精准支撑;四是单时间点状态描述居多,缺少长时间序列生态分析,不能反映生态系统演替基本规律。针对上述问题,可以以全国"国土三调"和变更调查为基础,发挥卫星遥感技术具有客观、宏观、快速、及时的优势,将相关已有监测指标纳入水资源调查监测体系。

一是全国河流、湖泊、水库、湿地水域空间分布及变化监测,二是河湖岸线监测,三是全国冰川与常年积雪面积与变化监测,四是海岸线与滩涂监测,五是地面沉降调查监测。以上监测指标集中反映当前河道断流、河湖湿地萎缩、冰川退化、岸线侵蚀破坏、围湖造田、海岸线破坏、造湖"冲动"及地面沉降等生态系统面临的突出问题,既是我们重点关注的生态状况指标,又是发挥我部显著优势获取的基础数据,通过系统梳理与对比分析,可充分揭示我国水资源总体生态状况与动态变化和趋势,是重构调查监测体系中的重要组成部分。

2. 探索体现水土资源匹配性的区域水资源调查评价与水平衡分析

水分在大气、地表、土壤水和地下水等不同组分间的相互迁移、转化构成了陆地水循环的基本过程,要从生态系统整体性和流域系统性出发,就要把水循环过程中的要素系统考虑进来。陆地表层的土壤水是连接地表水和地下水的纽带,是天然植被生态耗水的主要水源,科学研究指出不低于50%的降水量最终以土壤水通量的形式返回大气。多年冻土是高寒地区地下的主要隔水层,由于阻挡大气降水向地下渗透,易导致地表土壤含水增多,形成湿地沼泽,当前随着全球变暖,冻土融化加剧,对水资源、生态环境和建筑工程产生巨大影响。水循环过程中对水量蒸发(广义耗水量)的控制是资源节约的关键,水土资源的适配性是体现系统观念的关键。

将水、土地资源间的相互影响、空间匹配性等作为重要内容纳入统一评价体系。土地资源与水资源是密切相关的,当前主要面向历史序列的水资源评价和面向现状的土地资源调查,无法满足面向未来的国土空间开发和水资源利用的需求。一方面水资源的基础条件很大程度上决定不同国土空间的生态类型,同时国土资源的开发利用一方面受到水资源的制约,也会对水资源的形成造成显著影响；将土地与水分别评价，将人为割裂山水林田湖草湿自然资源间的内在联系。因此，要充分研究水土资源的适配性，探索将其纳入调查体系。

一是在调查精度方面，已有成果精度不能满足当前自然资源精细化管理和国土空间规划需求，应该在充分利用与整合原有的水、土、林、草、湿前期调查成果基础上，采用高分辨率遥感、雷达数据、大比例尺测绘数据等进行资源调查和解译土壤含水量，提升自然资源的综合调查精度。

二是在调查尺度方面，已有自然资源调查评价单元不匹配，"国土三调"的调查图斑最小面积为 200 m^2，达到了"全国—省—市—县—乡—村"，而水资源"三调"评价单元是水资源三级区套地市，全国分为 1 070 个评价单位，与国土调查的最小单元相差悬殊。

三是在调查—管控模式方面，在以地表径流与地下水为主的水资源供需平衡调查—管控模式，和以地表覆盖、土地利用和国土空间调查—管控模式基础上，科学合理统筹自然资源，创新构建自然资源表达和评价体系，创新形成以水土资源为核心，耦合林、草、湿地等自然资源要素的综合调查模式，形成新时代、新需求的"部门协调、业务融合、地方联动"的自然资源综合调查工作模式。

根据国家重大战略部署，分步骤、有侧重地开展长江经济带、黄河流域、京津冀地区、战略储备地区、西北生态脆弱区等重点区域、领域的水资源综合调查，深入研究气候变化和人类活动等对区域水资源分布、水循环规律与生态环境的影响，甄别水资源开发利用存在的问题，融合各类自然资源调查监测数据成果，提出水平衡约束下的国土空间开发、用途管制与生态修复建议。

3. 完善多圈层立体监测网络体系，创新水资源调查评价技术，提高水资源调查评价的效率和准确性

水资源的特点决定水资源调查的技术方法。由于水资源具有随机性、波动性和周期性等固有特征，一般通过过去一段时间的河道断面（或片区）的可更新量（通量）统计特征值（如：多年平均水资源量等）表征，重点反映的是历史序列的状况。现行水资源评价主要包括人工统计调查、数据整编、报表上报、三级复核分析、评价成果等工作流程，主要使用地面观测和统计数据。受限于监测站网分布和人工调查数据的准确性，评价工作效率偏低，对水资源变化的反映存在一定滞后性；且由于社会水循环部分监测体系尚未完全建立，部分成果仍具有一定主观性和不确定性。

因此，迫切需要完善监测网络体系，突出江河源区和生态脆弱区等水资源监测网络规划建设；创新水资源调查技术，提高水资源调查的效率和准确性。当前，航天遥感、航空遥感等立体观测技术，大数据分析、人工智能等高新技术手段快速发展，为水资源调查评价提供了大量全新的数据来源，运用传统的水资源调查评价技术手段与地理国情测绘高新技术相结合的方式，进一步整合监测资源，创新监测技术，强化"空—天—地"一体化的多圈层立体监测网络建设，同时全面推进人工智能、大数据、区块链等新技术的使用，对自然水循环过程和社会水循环过程进行多角度、全过程、全要素监测，创新发展水资源评价数据体系和评价方法。

三、水资源调查监测评价方法

（一）水资源分区

水资源以流域为单元进行循环和演化，水资源的形成、转化与耗散、开发利用及排泄等受自然地理条件、经济社会状况以及水资源特点和水利工程等因素的制约。我国各地自然地理条件差异显著，其水资源和生态环境状况也不尽相同，经济社会发展状况差异也较大，各地水资源开发利用情况及其存在的问题有明显的差别，但又具有一定的相似性。因此，为了既能反映各地水资源及其开发利用与生态环境状况的不同特点，又能反映相似地区的共同规律；既便于按流域与行政分区统一评价、规划和管理水资源，又便于水资源资料与经济社会发展等相关统计资料在范围与口径等方面的衔接，全国水资源调查评价首先要进行全国统一的水资源分区。

水资源分区的原则：一是综合考虑水资源工作的需要，满足水资源评价、规划、开发利用和管理的要求，既反映不同区域水资源条件的差异性，也要反映其水资源特点的相似性和综合治理方向的同一性；二是尽可能保持河流水系的完整性，同时兼顾行政区划的完整性。流域与行政区域有机结合，保持行政区域与流域分区的统分性、组合性与完整性。对主要江河水系进行分区，对大江大河干流进行分段划区，自然地理条件相似的相邻小河适当合并，基本反映水资源特点的地区差别；三是考虑江河水系监测资料及主要水工程的控制因素，便于利用实际观测资料进行水量平衡分析与检验。

（二）水资源数量评价

在水资源数量评价方面，针对气候变化、人类活动和下垫面条件改变等变化条件，采用变化环境下水资源数量评价的技术方法，分析降水、地表水与地下水之间的相互转换关系及水资源的演变趋势，揭示不同下垫面条件下水资源形成和转化的机理和演变规律，提出近期下垫面条件下面向规划和管理的长系列水资源数量评价成果。以水资源可持续利用和人水和谐为出发点，提出生态环境约束和技术经济约束条件下的水资源可利用量分析计算方法，统一分析计算我国水资源的可利用量。

（三）水资源质量评价

在水资源质量评价方面，对地表水水质和地下水水质结合污染源调查评价进行全面系统的评价，揭示我国地表水和地下水水质时空变化规律，量化天然因素和人类活动对地表水和地下水水质的影响。对全国地表水供水、地下水供水水质水量进行联合评价，提出地表水和地下水分部门用水水质水量评价成果，揭示不同产业供水水质状况。

（四）水资源开发利用评价

在水资源开发利用评价方面，对水资源的开发利用状况进行全面的调查评价，分析水资源开发利用对水资源情势演变的影响。对供水、用水、耗水、排水的平衡关系、变化和构成及地区分布进行全面、系统的分析评价，揭示水资源开发利用的区域特点及演变规律。客观、科学地分析中国各区域水资源开发利用程度和水平、水资源承载状况及用水效率效益等，并根据各区域水资源可利用量和水资源开发利用现状对未来的开发潜力进行评价。

（五）水污染源调查评价

在污染源调查评价方面，对点污染源和非点污染源进行全面、系统的调查评价，研究提出基于供用耗排水平衡、污染物排放与水功能区水质响应关系的污染负荷平衡计算与检验方法，全面描述和深刻揭示污染物产生、排放、入河的迁移规律，分析评价中国江河湖泊水环境承载状况及其变化规律。

（六）水生态环境评价

在水生态环境评价方面，制定水生态环境调查评价的指标，对全国河流断流、湖泊萎缩、湿地退化、地下水超采等水生态环境状况进行全面的调查评价，揭示水生态环境变化与水资源演变及其开发利用之间的动态响应关系，揭示我国水生态环境的演变规律。全面分析研究我国主要江河的生态环境保护目标及河道内用水与河道外用水之间的平衡关系，研究提出基于水资源可持续利用条件下的河湖生态亏缺水量计算方法，系统评价我国主要江河现状生态亏缺水量，对水生态安全及其存在的问题进行综合评价。

（七）拓展研究新方法

1. 水平衡动态过程模拟方法

基于典型区水土资源综合调查与水平衡定量评价方法研究，探索构建不同土地利用和植被状况条件下的大气水—地表水—土壤水—地下水相互耦合的水资源模拟模型，运用大数据技术开展水资源模拟计算，实现特定下垫面条件下的水资源模拟计算。

2. 土壤水与生态水监测

加强土壤水监测技术方法应用研究，探索典型地区不同地形地貌与地表基质条件下的降水—地表水—土壤水—地下水转化模型，研究土壤水分运移过程对植被生态的影响。

3. 青藏高原冰川动态调查监测

开展青藏高原冻土水资源观测试验，通过立体观测初步探索青藏高原冻土区降雨（雪）—冰川—地表水—冻土—地下水的耦合作用过程，揭示冻土消融与水资源形成演化的关系,预判青藏高原冰川—冻土—水资源变化的发展趋势。探索综合利用探地雷达测量与遥感技术获取冰川体积的技术方法。

典型案例

新疆水资源时空分布极不均衡,资源性和工程性缺水并存。新疆党委、人民政府高度重视水资源保护与开发利用工作,坚持"节水优先、空间均衡、系统治理、两手发力"治水方针,坚决落实最严格水资源管理制度,要求各地处理好经济社会发展和水资源配置的关系,千方百计提高水资源利用效率,以水资源可持续利用支撑新疆经济社会可持续发展。为及时准确掌握水资源情势出现的新变化,系统评价水资源及其开发利用状况,适应新时期经济社会发展和生态文明建设对水资源的需要,新疆自然资源厅联合水利、生态环境、气象等部门,深化落实新疆党委、人民政府关于水资源保护与开发利用的有关要求,按照《新疆维吾尔自治区自然资源调查监测体系构建实施方案》,组织开展地表水、地下水、冰川等水资源调查监测评价工作,查清地表水资源量、质量状况、河流年平均径流量、水库和重要湖泊蓄水动态等,掌握自治区水资源质量现状及变化情况,掌握重点区域水资源基本状况及变化趋势。

1. 地表水资源调查监测评价

新疆主要河流有 570 条,大部分是以塔里木河为代表的内流性河流,同时也有伊犁河、额尔齐斯河等外流性河流。河流水系分布广、水情复杂。

截至目前,自治区水利部门按照国家的统一部署,组建了近千人、专业的地表水资源调查监测评价技术队伍,完成了 3 次水资源调查评价,积累了丰富的地表水调查监测评价管理经验,形成了覆盖全自治区的水文勘测、水文分析与计算、水文调查评价等资料。全自治区建有国家基本水文站 130 个、中小河流水文站 79 个、水位站 60 个、雨量站 78 个,形成了覆盖全自治区河流的水文测报网络。

新疆第三次全国水资源调查已全面完成,相关成果待国家批复后正式向社会发布。下一步将与水利部门联合,进一步查清新疆地表水资源量、质量状况、河流年平均径流量、水库和重要湖泊蓄水动态等，掌握新疆水资源质量现状及变化情况，掌握重点区域水资源基本状况及变化趋势。

2. 地下水资源调查监测评价

新疆地下水资源主要开发利用第四系松散岩类孔隙水，基本分布于山前平原区，分布不均匀，开发利用程度与经济社会发展成正比。

新疆地下水资源监测工作起步于 20 世纪 50 年代后期。截至 2021 年底，一是已形成以自治区级地质环境监测队伍为主，包括乌鲁木齐市、昌吉、喀什、巴州、塔城、吐鲁番市和伊犁州 7 个地质环境监测站和 1 个地下水均衡试验场的全自治区地下水监测体系。建成自然资源部新疆干旱区冲洪积层地下水野外科学观测研究站，形成集地下水资源自动调节、自动监测、传输和可视化为一体的试验基地。二是基本建成了新疆现代化地下水监测网络，较为有效地控制了全自治区水文地质单元，监测控制区域面积约 21.82 万 km^2，监测控制区域覆盖了人类活动相对集中的主要绿洲平原（盆地）区域。三是累计建设国家级、省级地下水监测点 714 个（含国家级自动监测点 410 个、自治区级自动监测点 121 个），监测点密度达 0.31 个/100 km^2，长期监测点占比 97.79%，主要监测内容为地下水水位、水温及水质。四是通过长期地下水监测累计获取各类地下水监测数据约 907 万个，其中：水位监测数据约 546 万个、水质监测数据约 1 160 组（约 4 万条）、水量监测数据 90 个、水温监测 357 万个。

新疆年度和周期地下水资源评价工作，全面掌握了新疆平原盆地地下水位动态特征，圈定了地下水位显著变化区，形成了盆地地下水资源评价系列成果，首次评价了新疆地下水可更新及不可更新资源量，分析和掌握了 2000～2020 年全自治区水资源及其开发利用的情势、变化和演变规律。新疆 2021 年度地下水资源评价工作已经完成，相关成果待国家批复后正式向社会发布。国家地下水监测监测井施工现场如图 4-3 所示，监测井运行维护如图 4-4 所示。

下一步将从以下几个方面，推进地下水资源调查监测评价。

（1）积极推进与水利、环保部门地下水监测数据共享机制和共享平台建设，初步形成统一的全自治区地下水资源分区和评价参数体系和发布机制。建立自然资源、水利、生态环境等三部门地下水监测数据共享机制、调查监测评价高效协调工作机制，实现地下水监测数据共享共建，初步形成统一的全自治区地下水资源分区和评价参数体系和发布机制。

图 4-3　国家地下水监测监测井施工现场

图 4-4　监测井运行维护

（2）推进自治区地下水监测网自动化监测水平，构建地下水监测网数据平台。对已有的 121 眼省级地下水自动监测井利用地质灾害监测预警平台为基础开发自治区级地下水监测数据平台，提高自治区地下水监测数据管理应用水平，并逐步向国家地下水监测中心推送自治区级地下水监测数据。

（3）扎实、卓有成效开展中国地质调查局管理项目。扎实开展中国地质调查局下达的国家地下水监测工程运行维护及水质采样项目、准噶尔盆地地下水位统测项目及新疆维吾尔自治区地下水资源评价项目。

（4）实施重点地区地下水资源调查评价，协助推进国家地下水监测工程（二期）立项和省级地下水监测网建设工作。以1∶10万水文地质环境地质调查评价为基础，加强重点区水平衡分析，统筹推进重大战略区、生态脆弱区等重点流域或盆地水资源综合调查与水平衡分析，构建生产、生活、生态系统相协调的水平衡分析，科学评价水资源的关键性支撑和制约作用；协助推进国家地下水监测工程（二期）立项工作；按照新疆维吾尔自治区省级地下水监测"十四五"规划要求，推进省级地下水监测站点建设工作，积极申请自治区财政资金确保规划逐步实施。

（5）加强地下水野外科学观测站研究和科技创新成果转化。以新疆干旱区冲洪积层地下水野外科学观测研究站为基础，与高校加强合作开展干旱区冲洪积层地区"三水"转化关系、多层试验介质中地下水运移和地下水溶质运移规律、包气带地下水蒸发和入渗等水文地质参数研究；探索冰川及常年积雪区域水循环要素调查监测技术方法。

（6）积极发挥业务技术支撑作用，配合做好生态环境修复、综合治理及地下水超采区治理。

3. 冰川研究和调查监测评价

新疆是我国冰川资源最为丰富的地区之一，是世界上唯一环绕沙漠分布着大量山岳冰川的地区，部分河流的冰川融水径流和融雪径流补给占其补给量的40%～50%，因此，冰川变化对新疆水资源有重要影响。为了保护好宝贵的冰川资源，科学管理和合理规划利用冰川水资源，新疆维吾尔自治区自然资源厅组织开展了冰川研究和调查监测评价工作，进一步摸清新疆冰川资源的类型、位置、面积、空间分布和变化状况。

与中国科学院西北生态环境资源研究院冰冻圈科学国家重点实验室合作，在现代冰川学研究成果的基础上，参考中国第一次冰川编目、第二次冰川编目等历史冰川研究资料，结合"国土三调"、地理国情监测相关技术标准规范，通过实地调查，研究制定新疆冰川调查监测的标准规范和技术方案。以2020年优于 2 m 分辨率的高分、资源系列国产卫星影像为主要数据源，进行新疆全域的冰川资源遥感调查，初步查清新疆冰川资源最新的位置、分布、面积等信息，形成一套权威的新疆冰川资源分布调查数据和技术方案，为后续常态化监测、冰川水资源研究打好基础。

截至目前，编制了《新疆冰川遥感调查系列技术方案》《新疆冰川遥感调查标准规范》，形成 2020 年新疆冰川现状调查数据成果，编写完成《新疆冰川调查项目工作报告》《新疆冰川调查项目基本统计分析报告》。经统计分析，新疆冰川共计 24 442 条。新疆冰川主要分布在昆仑山、天山和喀喇昆仑山，面积占比分别为 40%、30%、20%；新疆 98%以上的冰川分布在高、极高海拔，分布在中海拔的冰川主要集中在阿尔泰山、天山山脉。其中，约一半以上冰川分布在和田地区和喀什地区，面积占比分别为 31%、22%。实地调查资料图片如图 4–5 和图 4–6 所示。

图 4–5 奎屯哈希勒根冰川实地调查

在冰川常态化监测方面，计划开展以下几方面工作：

（1）开展冰川的常态化监测。每 3 年开展一期全自治区冰川的调查监测；开展影像筛选自动化、影像纠正模型的优化、影像解译数据采集的自动化等关键技术研究工作，进一步提升冰川调查监测成果的质量和监测工作的效率。

图 4-6　天山乌鲁木齐河源 1 号冰川近 60 年的变化

（2）开展冰川储量的调查和研究。以新疆典型冰川为研究对象，获取冰川的厚度数据，通过三维冰川动力学模型，定量化冰川储量的历史和未来的演化过程，进而对典型冰川的储量进行估算，为区域水资源的评估提供数据支撑。

（3）与气象部门联合，开展冰川与气候变化关系研究。结合气候变化背景数据进行对比分析，开展气候变化和冰川变化相关关系研究，为冰川自然资源保护提供决策依据。

（4）与水利部门联合，开展重点冰川水资源调查研究。结合水文观测数据、研究重点冰川固态水资源储量、消融等变化相关关系，为自治区冰川水资源调查监测打下基础。

第五节　自然资源监测

依据《自然资源调查监测体系构建总体方案》明确的自然资源监测内容，以"国土三调"及其年度变更调查成果为基础，按照《国土空间调查、规划、用途管制用地用海分类指南（试行）》，统一技术标准和方法，与时俱进推进和落实由常规监测、专题监测、应急监测组成的监测业务体系建设，逐步实现自然资源监测制度化，持续满足不同业务需求。

一、工作定位

自然资源监测工作涉及国家安全和国家发展，必须坚持党中央精神、国家立场，以国家利益为最高利益，以国家掌握真实情况为最高原则。同时，在工作中落实"问题导向、继承与创新、与时俱进、权责对等、严起来"等要求。

（1）立足监测工作的基础性、时效性、引领性。监测成果是自然资源各项管理及全政府管理工作的重要基础依据，实事求是、质量第一是监测工作的生命线。通过监测工作，及时、快速发现自然资源管理中存在的问题，准确分析原因，深入揭示发展变化趋势，着力支撑解决问题。在促进自然资源管理工作中，以较强的基础性和时效性发挥引领性、保障性作用。

（2）把握监测工作的继承性、融合性、创新性。在继承已有相关工作成熟的队伍和技术基础上，按照《总体方案》确定的常规监测、专题监测、应急监测，融合创新工作模式和工作内容，实现监测工作常态化，契合自然资源管理工作新要求。以"国土三调"及其年度变更调查成果为底图，统一工作基础和技术标准，同时，改变由项目驱动任务的模式，以支撑保障为核心，任务承担单位按照自然资源统一监测的时间、内容和标准要求，集中力量，全力保障，形成步调一致、统一推进的组织实施模式。

（3）突出监测工作的系统性、整体性、协同性。自然资源监测是系统性工程，在监测职责上涉及自然资源主管部门和林草主管部门，在监测类型上涉及常规监测、专题监测、应急监测，在监测成果应用上涉及全政府部门，在监测承担单位上涉及多个部局直属单位，综合考虑监测职责、类型、成果、力量的关联性特点和协同性要求，强化相互配合、相互补充、相互促进，形成监测合力、集成监测成果，提升监测工作的系统性、整体性和协同性。同时，着力将监测工作制度化、体系化，为今后开展年度监测工作奠定基础，不断满足自然资源事业高质量发展和治理能力现代化要求。

二、工作目标

围绕自然资源部"两统一"职责履行，在自然资源统一调查监测评价框架下，统筹利用最新航天、航空、无人机等遥感影像，采用影像比对、内业解译和外业核查等技术手段，开展系列遥感监测工作，掌握全国耕地资源、林草资源、湿地资源、水资源及其他自然资源和城市国土空间人文地理要素的类型、面积、范围、分布和变化等情况。上半年监测以 6 月 30 日为时点，下半年监测以 12 月 31 日为时点，对象为上年度国土变更调查成果中全部地类图斑。同时，对国务院审批总体规划城市开展自然资源细化和补充监测、人文地理要素监测（其他城市、建制镇可参照执行）；开展河流、道路等要素监测和自然地理单元划定等工作。对重点区域重点要素开展重点监测，对重要目标开展应急快速监测。

监测工作与国土变更调查一体化开展，上半年监测结果下发后，地方可结合当地工作实际，将涉及年度地类变化的监测图斑纳入年度国土变更调查日常变更，组织开展调查举证。下半年监测成果作为年度国土变更调查工作底图，全部图斑纳入年度国土变更调查举证。同时，满足耕地保护、国土空间规划实施监督、用途管制、权益管理、生态保护修复、督察执法、林草湿保护等自然资源管理和生态文明建设需要。

三、工作内容

（一）影像采集与正射纠正

重点采集两次全覆盖影像，影像时相分别以 4～6 月和 10～12 月为主，其中，4～6 月影像重点地区（东部和城市及周边约 300 万 km²）采集优于 1 m 分辨率影像，其余地区优先采集优于 1 m 分辨率影像、不足区域补充优于 2 m 分辨率影像；10～12 月影像重点地区（"胡焕庸线"以东全部区域和西部重点城市及周边区域约 425 万 km²）采集优于 1 m 分辨率影像，其余区域以 2 m 分辨率卫星遥感影像为主，部分困难地区采取航摄手段获取影像。采集到的影像制作正射影像图，用于后续监测工作。同时，鼓励地方结合自身需求，充分利用自有影像数据源，协同做好影像保障工作。

（二）重点监测内容

1. 耕地资源监测

以耕地和永久基本农田保护地块图斑为基础，监测耕地种植和利用情况，发现疑似耕地"非农化""非粮化"变化图斑，每年监测两次，主要内容包括：监测耕地（包括永久基本农田）变为林地、园地、草地等其他类型农用地及农业设施建设用地等情况（包括绿化造林，建设绿色通道，种植果树、茶树、人工草皮，挖湖造景，修建乡村道路，建设种植设施、畜禽养殖设施、水产养殖设施，撂荒等情况），新增耕地利用情况，套合永久基本农田划定及调整信息，掌握永久基本农田利用情况。

2. 人工建（构）筑物监测

在建设用地图斑范围外，监测新增建设图斑，每年监测两次，包括明显（疑似）建设用地、疑似农业设施建设用地、农村居民点、别墅、道路、铁路、水工设施、工业设施、固化池、堆堆土、光伏板、体育场（足球场）、高尔夫球场、围填海等。在建设用地图斑范围内，监测建设拆除情况，包括房屋建筑（区）、铁路和道路、构筑物（工业设施、水工设施、固化池、体育场、停车场等）等。

3. 林草资源监测

以园地、林地、草地图斑为基础，主要监测园地、林地、草地图斑变化情况，每年监测一次，内容包括监测园地、林地、草地图斑的覆盖及变化情况，并监测园地、林地、草地图斑以外区域（建设用地、未利用地）林草覆盖及变化情况，掌握全国范围内造林绿化、草原开垦损毁、荒漠化石漠化防治，以及自然保护地、红树林保护修复等情况。

4. 湿地资源监测

以湿地图斑为基础，监测湿地被围垦、建设占用等，以及湿地上的地表附着物的变化情况。

5. 水资源监测

以水域图斑为基础，根据不同重点河湖库塘的丰枯周期，监测获取地表水体的分布范围、季节变化和水域开发利用保护等信息，每年监测两次，掌握水域丰枯范围变化情况；监测冰川及常年积雪分布范围及变化，以 8 月底左右为时点，每年监测一次。

（三）重点区域监测分析

1. 重要自然地理单元划定

为支撑自然资源宏观管理分析，对经济社会管理中常用的重要自然地理单元，明确空间范围界线划定规则，参考相关自然地理和人文历史资料，逐一划定各个重要自然地理单元的范围界线，主要包括山脉、湖泊、河流及其流域、平原、高原、盆地、沙漠、戈壁等类型。

2. 三条控制线监测分析

围绕国家对生态保护红线、永久基本农田、城镇开发边界三条控制线严格管理、监督、考核的需要，对三条控制线开展监测分析。

3. 重点地区和流域监测分析

围绕京津冀协同发展、长江经济带发展、粤港澳大湾区建设、长三角一体化发展、黄河流域生态保护和高质量发展、成渝地区双城经济圈建设、海南自由贸易港建设等国家重大战略实施，开展重点地区和流域的自然资源监测分析，服务支撑监管和决策。

4. 重要生态系统保护和重大工程监测分析

围绕国家生态文明建设战略实施，对青藏高原生态屏障区、黄河重点生态区、长江重点生态区、东北森林带、北方防沙带、南方丘陵山地带等生态功能重要地区，以及三江源、秦岭、祁连山等国家公园为主体的自然保护地的重要生态要素开展监测分析，动态跟踪国家生态文明战略实施、重大决策落实情况。

（四）应急快速监测

依托自然资源监测快速反应机制，发挥航空摄影、无人机、低空飞行器等技术集成优势，快速响应、快速监测，根据需要，及时精准获取特定区域、重要目标的最新地表覆盖数据，整合已有各类调查监测成果，支撑服务自然资源管理决策。

（五）监测数据库建设

按照《自然资源三维立体时空数据库建设总体方案》的相关要求，建设自然资源监测分库，纳入自然资源三维立体时空数据库体系，集成管理自然资源监测数据成果。根据不同类型自然资源监测数据的更新频度和更新方式，及时更新数据库。同时，采用"专业化处理、专题化汇集、集成式共享"的模式，继承各类自然资源监测历史数据成果，进行标准化整合，纳入自然资源监测分库。

四、预期成果

按照"边监测边提供、边分析边应用"的原则，监测和分析结果（包括过程成果和最终成果）及时推送自然资源部相关司局和单位、各督察局，国家林草局，中国地调局，各省级自然资源主管部门使用。汇总形成年度自然资源监测成果。

（1）基础成果：包含正射纠正影像成果，耕园林草湿地、海岸带、建设用地等变化监测结果；重要自然地理单元范围等数据成果。

（2）统计成果：包括年际间耕地"非农化""非粮化"，地表覆盖、林草分布及覆盖率变化、主要湿地变化、地表水面变化、冰川及常年积雪变化等数据成果。

（3）分析成果：包括耕地占用、损毁、复耕、闲置等分析成果；森林、草原消长等分析成果；水域湿地围垦、占用、采砂等分析成果；生态保护红线和自然保护地破坏、开发建设等分析成果，以及国土空间规划实施、重大生态修复、保护工程成效分析成果。

（4）应急快速监测成果：支撑决策管理时效性、现势性最强的自然资源监测数据成果。

典型案例

自然资源监测基于调查形成的自然资源本底数据，以最新年度国土变更调查成果为底图，整合年度"国土利用全覆盖遥感监测""地理国情监测"，形成年度多次开展、各有侧重的自然资源监测格局，及时掌握自然资源年度变化信息等，支撑基础调查、专项调查成果年度更新，同时满足国土空间规划、自然资源管理各项需求。本节介绍湖南省自然资源综合监测方面的思路和做法。

湖南省自然资源厅围绕自然资源调查监测技术体系的业务化运行，重点就多源数据获取、数据快速处理、信息智能提取、成果数据分析评价、成果应用服务等多个方面同步开展关键技术攻关、基础能力建设和地方标准规范提炼，形成业务化运行的整套技术路线和方法，加快构建全省自然资源"1+N"卫星监测技术体系，动态掌握全省各类自然资源的类型、范围、面积、分布等情况，为自然资源基础调查、专项调查、常规监测、专题监测、应急监测等提供技术保障和基础数据支撑。

1. 总体技术思路

立足卫星遥感，以及人工智能、大数据、云计算等新一代信息技术，结合现有工作基础，聚焦自然资源卫星监测目前存在的问题，以湖南省自然资源调查监测指挥中心建设为统领，重点就多源数据获取、数据快速处理、信息智能提取、成果数据分析评价、成果应用服务等多个方面同步开展关键技术攻关、基础能力建设和地方标准规范提炼，形成业务化运行的整套技术路线和方法，加快构建全省自然资源"1+N"卫星监测技术体系，实现全省各类调查监测成果的快速统筹汇集、展示服务，及时准确掌握全省各类自然资源的变化情况和存在问题。

在数据获取方面，基于湖南省建立的"空天地"一体化立体数据获取体系，通过扩大遥感影像统筹范围和深度，高频次获取高分辨率可见光卫星影像；进一步加强无人机、激光雷达、倾斜摄影相机、移动测量等装备建设，综合应用雷达影像、高光谱影像、地面遥感、地面监测站点、实地调查等多元技术手段，结合 HNCORS 用户位置数据、交通、电力、通信部门等现有感知数据，运用遥感影像云服务系统（"云遥"）实现公益和商业卫星影像第一时间接收、存储，构建现势强的多源卫星监测资源池，充分保障卫星监测数据基础。

在数据处理方面，进一步加强影像自动化去云镶嵌、DSM 自动滤波生成 DEM、SAR 数据自动处理等技术储备，结合已有基础，构建海量多维空间数据高效处理体系，形成多节点集群化遥感数据处理能力，迅速完成影像数据接收后正射纠正、镶嵌等处理工作。

在信息智能提取方面，进一步加强遥感影像变化图斑智能提取攻关，建立解译样本库，反复训练优化软件算法、模型、参数，升级研发基于遥感影像的自然资源要素自动提取系统，基于系统构建起"影像预处理—智能解译—图斑筛查与分类—边界半自动提取—统计分析"5 个步骤的整套智能提取变化图斑自动化作业流水线，实现"影像以景为单位、图斑以个为单位"在各环节中无缝衔接与流转，进一步提高效率和自动化程度，实现查全率（召回率）稳定在80%以上，为动态、快速掌握全省各类自然资源的类型、面积、范围、分布等变化情况提供前沿技术手段。

在图斑外业调查方面，湖南省自然资源调查监测工作中，所有问题图斑、疑问图斑均要求外业实地核查，为提高外业工作效率和成果质量，建设了湖南国土调查在线举证系统，实现了底图和图斑加载、现场定位、举证拍照（带位置、俯仰角、方位角、横滚角等参数）、统计分析、报表导出和格式转换等功能模块，并实现常规监测举证成果、省级年度变更举证成果和国家举证平台无缝衔接。

在监测成果应用方面，构建全省卫星监测三维数据库及其管理平台，实现卫星监测海量空间信息的快速存取、显示、检索、更新、分发和在线服务，为地灾防治、水利、扶贫多个行业部门提供技术支撑。建设统计分析评价模型与软件工具。围绕自然资源部门"两统一"职责和省委省政府重点工作的需求，构建并不断完善全省自然资源调查监测统计分析评价指标体系，重点就耕地资源利用、国土空间规划实施、生态修复治理、土地节约集约等方面构建评价分析模型，基于大数据分析挖掘技术开发配套软件工具，实现常用统计评价指标的自动化、智能化提取，提高统计评价工作的准确率和自动化水平。

2. 关键技术研究成果

（1）搭建了湖南省卫星遥感影像云服务系统

系统建成"卫星云遥"，网址为 https://www.img.net，是一个面向大众的卫星遥感影像服务平台，具有影像数据接收、影像覆盖、资源监控、服务响应的统筹管理能力，实现全省范围遥感影像的实时化获取、集群化处理、网络化分发和社会化服务，有效解决了遥感数据重复采购、重复生产、覆盖不全等问题。系统后台环境为湖南省超算中心，具有数据需求网上申报、数据自动传输、自动化快速生产和服务、遥感影像统筹全生命周期管理、多时相遥感在线云服务、自动变化检测和要素提取、卫星轨道预测和应急调度等功能。截至目前，已注册用户突破 10 000 个，接受访问申请超过 6 000 万次。系统实现了国内主要卫星影像从接收到处理发布仅 10 分钟，向社会公众在线提供 1999 年至今主流国产高分辨率陆地观测卫星数据，实现了时间、空间的历史追溯。

（2）探索推进地面铁塔视频监测

完成全省铁塔资源现状分析和自然资源各主要业务领域铁塔应用需求分析，在长株潭绿心中央公园开展了铁塔视频实时监测试点，基于通信铁塔安装高清专业摄像头，实现区域内视频数据全覆盖，在地理围栏内开展自然资源违法行为监测预警，实现重点靶区实时监控。

（3）构建了变化图斑智能提取技术体系

构建了一套基于多频次卫星影像的变化图斑智能提取技术体系，实现了变化图斑位置的快速自动发现和部分典型地物类型自动识别，形成了具有自主知识产权的"核图宝""智多星""易采"等系列软件，工作效率是传统人工提取模式的 3 倍，通过基于样本库开展多轮模型迭代训练，综合召回率从 80.0% 提升至 91.4% 以上。此外，还从操作便利性、流程优化、统计分析指标等方面进行优化，形成了变化图斑智能提取信息化作业流水线。变化图斑快速筛选系统界面如图 4-7 所示。

（4）多源遥感数据综合监测技术

针对湖南省雨水较多、众多地区光学遥感影像获取困难问题（2020 年全省光学遥感影像平均每月有效覆盖率为 46.61%），开展了 SAR 数据与光学遥感数据相结合的变化图斑提取试验，HNCORS、手机信令等数据辅助的变化监测试验，进一步提高监测工作的效率和质量。试验发现雷达数据对高程变化区域敏感，具备一定的变化检测能力，可以提取变化图斑，是光学遥感数据的有力补充。

图 4-7 变化图斑快速筛选系统界面

（5）典型地物自动识别技术

按照省人民政府部署，2021 年全面开展油菜、油茶、水稻种植监测，根据作物物候特征，采用全生命周期多特征监测法和单期特征遥感监测法，基于多时相多源遥感影像准确识别提取了各类典型地物。

3. 开展调查监测指挥中心功能模块设计与构建

指挥中心由指挥大厅、系统软件和硬件支撑设备组成，采用"横向到边，纵向到底，纵横成网，以点带面"的建设模式，指挥系统软件在整个中心建设中处于枢纽地位，拥有"感知""互联""调度""分析""应用""管理"六大功能模块，后端承接卫星中心现有多源监测数据来源和数据成果，前接中心数据处理、分析决策、统筹管理和应用服务，为耕地保护、自然资源开发利用、国土空间规划、生态修复、自然资源执法督察等各类应用提供支撑能力，实现对湖南省自然资源调查监测监管的整体把握和统筹管理。

指挥中心作为调查监测体系建设的"最强大脑"，打破以往分散的影像制作、数据采集、数据生产、数据加工、数据处理、应用决策的作业流程管控模式，将各个环节的关键指标、实时动态集中上屏，实现"一个中心、一个平台、一张图"的全域高清高效统一指挥工作，实现直连生产一线、实景化、实时化、互动式全程监控指挥调度，实时掌握全省自然资源调查监测内外业工作进展及每一位参与人员的动态，汇集全省自然资源调查监测各项成果，可以对各项数据进行直观展示和统计分析，服务领导管理决策，能够及时在线会商解决各工作环节中出现的政策和技术问题，实现自然资源调查监测全要素全天候动态感知、全链条全类型集成整合、全云端全受众展示服务、全方位全领域智慧决策。

"感知"模块：大脑的信息感知端，代表大脑对多类型、多形态调查监测数据的多维度感知获取和统一管理，打破信息孤岛，对多时多源调查监测本底数据进行感知和获取，对多层次监测数据成果进行集中展示和汇总。该模块包含了卫星遥感、铁塔视频、无人机、物联感知、实地调查、手机信令等 6 项子模块，囊括了"天—空—地"数据来源，实现了对所有来源数据的整体展示、状态查看和统筹管理，以最终实现全要素全天候动态感知。

"互联"模块：实现多端之间的互联互通，支持指挥中心横向与各行业单位、纵向与各市州中心以及外业工作人员和设备的联动指挥，包括移动互联、横向互联、纵向互联等 3 个子模块，能够实现指挥中心的在线实时监测、在线会商、工作指挥、任务调度等功能。后续将推进网络专线互联，根据数据共享和应用需求，采用网络专线"点对点"互联方式，实现指挥中心与一些外单位内网涉密系统的互联对接。

调度模块：实现全省自然资源调查监测重大项目的跟踪调度，拥有"1+N"卫星监测、国土变更调查、地理国情监测、遥感影像统筹等子模块。

"分析"模块：划分为基本统计分析、专题统计分析、统计分析工具集和统计分析成果查阅 4 个子模块，其中基本统计分析又分为国土利用调查数据统计分析和地理国情监测数据统计分析两个子模块。通过应用服务端并行计算等技术支持全省域大范围海量数据的高效统计分析，实现自然资源监测信息知识挖掘和智能分析，切实发挥"指挥大脑"作用，为全省各类自然资源全过程管理快速提供精准的、面向管理决策的信息服务，实现智慧决策。

"应用"模块：划分为服务双碳计划实施、服务自然资源管理、服务省直相关部门、服务市县地方政府 4 个子模块，其中服务自然资源管理模块集成接入空间规划一张图实施监督系统、耕地保护系统，重点做好生态修复、执法督察、河湖监测、碳汇监测等业务功能模块；服务省直相关部门子模块拟接入服务相关省级应用服务系统；服务市县地方政府模块拟接入为各市县开发的各类应用系统。

　　"管理"模块：立足已有自然资源大数据管理平台，按照自然资源部2021年9月印发的《自然资源三维立体时空数据库主数据库设计方案》，设计全院数据成果后台数据库结构，加快推进全院数据成果管理服务系统研发，为指挥中心"分析"模块的功能实现提供基础支撑，实现全院数据成果目录的动态更新和快速检索；实现各部门成果数据通过内网在线汇交，并及时在指挥中心平台中可视化展示；以在线服务和原始数据推送两种模式为各部门数据成果申领服务。湖南省自然资源调查监测指挥中心关键业务指标集成界面如图4-8所示。

图4-8　湖南省自然资源调查监测指挥中心关键业务指标集成界面

第六节　自然资源三维立体时空数据库建设

　　自然资源三维立体时空数据库是自然资源管理"一张底版、一套数据、一个平台"的重要内容，是国土空间基础信息平台的数据支撑。围绕土地、矿产、森林、草原、湿地、水、海域海岛等7类自然资源，以形成自然资源调查监测一张底版、一套数据为目标，构建由1个主库、9个分库组成的自然资源三维立体时空数据库，实现对各类调查监测数据成果的逻辑集成、立体管理和在线服务应用。本节重点介绍自然资源三维立体时空数据库的建设背景与意义，以及数据库和管理系统建设情况。

一、建设背景与重要意义

按照自然资源调查监测体系总体设计，运用大数据、云计算等技术手段，建设自然资源调查监测数据库，构建自然资源立体时空数据模型，以基础测绘成果为框架，以自然资源调查监测成果为核心内容，利用三维可视化技术，将自然资源各类调查监测数据成果进行空间集成管理，并叠加各类审批规划等管理界线，以及经济社会人文等相关信息，建成自然资源三维立体时空数据库，直观反映自然资源的空间分布及变化特征，实现对各类自然资源的综合管理。

长期以来，自然资源因管理体制、技术手段等原因限制，信息化方面一直使用二维的平面数据库，且各类自然资源信息之间相互独立。党中央机构改革赋予了自然资源部"两统一"职责，相应的管理目标和管理理念也发生了重大调整和改变，二维的平面数据库已经难以适应自然资源立体化综合管理的现实需求，即各类自然资源存在平面上的交叉重叠的现实，且各类自然资源要素的信息之间相互关联相互影响，还要能够反映自然资源的发生、演替与发展的过程及趋势。这就要求建立起立体化的自然资源三维数据库。与传统的二维平面空间数据库相比，三维立体时空数据库最大的特点是，突破了以往自然资源体在水平面上的交叉和重叠，能够实现对林草水湿海土矿等各类自然资源调查监测成果在空间分布上的三维展示，直观体现山水林田湖草是一个生命共同体的系统理念，准确表达"绿水青山就是金山银山"的生态理念。同时，结合时间序列，还能比较客观地反映各类自然资源变化演替的自然发育过程，科学预测自然资源发展的趋势和动向。因此，自然资源三维立体时空数据库不仅要实现对自然资源调查监测成果的有效管理，也要为当前和将来有效实施国土空间规划编制与实施监督、生态保护修复等自然资源管理提供新的手段和数据支撑，从而提高政府管理效能，为推进国家治理体系和治理能力现代化提供基础支持。

作为国土空间基础信息平台的重要内容，自然资源部党组高度重视三维时空数据库的建设工作，要求尽快建立三维数据库，实现自然资源的立体化综合管理。2021 年 2 月，自然资源部办公厅印发《自然资源三维立体时空数据库建设总体方案》，对三维数据库建设进行总体部署和安排，提出建设"一主九分"

的自然资源三维立体时空数据库及管理系统，实现各类调查监测成果在中央一级的立体化统一管理，形成"一张底版、一套数据"，保障国土空间基础信息平台的运行，服务支撑部各项管理职责需要。方案还对地方数据库建设提出规划，即要求形成调查监测成果在横向上联通，在纵向上的贯通，满足地方政府管理需要和公众对数据的需求。

二、数据库主要内容

三维立体时空数据库基于统一的三维空间框架，以"国土三调"成果为唯一底版，采用地表覆盖层、地表基质层、地下资源层、管理层 4 层架构，分层重组土地、森林、草原、湿地、水、地表基质、地下资源、海洋、自然资源监测等各类自然资源调查监测数据。

（一）地表覆盖层主要数据内容

地表覆盖层由土地资源、森林资源、草原资源、湿地资源、地表水资源、海洋资源等数据构成。其中，土地资源数据由土地地类图斑与耕地分类单元组成；森林资源数据由森林分布图斑、森林样地和森林样木等数据组成；草原资源数据由草原分布图斑、草原样地和草原样方等数据组成；湿地资源数据由湿地分布图斑数据构成；地表水资源数据由常水位水体分布、丰水期水位覆盖与枯水期水位覆盖等数据组成；海洋资源数据由海岸线、海域、海岛数据组成；监测数据由耕地监测、水资源监测、林草资源监测、人工构筑物监测、其他监测内容监测、用海监测、用岛监测、滨海湿地监测、沿海滩涂监测等数据组成。

（二）地表基质层主要数据内容

地表基质层由岩石基质分布、砾质基质分布、土质基质分布、泥质基质分布等数据组成。其中，岩石基质分布数据选取核心属性信息包括二级分类、三级分类、岩性、产状、成因类型、坚硬程度、风化程度等；砾质基质分布数据选取核心属性信息包括二级分类、三级分类、成因类型、砾石成分、砾石含量、

砂含量等；土质基质分布数据选取核心属性信息包括二级分类、三级分类、成
因类型、污染情况、侵蚀类型、侵蚀程度等；泥质基质分布数据选取核心属性
信息包括二级分类、三级分类、成因类型、污染情况、渗透性等。

（三）地下资源层主要数据内容

地下资源层由地质特征、赋存环境、固体矿产资源分布、油气矿产资源分
布、其他矿产资源分布和储量，以及地下空间、地下水资源分布和储量等数据
组成。其中地质特征及地下资源赋存环境数据层是物理迁移地下资源调查成果
中相应数据；固体矿产资源分布、油气矿产资源分布、其他矿产资源分布是物
理迁移矿产资源国情调查成果中相应数据。

（四）管理层主要数据内容

管理层由综合管理、专题管理、辅助管理等 3 类数据构成。其中，综合管
理数据由行政区区划、行政区界线、村级调查区、村级调查区界线、永久基本
农田图斑、城镇开发边界、生态保护红线等数据组成；专题管理数据由饮用水
源地、地下空间开发利用规划、地质灾害分布、海洋生态空间、海洋开发利用
空间等数据组成；辅助管理数据由国家公园、自然保护区、森林公园、风景名
胜区、地质公园、世界自然遗产、世界自然与文化双遗产、湿地公园、水产种
质资源保护区、其他类型禁止开发区、流域区、坡度、坡向、人口、农牧分界、
自然地域单元数据，以及降水、日照与积温等气候数据组成。

三、数据库建设技术

（一）数据库总体组成

自然资源三维立体时空数据库由国家级主数据库和 9 个分库，以及地方各
级数据库共同构成。总体架构如图 4-9 所示。

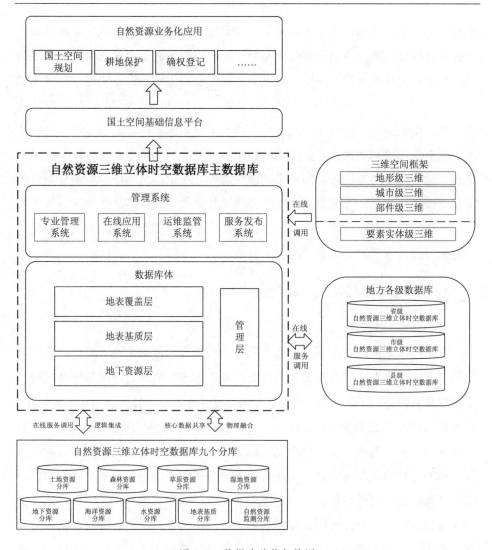

图 4-9　数据库总体架构图

国家级主数据库是按照国土空间规划和自然资源管理需求，基于统一的空间基底，逻辑集成各调查监测分库，物理迁移和集成部分数据成果。国家级主数据库负责全国自然资源调查监测数据成果的建库管理，负责连接各调查监测分库，负责调查监测数据的集成应用等。

调查监测分数据库包括：土地资源、森林资源、草原资源、湿地资源、水资源、海洋资源、地表基质、地下资源和自然资源监测共 9 个分库。其中：土地资源分库负责基础调查数据成果的建库管理及应用；森林资源分库负责森林资源专项调查数据成果的建库管理及应用；草原资源分库负责草原资源专项调查数据成果的建库管理及应用；湿地资源分库负责湿地资源专项调查数据成果的建库管理及应用；水资源分库负责水资源专项调查数据成果的建库管理及应用；海洋资源分库负责海洋资源专项调查数据成果的建库管理及应用；地表基质分库负责地表基质调查数据成果的建库管理及应用；地下资源分库负责矿产资源、地下空间资源调查数据成果的建库管理及应用；自然资源监测分库负责自然资源常规监测、专题监测、应急监测等数据成果的集成建库管理。各调查监测分数据库分别实现与土地、矿产、森林、草原、湿地、水、海域海岛等各类自然资源调查监测历史数据的整合集成。

（二）数据库建设技术路线

1. 设计数据模型

基于山水林田湖草是一个生命共同体的系统理念，对土地、矿产、森林、草原、湿地、水、海域海岛等各类自然资源实体进行概念、逻辑和物理建模，形成自然资源在时间、空间、语义、管理、服务等方面一体化表达的实体模型，以准确反映出自然资源实体的时态、位置、数量、质量、生态五位一体的时空—属性关系。其中，属性符合调查监测指标，空间支持几何解析、测量和剖分，时间支持实体演变描述，从而有效支撑自然资源空间分布及变化的科学表达、精准测定和高效分析。集成空间表达、时间演变、地理网格剖分、业务关联等建模方法，以系统思维、整体观念开展自然资源三维立体时空数据模型设计，形成一套基于混合建模方法的自然资源时空数据模型。其中，实体表达模型实现对自然资源实体空间特征进行准确表达，真实描述实体的空间特征信息，支持几何解析、测量和剖分等分析评价；时间演变模型实现自然资源实体的形成时间和消亡时间完整记录，支持演变描述；网格剖分模型实现对自然资源实体进行统一的空间身份编码，支持地理分区；业务关系模型实现自然资源实体业务上的逻辑关联，支持业务应用。

2. 数据融合建库

基于统一的内容体系和模型设计，采用"结构重组、关联融合"的方式，开展数据融合建库。基于统一的数据库内容和模型设计，对各类自然资源调查监测的多尺度、多粒度、多时态的数据进行模型重构和结构重组，统一构建自然资源实体，并基于设计的空间网格编码规则，研发自动化空间编码软件，对实体进行统一空间编码，同时对实体进行时间赋值、空间分层等建库处理工作，并基于空间语义建立实体与"国土三调"底版的空间关联，基于实体语义建立业务逻辑关联,最终融合形成直接面向自然资源综合管理业务需要的数据库体。

3. 集成共享服务

采用通用三维服务标准，利用影像实时发布技术，结合矢量瓦片调度方式，基于服务聚合，开展多源异构海量数据的集成与共享服务。按照统一设计的服务接口规范，对自然资源三维实体数据，采用通用三维服务标准发布服务，对自然资源二维实体数据，采用矢量瓦片标准发布服务，对调查监测影像数据，采用动态免切片和静态切片结合的方式发布服务。最后，在网络链路连通情况下，通过服务聚合方式，实现主数据库与 9 个分数据库的"物理分散、逻辑集成"。

4. 研发管理系统

基于自主可控的国产三维系统平台，开展数据库管理系统研发。优先采用国产自主可控三维系统平台，以三维实体管理和三维可视化为手段，利用分布式数据库技术，构建由在线应用子系统、专业管理子系统、服务发布子系统和运维监管子系统组成的自然资源三维立体时空数据库管理系统。其中，在线应用子系统，采用 B/S 架构，针对三维立体下的快速浏览和在线应用的需要，具有三维可视化浏览、查询、统计分析等功能；专业管理子系统，采用 C/S 架构，针对数据库的统一管理和专业应用的需要，具有数据库建立、操作、分发、维护，以及深层次的分析应用等功能；服务发布子系统，针对自然资源各类数据在线调用需要，具有矢量数据快速服务发布、栅格数据免切片服务发布、三维数据分布式服务发布等功能；运维监管子系统，针对 7×24 小时安全、稳定运行的需要，具有主机运行监控、服务资源管理、服务状态监控、服务访问统计等功能。

四、三维立体时空数据模型设计与构建

数据模型是自然资源三维立体时空数据库建设的关键。通过构建自然资源三维立体时空数据模型，将各类自然资源调查监测成果，以自然资源实体为单元，按照地下资源层、地表基质层、地表覆盖层、管理层，依次科学有序进行组织和管理，形成各类自然资源在空间上的分层，在时间上的分期，在地理位置上的分区，在业务上的逻辑关联，直观反映自然资源的空间分布及变化特征，实现对各类自然资源的综合管理。数据模型既要实现各个自然资源体在三维立体空间中现实分布及变化的科学表达，也要支撑以资源量为核心的自然资源属性信息精准测定和高效分析。

目前，国内外在三维、时空、专题建模方面都有大量的研究成果，但还存在一些局限和不足。三维模型方面，主要针对特定的数据内容、应用场景，缺少面向全空间自然资源管理的三维建模方法；时空模型方面，理论研究很多，但理论与实际应用缺少对接；专题模型方面主要针对单一专题，缺少各类自然资源在语义与空间中的关系和联系。面向数据模型功能需求，按照"理念先进、面向未来、务实可行"的设计理念，对标国际领先水平，采用混合建模方法构建一体化的自然资源三维立体时空数据模型。

（一）数据模型

自然资源三维立体时空数据模型是自然资源在时间、空间、语义、管理、服务等方面一体化表达的实体模型（图 4-10），集成实体表达模型、时空演变模型、地球空间网格模型、业务关系模型，以实体为对象，基于点、线、面、体实现几何表达，基于时空过程实现时间分期，基于地球网格单元实现位置编码，基于业务建立逻辑关联，准确反映自然资源实体的时态、位置、数量、质量、生态五位一体的时空—属性关系，实现自然资源的一体化表达。

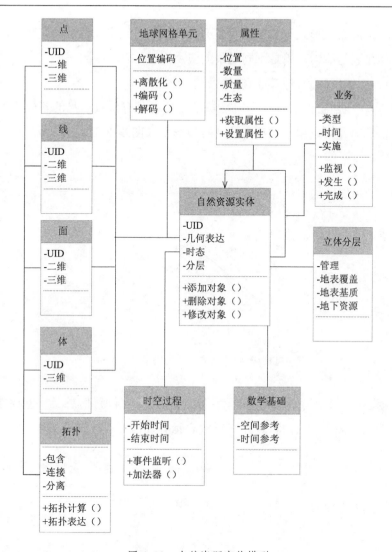

图 4-10　自然资源实体模型

1. 自然资源的实体表达模型

实体表达模型是针对真实世界的自然资源对象,基于统一的空间坐标系统,运用多类实体表达建模方法,进行抽象和全空间表达,实现客观事物在计算机中的数字化模拟。基于自然资源调查监测数据成果实际,大多成果数据以二维的点、线、面方式记录,少数成果数据(如部分地表基质调查、矿产资源、地下空间资源调查)具有三维立体空间信息。实体表达模型兼顾当前自然资源空间数据的主流表现形式与未来调查监测直接获取三维空间信息的趋势，具备二三维一体化表达能力，满足不同场景的应用需求。

（1）三维空间的自然资源实体表达

1）点状自然资源实体：当自然资源实体在具有位置信息的基础上，还具有高程信息时，可以用三维点表达其几何形态（图4–11）。

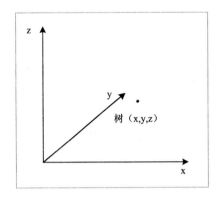

图4–11　三维点状自然资源实体表达示例

2）线状自然资源实体：当自然资源实体在具有位置信息、长度特性的基础上，还具有高程信息时，可用三维线表示其几何形态（图4–12）。

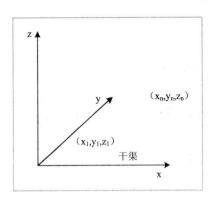

图4–12　三维线状自然资源实体表达示例

3）面状自然资源实体：当自然资源实体在具有位置信息、面积特性的基础上，还具有高程信息时，可用三维面表示其几何形态（图4–13）。

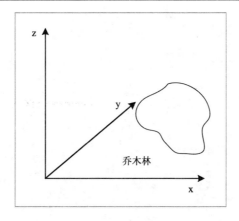

图 4-13　三维面状自然资源实体表达示例

4）体状自然资源实体：三维几何单形，三维空间中一个区域的连续映像。在三维空间中，森林、地表基质、矿产资源、地下水等自然资源实体可采用体模型进行几何表达。根据地上、地下各类自然资源实体的不同建模需求，采取了主流、通用的建模方法构建体模型，包括了基于面元模型构模、基于体元模型构模、基于面—体混合构模等多种构模方式（图 4-14）。

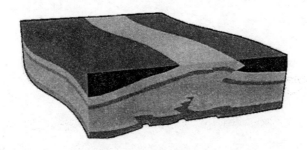

图 4-14　三维体状自然资源实体示例

（2）二维空间的自然资源实体表达

1）点状自然资源实体：当自然资源实体具有位置信息，其空间信息记录为单个的带有属性值的经纬度坐标或直角坐标时，可以用二维点表达其几何形态（图 4-15）。

图 4–15　点状自然资源实体表达示例

2）线状自然资源实体：当自然资源实体具有位置信息与长度特性，其空间信息记录为一系列有序的带有属性值的经纬度坐标串或直角坐标串时，可用二维线表示其几何形态（图 4–16）。

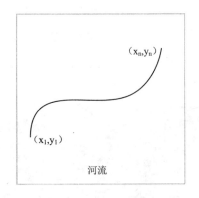

图 4–16　线状自然资源实体表达示例

3）面状自然资源实体：当自然资源实体具有位置信息与面积特性，其空间信息记录为一系列有序的带有属性值的经纬度坐标串或直角坐标串，且最后一个点的坐标与第一个点的坐标相同时，可用二维面表示其几何形态（图 4–17）。

（3）二维空间的自然资源信息升维表达

对于目前以二维方式记录空间信息的自然资源调查监测成果数据，可通过二维信息升维表达的方式，实现三维可视化表达。

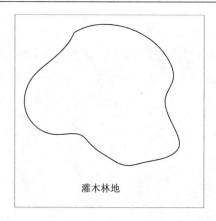

图 4-17　面状自然资源实体表达示例

1）二维点、线、面升维构建三维点、线、面：将二维的点、线、面信息，利用 DEM、DSM 等构建的三维空间基底，获取自然资源实体的高程信息，实现二维点、线、面到三维点、线、面的升维。

2）二维面升维构建三维体：对于具有升维意义的二维面，将其升级为依三维空间基底的三维体块，体块的轮廓和空间位置来自二维面，底面高程信息来自三维空间基底。

2. 自然资源的时空演变模型

针对自然资源动态监测和精细化管理需要，构建面向对象的时空演变模型，用于表征自然资源实体的形态、拓扑和属性随时间流逝而变化或维持原状的过程，具备支持现实世界中自然资源实体对象的连续变化或离散变化的能力，实现自然资源实体全生命周期跟踪管理。

（1）自然资源时空演变全过程记录

在面向实体的时空演变模型中，将自然资源实体视为空间和时态的统一体，即将随时间变化而变化的空间属性和专题属性作为自然资源实体的自身特性，然后通过唯一编码对自然资源实体进行标识，实现时空演变与自然资源实体的紧密关联。

（2）自然资源时空演变动态化表达

时空演变模型记录自然资源实体产生时间、消亡时间，以及在各时间点的空间形态和属性信息，沿时间维可动态展现自然资源实体从产生到消亡全生命周期的时空演变过程。

以具体的自然资源实体为例，T_1 时刻有一耕地实体 O_1，由于 O_1 坡度大于 25 度被划为退耕还林的范围，土地用途变更后，在 T_2 时刻原耕地实体 O_1 所占空间位置产生了新的林地实体 O_2，原耕地实体 O_1 消亡，其时空演变动态表达过程如图 4–18 所示。

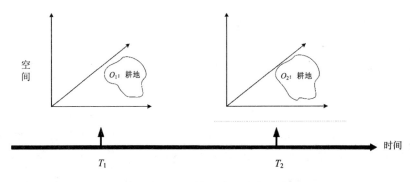

图 4–18　自然资源实体生命周期

3. 自然资源的地球空间网格模型

地球空间网格模型是基于全球多级网格剖分，将自然资源实体占据的立体空间统一剖分成不同尺度的网格单元，建立自然资源实体与网格关系，创建自然资源实体全球统一、唯一空间身份编码。通过自然资源实体空间身份编码，实现自然资源实体空间快速定位，地上地下立体关联信息查询、分析。

4. 自然资源的业务关系模型

业务关系模型用于描述自然资源实体间的业务逻辑关联关系，便于快速搭建不同的业务场景所需的数据集和业务规则，提升数据快速应用、精准服务价值。业务关系模型的建立主要有两个层次：基于语义建立关联和基于场景建立关联。

（1）基于语义建立自然资源关联

语义可以简单地看作是数据所对应的现实世界中事物所代表的概念的含义。通过语义关联，可以明晰自然资源实体数据间相互关系。首先，针对各类以第三次全国国土调查为统一底版开展的自然资源专项调查数据，基于自然资源实体一致性关系，建立相关实体与"国土三调"地类图斑实体的空间语义关联。其次，基于同义性语义信息提取不同专题自然资源数据中同类数据。

（2）基于场景建立自然资源关联

基于场景建立关联，指根据具体业务场景的应用需要，构建自然资源实体数据间的关联关系。首先，根据数据所属业务类别不同，将各类自然资源数据整合成新的数据集。如根据土地管理需要，将各类土地资源数据进一步概括为农用地、建设用地、未利用地及管理数据；其次，还可以根据业务场景应用的具体需求，将各类自然资源数据整合成新的数据集。如按照土地管理要求，将土地资源各业务阶段进行关联，实现非建设用地向建设用地演变、建设用地内部演变、非建设用地内部演变的土地生命周期管理；按照自然保护地管理要求，将保护地范围内的各类自然资源数据整合成专题数据集。

（二）概念模型

基于自然资源三维立体时空数据模型，构建数据库概念模型（图 4-19），由地表覆盖层、地表基质层、地下资源层、管理层构成。

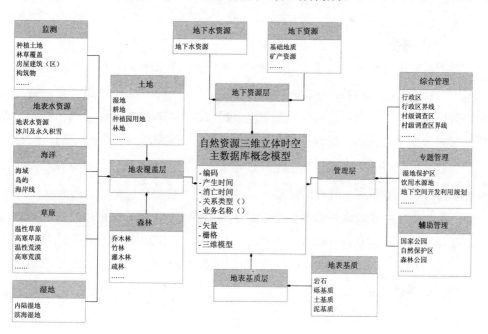

图 4-19　数据库总体概念模型图

地表覆盖层概念模型由土地资源、森林资源、湿地资源、草原资源、地表水资源、海洋资源、监测数据组成。其中：土地资源数据概念模型包含耕地、林地、草地、湿地、商业服务业用地、工矿用地、住宅用地等，共计 13 个大类、56 个中类；森林资源数据模型包含乔木林、竹林、灌木林等，共计 3 个大类、7 个中类；草原资源数据概念模型包含温性草甸草原类、温性草原类、温性荒漠草原类、高寒草甸草原类等，共计 18 个大类；湿地资源数据概念模型包含内陆湿地和滨海湿地等，共计 2 个大类、5 个中类；地表水资源数据模型包含地表水、冰川及永久积雪等，共计 2 个大类、6 个中类；海洋资源数据概念模型包含海岸线、海域、海岛等，共计 3 个大类；监测数据概念模型包含种植植被、林草覆盖、房屋建筑（区）、构筑物等，共计 7 个大类、48 个中类。地表基质层概念模型包含岩石、砾质、土质、泥质等，共计 4 个大类、14 个中类。地下资源层概念模型包含调查地下水资源、基础地质、矿产资源、地下空间等，共计 4 个大类、8 个中类。管理层概念模型包含综合管理、专题管理、辅助管理等，共计 22 个大类。

（三）逻辑结构

数据库由自然资源实体数据、数据库模型扩展数据和数据库系统管理数据组成。自然资源实体数据包括：地表覆盖层数据、地表基质层数据、地下资源层数据与管理层数据；数据库模型扩展数据包括：空间网格编码数据、业务逻辑关系数据、立体分层数据、数据资源信息数据、实体—空间网格编码关联数据；数据库系统管理数据包括：用户管理数据、功能管理数据、日志管理数据和数据字典管理数据（图 4–20）。

数据层中地表覆盖层数据、地表基质层数据、地下资源层数据与管理层数据中除实体唯一标识码（UID）、"三调"关联标识（SDBSM）、时间（TIME）、状态（STATE）、来源（SOURCE）字段为主数据库扩展，其余字段均继承相应自然资源调查监测数据。

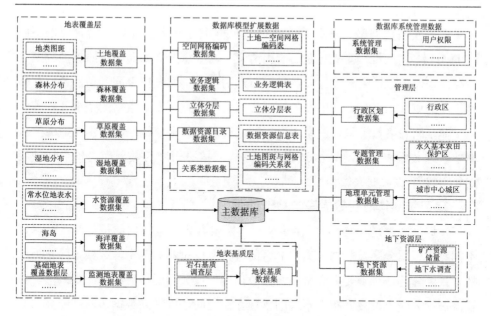

图 4–20　数据库总体逻辑结构

（四）物理模型

在逻辑设计基础上，开展数据库的物理存储结构、存储策略、数据库索引等几个方面内容的物理模型的构建。

1. 存储结构

存储记录结构采用了矢量数据集和要素层、栅格数据集和镶嵌数据集、三维模型数据、表格数据等不同形式，作为数据存储记录结构。

矢量数据等按矢量数据集和要素层进行存储和组织，图形数据在数据库中采用空间信息字段进行物理存储，相应属性按照属性字段进行物理存储。矢量数据存储记录结构由成果数据直接导入并添加必要字段后形成，数据导入过程中在数据库中进行数据逻辑拼接。

栅格数据以栅格数据集格式存储。对于分幅数据采用镶嵌数据集进行物理存储和组织，并按照图幅进行索引和管理。栅格数据存储到空间库中，存储记录结构由成果数据直接导入形成，并在数据导入过程中在数据库中进行数据拼接。

　　三维模型数据采用非关系型数据库集群进行分级、分片存储。依据不同LOD分级，对三维模型数据进行分开存储，同时每一级下面再按照模型类型分级存储，便于数据的分片存储及数据节点的扩充，同时把不同类型的数据存储为不同的集合，每个集合下面的数据类型保持一致，便于数据的索引及管理。

　　非空间表格数据采用关系表进行存储管理。其存储记录结构由相应成果数据按普通关系表形式导入到数据库中形成或按照相应的数据库逻辑设计使用DDL定义生成数据表结构。

2. 三维立体时空数据库的物理存储

　　（1）确定数据库的分区存储策略。采用大数据量数据层按行政区分区、不同种类数据分区及数据与索引分区的分区存储策略。其中，大数据量数据层按行政区分区是对于要素数量多、大数据量矢量数据层按县或地级行政、市辖区进行分区，设置分布于不同的物理存储空间，以提高数据访问性能并对数据故障进行有效隔离；不同种类数据分区存储是针对不同数据划分不同表空间或磁盘存储空间，使用多个物理设备分区可提高数据访问效率，提高数据库性能和稳定性。数据和索引分区存储是将空间数据索引和属性数据索引分开存储，可以提高数据检索与浏览效率。

　　（2）合理设置数据库表空间。为方便数据库数据备份和迁移，数据库将采用小文件表空间进行管理，并允许自动分配。从存储角度，主数据库的数据分为矢量数据、栅格数据、三维数据、表格数据等4种，根据数据库的逻辑设计，对不同类型的数据进行物理分开存储。

　　（3）系统建立数据库索引。数据库索引主要有属性索引与空间索引。其中属性索引是采用 B+树索引方法，根据数据查询检索需求，为数据表关键属性列（如主键、外键、唯一键）或属性列的组合建立索引；空间索引采用支持二维和三维空间检索的 R-Tree 索引。对于二维几何体，通过一个最小的包含几何体的矩形（Minimum Bounding Rectangle，MBR）来匹配每个几何体，对于三维几何体，通过一个最小限定箱（Minimum Bounding Box，MBB）来匹配每个几何体。

五、数据库融合建库

按照统一的自然资源三维立体时空数据模型，对土地资源数据、森林资源数据、草原资源数据、湿地资源数据、水资源数据、海洋资源数据、地表基质数据、地下资源数据、自然资源监测数据等数据进行融合建库（图4-21）。

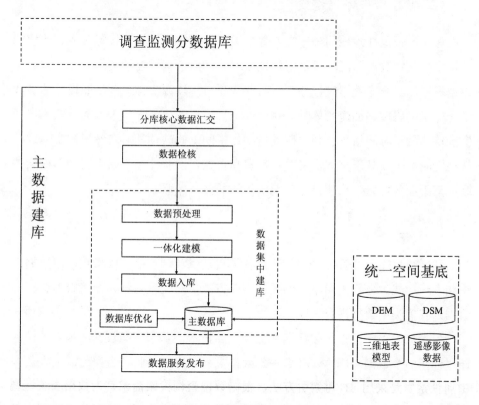

图4-21 主数据库建库流程图

（一）分库核心数据汇交与检核

按照分数据库建设进程，以"成熟一个、集成一个、共享一个"为原则，分库向主库汇交核心数据。在网络链路不通的情况下，主数据库通过离线拷贝方式获取分库共享的实体数据；在网络链路连通的情况下，主数据库通过在线传输方式获取各分库共享的核心数据。

分库汇交的核心数据都已经过分库建设单位的检查验收，数据检核主要对核心数据汇交的完整性、规范性进行检核，以保障各分数据库共享的数据实体符合主数据建库要求。数据检核采用自动化检查为主、人机交互核查为辅的技术方法。

（二）数据一体化建模

对通过规范性检核的分库核心数据进行数据格式转换、投影转换、非空间数据空间化、数据资源注册数据等预处理工作后，基于自然资源三维立体时空数据模型，对分库数据进行分类重组，构建自然资源实体，并按照设计的实体唯一标识编码规则创建实体唯一身份标识；以自动化或人工干预的方式为自然资源实体赋予时间信息；利用研发自动化空间编码软件，对自然资源实体进行统一空间编码；基于空间语义关系，建立自然资源实体与"国土三调"底版关联；基于业务场景，构建自然资源实体间的业务关联。

（三）数据融合入库

利用数据库专业管理系统，依据各类自然资源调查监测成果数据的数据组织和表现形式，分别采用不同的数据入库方法，对矢量数据、栅格数据、三维数据及其他类型数据进行入库。

矢量数据入库，采用多终端并行化入库技术，基于空间数据库版本特性，通过创建多个数据库副本，开展矢量数据高效入库。接收到数据后，根据数据类别建立矢量表空间，创建矢量数据集；分别将待入库数据导入到相应的矢量数据集中。同时为了进一步提升数据入库速度，在大批量数据入库前，将表索引删除，并将表日志模式设置为"nologging"模式。

栅格数据入库，根据原始数据的基本信息在数据库中创建镶嵌数据集，将栅格数据分幅、分区域导入相应的镶嵌数据集中。由于栅格数据导入过程中，空间索引会动态重建，为了避免索引重建降低入库速度，入库前应将索引删除。

三维数据入库，根据三维数据的具体类型在数据库中创建相应的要素集，分别将三维实景数据（包括不限于倾斜摄影数据）、三维实体数据（如地下空间、水体、地质体、矿体数据）导入对应类别的要素集中。

其他数据入库，采用文件形式存储，文档数据结构作为数据存储目录。主要包括扫描资料、文字报告及其他资料等资料内容，可用 JPG、PDF、WORD、EXCEL、TXT 等格式进行存储。

元数据入库，以人机交互式入库。系统自动读取分库共享交换的元数据文件，与标准元数据模板结构进行匹配，将对应上的数据内容进行自动添加，对于原始提交的元数据结构不规范或信息缺项而未添加的内容由入库人员进行手工对应，以保证元数据入库信息的完整。

（四）数据库性能调优

完成数据入库及建库处理后，开展数据库优化工作，具体包括数据库校核、数据库索引建立、数据库性能优化等内容。

数据库校核是从入库完整性、入库正确性、逻辑正确性、关联正确性等方面对数据库进行质量校核。其中，入库完整性是检核各类数据是否已完整入库，包括数据层、范围、属性结构等是否完整；入库正确性是检核各类数据是否正确加载，数据集和数据层名称、组织和属性项定义是否符合数据库设计；逻辑正确性是检核检查数据库逻辑关系是否正确，包括数据存储逻辑、数据分区逻辑、属性编码逻辑、预处理逻辑等。关联正确性是检查数据间关联关系是否正确，如影像及元数据关联关系、数据与元数据之间对应关系等。

数据库索引建立分为矢量数据索引建立、栅格数据索引建立、三维模型数据索引建立及表格数据索引建立。其中，矢量数据索引包括空间索引和属性索引，空间索引是对矢量数据层的"geometry"字段建立空间网格索引，以实现按空间区域的图元检索。属性索引是对矢量数据各层需要查询和统计分析的字段建立属性索引，以实现该字段的条件检索；栅格索引是对各类栅格数据和相应镶嵌数据集，针对全国、省级、市级和县级等不同级别的栅格数据浏览，创建不同层级的金字塔；三维模型数据索引是通过 3D 瓦片组织三维模型数据，利用树状结构组织不同细节层次的 3D 瓦片文件，采用四叉树、八叉树结构，索引树文件以".json"文件形式进行存储；表格数据索引是采用 B+树索引方法，根据数据查询检索需求，为成果数据表关键属性列或属性列的组合建立索引。

从数据查询性能、数据调度性能、计算分析性能等关键指标，对数据库作性能测试及优化，保证数据库运行稳定、性能高效。其中，数据查询性能优化是对数据库空间查询、属性查询、复合查询、关联查询、并发机制等多维度、多层级、多粒度数据查询作检测分析，保证查询效率最优；数据调度性能优化是对数据库数据维护、数据处理、数据抽取、数据服务等基本调度与管理性能作检测分析，保证数据调度稳定高效；计算分析性能优化是对数据库数据检校、属性计算、空间计算、空间统计、空间分析、并发机制等计算分析性能作检测分析，保证数据库管理系统计算性能充分发挥。

（五）数据服务发布

将数据库中各类空间数据进行统一在线服务发布，形成可供在线调用的标准化数据服务，结合数据库管理系统，实现基于自然资源三维立体时空数据库的各类自然资源调查监测数据的可视化浏览、查询、统计、分析等实时应用，支撑国土空间规划和自然资源管理业务系统的运行。数据服务由矢量数据服务、栅格数据服务和三维模型服务构成，其中矢量数据服务是针对各类自然资源实体矢量数据，发布为矢量瓦片服务，矢量瓦片的数据以 Protobuf 格式（一种开源的结构数据序列化方法）存储；栅格数据服务是针对遥感影像数据、高程数据、坡度数据等栅格数据，采用动态免切片为主，静态切片为辅的方式进行服务发布；三维模型服务针对地上林草、城市精细模型、建筑信息模型、地下空间、水体、地质体、矿体等三维实体模型的服务发布。

六、三维立体时空数据库管理系统建设

自然资源三维立体时空数据库管理系统主要用于自然资源三维立体时空数据库的建立、操作和管理维护，提供统一规范的数据和操作服务接口，实现自然资源调查监测数据的一体化存储管理、浏览查询、统计分析与成果应用。实现调查监测数据与自然地理、社会经济等数据融合，支撑自然资源管理相关决策制定。其中，主数据库管理系统负责基本的数据浏览、综合查询分析、跨多分库的成果应用；对单一专业应用需求的，可由相应分库负责响应。

（一）管理系统总体框架

自然资源三维立体时空数据库管理系统采用"架构统一、业务协同、信息联动"的总体框架，系统逻辑结构分为设施层、数据层、服务层和应用层等。

设施层是整个数据库管理系统运转的软硬件和网络环境，主要包括基础硬件（机房、服务器、存储设备、安全设备、网络设备等）、基础软件（操作系统、数据库、GIS 平台及各类中间件），以及计算机网络（局域网、涉密网）、云平台等 IT 基础设施（图 4–22）。

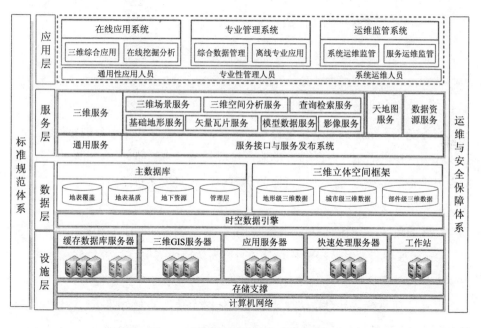

图 4–22　数据库管理系统总体架构图

数据层是整个数据库管理系统的数据资源，主要包括自然资源三维立体时空数据库的地表覆盖、地表基质、地下资源、管理层等数据，以及三维立体空间框架的地形级三维、城市级三维、部件级三维等数据。数据层物理上采用关系数据库、非关系数据库、文件数据库等分布式海量数据存储机制，逻辑上采用统一的时空数据引擎实现对所有数据资源的规范组织与统一访问，并针对数据使用频度，采用高频数据在线，低频数据离线的数据管理模式。

服务层是数据库管理系统应用层与数据层之间的逻辑层，基于统一规范的数据与服务接口，实现对数据库的统一链接与高效调用，主要包括三维数据、矢量数据、栅格数据等服务级访问接口及实体级操作接口，以及地名地址服务、目录共享服务、信息查询检索、三维空间分析等应用功能服务。

应用层是整个数据库管理系统提供给用户的交互界面及操作功能，自然资源三维立体时空数据库的用户主要有通用性应用人员、专业性管理人员及系统运维人员等，为此应有针对性地提供在线应用、专业管理、运行维护等多层次应用功能，实现数据库的全过程管理与应用服务。

（二）管理系统功能构成

针对自然资源三维立体时空数据库的共享发布、在线应用、专业管理、运维监管等核心需求，管理系统包括服务发布、在线应用、专业管理及运维监管等子系统。系统功能构成如图 4–23 所示。

服务发布系统是针对自然资源三维立体时空数据库的物理分散、逻辑统一、在线应用的建设需求，基于统一的服务接口规范，通过集群化、并行化等高性能计算策略，实现对海量数据资源的实体访问与高效发布，为数据库管理各子系统提供服务支撑。

在线应用系统是针对自然资源三维立体时空数据的基础性和通用性应用需求，采用 B/S 设计结构，轻量化设计，通过高效率服务调度与轻量化在线访问，提供海量自然资源时空数据在三维立体下的一体化表达与应用能力。

专业管理系统是针对自然资源三维立体时空数据的复杂性和专业性应用需求，采用 C/S 设计结构，通过实体级和跨多个分数据库的数据访问与调度操作，提供全面丰富的自然资源数据实体管理与复杂分析能力。

运维监管系统是针对自然资源三维立体时空数据库的分布式存储、在线化调用、数据体量大、安全要求高等特点，采用 B/S 设计结构，通过全链条运行监测与多层次权限管理，提供稳定高效的数据库系统运维和监管能力。系统由系统运维监管和服务资源监管两个版块组成。

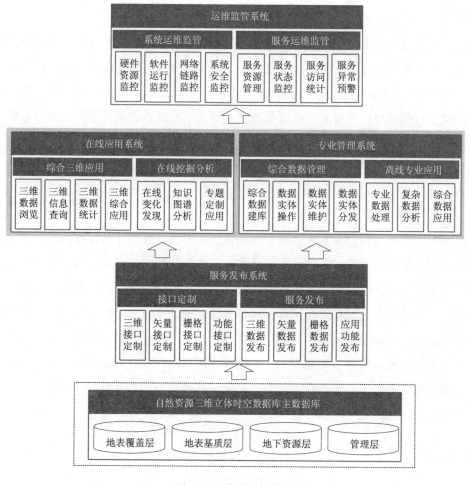

图 4–23　管理系统构成

（三）管理系统数据集成与配置

1. 数据集成

在数据库管理系统中，根据主数据库与 9 个分数据库的数据特点，制定了差异化的数据集成策略：对主数据库采用数据实体物理集成，对分数据库采用数据服务逻辑集成，最终实现主数据库和分数据库的各类数据资源的集成管理。

主数据库实体数据采用物理集成。为更好支撑自然资源综合业务管理，支持对数据实体的复杂查询与分析，主数据库的数据内容，采用了可直接操作与处理数据实体的物理集成。

分数据库数据服务采用逻辑集成。9 个分数据库由不同分数据库建设单位分别进行数据建库，根据各自建设进度，按照"成熟一个、集成一个、共享一个"原则，在网络链路连通情况下，基于统一的数据服务接口标准，向主数据库提供数据资源目录服务、数据服务，主数据库通过数据库管理系统调用分数据库提供的目录和数据服务，逻辑集成各自然资源调查监测分数据库，从而建立 9 个分数据库在主数据库管理系统的逻辑映射，实现各类调查监测数据成果在三维场景下的集中展示。

2. 系统配置

对数据库与各管理系统进行系统配置，确保运行环境、数据库、管理系统的有效衔接与高效运转。系统配置主要有服务接口与服务发布系统配置、在线应用系统配置、专业管理系统配置及运维监管系统配置等。其中服务接口与服务发布系统配置是对数据源配置、服务接口定制、发布方案配置、运行参数配置等；在线应用系统配置是对数据目录树配置、功能服务接口配置、运行环境参数配置、系统权限参数配置等；专业管理系统配置是对数据资源配置、显示方案配置、处理工具集配置、分析工具集配置等；运维监管系统配置是对运行环境配置、监测组件配置、服务资源配置、访问权限配置、监管方案配置等。

典型案例

重庆市规划和自然资源局选择南岸区作为试点区域，依托已有基础数据及各类自然资源调查监测成果，研究多源异构自然资源立体时空模型构建、更新、应用技术路线。包括：自然资源立体时空数据模型组织；自然资源时空数据汇聚、融合与集成建库技术路线；基于三维的自然资源变化监测分析；可持续的数据更新机制和方法。选择典型示范区域，紧密结合国土空间用途管制、生态保护修复、地质灾害评估等重点需求，先试先行，支撑长江上游生态屏障构建和自然资源综合管理工作。

1. 技术架构

重庆市自然资源三维立体时空数据库统一架设在"规划和自然资源云"上，由市级库、区县分库两部分组成。通过在线服务调用方式，与国家级主数据库连接，在线调用三维空间框架服务，支撑自然资源三维立体时空数据库的表达呈现。

基于自然资源立体空间，准确划定自然资源体，以三维空间位置为纽带，实现地下资源层、地表基质层、地表覆盖层、管理层的分类分层管理。建立基于时间编码、网格编码、语义编码的调查监测数据时空编码体系；数据库管理应用系统则包括服务管理子系统、计算分析子系统、场景建模子系统与运行管理子系统。

2. 关键技术研究成果

（1）自然资源调查监测数据智能化处理技术

基于时空索引的自然资源数据组织：提出了基于分区键和分区内排序键组合策略的时空信息联合编码，设计了点要素、非点要素的时空表达结构，设计了多层级树结构以构建时空索引 MLS3（Multi-Level Sphere 3），并基于自然资源对象时间粒度及空间密度等特征自适应确定其最优索引层级。

自适应格网服务动态聚合：针对三维实景等数据体量大，调度及加载压力大等问题，提出一种自适应格网服务动态聚合的数据精准调度路线。主要思路包括以下步骤：①数据标准瓦块处理：首先将空间数据按格网瓦块进行重构，并发布在线服务；②元数据生成：提取各个层级数据瓦块的边界，并发布元数据服务；③空间拓扑求交：根据用户需求范围，利用空间拓扑求交，计算包含瓦块，并提取对应元数据；④生成索引文件：根据提取的瓦块结果及对应元数据生成索引文件，指向在线服务；⑤虚拟服务重定向：对前端用户请求虚拟服务进行服务重定向，返回空间数据。

（2）自然资源调查监测融合建库技术

针对各类数据互联互通难、数据体系不一致及数据供给不精准等问题，开展数据体系、数据接口等技术攻关，建立了多源异构数据融合建库技术解决方案。以自然调查监测成果为核心，研究现有自然资源分类标准体系，重构进而实现自然资源数据的统一分类与编码;研究二三维自然资源数据精准汇聚技术，实现多源异构数据精准化汇聚和共享，为国土空间规划监测评估预警提供标准化的数据资源共享服务支撑。

（3）多源多尺度自然资源三维立体时空数据统一建模技术

基于图斑、属性表格、档案资料等二维调查监测成果，开展数据整理、时空编码、多空间列升维表达、服务发布、服务注册、服务授权访问等工作，开展从自然资源图斑到自然资源体、从文件到服务的流程化、自动化自然资源三维立体时空数据建库工作。

（4）精细化自然资源场景建模技术

自然资源场景，是一定区域、不同时空范围内，各种自然资源、管理规划、社会经济等要素相互联系、相互作用所构成的具有特定结构和功能的地域综合体。以自然资源场景为纽带，可以对综合集成不同实体（山脉、河流等）、不同现象和事件（如地质灾害、地表建设、生态修复等），动态回溯模拟自然资源时空演变，精准支撑决策管理工作。通过建立场景逻辑模型、动态抽取调查监测数据、场景组装、场景表达等步骤，开展对特定自然资源场景的精细化建模与应用。例如面向土地全流程管理需求建立的场景，可以根据特定条件（土地编码、时空范围）自动抽取建立土地全流程管理数据、调查监测数据，准确回溯模拟土地管理和自然资源演变，支撑土地动态管理监测。

3. 自然资源三维时空集成建库

（1）数据库逻辑设计

自然资源三维立体时空数据库由自然资源数据、扩展数据及系统管理数据3部分构成。其中，自然资源数据为库体核心内容，由1个主库和8个分库构成，主库按照地表覆盖层、地表基质层、地下资源层、管理层4层架构分层组织，各层从分数据库中，按照数据内容设计一节所述的数据类型、数据层，逻辑汇聚对应的数据集及数据表，并定义数据表属性结构，各数据表的属性、属性类型、属性域等继承原有数据标准，同时，在主数据库中扩展来源、时间、"国土三调"关联标识等字段。

扩展数据包括格网编码数据、立体分层数据、业务关联数据集及资源目录数据。格网编码数据记录自然资源对象与地球空间网格关系，支撑自然资源对象空间快速定位，地上地下立体关联信息查询、分析；立体分层数据记录自然资源对象所属空间分层；业务关联数据记录各业务环节之间的关系；数据资源目录记录全局的数据资源视图及对应数据元数据。

系统管理数据包括用户管理数据、服务管理数据、日志管理数据和数据字典管理数据等，支撑系统顺畅运行。

（2）数据库物理设计

根据自然资源数据格式及特征，数据库存储模型设计包括矢量数据、栅格数据、三维模型数据、表格数据及其他数据 5 类，充分利用分步式技术，采取分区、分级的存储模式。

（3）数据库在线汇聚设计

在网络链路连通的情况下，构建动态、开放、可扩展的自然资源数据汇聚共享框架，实现对自然资源数据的集成管理。各调查监测分库按照数据资源目录和统一的数据接口规范，分层分类发布数据服务，通过在线注册方式，汇聚数据服务名称、地址、服务类型、提供单位等元数据，实现主数据库的逻辑集成，并动态整合基础地理、业务管理等数据，形成"物理分散、逻辑一致、动态更新"的省级自然资源三维立体时空主数据库，提供元数据、地图服务、实体数据等多层次数据响应，以便汇入国家级主数据库。

在网络链路不通的情况下，各分库将自然资源调查监测建库成果离线拷贝至主数据库环境，主数据库运维单位提供数据库服务器用于恢复由分库提供的离线库体成果，恢复内容为自然资源调查监测目录与元数据、地图服务数据等，同时提供应用服务器，用于部署与迁移与数据配套的服务支撑系统，实现迁移后数据访问接口可用，保障自然资源调查监测数据库作为一个整体，持续稳定运行。

（4）数据库更新机制

依托重庆市调查监测、业务管理、测绘生产等管理工作的常态化运行，以"行政管理+技术手段"联动的方式，建立可持续、可实施的数据更新机制和方法，形成以业务驱动数据更新，以高现势性的数据服务自然资源管理的良性循环，保障自然资源三维立体时空数据的现势性。技术层面，以自然资源调查监测成果为核心，依据统一的数据标准，一是依托定期、不定期开展的各项调查、监测工作，二是结合影像解译、信息提取、遥感反演、变化发现等技术手段，及时发现并动态实施数据和服务更新，同时将更新后的服务推送给主数据库。

4. 自然资源三维立体时空管理应用系统搭建

为了更好地实现对各类自然资源的监测、管理、分析，搭建了自然资源三维立体时空管理应用系统，在对业务需求分析的基础上，依托自然资源三维立体时空数据库，结合国土空间规划、生态保护修复、耕地保护、土地全生命周期管理等业务，形成自然资源三维数据汇聚共享、集成管理、立体表达、计算分析与应用服务的载体，为各类自然资源应用、管理提供数据、应用等服务支撑。

（1）系统总体架构

以数据汇聚、业务协同、信息联动为基本需求，采用 B/S 的体系架构，按照松耦合、面向构件的方式，搭建自然资源三维立体时空管理应用系统，以满足功能差量升级和组件模块添加的需要。系统逻辑结构分为设施层、数据层、服务层和应用层等。

（2）系统主体功能

围绕自然资源调查监测数据管理与应用需求，研发数据一体化集成、立体展示、计算、分析、应用等多层次、多方位的数据管理与应用功能项。主要包括：

1）服务管理子系统提供按照基础地理空间、自然资源调查监测、自然资源业务管理等三大类数据在线注册、管理功能，包括按权限在线注册、修改、查询、预览、删除，以及用户、角色等权限管理、系统日志等运维管理。

2）在线应用子系统包括以下几个部分。

①驾驶舱：提供功能导览，包括权限范围内的驾驶舱、资源总览、服务聚合、南岸区风景、场景化管理、管理后台登录等（图 4-24）。

②资源总览：基于统一的地理空间框架，分层、分类、按时点，提供对 1+8 自然资源三维立体时空数据库的一体化集成展示功能，实现地上地表地下、历史与现状、调查监测与业务管理等数据的统一组织、立体表达和时空融合，包括图层控制、数据查询、量测、时间轴、分屏、地上地下一体化等（图 4-25）。

图 4-24　门户首页

图 4-25　基础工具—多时相查询比对

③服务聚合：面向不同业务场景对数据内容、格式、详略等多元化需求，提供元数据、地图、数据等多层次数据表达服务，以及计算、分析等功能服务响应。包括坡度、坡向等计算功能，三线占用等专题分析功能。

④南岸区风景：面向规划和自然资源管理、政务管理、智慧应用等多样化需求，立足南岸区自然资源禀赋，在摸清各类自然资源家底的基础上，认知自

然资源发生发育的演替规律和发展趋势，利用时空数据管理等技术，辅助开展规划建设、生态修复、森林防火、水资源保护等自然资源科学管控工作。

⑤场景化管控：面向精细化管理需求，搭建自然资源场景管理原型子系统，包括构建了场景分类树，支持对应节点场景的模型预设、参数配置及场景发布预览，实现自然资源的可设计、可嵌入、可复制，支撑自然资源场景化管控，具备应用场景开放式即时搭建能力，全面提升应用服务水平（图4-26）。

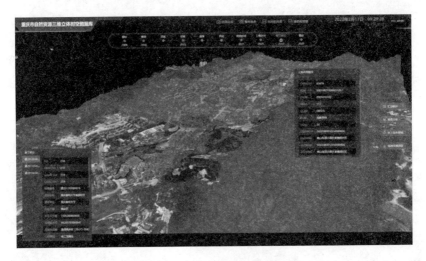

图4-26　自然资源场景发布预览

第七节　自然资源调查监测质量管理体系

习近平总书记强调，"新时代新阶段的发展必须贯彻新发展理念，必须是高质量发展""高质量发展是我们当前和今后一个时期确定发展思路、制定经济政策、实施宏观调控的根本要求"。党的十九大作出我国经济已由高速增长阶段转向高质量发展阶段的科学论断，十九届五中全会确立"十四五"时期经济社会发展以推动高质量发展为主题。经济社会高质量发展要求高质量的自然资源基础数据支撑。调查监测的生命力是数据的真实性，确保数据的真实、可靠、准确是质量管理的核心目标。贯彻党中央经济社会高质量发展要求，建设调查监测质量管理体系、实施统一质量管理，既是满足经济社会高质量发展、推进国家治理体系和治理能力现代化数据支撑需求的必然要求，也是推进自然资源统一调查、建立统一调查评价监测制度的重要内容。2021 年 7 月，自然资源部、国家林草局联合印发《自然资源调查监测质量管理导则（试行）》（详见本节扩展阅读），推进自然资源调查监测质量管理体系建设，加强调查监测质量管理。

一、调查监测质量管理体系建设的形势与需求

自然资源工作高质量发展对自然资源调查监测质量管理、质量保证，提出了迫切需求和明确要求。中共中央、国务院首次出台的质量工作纲领性文件《关于开展质量提升行动的指导意见》，从开展质量提升行动的总体要求到全面提升产品、工程和服务质量、破除质量提升瓶颈、夯实国家质量基础设施、改革完善质量发展政策和制度等方面，全面提出了新形势下质量提升的目标任务和重大举措。新时代的自然资源管理以自然资源统一调查监测为前提，以自然资源统一确权登记为基础，以统一国土空间规划和用途管制为关键，以统一全民所有自然资源资产管理为核心，推进"山水林田湖草"生命共同体与经济社会的协调发展，实现"物尽其利、物合其用"，促进生态文明建设。自然资源调查监测数据既是各级自然资源主管部门编制国土空间规划，以及自然资源管理、保护和利用的重要依据，也是经济社会发展、政府科学决策的重要基础数据，其成果质量不高、数据不真实、不准确，势必会影响政府科学决策甚至导致对经济社会发展趋势的误判，影响各级自然资源主管部门国土空间规划、自然资源管理等职责履行，影响我国经济社会高质量发展、推进国家治理体系和治理能力现代化的大局。

习近平总书记强调："创新是企业的动力之源，质量是企业的立身之本，管理是企业的生存之基"。质量管理是在质量方面指挥和控制组织的协调活动，通常包括制定质量方针、目标，以及质量策划、质量控制、质量保证和质量改进等活动。实现质量管理的方针目标，有效地开展各项质量管理活动，必须建立相应的管理体系，这个体系就叫质量管理体系。它可以有效进行质量改进。针对质量管理体系的要求，国际标准化组织的质量管理和质量保证技术委员会

制定了 ISO9000 族系列标准，以适用于不同类型、产品、规模与性质的组织，该类标准由若干相互关联或补充的单个标准组成，其中为大家所熟知的是 ISO9001《质量管理体系要求》。质量管理发展大致经历了 3 个阶段：即质量检验阶段、统计质量控制阶段和全面质量管理阶段。在自然资源调查监测质量管控中，用质量管理的理论和方法开展多种多样的质量管理活动，加强全面质量管理，能够使监管对象更加全面、监管手段更加有力、监管机制更加高效、监管保障更加到位，实现调查监测全过程质量控制及持续改进。

按照习近平总书记重要指示精神，质量是自然资源调查监测工作的生命线、立身之本。质量管理是保证各项调查监测成果全面、真实、准确的重要手段，也是打造优质工程、提高产品质量、提升服务水平的关键环节，对于保障工程、产品和数据的准确性、可靠性具有不可替代的重要作用。建立科学合理的质量管理制度，构建系统高效的质量控制体系，实行统一的质量管理方式、流程和要求，严格全过程质量管理，加强事前、事中、事后全方位质量监管，完善质量问题处理机制，形成完整严密的质量管理体系，有利于强化质量提升内生动力、落实质量责任制，较好地确保成果质量。

二、调查监测质量管理体系基本构成

全面质量管理要求下的调查监测质量管理体系，由法规制度、标准规范、管理机制、质量管控系统、质量问题处理机制等部分构成。各部分内在相互联系、互相支撑，是一个完整、健全的有机整体。

（1）质量管理法规制度

法规制度是调查监测质量管理的依据和基础，涵盖自然资源管理法律法规及相关实施条例，自然资源调查监测条例及配套实施办法，自然资源调查监测质量管理办法及自然资源调查、监测、分析评价质量管控细则，及设计质量审核、过程质量巡查、成果质量验收、质量监督管理实施细则等"事前""事中""事后"质量管理制度。

（2）质量管理标准规范

质量标准是调查监测质量管理体系建设的重要内容，也是标准体系中通用类标准不可或缺的组成部分。衔接自然资源基础调查、专项调查、监测、数据库建设、分析评价质量要求等标准，建立调查监测质量标准体系框架，明确国家、行业标准等内容构成，作为质量标准化建设的重要依据。制定调查监测质量要求与评价标准，分类差别化规定成果质量模型、质量特性、关键质量指标、评价方法等，为不同调查监测质量控制、验证提供基本依据。针对不同质量管控方式，制定过程质量巡查、质量检查验收、质量监督检查等技术规程，明确调查监测质量管控要求。

（3）质量管理工作机制

质量管理体制和质量责任制，是保证质量管理落到实处的重要机制，缺失则会导致质量管理虚化、不畅。调查监测建立分级负责、共同参与的调查监测质量管理体制，职责明确、权责对等的调查监测质量责任制，有序推进调查监测质量管理。

（4）质量管理控制系统

建立实施涵盖调查监测设计、作业、成果质量验收、质量监督检查等各个环节的全过程质量管控机制，全面推行设计质量审核、作业质量自控、过程质量巡查、成果质量验收、质量监督检查等"事前""事中""事后"质量控制和监督管理措施。

（5）质量问题处理机制

建立施行调查监测质量问题防范及调查、质量追溯、责任追究、失信惩戒等方面机制，倒逼全员质量管理，提升调查监测质量。

三、调查监测质量管理控制系统建设

美国质量管理大师威廉·戴明博士提出"产品质量是生产出来的，不是检验出来的"，指出只有在生产过程中的每个环节，严格按照设计方案和作业指导书要求进行，才能保证产品的质量。如果忽略过程控制，只靠产品质量检验，是不可能保证产品质量的，因为产品质量检验，只能剔除次品和废品，并不能提高产品质量。也就是说，质量控制的重点绝不是放在事后把关，而必须放在生产制造阶段。同样，调查监测质量控制也绝不是最终成果的质量检验，而是贯穿方案设计、作业生产、过程管控、成果验收全过程的质量管控。

（一）设计质量管控

1. 调查监测设计要求

质量管理的"二八法则"表明，管理者可以通过设计等控制80%以上的质量缺陷，而操作者能够控制的质量缺陷一般不超过20%。调查监测主要依据设计方案实施，调查监测过程控制得再好，也只能使最终成果质量接近或达到设计时所确定的质量水平，一般是不可能超过的。可以说，设计质量直接决定了调查监测质量，只有设计质量好了，才能确保调查监测过程和成果质量。

调查监测开展前，先根据不同调查监测对象设计方案，再组织实施，不能边设计边实施、无设计就实施，避免设计缺陷导致质量问题。调查监测方案的设计遵循法律法规和标准规范要求，做到调查监测口径统一、分类指标清晰、技术方法科学、质量要求明确，在设计阶段解决口径、手段、方法统一这一基础性问题。全国性或重大调查监测实施前，专门制定质量管理方案、规程或细则，明确质量管理目标、内容和措施等。

2. 调查监测设计验证审核

调查监测推行设计验证审核制度，强化事前质量管控。设计方案形成后，设计承担单位组织通过生产试点、专家论证等方式，验证设计方案的科学性、合理性和可操作性，优化技术方法和作业流程。设计方案未通过验证的，设计承担单位组织修改后，再次开展验证；设计方案通过验证的，根据验证情况进一步优化完善，组织专家开展评审。通过验证、评审的设计方案，由设计承担单位报调查监测组织部门审核批准后实施。

对于全国范围内的重大基础调查及大区域范围内的专项调查、常规监测和分析评价，分级开展设计质量验证审核。分级实施的调查监测，下一级应在上一级基础上细化设计方案，但细化内容指标不得与上一级设计方案冲突，通过验证审核后报上一级备案。调查监测任务发生变化的，需要对设计方案进行修改或补充；任务有重大调整的，需要重新设计方案，并进行必要的验证审核。

实践工作中，第三次全国国土调查、全国地理国情监测、全国森林、草原资源调查，都制定了工作方案、实施方案或技术规程等，部分调查监测还专门制定了成果核查技术方案、质量检查方案等。第三次全国国土调查正式实施前，选取了部分县级调查单元进行试点，充分验证技术方法的可行性、技术路线的合理性及设计方案的可操作性，并根据试点验证情况进一步修改完善了实施方案。实践表明，科学的方案设计、严格的设计质量管理，可以有效保障调查监测的质量。

（二）作业质量控制

从"质量是生产出来的"理念看，调查监测整体质量的好坏，关键在于作业过程，取决于作业单位对过程及其成果的质量控制成效。也就是说，调查监测作业单位能否严格贯彻落实质量自控措施、加强作业质量管理，是确保调查监测整体质量的关键。

1. 作业单位质量自控措施

建立运行覆盖本单位调查监测业务的质量管理体系，明确质量控制关键环节和具体措施，规范内部质量管理行为。设立专门的质量管理部门，足额配备专职质检人员，负责质量管理体系的建立、运行和改进；人数较少的作业单位可不单独设立，可明确承担质量职责的内设部门，配备专职质检人员，加强单位质量管控。

建立完善质量岗位责任制，明确项目、技术、质量负责人及作业人员、质量检查人员的责任，考核责任落实情况。作业单位法定代表人毫无疑问是所承担调查监测任务质量管理的第一责任人；项目、技术、质量负责人对调查监测任务质量负责，及时处理技术与质量问题；作业人员严格按照标准规范和设计方案开展调查监测工作，落实质量自检或交叉检查措施，确保调查监测过程质量；质量检查人员严格执行质量标准，开展过程质量自查和成果质量检查，及时发现问题并督促整改。

抓好作业人员岗前培训，在调查监测实施前组织开展技术和质量培训，教育引导作业人员落实质量自控措施。全国性或重大调查监测实施前，组织作业人员参加组织部门或牵头实施单位开展的培训，经考核合格后上岗。

2. 作业单位内部质量检查

调查监测作业阶段，作业单位严格按照标准规范和设计方案开展调查监测及质量控制，严格把控调查监测关键环节、重要节点、阶段性成果等质量，加强作业人员、仪器设备、参考数据、作业方法、环境条件等方面生产要素综合协同和控制，抓好作业全流程质量。

作业开始前，组织作业人员对调查监测基础资料和参考资料进行整理分析，了解掌握调查监测任务基本情况，确保所使用的资料可靠，并按作业规程和有关说明使用。

作业过程中，作业人员真实记录调查监测作业过程及数据，按规范贮存、传输和处置采集样品，并在质量自查或交叉检查后，以签字等形式确认；作业组（队）对过程成果开展全面质量自查，及时发现质量问题，并督促作业人员全面修改直至合格。必要时，作业组（队）可组织开展首件成果质量检查，验证设计方案、技术路线的可行性，避免后续调查监测出现系统性问题。

作业结束后，作业单位质量管理部门对最终成果开展质量检查，形成成果质量检查报告由作业单位签章确认，并督促作业组（队）全面修改直至合格。分阶段或分级实施的调查监测，作业单位质量检查合格后方可进入下一阶段质量检查。

实践工作中，全国地理国情监测质量控制中，作业单位严格执行过程质量自查和成果质量检查两级检查制度，省级组织单位组织实行质量验收；全国森林资源调查的质量管理原则是，全程监控、首件必查，推行技术质量责任制，实行分级检查验收制度。实践证明，质量检查能够及时发现并纠正调查监测工作存在的问题，是确保调查监测质量的重要手段和保障。作业单位质量自查机制有助于增强作业单位和作业人员的质量意识，有助于在调查监测作业过程中及时发现问题或错误并纠正，降低后期查错、纠错成本，充分体现"质量是生产出来的"理念。

（三）过程质量巡查

作业单位自身管控调查监测作业过程质量，难免会因自身惯性思维、技术局限性等，出现一些已通过自身质量检查发现的问题。这时就需要一个外力，对其作业过程开展质量检查，也就是由调查监测组织部门或牵头实施单位在重要环节和关键节点，组织对调查监测质量管理工作、过程质量控制情况和过程成果质量等开展质量巡查，强化调查监测事中质量管控。

过程质量巡查由调查监测组织部门或牵头实施单位实施，也可委托具备调查监测专业能力的第三方单位，或从作业单位抽调人员交叉开展。巡查承担单位依据标准规范、设计方案和质量要求等制定巡查方案，经审查批准后实施。过程质量巡查一般采用查阅作业和质量控制文档记录、质询交流等方式检查质量管理情况，采用旁站跟踪方式检查实测及难以复现的关键作业工序的质量控制情况，采用抽样检查方式检查过程成果质量。

过程质量巡查完成后，巡查承担单位对作业过程质量作出符合性判定，出具巡查意见，向组织单位报告质量巡查结果并对巡查结果负责；质量问题严重的，巡查承担单位及时向组织单位报告。提升过程质量巡查实效，过程质量巡查结果及时反馈被巡查对象，提出明确改进建议。对一般性质量问题，指导被巡查对象立即纠正；对系统性质量问题，督促被巡查对象全面整改。被巡查对象对反馈问题有异议的，可与巡查人员现场沟通，也可向组织单位申诉。质量问题严重的，组织单位采取措施让被巡查对象停工整改或返工，依法依规追究被巡查对象的责任。同时，由组织单位建立问题通报机制，在一定范围内通报过程质量巡查发现的问题，督促调查监测作业单位对照开展自查自纠，并针对性开展再次巡查，尽可能在调查监测过程中纠正或消除质量问题，以严格的过程质量巡查确保成果质量。

实践工作中，全国森林资源调查实施全面质量管理，按照前期准备、外业调查、内业统计等环节，开展全过程监督检查工作，所实行的监督检查和指导性检查方式、要求，与过程质量巡查技术路线基本一致；全国地理国情监测实施中，组织对全国基础性地理国情监测开展了过程质量监督抽查。实践证明，前移关口对调查监测过程开展质量巡查，有利于及时发现调查监测中存在的质量问题及违法违规行为，纠正作业技术偏差，消除重大的系统性、倾向性质量隐患，防止类似问题重复发生，避免问题累积影响最终成果质量。

（四）成果质量验收

质量验收是在项目完成后对项目整体质量进行验收，全面考核和检查项目是否符合设计方案和质量要求的重要环节。只有通过质量验收的项目成果，才可以交付给项目组织部门使用。调查监测成果按照"谁组织、谁验收"原则，实行质量验收制度，由组织部门或牵头实施单位组织最终成果质量验收。质量验收工作一般由具有调查监测专业能力的第三方单位承担，依照法律法规、标准规范及质量要求开展工作，作出质量验收结论并对其负责。

分阶段实施的调查监测，前一阶段成果经质量检查合格后，方可开展下一阶段工作。国家统一组织、分级实施的调查监测成果经逐级质量检查合格后，由国家级组织开展质量复核；省级根据国家级质量复核反馈问题，组织整改到位后，开展成果质量验收。第三次全国国土调查中，县级以上地方人民政府对本行政区域的国土调查成果质量负总责，各县级组织单位对调查成果进行100%全面自检，根据自检结果组织成果全面整改；市级组织单位对县级调查成果进行检查和汇总，在全面检查县级自检记录的基础上，重点检查调查成果的完整性和规范性，形成检查报告报送省级检查；省级组织单位负责组织全面检查；国务院第三次全国国土调查领导小组办公室（以下简称"全国三调办"）组织对通过省级检查合格的县级调查成果进行全面核查，通过核查后组织实施验收。

根据《统计法实施条例》规定，由独立第三方对重要调查数据开展事后质量评估，科学、客观地评价调查工作的质量，既有利于让组织单位对调查质量做到心中有数、科学评估，也有利于提高各级政府和社会各界对调查数据质量的信任度。从实际工作情况，历次经济普查、人口普查数据及第二次全国土地调查、第三次全国国土调查成果等都开展了事后质量评估。具体调查监测工作实际中，确有必要的，组织部门或牵头实施单位可委托第三方专业机构，对通过质量验收的调查监测成果开展事后质量评估。

（五）质量监督检查

产品质量监督检查制度是指县级以上质量监督部门，依据国家法律法规规定及法定职责，对生产领域的产品实施质量监督的一项制度，主要目的在于加强对生产的产品质量实施监督，以督促企业提高产品质量，从而保护国家和广大消费者的利益，维护社会经济秩序。各级自然资源主管部门会同林业和草原主管部门依据法定职责，采用"双随机、一公开"模式对调查监测质量开展监督检查，同时对通过质量验收的调查监测成果，必要时开展抽检。

质量监督检查既是自然资源主管部门、林业和草原主管部门履行质量监督管理职责的重要抓手，也是促进各级项目组织单位、作业单位等采取务实措施加强质量管理的有力手段。第三次全国国土调查中，自然资源部创新性委托国家自然资源督察机构开展质量监督检查，围绕数据真实性先后开展了4轮督察，督促地方严格落实责任，严肃查处弄虚作假、调查不实等问题，有力促进了成果质量提高。

国家层面，自然资源部将会同国家林业和草原局对部、局组织实施的调查监测开展随机质量抽查，对省、地市级调查监测开展定期质量检查，对调查监测作业单位开展随机质量抽查。实际工作中，注意处理好质量监督检查与过程质量巡查、成果质量验收之间的相互补充关系，对本级自然资源、林草主管部门已开展过程质量巡查或成果质量验收的调查监测成果，一般不再重复组织开展本级质量监督检查。但对质量问题反映较多、可能存在严重质量问题等的，即使其已经经过成果质量验收，也要开展抽检。

具有调查监测专业能力的第三方单位受自然资源、林草主管部门委托，承担质量监督检查中的质量检验活动。承担单位制定质量监督检查工作方案和技术方案，经批准后实施；组织开展质量监督检查中需要进行的质量检验活动，出具质量检验报告并对其负责；总结质量监督检查情况，定期向主管部门报送质量分析报告，配合开展质量问题调查认定。被检查单位和个人积极配合质量监督检查，如实提供有关数据、文件和材料等。任何单位和个人不得以任何理由或方式拒绝、阻挠、妨碍质量监督检查，不得干预检查结论的独立判定。

为加强支撑自然资源事业高质量发展的检验检测能力建设，规范检验检测机构技术行为，2022年2月，自然资源部、国家市场监督管理总局联合印发《关于加强支撑自然资源事业高质量发展的检验检测能力建设的通知》（自然资发〔2022〕26号，以下简称《通知》）。《通知》要求，从事自然资源领域检验检测活动的机构要面向自然资源工作重大需求和"两统一"职责履行。自然资源部会同市场监管总局构建自然资源检验检测技术标准体系。自然资源部门应积极采信检验检测机构有关数据成果，支持检验检测技术体系建设，支持开展地质勘查技术检测等服务，在自然资源重大项目、重大工程和行业管理中委托检验检测机构开展分析测试、检验评价、质量控制等；支持检验检测机构跨领域技术融合，鼓励开展自然资源检验检测新技术、新方法和全过程质量控制技术研究。《通知》明确，整合国土资源和海洋国家级资质认定评审组为自然资源评审组，并受市场监管总局委托，实施相关检验检测机构资质认定技术评审、评审员管理等工作。自然资源评审组办公室设在自然资源部科技发展司。自然资源部门根据工作需要，组织开展检验检测机构能力验证，公开发布结果名单。《通知》提出，自然资源部门组织完善相关技术标准和规范，强化对检验检测机构的人员、仪器设备、标准规范等重要环节的日常管理。市场监管部门和自然资源部门应建立信息共享机制，加强部门合作和信息沟通，及时向社会公开检验检测机构违法违规行为及处罚结果等监管信息。《通知》强调，建立健全对检验检测机构的"双随机、一公开"部门联合监督检查机制。严肃处理违法违规行为。对检验检测机构和人员行为存在不规范或违法违规情况的，视情况处理并公开通报。

四、调查监测质量管理的保障措施

（一）质量管理机制

从自然资源调查监测行政监管和项目管理两个层面，明确调查监测质量管理的主体及相应职责，既保证政府行政管理的有效执行，又保证调查监测参与各方自我压实质量责任的内在动力。

（1）建立完善分级负责、共同参与的调查监测质量监督管理体制。长期以来，受调查监测分散开展影响，调查监测质量管理多随项目进行，各级行政主管部门在调查监测质量方面的职责也没有明确划分，难免出现监管上的缺位，难以形成高效、统一的质量监管机制。依据法定职责，自然资源部会同国家林业和草原局，负责全国调查监测质量的监督管理，制定调查监测质量管理制度和标准规范并监督实施。县级以上地方自然资源主管部门会同本级林业和草原主管部门，负责本行政区域内调查监测质量的监督管理，依照法律法规和职责分工对组织实施的调查监测质量负责。

（2）建立完善职责明确、权责对等的调查监测项目质量责任制。通常来看，自然资源变化比较频繁，其调查监测成果缺少真值可供依据和检测，只有通过对调查监测过程的规范化控制才能保障调查监测成果的真实准确可靠。只有明确调查监测全过程各环节的质量管理的内容和要求，明确各参与方应负有与所承担工作相应的责任，才能保证最终成果质量。组织单位对组织实施的调查监测质量负有重要责任，择优选择调查监测承担单位，自觉接受监督；设计是调查监测质量的基础和前提，设计承担单位确保设计质量并对其负责；作业单位在调查监测中处于核心地位，严格按要求开展调查监测工作，对形成的调查监测成果质量负责；过程质量巡查、成果质量验收、质量监督检查等承担单位对作出的结论负责。

（二）质量问题处理

不管多严密的质量管控措施、多高的质量管理标准，如果没有得到切实执行，就如同空文。要切实落实各项管控措施、标准，就得靠严格监管，但如何保证监管到位，就需要对重大质量问题进行严厉惩处。只有进行最严肃的处理，才能让调查监测参与各方主动担负起应承担的质量责任，才能让弄虚作假者收敛、不敢为之。

（1）建立健全质量问题防范机制。主动向社会公开调查监测任务承担单位、任务范围等信息，接受社会监督；接收关于调查监测弄虚作假行为或质量问题的举报；自然资源管理工作中发现并移交的弄虚作假行为或质量问题线索。

（2）建立健全质量追溯机制。对质量问题予以倒查追究，将质量责任终身落实到承担单位和调查人员。对相关参与行为、不当干预行为等全面真实记录留痕、建档留存，确保质量追溯有据可查。

（3）建立健全质量责任追究机制。对在调查监测中篡改数据、主观故意弄虚作假，或在质量检查中违规操作、玩忽职守、徇私舞弊的，依法依规追究责任。具体实施中，自然资源主管部门、林业和草原主管部门主要职责是发现并查实上述行为，提出责任追究建议，按干部管理权限或法律法规规定等移交移送有权进行责任追究的部门。

（4）建立健全质量公开披露机制。采取适当方式及时公开过程质量巡查、成果质量验收、质量监督检查等的信息和结果，曝光弄虚作假等违法违规行为，接受社会监督。同时，将调查监测质量纳入自然资源领域信用体系建设范围，支持相关行业协会开展诚信倡议和资信评价，引导调查队伍和人员诚信调查、诚信监测；依法依规向有关信用信息平台推送质量失信行为，推动失信联合惩戒。

（三）质量管控技术创新

调查监测质量控制与检验技术创新是质量管理体系建设的关键任务，需纳入技术体系建设一并攻关。攻关质量关键技术，构建以知识图谱、深度学习、多源遥感动态监测为支撑的调查监测过程质量监控、成果质量验证与评价等关键技术。构建质检云平台，创新"互联网+质量"模式，设计适合调查监测的全要素、精细化、实时化质检解决方案，构建基于"空基—天基—地基—网络"的质量验证知识获取平台和云模式下的质检大数据支撑库。提升质检基础装备水平，以提高调查监测质检技术能力为核心，升级质检基础设施，研发集质检业务、质量追溯为一体的信息化装备。充分考虑仪器设备等对调查监测成果质量的重大影响，按照《中华人民共和国计量法》及其实施细则，对调查监测所使用的专业仪器设备按规定开展检定、校准等工作，但对调查监测中不发挥主要作用、不易影响调查监测结果的其他仪器设备，在确保满足调查监测工作要求前提下，可不进行检定、校准、测试、比对等。同样，确保调查监测所使用的软件通过测试，软件功能、性能满足调查监测工作要求；所使用的标准物质为有证标准物质，或具有溯源性的标准物质。

（四）支撑队伍建设

有没有高素质的人才队伍提供组织人员保障和专业技术支撑，是决定调查监测质量管理工作成效优劣的主要因素。加强调查监测作业队伍建设，抓作业单位质量管理体系建设，抓作业单位质量管理机构和人员队伍建设，抓作业单位内部质量岗位责任制落实，抓作业单位人员技术培训。加强专业质检队伍建设，结合自然资源系统质量检验检测机构建设，多方式提升部分质检机构从事调查监测的专业能力，逐步探索建成专业化调查监测质检格局。同时，切实做好专业质检人才储备，重视质检从业人员业务能力建设，结合重大调查监测项目，有计划有针对性地开展教育培训。

扩展阅读

《自然资源调查监测质量管理导则（试行）》

为构建自然资源调查监测质量管理体系，加强调查监测质量管理，规范质量控制活动，明确质量责任，确保调查监测数据真实准确可靠，依据《自然资源调查监测体系构建总体方案》和有关法律法规，制定本导则。

一、总则

建设自然资源调查监测质量管理体系，统一调查监测质量管理方式、流程和要求，规范质量控制方法、检验技术和评价指标，防范弄虚作假和成果质量问题，完善质量追溯和责任追究机制，持续提升调查监测成果质量，满足建设国家治理体系和治理能力现代化的需求。

创新质量管理理念和质量控制方法，综合运用现代空间信息等技术手段，减少人为主观因素对调查监测成果质量的影响。保障调查监测质量管理经费投入。

本导则适用于《自然资源调查监测体系构建总体方案》规定的各类自然资源调查、评价、监测工作。

二、制度和标准建设

坚持统一质量管理，实行统一的质量管理方式、流程和要求。整合现有各类调查监测质量管理制度、标准和规范，制定统一的调查监测质量管理办法、质量技术标准等，针对不同类别调查监测工作，分类差别化设计质量元素、检查内容、控制方法、检验技术及评价指标等。

调查监测所使用的专业仪器设备须按国家有关规定，经法定计量检定机构检定、校准，或通过专业检验检测机构测试、比对；软件须通过测试，符合调查监测工作要求；所使用的标准物质须为有证标准物质，或具有溯源性的标准物质。

三、设计质量管理

调查监测坚持先根据不同调查监测对象设计方案，再组织实施。方案的设计严格遵循法律法规和标准规范，保证调查监测口径统一、分类指标清晰、技术方法科学、质量要求明确，避免因设计缺陷导致系统性质量问题。

设计方案应验证其科学性、合理性和可操作性，经评审通过，由调查监测组织部门审核批准实施。必要时，应通过试点进行验证。

调查监测任务发生变化的，须对设计方案进行修改或补充；任务有重大调整的，须重新设计方案。设计方案变化后，须进行必要的验证审核。

设计承担单位遵循法律法规和标准规范，开展方案的设计并对其质量负责，参与调查监测质量问题分析，及时解决因设计缺陷造成的质量问题。

四、作业质量控制

作业单位建立并运行覆盖本单位调查监测业务的质量管理体系，明确质量控制关键环节和具体措施，严格按照标准规范和设计方案开展调查监测及质量控制，对其形成的成果质量负责。

作业单位设立专门的质量管理部门或配备专职人员。法定代表人为所承担调查监测任务质量管理的第一责任人。完善内部质量岗位责任制，明确项目、技术、质量负责人及作业人员、质量检查人员的质量责任，考核责任落实情况。

调查监测实施前，作业单位应组织开展人员技术和质量培训。全国性或重大调查监测实施前，应组织相关人员参加调查监测组织部门或牵头实施单位（简称"组织单位"）开展的培训，经考核合格后上岗。

作业单位应对调查监测基础资料和参考资料进行整理分析，确保所使用的资料可靠，并按作业规程和有关说明使用。调查监测作业过程及数据应真实记录，采集样品应按规范贮存、传输和处置，并由作业人员质量自查或交叉检查后，以签字等形式确认。

执行过程质量自查和成果质量检查。由作业组（队）对过程成果开展全面质量自查，作业单位质量管理部门对最终成果开展质量检查。必要时，开展首件成果质量检查。对检查发现的质量问题，作业单位须全面修改直至合格。质量检查和问题处理情况应如实记录，并由检查、修改人员以签字等形式确认；成果质量检查报告由作业单位签章确认。

五、过程质量巡查

组织单位在重要环节和关键节点，组织对调查监测质量管理工作、过程质量控制情况和过程成果质量等开展质量巡查，跟踪调查监测过程质量情况，纠正作业技术偏差，消除重大质量隐患。

过程质量巡查工作由组织单位实施，也可委托具备调查监测专业能力的第三方单位开展。巡查完成后，巡查承担单位对作业过程质量作出符合性判定，出具巡查意见，向组织单位报告质量巡查结果并对巡查结果负责。

过程质量巡查结果应及时反馈被巡查对象，并提出明确改进建议。对一般性质量问题，指导被巡查对象立即纠正；对系统性质量问题，督促被巡查对象全面整改；对严重的质量问题，巡查承担单位应及时向组织单位报告。被巡查对象对反馈问题有异议的，可与巡查人员现场沟通，也可向组织单位申诉。质量问题严重的，组织单位应要求被巡查对象停工整改或返工，并依法依规追究被巡查对象的责任。

组织单位建立问题通报机制，在一定范围内通报过程质量巡查发现的问题，督促调查监测作业单位对照开展自查自纠，并针对性开展再次巡查。

六、成果质量验收

调查监测成果按照"谁组织、谁验收"原则，实行质量验收制度。

分阶段实施的调查监测，前一阶段成果经质量检查合格后，方可开展下一阶段工作。国家统一组织、分级实施的调查监测成果经逐级质量检查合格后，由国家级组织开展质量复核；省级根据国家级质量复核反馈问题，组织整改到位后开展成果质量验收。

质量验收发现的质量问题和错误须进行全面修改。质量验收不合格的调查监测成果，退回并限期整改或返工，修改后成果重新提交质量验收。

成果质量验收承担单位依照法律法规、标准规范及质量要求开展工作，作出质量验收结论并对其负责。

七、质量监督管理

自然资源部会同国家林业和草原局，负责全国调查监测质量的监督管理，制定调查监测质量管理制度和标准规范并监督实施。县级以上地方自然资源主管部门会同本级林业和草原主管部门，负责本行政区域内调查监测质量的监督管理，依照法律法规和职责分工对组织实施的调查监测质量负责。

采用"双随机、一公开"模式开展质量监督检查。对通过质量验收的调查监测成果，必要时开展抽检。

具备调查监测专业能力的第三方单位受自然资源主管部门、林业和草原主管部门委托，承担质量监督检查中需要进行的质量检验活动，出具质量检验报告。被检查单位和个人应积极配合，如实提供有关数据、文件和材料等。

八、质量问题防范、追溯和追究

畅通质量问题发现渠道，及时向社会公开调查监测任务承担单位、任务范围等信息，主动接受社会公众监督。任何单位和个人发现调查监测存在弄虚作假行为或质量问题的，有权向自然资源主管部门、林业和草原主管部门举报；对在各类审批、备案、督察、检查等工作中发现的调查监测数据弄虚作假行为，妥善固定证据材料，作为问题线索和证据及时移交自然资源主管部门、林业和草原主管部门。

建立调查监测质量追溯机制，将质量责任终身落实到调查监测承担单位和人员。调查监测承担单位应对数据采集、处理、检查、修改和统计分析等全过程及相关责任人参与行为，进行真实记录、建档留存。对不当干预调查监测工作，指使、授意伪造、篡改调查数据的，全面记录、全程留痕，保留完整档案。

对在调查监测中篡改数据、主观故意弄虚作假，或在质量检查中违规操作、玩忽职守、徇私舞弊的，依法依规追究责任。

推行调查监测过程质量巡查、成果质量验收、质量监督检查等信息和结果公开，曝光弄虚作假等违法违规行为。将调查监测质量纳入自然资源领域信用体系建设范围，依法依规向有关信用信息平台推送调查监测质量失信行为，推动失信联合惩戒。

第五章 自然资源调查监测创新与展望

　　"连续、稳定、转换、创新"是新时代构建自然资源调查监测体系的工作要求。系统重构原有各类自然资源调查监测工作，不能过去怎么干现在还怎么干，要积极适应新时代生态文明建设和绿色、可持续高质量发展的新形势、新要求，跟踪国际理论研究与探索实践的发展前沿，确定新发展阶段调查监测评价工作支撑重点，面向新需求做过去没有做过的探索工作。数字经济为调查监测工作创新升级提供了转型驱动，信息网络技术和新型仪器装备的创新应用，为时空信息技术与自然资源调查监测评价、自然资源管理业务深度融合提供了条件。本章面向新发展阶段形势与机遇，以及国际理论研究和科技发展前沿，展望了自然资源调查监测体系发展前景；介绍了满足自然资源管理和生态文明建设需要，在自然资源调查监测体系构建中开展的创新探索工作；提出了实现以"全面动态感知、系统精准认知、全域智慧管控"为发展方向的自然资源时空数据治理构想。

第一节　自然资源调查监测体系发展前景展望

　　当今世界正经历百年未有之大变局。全球新冠疫情影响广泛而深远，国际环境日趋严峻且复杂，全球气候变暖导致极端天气事件频率明显增加，国际能源供需版图深刻变革，不稳定性不确定性明显增加，维护国家粮食安全、生态安全和能源资源安全面临巨大压力。同时，我国正值"十四五"时期，继全面建成小康社会、实现第一个百年奋斗目标之后，乘势而上开启全面建设社会主义现代化国家新征程、向第二个百年奋斗目标进军的第一个五年，我国进入高质量发展新阶段，人民群众对美好生活的需要日益增长。加上国际新一轮科技革命和产业变革加速到来，都对构建国土空间开发保护新格局、全面提高自然资源利用效率、提升生态系统质量和稳定性提出了更高要求。

进入新发展阶段，特征之一是以信息科技、数字技术和数据元素作为主要要素的数字经济将持续发展壮大，成为推动国家发展、提升国家竞争力的重要力量。数字经济是继农业经济、工业经济之后的主要经济形态，是以数据资源为关键要素，以现代信息网络为主要载体，以信息通信技术融合应用、全要素数字化转型为重要推动力，促进公平与效率更加统一的新经济形态。当前，新一轮科技革命和产业变革深入发展，数字化转型已经成为大势所趋。数据要素是数字经济深化发展的核心引擎。数据对提高生产效率的乘数作用不断凸显，成为最具时代特征的生产要素。数据的爆发增长、海量集聚蕴藏了巨大的价值，为智能化发展带来了新的机遇。协同推进技术、模式、业态和制度创新，切实用好数据要素，将为经济社会数字化发展带来强劲动力（杜庆昊，2020）。同时，以信息技术为代表的新技术革命正在深刻改变着现有的生产方式和生活方式，重塑区域和城乡空间形态，促进产业融合，需要调整城乡用地结构和布局。新材料、循环利用、降耗等技术将促进节水、节地、节能技术变革，为空间集约高效利用提供新动力。

"十四五"时期是数字经济转向深化应用、规范发展、普惠共享的一个新的发展阶段。新发展阶段推进自然资源统一调查监测体系构建及其应用工作，要准确把握数字经济时代带来的机遇和挑战，密切跟踪国际基础理论研究和科技发展前沿，找准发展方向和关键突破口，充分利用好我国的制度优势、数据优势、技术优势、创新优势，力争做数字化治理时代的领跑者，在推动经济社会高质量发展、促进人与自然和谐共生中发挥更大作用。

一、准确把握新发展阶段形势与机遇

"十四五"时期，我国仍处于重要战略机遇期，必须准确把握自然资源管理面临的形势和时代特征，密切关注人口变化、气候变化、区域发展变化及新技术革命等方面带来的重大影响。

（1）"十四五"时期是保护与发展矛盾的凸显期。我国人口众多、资源相对不足仍是当前和今后一段时期的基本国情。随着我国人口在高位基础上持续增长，新型城镇化深入推进，乡村振兴战略全面实施，能源资源需求总量仍然处于高位平台期，资源供需结构将发生重大变化。我国资源粗放利用问题依然突出，自然资源利用效率与发达国家相比还有差距，粮食、能源、水资源安全及生态安全面临的压力有增无减。转变发展方式、提高利用效率的任务十分繁重。同时也要看到，我国人口总量出现达峰趋势，当前人口老龄化、少子化加剧，中等收入群体将显著扩大，人口结构的变化，一方面将带来居住、出行、休闲方式的改变，特别是后疫情时代，迫切需要提供就近便捷、多样化的高质量公共服务。另一方面，也将导致城镇化率的增长速度放缓，城镇化进入结构优化和质量提升的新阶段，需要促进城乡功能关系更加互补。

（2）"十四五"时期是生态系统质量和稳定性提升的攻坚期。我国已成为全球生态文明建设的重要参与者、贡献者、引领者。"十四五"时期，生态文明建设将持续深入推进，生态系统在推动高质量发展中的地位作用日益凸显，但生态本底脆弱、历史欠账过多、退化形势严峻、重大自然灾害风险加大等现实问题突出，生态系统保护修复仍将处于压力叠加、负重前行的攻坚期。特别是全球持续变暖趋势仍在持续，导致冰川加速融化、海平面上升、极端气候和生物安全事件频发。我国西北地区"暖湿化"、青藏高原冰川冻土融化等将导致南北水资源时空分布不均形势加剧。台风、风暴潮灾害频发，生物安全风险增大。实现碳达峰碳中和目标，适应和减缓气候变化影响亟需提升国土韧性，提升生态系统质量和稳定性。

（3）"十四五"时期是优化国土空间开发保护格局的关键期。这一时期，自然资源领域改革仍处于攻坚期和深水区，一些重要改革尚未到位，破除体制机制性障碍、构建自然资源保护和利用制度体系的任务十分艰巨，重要基础工作存在明显弱项和短板，人与自然关系中的重大问题研究有待深化，自然资源调查评价、科技创新、法治建设等基础工作还需加强，自然资源治理体系和治理能力尚处于打基础、上台阶的关键时期。同时，我国人口增长出现新的变化，区域发展变化呈现新的特征，经济南北分化凸显，东中西和东北各板块内部呈现分化态势，经济和人口向中心城市及城市群集聚的趋势明显，需要促进各类生产要素向优势地区集聚。推进城乡区域协调发展是解决地区差异、城乡差距，实现共同富裕的重要路径，也将为推动经济社会高质量发展提供强大动能。

站在新的历史起点，为全面支撑建设社会主义现代化强国，推进国家治理体系和治理能力现代化，自然资源调查监测评价工作必须坚守机构改革统一职责整合的初心使命，尊重客观自然规律和经济发展规律，处理好保护、发展与安全的关系，推动生态文明建设和自然资源高质量保护利用，以最小的资源消耗支撑经济社会高质量可持续发展。

二、密切跟踪国际基础理论研究和科技发展前沿

（一）当代地球系统科学的重要概念与研究方法

地球系统科学是以地球系统内部变化过程及其作用机制为研究对象的交叉科学，涵盖地质科学、地震科学、地球物理、地球化学、地理科学、资源科学、生态科学、环境科学、海洋科学、大气科学、地图学、水文学和地球科学其他学科，主要围绕长时间尺度全球环境变化问题，利用观测、理解、模拟和预测等方法和手段，揭示地球环境变化机理，并提出相应的解决办法和应对措施。1983 年 11 月，美国宇航局（National Aeronautics and Space Administration，NASA）咨询委员会成立地球系统科学委员会（Earth System Sciences Committee，ESSC）来研究 NASA 地球科学计划，主张把地球作为一个各部分相互作用的整体系统统筹考虑，且基于此开展全球变化规划研究。1988 年，ESSC 出版专题报告"Earth System Science: A Closer View"，正式系统地阐述了地球系统和地球系统科学（Earth System Science，ESS）概念，从此地球系统科

学成为国际科学界迎接全球环境挑战的集成研究方法。经过 30 多年的飞速发展，地球系统科学在全球气候与环境变化和预测研究中发挥了不可替代的重要作用，为经济社会面临的自然资源安全、自然灾害防治、生态系统管护等重大问题的解决提供了新理念、新思维和新范式，为相关自然科学和社会科学研究提供科学依据。《联合国 21 世纪议程》第 35 章《科学促进可持续发展》中指出，地球系统研究是可持续发展战略的科学基础。

目前，许多研究机构都将其工作转向 ESS 和全球可持续性的研究，比如美国地质调查局（United States Geological Survey，USGS）、德国波茨坦气候影响研究所（Potsdam Institute for Climate Impact Research，PIK）、美国国家大气研究中心（National Center for Atmospheric Research，NCAR）、斯德哥尔摩复原中心（Stockholm Resilience Center，SRC）和国际应用系统分析研究所（International Institute for Applied Systems Analysis，IIASA），许多大学也出现了跨学科的 ESS 项目。数字通信革命将这些研究机构联系在一起，共同推动了全球 ESS 的发展。

1. 地球系统科学的重要概念

在各种工具和方法的推动下，ESS 催生了新的概念和理论，改变了我们对于地球系统的理解，尤其是人类作为变化的驱动者所扮演的重要角色。当前，最具代表性和影响力的是"人类世""翻转成员""行星边界"三大重要概念。

（1）人类世（Anthropocene）：由 P. J. Crutzen 在 2000 年提出的"人类世"（Anthropocene）概念，用来描述人类成为生物圈和气候变化主要决定因素的新地质时代，有两层含义：在地质学背景下，人类世是地质学时间尺度上继全新世之后的新世代；在地球系统的背景下，人类世被认为是迅速远离 11 700 年前相对稳定的全新世的轨迹。这两个定义虽然不完全相同，但却有许多共同之处。人类世已经成为一个非常强大的统一概念，将气候变化、生物多样性丧失、污染和其他环境问题，以及诸如高消费、日益加剧的不平等和城市化等社会问题置于同一框架内。重要的是，人类世正在为自然科学、社会科学和人文科学的深度融合奠定基础，并且通过研究人类世的起源及其潜在的未来轨迹，为可持续科学发展作出贡献。

（2）翻转成员（Tipping Elements）：指地球系统中有可能发生根本变化的子系统或系统成员，例如人类活动造成全球气候变暖和环境变化，北极海冰、格陵兰冰盖、同生冻土等即为翻转成员。这一概念描述了地球系统的重要特征，这些特征不是线性关系，反而显示强烈的非线性特征，有时是不可逆的阈值突变行为。临界元素包括重要的生物群落，如亚马孙雨林和寒带森林；主要环流系统，如大西洋经向翻转环流；大型冰川，如格陵兰冰盖。还有一个含有加强反馈的例子是：当冰盖融化时，冰面降低，进入更温暖的环境，从而加快融化，而且除了自我强化的临界点外，反馈回路还会导致冰盖不可逆转的损失。最近的研究聚焦翻转成员之间的因果耦合（通过温度变化、降水模式、海洋和大气环流）及其突变串联的潜力。其串联可提供动力过程，推动地球系统从一种状态过渡到另一种状态，成为有效的行星尺度阈值。翻转成员及其串联的研究突出了气候变化、生物圈退化，以及整个地球系统不稳定的终极危险。

（3）行星边界框架（Planetary Boundaries Framework）：是从全球视角出发，对地球关键生物物理过程的安全边界进行了设置，为厘定人类活动的安全操作空间提供了科学依据。它将对地球的生物—物理学理解（状态、通量、非线性、翻转成员）与全球性的政策和社区管理联系起来。行星边界框架围绕气候变化、生物多样性丧失、海洋酸化和土地利用变化等 9 个地球系统过程建立，共同描述了地球系统状态。该框架也指示了人类扰动程度，人类扰动程度可被地球系统吸收，同时保持一个稳定的、类全新世的状态（人类的"安全操作空间"），这是我们所知道的唯一能够支持农业、聚落、城市及复杂人类社会的状态。虽然目前框架是静态的，因此边界被单独考虑，但未来概念的发展将模拟边界之间的相互作用，将整个地球系统动力学整合到行星边界框架中。

2. 地球系统科学的研究方法

在 ESS 的演化发展过程中，3 个相互关联的研究方法提供了重要支持：①对不断变化的地球系统的观测；②对未来系统动力学的计算机模拟；③引领新概念发展的高级评估和综合研究。

（1）观测和实验

理解地球系统的跨学科研究需要在大范围的空间（例如自上而下的和自下而上的）和时间（例如前瞻式的和回顾式的）尺度上考虑系统过去和现在的变化。最具标志性的"自上而下"式观测是夏威夷莫纳罗亚天文台正在进行的大气二氧化碳浓度测量，该观测站由 C. D. Keeling 于 1958 年建立，Keeling 曲线描述了不断增加的二氧化碳浓度，为理解人类如何影响气候奠定了基础。

空间观测具有越来越高的空间和时间分辨率，使我们重复、持续、近乎实时的地球系统观测能力发生了革命性的变化。如今遥感系统监测着各种过程和指标，包括气候变量、土地覆盖变化、大气组成、海洋表面和城市发展。这些自上而下的方法，加上快速处理、分析和可视化大量数据的能力，将行星层面上地球系统的结构和运行变化的速度和幅度绘制了一幅引人注目的、全球一致的图谱。

自下而上的地球系统过程观测受到了地球不均一性的挑战，但也提供了有价值的见解。一个典型的例子是全球海洋观测系统（Global Ocean Observing System，GOOS），它围绕越来越多的自主平台而创建，比如不断地收集和传输海洋数据的 Argo 浮标。在陆地上，有像全球长期通量观测网络（FLUXNET）这样的全球网络站点，可以测量地表和大气之间的能量和气体通量，以及主要生态系统土壤中的根深。这种过程级的研究为产生动态地球系统模式的基础动力学提供了重要认识，从而对遥感观测进行了补充。

回顾过去的地球系统对了解现在的动态非常重要。Vostok 冰川岩心数据显示了第四纪晚期温度—二氧化碳关系的规律性和同步性，可谓重大进展。过去间冰期和气候系统长期动态的研究提供了丰富的背景资料，可以根据这些资料分析地球系统当前在幅度和速度上的变化。对更近的历史时期（数十万年、数万年和数千年）的研究，有助于未来风险评估。随着人类因素驱动地球系统发生更加深刻的变化，可类比的某个过去时间区间成为研究焦点，比如大约 5 600 万年前古新世—始新世极热事件（Paleocene-Eocene Thermal Maximum，PETM），那个时候快速释放的温室气体使全球气温上升了 5℃～6℃。

展望未来，大尺度实验能探究未来某些地球系统的子系统对人类外力驱动或者干预活动的响应。例如，大量实验研究铁的富集效应，模拟利用大洋降低大气圈内二氧化碳的前景。陆地上，二氧化碳（长久以来生态系统已经持续高排放）富集实验探究生态系统对大气变化的响应，以及全球变暖实验探究未来气候。这些类似的实验补充了数字建模和古环境研究的工作，提高了对地球系统将来数十年乃至数百年演化及人类活动给地球系统带来的变化风险的认识。

（2）地球系统模拟

数学模型是 ESS 研究的关键部分。相关研究从概念模型或简化模型开始，这些模型借鉴了复杂性科学的原理，阐明地球系统中的重要过程、特征或反馈。例如，在 20 世纪 60 年代，简单的能量平衡模型描述了冰反射率反馈是如何潜在地推动地球进入另一种"雪球"稳定状态的。20 世纪 80 年代的 Daisyworld 模型进一步表明，生命及其与环境之间的反馈过程可能会导致全球范围内的温度调节。

更复杂的地球系统模型——大气环流模型（General Circulation Models，GCMs）已经发展起来。GCMs 以气候系统的基础物理化学为基础，包括地球表面（陆地、海洋、冰、生物圈）与大气之间的能量和物质交换。它们受到温室气体和气溶胶的影响，可提供未来气候及其影响的可能轨迹，这一轨迹可由政府间气候变化专门委员会（Intergovernmental Panel on Climate Change，IPCC）进行评估，并用于提供政策和治理信息。

人类动力学属于综合评估模型（Integrated Assessment Models，IAMs）领域，该模型通常将复杂程度不同的经济模型与复杂程度较低的气候模型结合起来。IAMs 有许多用途，例如模拟特定气候稳定政策的成本，基于一系列潜在的政策探索气候风险和不确定性，为特定的气候目标确定最佳政策，并对耦合系统内的反馈提供更普遍的认识。此外，IAMs 提供了关于未来温室气体和气溶胶排放的关键信息，这些信息可以用来推动 GCM 模拟。

探索地球系统的复杂动力学，尤其是在较长的时间尺度上，最有力的工具可以说是中等复杂性地球系统模型（Earth-system Models of Intermediate Complexity，EMICs）。EMICs 包括与全球大气环流模型（GCMs）相同的主要过程，但空间分辨率较低，参数处理更多，这使它们能够运行更长时间尺度的模拟，包括地球系统组件之间的非线性作用力和反馈。例如，EMICs 可以在长达数十万年的时间尺度上运行，这使模型可以被古观测结果检验，还可以探索遥远未来的气候。总而言之，全球大气环流模型（GCMs）、综合评估模型（IAMs）和中等复杂性地球系统模型（EMICs）为探索地球系统在众多空间与时间尺度上的动力学提供了强有力的方法。

ESS 研究群体模拟工具的多样性在研究工作中起着核心作用。除了主要是可以模拟地球系统未来轨迹，更具价值的方面可能是作为观测站整合工具，将快速增长对于单个过程的认识带入统一框架中，并产生新观点和假说，最重要的是，模型—观测交互式联系是对我们理解地球系统如何工作的最终检验。

（3）评估与综合研究

除了观测和建模之外，评估和综合研究本身也成为 ESS 研究的重要工具。综合研究可在基础层面上创造新知识，产生作为科学过程核心的新视角、概念和知识。相比之下，全球评估体系充当了科学和政策部门之间的中间人，在政策部门反馈后，形成新的研究方向。最著名的例子是联合国政府间气候变化专门委员会（Intergovernmental Panel on Climate Change，IPCC），科学对政策发展产生了明显的影响，而政策部门也催生了新的研究方法。例如，IPCC 关于1.5℃目标的特别报告，作为《巴黎气候协定》的一部分，由政策部门授权，评估了巴黎 1.5℃和 2℃目标之间风险和影响的显著差异。IPCC 首次针对气候变化对海洋和冰冻环境的影响进行了评估，开始了基于海洋减排措施的首次量化。

另一个综合项目是 2001～2005 年的千年生态系统评估（Millennium Ecosystem Assessment，MEA），主要记录生物圈情况，重点是人为压力和生物圈可能的未来。开创性和跨学科的科学综合研究直接促使政府间生物多样性和生态系统服务科学—政策平台（Platform for Biodiversity and Ecosystem Services，PBES）的创立，提供了不同尺度环境、保护和生态系统服务科学—政策的平台，还发表了重要的评估报告。综合研究也是国际地圈生物圈计划（International Geosphere-Biosphere Program，IGBP）和其他全球变化研究工作的重要组成部分。例如，全球碳计划（Global Carbon Project，GCP）提供了年度碳预算，整合了不断增长的碳循环知识体系及其如何受人类活动影响。

（二）地球关键带研究

近地表圈层是地球环境与人类社会相互作用最直接也最深刻的地球表层区域，既是人类生存和发展的立足之本，也是水、食物、能源等资源的供应之源，对于维持人类社会的可持续发展具有极端重要性。为了深入理解这一复杂而又开放的系统，地球科学家提出了"地球关键带"（Earth's Critical Zone）的概念。

1. 地球关键带定义与功能

地球关键带是指从地下水底部或者土壤—岩石交界面一直向上延伸至植被冠层顶部的连续体域，包括岩石圈、水圈、土壤圈、生物圈和大气圈等五大圈层交汇的异质性区域（图5–1）。在水平方向上，可以被森林、农地、荒漠、河流、湖泊、海岸带与浅海环境所覆盖，由于地域分异规律的存在，它的组成表现出很强的地表差异性。例如我国的喀斯特关键带多峰丛洼地、土层十分浅薄；南方红壤关键带丘陵起伏，土壤十分发育且多呈酸性反应；黄土高原关键带千沟万壑、黄土的厚度可达数百米。然而，无论是哪一种关键带，土壤始终是连接其他要素的核心单元；物质在水的驱动下参与生物地球化学循环，进而行使生态功能、提供生态系统服务。

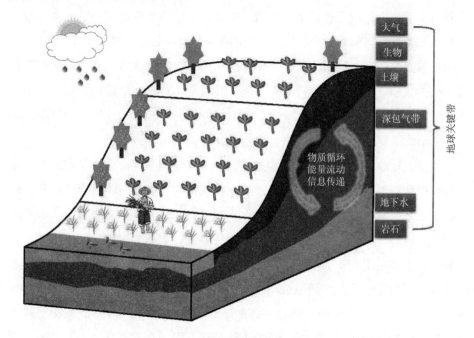

图 5–1　地球关键带结构示意图

　　从功能上来讲，因为关键带对于维持地球陆地生态系统的运转和人类生存发展至关重要，所以被称作地球关键带。具体而言，关键带的功能可以分为供给、支持、调节和文化服务等四个方面。供给服务是指受益者从关键带系统中获取有益的产品，例如淡水、食物、纤维和燃料；支持服务是其他服务发挥作用的必要前提，包括植物的生长、土壤的形成与演化、元素的生物地球化学循环等过程；调节服务是指对从关键带系统中获取的各种产品的调控，比如关键带对淡水数量和质量、大气组成和气候变化的调控与响应；文化服务则是指人类从关键带系统中获取的感官体验，例如休闲娱乐、文化教育、旅游等。

2. 地球表层系统科学研究的新契机

地球表层系统中的水、土壤、大气、生物、岩石等在地球内外部能量驱动下的相互作用和演变不但是维系自然资源供给的基础，也发挥着不可替代的生态功能。然而，随着人类社会的不断发展，资源耗竭、环境恶化和生态系统退化等问题日益成为制约社会可持续发展的关键瓶颈。例如，东北地区的黑土地是我国最为肥沃的土壤，有着"北大仓"的美誉，对于维系我国粮食安全具有重要的作用，但是由于长期不合理的利用，导致土壤不断退化，黑土"变瘦""变薄""变硬"等现象尤为突出，严重威胁当地甚至全国的农业可持续发展。又如我国南方广袤的红壤地区，占国土面积的 23%，水热资源丰富，供养着我国 40% 的人口，但是由于管理利用不善，导致水土等自然资源退化和配置不协调等问题凸显（张甘霖，2019）。而对于西北干旱地区来说，水资源的短缺与时空分布不均限制经济社会发展则是更需要化解的突出矛盾。

理解地球表层系统中各个要素的现状、演变过程和相互作用是实现关键带过程调控和资源可持续利用的必要前提。传统针对地表系统的研究，有专门研究各个单一要素的学科，例如水文学、土壤学、大气科学、生命科学、岩石矿物学等。这些学科各自相对独立研究地表各要素，为充分理解它们的性质、现状和功能等奠定了扎实的基础。然而，这种以要素为核心的研究范式在一定程度上限制了对于整个系统的组成与功能，以及各个要素之间相互作用的全面理解。2001 年，美国国家研究理事会在《地球科学基础研究机遇》中正式提出"地球关键带"的理念与方法论，为研究上述问题开辟了新的道路，为地球表层系统科学研究提供了一个可以操作的实体框架，前述地球科学各分支学科之间从此多了一座便于沟通的桥梁，因此极大地促进了地表圈层多学科综合研究。地球关键带科学被认为是 21 世纪地球科学研究的重点领域，也是新时期我国环境地球学科的优先发展领域。2020 年，美国国家科学院、工程院和医学院发布题为《时域地球：美国国家科学基金会地球科学十年愿景》的报告，建议继续将"地球关键带如何影响气候？"这一问题作为优先资助方向之一。

将地球关键带作为一个整体来系统研究能够突破传统研究的局限。以土壤氮素的生物地球化学循环为例，长期以来，土壤学家和农学家往往仅关注氮素在作物根区（地下 0～1m）的循环过程，对于根区以下范围的研究甚少。地质水文学家的目光则主要聚焦在地下水方面。因此，处于根区和地下水之间的深厚包气带成了一个名副其实的"都不管"地带。然而，长期过量施肥和不合理的管理措施导致不少区域的土壤存在氮素盈余的问题。在进行氮素收支平衡研究时，由于对盈余氮素的去向和归宿认识不足，将其称之为"消失的"氮素。实际上，这些氮素并没有真正消失，在淋溶作用下，大部分的盈余氮素随水流出土壤根区，积累在包气带深部，甚至有可能进入地下水，威胁人类的饮用水安全。因此，为了全面理解氮素的循环过程，需要从地球表层全要素的角度对其加以研究，这样才有可能更加全面地理解氮素在整个地球关键带范围内的生物地球化学循环过程（杨顺华，2021）。

三、新发展阶段调查监测评价工作支撑重点

立足新发展阶段、贯彻新发展理念、构建新发展格局，落实高质量发展要求，坚持人与自然和谐共生基本方略，尊重自然，顺应自然，保护自然，树牢"绿水青山就是金山银山"理念，坚持节约资源和保护环境基本国策，坚持节约优先、保护优先、自然恢复为主的方针，坚持问题导向和底线思维，着力提高自然资源利用效率、提升生态系统质量和稳定性、增强支撑国家重大战略实施和项目建设能力、夯实自然资源治理体系和治理能力现代化的制度和工作基础，为推动经济绿色低碳转型发展、建设人与自然和谐共生的现代化筑牢根基。

（1）强化国土安全底线约束，构建国土空间开发保护新格局。自然资源保护和利用事关国家安全发展全局，必须坚持底线思维，保障粮食安全、生态安全、资源安全，统筹优化国土空间布局，按照永久基本农田、生态保护红线、城镇开发边界的顺序，统筹划定落实 3 条控制线，严守 18 亿亩耕地红线，守住自然生态安全边界，调整经济结构和产业发展，确保能源资源供给安全可控，夯实中华民族永续发展的安全基础。

（2）提高自然资源利用效率，促进绿色低碳转型发展。贯彻落实节约资源的基本国策，强化总量管理和科学配置，从资源利用这个源头抓起，建立健全促进自然资源高效利用的激励约束机制，全面提高资源开发利用效率，实施

耕地保护和质量提升行动，加强建设用地节约集约利用，提高矿产资源开发利用水平，推进林草资源可持续利用，提高水资源利用效率和海洋资源开发利用水平，增强对高质量发展的要素保障能力。

（3）筑牢生态安全屏障，促进人与自然和谐共生。良好的生态环境是最公平的公共产品、最普惠的民生福祉，必须加强自然生态保护，厚植自然资本，积极探索"两山"转换路径，提供更多优质生态产品，不断满足人民日益增长的优美生态环境需要。坚持山水林田湖草沙冰整体保护、系统修复、综合治理，加快形成以国家重要生态区带为骨架，以生态保护红线为重点，以自然保护地为核心的国家生态保护格局，促进自然生态系统质量整体改善。

（4）强化高效集聚宜居，推动以人为核心的新型城镇化。人与自然是一个生命共同体，必须坚持以人为本，按照经济—社会—生态系统的内在规律，统筹实现生态效益、经济效益、社会效益相统一。推进城镇用地集约高效、绿色低碳，促进形成大中小城市和小城镇协调发展的城镇空间形态。完善城市宜业宜居功能，补短板、强弱项、惠民生，为人民群众提供安居乐业的城市空间。推进城市有机更新，优化土地利用结构和空间布局。

（5）坚持改革创新，全面增强自然资源调查等重大基础工作能力。坚持创新驱动，加快数字化转型，推动自然资源保护利用和治理方式根本转变，巩固深化自然资源重点领域和关键环节改革，加快形成科学，简明、可操作的制度体系。坚持补短板、固根基，全面加强自然资源调查监测、地质调查、海洋观测、测绘地理信息等重大基础工作，为提升自然资源治理现代化水平提供有力支撑。

第二节　工作创新与探索

立足新发展阶段，自然资源调查监测工作紧密围绕党中央决策部署，面向生态文明建设和绿色发展需要，着力在碳达峰碳中和、生物多样性保护等方面发挥重要的基础性作用；面向地球关键带等国际地球系统科学前沿，以黑土地这一特殊而宝贵的耕地资源为切入点，探索开展地表基质调查；关注城镇等重要国土空间区域，开展城镇国土空间监测，服务规划实施监测评估与城市体检等工作，为推动高质量发展提供有力支撑。

一、城镇国土空间监测

城镇化是伴随工业化发展，非农产业在城镇集聚、农村人口向城镇集中的历史过程，是人类社会发展的客观趋势，是国家现代化的重要标志和必由之路。2021 年年末我国常住人口城镇化率达到 64.72%，城市群和都市圈承载能力进一步增强，为推动高质量发展提供了有力支撑。城镇化地区是人类活动和资源生态环境变化最频繁最复杂的区域。城镇国土空间是主要承载城镇居民生产生活的国土空间，包括城市和建制镇，是人口最为密集，经济活动最为集中的区域。当前，我国城乡建设仍以外延扩张的发展模式为主，资源粗放利用的问题依然存在。党中央提出，加强新型城镇化建设。习近平总书记高度重视新型城镇化工作，明确提出以人为核心，以提高质量为导向的新型城镇化战略，并多次作出重要部署和批示指示。自然资源调查监测的重点要关注城镇地区，开展城镇国土空间监测，获取城镇范围内自然资源和人文地理要素分布、变化等详细信息，掌握城镇内部建设用地和人地协调情况，及时反映国土空间规划实施成效和用途管制效果，可以有效支撑城镇国土空间规划实施监督、城市体检评估和用途管制等工作。

（一）开展城镇国土空间监测的重要意义

1. 开展城镇国土空间监测是推动新型城镇化的迫切需要

党的十九届五中全会通过《中共中央关于制定国民经济和社会发展第十四个五年规划和二〇三五年远景目标的建议》（以下简称《建议》）。《建议》提出，我国到 2035 年基本实现新型工业化、信息化、城镇化、农业现代化，建成现代化经济体系。推进以人为核心的新型城镇化。今年年初，党中央国务院印发《国家新型城镇化规划 2021～2035 年》，部署了下一阶段城镇化发展的目标任务和政策举措。开展城镇国土空间监测，及时掌握城镇范围内人文地理要素分布情况，有利于提升城市基本公共服务水平，推动新型城市建设，稳妥扎实有序推进城镇化。

2. 开展城镇国土空间监测是监督国土空间规划实施的重要基础

国土空间规划是国家空间发展的指南、可持续发展的空间蓝图，是各类开发保护建设活动的基本依据。《中共中央 国务院关于建立国土空间规划体系并监督实施的若干意见》（中发〔2019〕18号）提出，到2035年全面提升国土空间治理体系和治理能力现代化水平，基本形成生产空间集约高效、生活空间宜居适度、生态空间山清水秀，安全和谐、富有竞争力和可持续发展的国土空间格局；要求依托国土空间基础信息平台，建立健全国土空间规划动态监测评估预警和实施监管机制。开展城镇国土空间监测，有利于及时监测规划实施情况，为定期评估规划提供科学依据，有效支撑国土空间规划动态调整。

3. 开展城镇国土空间监测是提升国土空间治理水平的重要保障

新形势下建立国土空间规划体系需要由传统规划向"可感知、能学习、善治理、自适应"的智慧国土空间规划转变。目前，国土空间治理体系日臻完善，相应的科技支撑体系逐步健全，但与智慧治理、智慧规划所要求的多时空尺度、多监测维度、多对象层级的综合监测评价体系还有很大差距。通过开展城镇国土空间监测，有助于逐步建立国土空间人地全要素的连续监测、自动获取、网络联动机制，形成国土空间开发保护质量综合评价标准，提升空间布局、开发质量、利用效率、保护成效的综合研判水平，打造满足新时代治理需求的空间决策服务和知识共享平台，为提升"智慧国土"治理水平提供综合支撑。

（二）国外城镇国土空间监测现状

欧洲空间规划监测网（European Space Planning Observation Network，ESPON）成立于2002年，以"为政策制定者提供空间依据"为主要使命，以欧洲空间规划研究计划为基础，针对《欧洲空间发展战略》的需要，提供包括欧盟27个国家，以及挪威和瑞士人口、经济、基础设施、创新能力等的不平衡性的测度，同时兼顾许多欧盟机构之间的相互合作协调问题，促进各部门联合开展工作和项目，在决策者、行政管理者和科研人员之间架起"桥梁"，在欧洲空间发展中发挥重要作用。ESPON2020由欧洲区域发展基金会赞助，计划总预算4 867.89万欧元，归欧洲事务司可持续发展和基础设施部空间规划和发展部管理。ESPON工作内容主要包括四个方面。

一是建立具有可比性和可靠性的空间评价标准和监测指标体系，为定期监测提供了抓手。指标体系中，除了传统的社会经济、土地利用与自然资源、文化资源外，还包括了空间位置、空间融合及空间功能等指标，体现了空间发展的特点。

二是建立多级标准地域单元体系，形成一套统计数据采集体系。传统统计体系服务于社会经济发展的结构，很少考虑空间因素。ESPON 为了服务于空间政策的实施评估与制定，选择可比性的政策单元作为监测单元划分的依据，构建了一套多层级标准地域单元体系（Nomenclature of Territorial Units for Statistics，NUTS），以满足空间统计的需求。NUTS 以行政单元为基础，人口规模为主导，同时考虑功能区域单元。NUTS 分为 3 级：NUT1 为主要的社区经济地区，NUT2 为落实区域政策的基本单元，NUT3 为特殊问题或功能小区。为了研究较小功能单元，在区域层次上，又分为 LAU1 和 LAU2（Local Administration Unit，地方管理单元）。

三是针对空间治理中的重大问题，组织专家，开展专题研究，同时构建模型算法，发布监测和评价报告，形成监测和评价产品。欧盟以研究联盟的形式开展专题研究，重点关注人口老龄化和人口迁移、知识经济、中小企业和外国投资、可再生能源利用、循环经济、交通和数字联通、基本公共服务供给等重大问题。构建了 MULTIPOLES 人口预测模型、MASST 经济预测模型、MOSAIC 交通运输发展模型、SASI 长期综合模拟模型、LUMOCAP 和 METRONAMICA 土地利用模型等多方面的模型算法，为重大问题研究提供强有力的技术支撑。

四是构建了欧洲空间监测平台，在互联网上公开提供各类数据、模型算法和数据产品。一方面，提供地图展示及工具。包括数据库、数据导航、超级地图、在线地图工具、国土影响评价工具、区域类型等，具有良好的可视化表达界面，便于参与。另一方面，分享各类监测产品，主要包括地图、证据摘要、特色地图、导则、观测、政策简报、海报、科学报告、研讨会报告、综合报告、国土观察、国土愿景等。欧盟各成员国通过欧洲空间监测平台，定期向欧盟空间委员会提供数据，平台也通过汇总大量可以比较和分析的数据不断拓展。基于这些数据，一方面以合作研究、签订项目合同等多种方式提供给专业研究团队加工处理和分析研究，生成专题指标集和监测报告等数据产品，根据不同权限，为政策制定提供数据洞察和决策支撑，也对普通公众等非专业人士提供数据浏览、查询和下载服务。

（三）城镇国土空间监测的总体设计

围绕国土空间规划实施监督、城市体检评估、用途管制等工作需求，结合我国城镇发展特点，对城镇国土空间监测工作进行总体设计。城镇国土空间监测是指对城镇国土空间的各类土地开发利用状况，以及相关人口、经济状况开展监测，掌握其利用类型、利用强度、利用效益、空间格局和变化特征，了解支撑城市运行的城镇公共管理与服务、生态环境、交通网络、公用设施的分布与功能状态，动态及时空变化趋势等。监测内容主要包括城镇土地利用状况、城镇建设强度和建筑量、城镇地下空间、城镇生态环境、城镇公共服务功能、城镇交通系统、城镇安全韧性、城镇国土利用效益等。

1. 建立分级负责的组织实施体系

国家负责制定统一的监测指标，确定技术路线，组织指导和监督检查监测工作，对国务院审批国土空间规划城市的调整监测成果进行审核，公布监测成果等。省级自然资源主管部门负责组织实施本行政区域内的城镇国土空间监测工作，各城市和建制镇具体负责开展辖区内的城镇国土空间监测工作。

2. 构建面向管理需求的监测指标体系

以《国土空间调查、规划、用途管制用地用海分类指南（试行）》为基础，根据《国土空间规划城市体检评估规程》（TD/T 1063—2021）、《国土空间规划城市设计指南》、《市级国土空间总体规划编制指南》、《社区生活圈规划技术指南》，以及国土空间规划实施监督、用途管制等国土空间治理需求，形成城镇国土空间监测指标体系。

3. 采用多源数据集成处理的技术路线

新一代信息技术的广泛应用和快速发展，为开展城镇国土空间监测创造了条件。对地观测技术的发展提供了先进的感知手段，基于卫星遥感、航空遥感、无人机、视频影像、先进传感器、物联网等现代遥感和监测技术，可提供高精度、全覆盖、全天候实时观测服务。云计算、大数据与人工智能的发展提供了数据支撑与技术保障，提升了人口、经济、资源环境等领域数据资源的获取和利用能力，与自然资源数据结合实现多源数据的融合治理，为实现动态感知、分析研判、管理决策、提高自然资源治理能力和水平提供有力数据支撑和技术保障。在第三次全国国土调查和年度变更调查成果基础上，充分利用基础测绘成果、导航地图、国土空间规划、城镇地籍信息等已有数据，结合高分辨率航空航天遥感、低空倾斜摄影、地面测量、实地调查等方式，综合应用点评网站等互联网数据，进行信息采集、更新、计算，获取相关数据，建立监测数据的数据库，并对监测数据进行集成、处理、可视化表达。

4. 及时共享和应用监测成果数据

城镇国土空间监测预期成果包括数据集、数据库、图件和文字报告等。结合城镇国土空间规划实施监督、城市体检评估、用途管制等工作的不同需求，制定有针对性的成果数据清单，建立数据应用协调机制，及时共享成果数据，发挥监测成果在科学分析和评价国土空间规划实施效果、揭示城镇空间治理中存在的问题和短板、提高城镇治理现代化水平等方面的作用。

当前，北京、上海、武汉等城市围绕生态文明建设、高质量发展和精细化管理等需求，在城镇国土空间监测指标确定、数据采集、结果分析、组织实施等方面做了积极探索，形成了系列数据集、图件和报告，对分析评价城市规划实施效果、揭示城镇空间治理存在的问题和短板，提高城市治理现代化水平起到了积极作用。

二、生物多样性调查监测

（一）生物多样性保护的重要性

生物多样性关系人类福祉，是人类赖以生存和发展的重要基础。目前，全球范围内正面临生物多样性丧失和第六次物种大灭绝，国际社会普遍认识到生物多样性保护的重要性。受自然生态环境的破坏和丧失、自然资源的过度开发和利用、气候变化、环境污染和外来物种入侵等多重因素和压力的相互作用影响，我国生物多样性面临巨大的威胁。《2020 中国生态环境状况公报》显示，在我国 34 450 种已知高等植物中，需要重点关注和保护的高等植物 10 102 种，占评估物种总数的 29.3%，近危等级 2 723 种；56.7% 的脊椎动物（除海洋鱼类）和 70.3% 大型真菌需要重点关注和保护（生态环境部，2021），生物多样性保护刻不容缓。

我国自 1992 年签署《生物多样性公约》以来，实施了一系列行之有效的措施，着力促进生物多样性在各部门和各领域的主流化，在生物多样性保护方面取得了诸多成就。2021 年 10 月，《生物多样性公约》缔约方大会第十五次会议（the 15th Meeting of the Conference of the Parties to the United Nations Convention on Biological Diversity，CBD COP15）在昆明举行，大会以"生态文明：共建地球生命共同体"为主题，是联合国首次以生态文明为主题召开的全球性会议。大会第一阶段会议通过《昆明宣言》（以下简称《宣言》），《宣言》承诺加快并加强制定、更新本国生物多样性保护战略与行动计划；优化和建立有效的保护地体系；积极完善全球环境法律框架；增加为发展中国家提供实施"2020 年后全球生物多样性框架"所需的资金、技术和能力建设支持；进一步加强与《联合国气候变化框架公约》等现有多边环境协定的合作与协调行动，以推动陆地、淡水和海洋生物多样性的保护和恢复；确保制定、通过和实施一个有效的"2020 年后全球生物多样性框架"，以扭转当前生物多样性丧失，并确保最迟在 2030 年使生物多样性走上恢复之路，进而全面实现"人与自然和谐共生"的 2050 年愿景。在生态文明建设的战略指导下，我国应进一步加强生物多样性保护，为发展强有力的"2020 年后全球生物多样性框架"，共建地球生命共同体提供中国方案。

（二）生物多样性相关概念

《生物多样性公约》把生物多样性定义为：各种生物之间的变异性和多样性，包括陆地、海洋及其他水生生态系统，以及生态系统中各组成部分间复杂的生态过程。生物多样性是衡量生态系统稳定性的基本保障，可分为 3 个层次：生态系统多样性、物种多样性和遗传多样性。

（1）生态系统多样性主要包括生态系统内生态环境的多样性、生物群落和生态过程的多样化和健康状态等多个方面。根据我国生态系统分类方法，我国陆地生态系统主要有：森林生态系统、草原生态系统、荒漠生态系统、湿地生态系统、农田生态系统、城市生态系统等。海洋生态系统主要包括：海洋生态系统和海岛生态系统。

（2）物种多样性是构成生态系统多样性的基本单元，指动物、植物、微生物等生物种类的丰富程度。衡量区域物种多样性的 3 个常用指标分别为物种总数、物种密度和特有种比例。

（3）遗传多样性是物种多样性和生态系统多样性的基础，有广义和狭义的概念。广义的遗传多样性是指生物所携带的各种遗传信息的总和；狭义的遗传多样性主要是指生物种内基因的变化，由特定种、变种或种内遗传的变异来。

（三）生物多样性调查监测总体设计

生物多样性调查监测是生物资源科学保护利用和评价的基础，是为确定与预期标准相一致或相背离的程度，而对生物多样性进行定期或不定期的监视，目前已成为生物多样性研究和保护的热点问题。生物多样性调查监测指标是一些简化的生物或环境特征参数，说明生物多样性现状和变化趋势，以及人类活动压力对生物多样性的影响，以促进科学界、政府和公众间的沟通，提高生物多样性管理水平。《生物多样性公约》（以下简称《公约》）第七条要求，生物多样性调查监测包括，通过抽样调查和其他技术，查明对保护和可持续利用生物资源有重要意义的生物多样性组成，或可能产生重大不利影响的过程和活动种类，并监测其影响。

作为自然资源类型之一的生物资源，与生物多样性是生态系统的一体两面，两者在保护和利用方面逻辑相似，在调查监测方面的逻辑思路、技术指标和实施过程也基本一致。生物多样性是自然资源的一种体现形式，自然资源的管理水平直接对生物多样性产生影响，因此首先要将生物多样性纳入自然资源管理当中，在自然资源管理体系下推进生物多样性保护，符合当前我国生态文明建设的基本思路。同时在自然资源统一调查监测体系下，开展生物多样性调查监测。在森林、草原资源调查监测中，林草类型、面积及其拥有的物种数据等一系列指标，可以作为生物多样性的调查监测指标，为生物多样性调查监测和评价提供丰富的数据。

1. 国内外生物多样性调查监测现状

生物多样性调查监测在国际社会普遍受到重视。《公约》缔约国如日本、南非、巴西、印度、德国、瑞典、英国等均开展了全国性的生物多样性本底调查，制定了相关的技术标准，建立了涵盖不同生物种群和生态系统的监测体系。

我国十分重视生物多样性保护工作，把生物多样性工作上升为国家重大战略，生物多样性调查监测也是履行国际义务的重要工作。加入《公约》后，我国开展了大量的生物多样性调查监测工作，陆续建立了重点区域、不同类型的生态系统监测体系，形成了一系列生物多样性调查监测成果，逐步进入政府主导、科研支撑和社会参与的快速转型发展阶段，为我国生态文明和美丽中国建设提供了重要支撑。

但我国在生物多样性调查监测工作方面仍然存在着不足，主要体现在以下多个方面。一是基础调查不充分，全国本底数据不足。目前，我国开展的生物多样性调查工作多数限定在特定地区、重点地区、保护区、特定物种等部分区域或部分类型，对全国生物多样性现状及受威胁情况的本底情况掌握不足。二是一次性调查为主，动态调查监测机制不完善。全国性的生物多样性调查多数为一次性工程或者调查频率较低，调查工程结束后动态调查监测未及时跟进，动态调查监测机制不完善，无法有效支撑生物多样性保护评价工作。三是调查标准不统一，调查成果难以衔接。生物多样性保护职能涉及多个部门，不同部门编制和发布了不同的调查规程规范。各项技术标准规定之间存在交叉、重复和不一致，导致各类调查成果之间难以衔接，亟需推动生物多样性调查监测方法的规范化和标准化。四是数据成果较分散，共享机制不成熟。不同管理部门和科研机构积累了丰富的调查监测成果，但相互之间缺少了解，成果数据分散，系统应用性不足，未形成生物多样性保护合力，分散、未实现空间集成的基础数据难以支撑重大决策，调查监测工作滞后于保护的需求。

2. 生物多样性纳入自然资源调查监测体系的工作基础

自然资源调查监测体系涵盖了针对全国自然资源本底状况和共性特征的本底调查，针对耕地、森林、草原、湿地、海域海岛等自然资源特性或特定需要的专项调查，以及在调查基础上的动态监测。总体上，自然资源调查监测体系涵盖了生物多样性调查监测的主要生态系统对象，并包含了大部分生物多样性调查监测指标。在自然资源调查监测体系框架下，生物多样性调查监测有以下关键基础：

（1）各项自然资源调查监测工作为生物多样性调查监测奠定了工作基础

"国土三调"统一底版基础上，每年部署开展国土变更调查，更新全国各级土地调查数据库，基础调查掌握的范围、面积、分布情况，可直接作为森林、灌丛、草地、农田、荒漠等生态系统类型划分的依据。开展的森林和草地调查、湿地试点等专项调查指标中，约 41%为生物多样性指标，11%为已计划近期要纳入的指标，18%为各类技术规程或标准体系中已设计的计划中远期纳入的指标。此外，每 10 年开展一次全国国土调查和每年度进行变更调查的常态化持续更新机制，能够确保生物多样性基础数据的连续性和准确性，更有效地支撑当前生物多样性保护。

（2）海量的自然资源调查成果数据为生物多样性调查监测提供了数据基础

生物多样性调查监测与自然资源部的相关职责具有较高的同质性。生态环境部组织编制的《中国生物多样性状况公报（征求意见稿）》（2020 年）（以下简称《公报》）中在生物多样性三层次及保护措施涉及的 244 个二级指标中，有99 个和自然资源调查监测完全相关的指标，占比 41%，如森林、草原、水田、湿地、红树林、荒漠化土地面积等，动物界物种数量、植物物种数量、脊椎动物物种数量等，林木物种数量、草类物种数量、国家公园数量等。其中，涉及森林、草原、水、湿地和海域海岛等自然资源调查监测指标 58 个，占 244 个二级指标的 24%。

《中国履行〈生物多样性公约〉第六次国家报告》（以下简称《报告》）根据已知目标的要求共设置了 66 个二级指标，其中有 20 个指标（占比 30%）与自然资源调查监测相关，如森林、湿地、草地等生态系统的面积及地表水质、海洋生物多样性等，其中，涉及森林、草原、水、湿地和海域海岛等自然资源调查监测指标 8 个，占 66 个二级指标的 12%。

昆明 COP15 会议将审定《2020 年后全球生物多样性框架》（以下简称《框架》），《框架》是未来全球生物多样性进展的纲领性文件，将指导未来 10 年全球各国的生物多样性行动。目前，在《框架》建议的 122 个二级指标中，有 41个指标（占比 34%）与自然资源调查监测相关，如森林面积、湿地范围等，其中，涉及森林、草原、水、湿地和海域海岛等自然资源调查监测指标 24 个，占 122 个二级指标的 20%。

由此，从指标层面来看，把生态系统多样性和野生动植物物种多样性两方面纳入自然资源调查监测工作中具备良好的基础，在遗传种质资源、水生物种、环境污染、生物多样性传统知识等方面尚缺工作基础。

3. 将生物多样性纳入自然资源调查监测的工作思路

综合上述中国生物多样性调查监测现状与存在的问题，基于自然资源调查监测体系工作基础，结合当前生物多样性保护和自然资源管理的需求，研究提出自然资源管理和生态文明建设中的生物多样性调查监测定位和发展目标，确立指导方针和相关工作的部署，并剖析生物多样性调查监测与自然资源调查监测的联系，衔接自然资源调查监测与生物多样性调查监测的内容。

（1）发展定位

生物多样性调查监测是生物多样性可持续利用与保护的基础，也是我国自然资源调查监测体系的重要组成部分。在自然资源管理新体系下，应当建立生物多样性统一调查、评价、监测制度，形成协调有序的生物多样性调查监测工作机制。

整个体系的发展定位在于形成以专项调查为主要方式的生物多样性调查监测机制，同时能够充分利用自然资源调查监测获得的成果，也就是"将生物多样性调查纳入自然资源调查的体系中"。以生物资源科学保护利用和评价为理论基础，建立从生态系统多样性、物种多样性到遗传多样性的生物多样性调查监测标准体系，从数量、质量、动态、干扰 4 个维度考查生物多样性状况。

（2）总体目标

在自然资源管理新体系下，将生物多样性纳入自然资源调查，弄清指标体系对应情况，在此基础上建立专项调查，借力已经运行的地区或者全国性的生物多样性监测网络体系，并依托空间信息、人工智能、大数据等先进技术，构建高效的生物多样性调查监测技术体系，旨在查清我国森林、草原、湿地、荒漠、海洋、海岛、农田等 7 类生态系统的生物多样性状况，强调数量、质量、动态、干扰 4 个维度，保证成果数据真实准确可靠，建设调查监测数据库，建成生物多样性日常管理所需的"一张底版、一套数据和一个平台"，最终实现调查监测的根本目的——保护和利用。

运用系统生态学观点，打破条块分割，建立完善的保护与恢复制度体系，形成网络化治理体系和可持续管理模式，并建立起政府、科学家、社会团体和公众之间的合作机制，投入与激励的良性循环，才能在根本上实现生物资源供给和生物多样性维持协同发展，减少对区域生物多样性的负面影响。

（3）发展方向

1）生物多样性调查监测应该建立在相关部门已有工作的基础上，比如林草局对多个生态系统类型的监测、中国科学院建立的中国生物多样性监测与研究网络（SinoBON）等（冯晓娟，2019），不单独搞一个新体系。

2）将生物多样性纳入自然资源调查后，要综合考虑到样地范围和尺度的变化，加强空间分布的规范化。

3）生物多样性的 3 个层次要有重点地进行调查。生态系统多样性重点调查森林、草地、湿地等，参考之前调查生态系统的规范程序；物种多样性重点关注保护物种；遗传多样性重点关注经济物种、特别物种、家养动物、野生近缘种，适当增加对濒危、珍稀物种的遗传多样性的关注。

4）明确调查和监测两者不同，明确调查的周期和监测的频次。

5）加强调查职能部门之间的合作与成果共享，统一调查标准和技术规范，并重视动态的监测更新。

（4）重点关注问题

我国未来的生物多样性监测指标体系完善和应用方面需要关注以下几个方面：一是紧密联系实际，构建适应性的监测指标体系，加强对典型生态系统区域的监测；二是开展融合生物多样性的自然资源调查监测试点。选择生物多样性保护优先区域、自然保护区、国家公园等重点区域，聚焦珍稀濒危物种、旗舰种、外来物种等重要物种，对融合生物多样性的自然资源调查监测指标体系进行试点示范；三是发展经济社会发展方面的指标，分析生物多样性变化的驱动力，为生物多样性保护和区域可持续发展提供科学依据；四是遗传多样性是生物多样性的重要组成部分，是物种生存和生态系统发挥正常功能的关键因素。《生物多样性公约》虽关注了遗传资源保护与惠益分享，但重点仍是栽培植物和家养动物的遗传资源保护，对野生动植物遗传多样性仍关注很少。因此，需要加强野生动植物的遗传多样性保护工作，而建设野生生物遗传资源库是一个重要路径；五是在统一指标的基础上，形成融合生物多样性的自然资源调查监测数据共享机制，为实现生物多样性信息共享和数据交换提供支撑。

三、黑土地地表基质调查

地表基质是自然资源调查监测体系构建中提出的一个创新概念。自然资源分层分类模型中，地表基质层处于基础支撑的重要位置，其范围覆盖固体地球表面，包括陆域和海域全部国土空间，其本身既是自然资源的一部分，同时也起着支撑或孕育其他相关自然资源的关键作用，是多门类自然资源之间相互作用和密切联系的纽带。地表基质是自然资源科学管理、国土空间统一规划的重要支撑，对自然资源整体保护、系统修复及综合治理等都至关重要。比如要合理开发利用土地资源，做到宜耕则耕、宜林则林、宜草则草，就需要准确掌握地表基质类型，特别是地球物理化学性质，以支撑山水林田湖草的系统治理。

地表基质调查是自然资源调查监测体系中不可或缺的基础性、公益性、战略性、前瞻性自然资源综合调查工作。同时，也是一项具有开拓性和创新性的任务，需要综合已有相关调查工作，针对地表基质特性探索开展。地表基质数据在已有的地质调查、海洋调查、土壤调查等工作中均有涉及，区别在于地质调查一般来说以岩石、地层、构造、矿产、水文地质、地貌等地质现象为对象，调查范围深达地表以下地质构造。土壤调查，包括目前正部署开展的第三次全国土壤普查，其对象为全国耕地、园地、林地、草地等农用地和部分未利用地的地表土壤，普查内容为土壤性状、类型、立地条件、利用状况等。而地表基质层同时受到地质作用、自然作用和人类活动影响，在兼顾表层土壤的同时，更加注重土壤母质和下部基质的物质、质地、结构、水分等要素，及其水分运移、循环和物质交换等生态调节功能，因此，地表基质调查是对地球表层系统本底属性的调查，更加注重地球表层生态系统的整体调查评价。

（一）工作背景与意义

黑土地是我国极其珍贵的土地资源和不可再生的自然资源，对维护国家粮食安全和生态安全意义重大。目前，受水土流失、单一作物连作、重化肥轻有机肥、重用轻养等影响，黑土地存在土层"变薄"、肥力"变瘦"、土壤"变硬"等退化情况。党中央、国务院历来对黑土地保护工作高度重视。习近平总书记多次就保护黑土地提出明确要求，2020 年 7 月 22 日在吉林梨树县考察时指出，东北是世界三大黑土区之一，是"黄金玉米带""大豆之乡"。黑土高产丰产，同时也面临着土地肥力透支的问题。一定要采取有效措施，保护好黑土地这一"耕地中的大熊猫"。党的十九届五中全会、中央经济工作会议和中央农村工作会议，均对加强黑土地保护作出明确部署。

根据自然资源部办公厅 2020 年 12 月印发的《地表基质分类方案（试行）》，黑土地是地表基质一级分类中土质基质的重要类型之一。开展黑土地地表基质调查试点工作，为下一步大范围地表基质调查探索技术路线与组织模式，对于促进黑土地数量、质量、生态"三位一体"保护，服务黑土地地区农业生产、土壤碳汇、自然资源各项管理工作，都具有重要意义。

（二）工作目标与任务

1. 工作目标

黑土地是稀有、珍贵、不可再生的土地资源。在已有地质调查、土壤调查、国土调查等成果基础上，选定东北黑土地典型地区和耕地后备资源区域，围绕黑土地地表基质支撑粮食生产、生态保护和固碳能力重大需求及表层黑土基质"变瘦、变薄、变硬"等生态退化问题，查清试点工作区域黑土地地表基质数量、质量、结构、生态及碳储量特征，形成黑土地地表基质一套数据、一张底版和一系列成果报告，构建黑土地地表基质健康状况评价指标体系，提出符合试点工作区域内自然地理空间格局的黑土地地表基质保护修复建议，探索建立黑土地地表基质资源管理信息系统平台。同时，通过试点工作，进一步完善地表基质分类方案，特别是黑土地地表基质三级分类体系，细化地表基质调查内容和要素属性指标，科学优化工作部署和技术方法体系，核定工作量配置和经费预算标准，探索形成地表基质调查内容分类、技术方法、质量管控机制和组织实施模式。

2. 主要任务

一是完成工作区域黑土地地表基质调查，全面查清重点县（市、区、旗）范围内黑土地地表基质数量（类型、分布、面积等）、质量（表层黑土基质厚度、有机质含量、pH 值、有益有害元素、容重等）、空间结构（浅层土质厚度、基质层叠置组合特征和演替规律等）、生态特征、利用状况等本底属性。

二是开展黑土地地表基质利用状况与合理性的动态分析评价，构建形成适合黑土地地表基质健康状况评价的综合指标体系；形成支撑黑土地保护管理、土地整治、生态保护修复等方面的建议。

三是建设黑土地表基质数据库；探索建立黑土地地表基质资源管理信息系统平台，完善黑土地地表基质关键区域监测评价机制。

（三）技术路线与方法

1. 技术路线

充分收集和利用已有各类资料、成果和高精度遥感影像解译数据，制作调查区各类基础图件，基本掌握调查区黑土地地表基质类型、空间分布及其与地表覆盖等相互关系；针对不同调查区域特点，按照黑土地地表基质调查作业指南，综合考虑地理地貌单元、地质成因单元、地表基质类型、土地利用类型等因素，分区、分类、分层次、网格化部署各种调查手段，开展多要素一体化内外业调查，配套以定量属性指标的野外系统取样和室内分析测试等技术，准确获取调查区黑土地地表基质不同层位的各类要素及其属性参数数据。加强野外调查质量过程控制，建立调查区黑土地调查数据库，加强成果信息共享。开展调查成果汇总分析和综合研究，形成体系化成果产品。

2. 技术方法

（1）基于已有资料的二次开发和遥感影像数据，编制黑土地地表基质调查系列图件。充分收集和系统研究调查区基础地质、第四纪地质、基础地理信息、土壤调查、水文地质、土地质量、地理国情监测和"国土三调"等各类成果，进行综合研究。以 GIS 和 RS 技术为支撑，综合采用高空间分辨率（高分一号、高分二号等）、高时间分辨率（Landsat 系列数据）、高光谱分辨率（高分五号、资源一号 02D 等）遥感影像数据，通过人机交互目视解译和计算机自动提取的方法获取黑土地地表基质时空结构（地表基质空间分布）、理化性质（重金属、有机质等）、景观属性（地形地貌）、生态环境（土地利用类型、土壤侵蚀模数、土地沙化）、历史演变（土地利用类型、土地沙化等的时空变化）等基本特征，制作形成黑土地地表基质调查遥感影像图、区域地质草图、地形地貌图、土地利用类型图、地表基质分布草图、土壤类型图等系列图件。

（2）基于内业综合对比分析，提取相关信息，制作黑土地地表基质工作部署图。在最新数字正射影像图基础上套合地质填图、工程钻探、地球物理勘查、地球化学勘查、水文地质调查、第三次全国国土调查、第二次全国土壤普查和基础地质信息等成果，形成调查底图，按照分区、分类、分层原则部署各项调查工作，制作黑土地地表基质工作部署图。

（3）基于"点—线—面—体"立体调查，获取黑土地表层基质本底特征及景观属性。根据室内编制的调查底图及工作部署图，通过路线观察和野外查证，获取地表基质地理位置、分布范围、成土母质、坡度坡向、土层厚度等基本特征，以及地质、地貌和生态景观属性等。以黑土地地表基质草图为工作底图（实际材料图），参考地质地貌类型、土地利用类型及地表基质类型等因素进行分区，按照不同的分区灵活布设野外调查点，查明黑土表层基质类型、分布、理化性质等本底特征及景观属性。

（4）基于不同类型工程手段，获取黑土地地表基质层垂向结构特征。按照黑土地地表基质层不同层次的生产、生态功能特征，利用地表基质剖面（人工、天然）、洛阳铲及背包钻、汽车钻、地球物理勘查等手段，对黑土地地表基质表层（生产层，0～1 m）、中层（生态层，1～5 m）、深层（支撑层，5～10 m）空间特征进行调查。

（5）基于先进测试分析技术，查明黑土地地表基质层理化性质。按照分区、分类、分层的原则，结合黑土地地表基质层不同层位生产服务功能，有针对性地采取地质、质地、微量、环境、年龄、水质等分析测试样品，获取地表基质层不同层位的理化性质。

（6）基于立体化调查技术，构建黑土地地表基质三维立体模型。采用高密度电法、微动勘探、综合测井等地球物理勘查方法，配合地质浅钻、洛阳铲等钻探工作手段，构建黑土地地表基质空间结构（垂向结构和分层：支撑层＋

生态层＋土质层），利用各类分析测试结果构建形成地表基质属性结构（物理指标、化学指标、水生态指标等），与地表基质景观层（地理、地质景观属性）、地表基质类型层（一、二、三级分类）共同构建形成黑土地地表基质三维立体模型。

（7）基于内外业一体化数据采集技术，建设地表基质调查数据库。按照统一的数据库标准，采用内外业一体化数据采集建库机制和移动互联网技术，结合统一编制的调查底图，利用移动调查设备开展地表基质各项属性调查和采集，实现各类专题信息与每个调查单元的匹配连接，形成集图形、影像、属性、文档为一体的地表基质调查数据库。

（四）调查成果及应用

1. 查明黑土资源，服务自然资源管理

黑土地地表基质调查在查明东北地区表层黑土资源现状（黑土基质类型、分布面积、厚度，有机质、pH 值及有益有害元素含量等）的基础上，同时了解深部 50 m 以浅范围内黑土资源概况，摸清黑土资源现状和变化情况，评价黑土资源潜力，分析黑土退化状况和变化原因与机理，提出修复治理和保护利用建议，直接服务于黑土地地表基质资源管理工作。

2. 查明地表基质结构组成，支撑国土规划评价

地表基质层作为自然资源的支撑孕育层，其结构、组成直接影响地表、地下水的水源涵养、水质水量，还决定覆盖层的功能和服务。摸清地表基质特别是 10 m 以浅地表基质层的结构组成和历史利用状况，查明理化性质，碳、水、生物等重要物质的地球化学循环过程，了解其对气候变化和人类活动的响应与反馈，为按照"水定论""宜则论"科学规划调整地表基质利用方式提供基础数据支撑。

3. 调查地表基质层碳储量，助力"双碳"行动

通过调查掌握地表基质层不同层位碳含量特征，地表基质利用变化、气温升高、降水变化、二氧化碳浓度增加、植被变化、农业管理措施对其影响和贡献程度归因，掌握其历史、现状及变化情况，评估地表基质碳储现状和固碳潜力，对于制定切实可行的碳达峰措施将提供政策建议。

4. 系统查明表层基质现状特征，服务粮食安全战略和特色农业发展

查明地表基质层结构和表层基质养分指标、营养健康状况，可以服务耕地碎片化治理，为划定特色农业区、高标准农田建设区、修复性工作区和免耕休耕区提出理论依据和数据支撑。

5. 系统分析地表基质变化趋势，服务生态安全管护

查清地表基质数量、质量、结构、内部生态等多维度特征，分析其利用类型和属性特征变化，进行地表基质生态安全（生产和生态潜力）分区评价，如精确定位水土流失整治区、黑土层厚度减薄区、有机无机污染区、沙化盐碱化区等，为生态安全评价和修复提供数据支撑。

6. 加强黑土地形成演化研究，拓展对全球变化的科学认知

前人对黑土形成演化的研究空间上局限于 2 m 以浅，时间上局限在万年以内，对于本次调查新发现的深部多层黑土形成演化机制缺乏关键认知。对其进行深入研究，有助于更好地了解松嫩平原地质演化历史，环境变化历史，掌握全球气候变化趋势，从而为制定更为科学合理的保护修复措施提供依据。

黑土地地表基质调查工作的探索与实践，从自然资源综合调查视角，构建了地表基质调查的要素—指标结构和技术方法组合，编制了调查作业规程和数据库建设指南等规范，对地表基质调查数据的综合处理、分析评价和成果应用进行了研究，初步形成了支撑地表基质调查的人才技术团队和装备保障体系，为适时部署开展包含各种地表基质类型在内的地表基质全面调查奠定了坚实基础。

四、生态系统碳汇监测

（一）工作背景与现状

为应对全球气候变化，2020 年 9 月，中国在联合国大会上向世界宣布了 2030 年前实现碳达峰、2060 年前实现碳中和的目标。实现碳达峰和碳中和目标，除了限制工业等排放二氧化碳，还要充分考虑生态系统的碳汇/源功能，生态系统既可能成为碳汇，也可能成为碳源，取决于生态系统的稳定性、抗干扰性和健康状态。

2021 年 9 月，中共中央国务院出台《关于完整准确全面贯彻新发展理念做好碳达峰碳中和工作的意见》（中发〔2021〕36 号），要求依托和拓展自然资源调查监测体系，建立生态系统碳汇监测体系，开展森林、草原、湿地、海洋、土壤、冻土、岩溶等碳汇本底调查和碳储量评估，实施生态保护修复碳汇成效监测评估。

目前，政府间气候变化专业委员会（IPCC）提出了估计、测量和监测土地利用、土地利用变化和林业活动导致的碳储量变化和温室气体排放量的计算方法和措施。各国学者考虑不同区域的实际情况及各个分类系统的差别，也制定了相应的碳汇监测体系。2014 年，江西、黑龙江等 12 个试点省（区、市）相继初步建立了以模型和参数体系为支撑，以森林资源调查和湿地资源调查成果为基础的林业碳汇计量监测体系，运用遥感和 GIS 技术，结合地面调查，查清区域内森林、湿地资源各碳库碳储量现状、变化和空间分布。

（二）构建碳汇监测体系的总体设想

《中共中央 国务院关于完整准确全面贯彻新发展理念做好碳达峰碳中和工作的意见》中发〔2021〕36 号文件要求，依托和拓展自然资源调查监测体系，建立生态系统碳汇监测体系。按照依托自然资源调查监测体系建立生态系统碳汇监测核算体系的基本思路，从标准体系、碳汇本底调查、碳汇监测、服务平台和碳汇交易等方面，推进自然资源生态系统碳汇监测体系构建。

1. 形成统一的自然生态系统碳汇监测标准体系

以全国第三次国土调查形成的权威、法定数据成果作为自然资源和国土空间的统一底版，在此基础上整合森林、草原、湿地、水资源等各类专项调查成果，为统一的自然生态碳汇监测标准体系建设提供了可能。自然资源分类是开展自然资源调查监测的前提，自然资源生态系统分类也是开展碳汇调查监测的首要任务，首先要构建与自然资源分类快速转换的生态系统分类，从源头上实现自然资源调查监测体系和碳汇监测体系的协同构建。自然资源部制定印发的《自然资源调查监测标准体系（试行）》，将标准划分为通用、调查、监测、分析评价、成果及应用 5 大类 22 小类，能够为碳汇监测分类体系、碳汇监测技术规范和碳汇监测质量管理办法等相关标准制定提供参考，为制定碳汇调查监测相关政策和规范性文件，建立健全碳汇调查监测制度体系提供支撑。

2. 全面开展自然生态系统碳汇本底调查

以自然资源调查监测成果作为碳汇监测体系的唯一底版。基于全国第三次国土调查成果、年度国土变更调查和自然资源监测成果，整合现有森林资源清查、草原资源专项调查和湿地资源专项调查等数据成果，获取自然资源生态系统分类状况和森林蓄积量、草地生物量等实物量信息，通过整合归并确定碳汇监测分区分类边界，建立碳汇调查监测本底数据库，为全面摸清生态系统碳储量现状和碳汇能力提供基础数据支撑。

碳汇本底调查在于摸清碳储量（碳库），碳库包括植被碳库和土壤碳库，其中植被碳库主要通过植被生物量计算，土壤碳库主要根据调查获得的土壤类型、土壤厚度、土壤容重和土壤有机碳密度等参数进行计算。同时基于建立的碳汇本底数据库，可为各类碳汇监测核算模型提供必不可少的输入数据，自然资源专项调查包括耕地资源调查（质量等）、森林资源调查（森林覆盖率、蓄积量、起源、树种、龄组、郁闭度等）、草原资源调查（植被盖度、生物量、草原生产力等）、湿地资源调查（湿地率、湿地植被状况等）、水资源调查、地表基质调查（土壤等的类型和理化性质）等内容，可作为植被碳库、土壤碳库和碳汇监测模型的数据来源。

3. 优化完善碳汇监测技术方法

常规碳汇监测主要采用定点观测法、样点采集法、生态过程固碳模型法、遥感等监测方法，从森林、草地、湿地、农田和土壤等方面，开展自然生态系统碳汇模型对比。主要基于多源、多时相、高分辨率的遥感影像，计算植被指数（如比值植被指数、归一化植被指数、差值植被指数等），根据样地调查的生物量与植被指数建立遥感生物量估算模型，完成碳储量计量。基于自然资源监测体系，进一步完善"天—空—地—网"为一体的自然资源调查监测技术体系。激光雷达、倾斜摄影、卫星立体像对、航摄立体像对、合成孔径雷达等新型技术可推广到碳汇监测中，能够大范围高效提取各类植被的垂直结构信息，为快速精确地开展三维碳汇监测提供了可能。

4. 高效推进自然生态系统碳汇监测

充分利用高光谱、雷达、无人机等多源遥感数据，研究碳汇监测与年度国土变更调查、自然资源监测等日常监测工作的关联关系，构建遥感生物量估算模型和生态过程模型等碳汇监测模型，通过自然资源调查监测获取土地利用变化，作为模型的土地覆盖数据来源，协同开展自然资源监测和碳汇调查监测。此外，基于碳汇调查监测计量过程中的模型参数，构建碳汇监测内容指标与自然资源调查监测内容指标的对应关系表，针对两者不一致的内容指标，在自然资源调查监测工作中及时补充，避免重复性工作。

5. 自然生态系统碳汇监测成果统一管理服务

基于自然资源调查监测三维立体时空数据库，整合集成碳汇调查监测系列成果，构建与自然资源调查监测空间基础、数据格式相统一的碳汇调查监测三维立体时空数据库。依托统一的三维立体时空数据库，协同实现自然资源要素管理、碳汇监测、GEP 核算等工作。建设碳汇调查监测数字化管理系统，采用云计算、大数据、人工智能等先进技术手段，实现集数据汇交、维护、发布及三维可视化为一体的碳汇调查监测成果智能化管理，为碳汇监测全过程跟踪、成果数据汇交和成果数据在线服务提供统一的平台，实现"一家出数据，大家用数据"，将为碳汇监测成果数据的挖掘分析提供完备的工具集，为如期实现碳达峰、碳中和目标提供决策支撑。

6. 加快推进碳汇交易工作

在自然资源统一确权登记工作基础上，基于自然资源管理工作建立的国土空间基础信息平台，可为碳汇交易在线提供自然资源相关的各项权威支撑信息。立足土地交易平台能够快速搭建碳汇交易平台，促使将土地交易、碳汇交易、生态补偿、自然资源资产核算等相关工作协同开展。

五、地理单元划分

地理单元是实现山水林田湖草整体保护、系统修复、综合治理的重要支撑数据。我国地理单元类型多样，成因复杂，目前存在着分类指标体系不一致、不统一，以及单元数据缺失或成图比例尺较小等难以满足自然资源管理需求的问题。本节主要论述了新形势下自然资源管理对地理单元的需求及开展地理单元划分的总体技术思路，并以山脉为例，构建了山脉划分的规则和技术流程，可为全面开展地理单元的划分提供技术参考。

（一）地理单元划分的重要意义

地理单元是按一定尺度和性质将地理要素组合在一起而形成的空间单位。现代地理学辞典中定义地理单元为：是地理因子在一定层次上的组合，形成地理结构单元，再由地理结构单元组成地理环境整体的地理系统。地理单元介于地理基质和地理整体系统之间，有时也可将地理单元称为地理子系统或地理亚系统。地理单元是地理环境条件基本一致的空间单元，其内部要素分布存在显著的一致性，与相邻单元地理特征存在明显的差异。地理单元的种类很多，与自然资源管理密切相关的地理单元主要包括山脉、湖泊、河流及其流域、平原、高原、盆地等类型。

实现山水林田湖草沙整体保护、系统修复、综合治理，一个重要基础就是需要明确"山水林田湖草沙"等自然资源在高精度数据条件下的分布区域范围和地理边界划定，亦即重要地理单元空间位置的精确划定。但由于地理单元类型多样，成因复杂，在自然资源领域对于以上重要地理的划界一直缺少系统规范的研究。目前相当多的单元的分类指标体系不一致、不统一，以及成图比例尺较小，与自然资源要素的尺度不匹配，无法起到控制性边界的作用，不能满足现代资源规划、管理与决策的需求，造成自然资源管理不清晰，单元管理难度大。因此，开展地理单元的划分具有重要作用和意义，既可摸清山脉、湖泊、河流、平原、高原、盆地的实际自然地理边界，对自然资源统计分析单元类型是一个重要补充，又能够基于以上单元开展更深入的统计分析，提升成果的深度和广度，以服务于资源开发利用及生态环境保护，为国土空间规划、用途监管和自然资源清查等管理工作提供支持。

（二）总体技术思路

在全面、系统梳理现有资源调查监测、国土空间规划、用途管制、生态恢复、监督执法等管理需求的基础上，研究提出满足履行自然资源部"两统一"职责工作需要的重要地理单元体系，明确相应的理论基础、概念内涵、表征特性及基本原理等，基于基础地理信息、地理国情信息、资源调查、社会调查等数据，采用地理信息分析技术建立山脉、湖泊、河流及其流域、平原、高原、盆地等地理单元的方法体系，形成一套符合我国国情的统一地理空间管理单元，为实现自然资源监测评价—国土空间规划—用途管制—生态恢复—监督执法等业务一体化管理，深入推进"两统一"职责落实提供基础性支撑。

地理单元划分总体技术思路是广泛收集地理空间数据和社会历史文献，吸收本研究有关的理论和实验研究成果，全面、系统梳理现有自然资源调查监测、国土空间规划、用途管制、生态恢复、监督执法工作过程中数据分析与管理需求，基于自然地理学、地理信息科学、地图学、空间认知科学等基础理论，研究提出满足我国国情的山脉、湖泊、河流及其流域、平原、高原、盆地等地理单元体系；基于资源利用、生态保护、数据挖掘、3S 等现代技术，通过理论分析与研究实验相结合的方式，开展单元划分指标体系、边界提取方法、综合研判方法研究，形成相关指标体系和方法体系；通过典型区域示范和方法验证，完成各类单元划分，形成我国重要地理单元数据集，支撑资源调查监测、国土空间规划、用途管制、生态恢复、监督执法等业务管理。

（三）山脉地理单元划分

我国地理单元类型多样，各类单元划分技术复杂、工作量大，以山脉划分为例，描述山脉划分的规则和技术流程，为其他单元的划分提供借鉴。

1. 我国山脉划分现状

我国是个多山的国家，山区面积约占全国陆地面积的三分之二，山脉在自然资源管理中具有举足轻重的作用，当前尚且缺少明确的山脉相关边界范围和系统研究，在公开信息中能够获取的数据仅为概略性经纬度范围，且缺乏权威管理机构管理及成熟的标准指导以开展边界划定，这对山脉范围内自然资源的管理、生态环境的保护、防灾减灾工作及与山脉有关的自然及人文方面的应用分析带来了很大的不便，因此亟需开展山脉范围划定方法的研究。

2. 山脉划分规则

分析山脉相关的先验知识、经验，总结形成山脉划分的规则，指导山脉划分实践。划分规则涉及山脉构成、山脉轮廓范围确定、山脉边界精确定位、山脉边界图形综合等方面。

（1）山脉构成规则

山脉应该由子山脉、山体构成，如太行山包含太岳山、系舟山两个子山脉。山体一般具有山顶、山坡和山麓 3 个组成要素，通过山麓与周围平地或其他山体相接。参考《中国山脉山峰名称代码》（GB/T 22483—2008）确定构成山脉的山峰。

（2）山脉轮廓范围确定规则

以《辞海》、地方志等历史文献资料或已有的地貌区划数据或综合上述资料确定山脉大致范围。以山峰位置、分布于山脉周边的水系、河谷平原，以及与其相邻的平原、丘陵、台地等地貌类型作为山脉单元外边界线的判定参考。

（3）山脉边界精确定位规则

根据地貌类型边界数据或已明确边界的高原、盆地等单元或地形特征线进行山脉边界精确定位。如太岳山作为太行山的一个支脉，位于太行山西南部，在确定两者相接边界时可沿用太行山的一部分边界，以保证拓扑关系的准确性。

山脉边界可以穿越面积较大的山地、丘陵等地貌类型图斑，参照垭口、坡折线、河谷等地形特征标志确定穿越图斑的山脉边界。山脉边界以河流为界时，以河谷靠近山地一侧或河流中心线作为山脉边界。

（4）山脉边界图形综合规则

对于边缘断续存在的山地，例如秦岭东部山地（伏牛山、外方山、嵩山）与平原（华北平原）的过渡地带，为保持山脉的连续性，可利用过渡地带的其他地貌类型连接山地。

谷地大小、形态应符合《国家基本比例尺地图编绘规范 第 1 部分：1∶2.5万 1∶5万 1∶10万地形图编绘规范》（GB/T 12343.1—2008）的规定。伸入山脉并与山脉边界相交的河谷，可根据河谷大小（宽度、长度）情况与山脉合并。

3. 山脉划分技术流程

山脉划分的技术流程包括资料收集、轮廓线提取、山脉边界修正、山脉边界综合四个方面。通过资料收集，明确划分山脉语义，确定和储备研究基础数据；结合山脉特征和划分规则，在山脉轮廓线提取的基础上进行边界修正，前者主要依据山脉的特征点、特征线及现有的地貌区划、行政区划界线数据确定，后者在规则的基础上针对实际情况给出具体修正方法；为满足制图要求，对修正的山脉边界做适当简化处理。

（1）资料收集

基于本流程所需的资料和数据主要包括：与山脉相关的史料文献、地貌类型数据、地貌区划数据、DEM 数据、地名及名称注记数据、用于辅助参考的水系和影像数据等。

地貌类型是指以形态与成因相一致划分地貌客观实体单元。地貌类型分类强调内部成因与形态的统一性和近似性，其范围界线相对破碎而不规则，并可能在不同区域重复出现。第一次全国地理国情普查生产的 1∶25 万地貌类型数据是单元划分的基本资料。地貌类型按照基本形态、成因、坡度等信息划分，总的地貌类型有 1 200 余种，其中基本形态类型 25 种。基本类型分为山地、丘陵、台地、平原。

地貌区划是指依据形态、成因及发育的相似性和差异性划分的地貌区域单元。一定自然环境条件下，地貌区划中包含以特有结构形式出现的若干地貌类型组合，其中诸类型可能以某一优势种或特征为代表，或以若干性质相关、地位并列的类型组合而成。地貌区划具有气候地貌与构造地貌作用的区域协调性和统一性，以及地形外貌的近似性。其界线较为平滑，范围相对完整，不可重复出现。中国科学院地理科学与资源研究所研究完成的全国五级地貌等级分区是单元划分的基本资料。五级地貌区划分包括 6 个一级区、36 个二级区、136个三级区、331 个四级区、1 512 个五级区。

第一次全国地理国情普查生产的格网大小为 10 m 的 DEM 数据是单元划分的重要参考资料。通过其衍生的海拔分层设色、晕渲、坡度等数据获取地貌结构线（谷底线、山麓线、坡折线、山脊线），如图 5−2 所示，信息辅助进行单元边界的精确定位。使用 DEM 及其衍生数据可以了解区域地貌总体特征，解译区域的绝对高程和相对高程，判断山地地势的相对位置和高低起伏关系。

（2）轮廓线提取

山脉边界划定是由粗略至精细的过程，着手划定一座山脉之前，需要圈定一个大致范围，即提取轮廓线。在提取轮廓线之前需要完成数据准备工作：依据行政区划数据、DEM 数据、山峰点数据、山脉走向线数据、地貌区划数据、文献资料，以及地貌类型数据，得到基础数据；将所有基础数据进行叠加形成底图；根据所述底图，对原始 DEM 数据进行渲染，获取具有立体效果的地形数据。

图 5-2　地貌结构线示意图

加载数据完成后，开始确定山体轮廓，主要分为两种情况：五级地貌分区有完全对应的山脉小区和地貌分区中无参照区域。对于前者在立体效果的地形数据上加载地貌分区矢量面图层，按名称匹配对应山脉分区，作为山脉初始轮廓线；使用矢量要素编辑工具，根据所述提取规则，对所述山脉初始轮廓线的折点进行扩展或收缩，得到山脉轮廓线。对于后者，根据文献资料描述进行轮廓线定位，该情况下涉及的文献资料在实际轮廓线提取中对应基础数据的叠加：地貌类型和 DEM 晕渲数据、山峰点数据、山脉走向线数据、行政区划数据，这些数据都用于手动勾绘轮廓线或确定大致轮廓范围。

（3）山脉边界修正

叠加行政区划界线和地质图数据，基于县级行政区划界线数据，收集各类与方位和空间分布有关的山脉描述性文献或者空间化数据，以县级或者乡镇级行政区划为单位逐个确认山脉边界四至范围，确保整体定位和局部精细轮廓的准确性；在此基础上叠加以下专题数据进行修正。

叠加地理国情监测水系数据，以代表性河流作为分界线，进一步修正山脉轮廓线。

叠加 DEM 数据，通过 DEM 衍生的海拔分层设色、晕渲、坡度等数据获取地貌结构线（谷底线、山麓线、坡折线、山脊线）信息辅助进行单元边界的精确定位，对于地形、河流等自然要素较为复杂的地区，应综合考虑多种因素确定。如无明显河谷线，自然过渡明显的区域，按照过渡带间的中线划定。如存在明显河谷线的区域，按照山体底部的河谷线划定，对于存在多条河谷线，按照就近就主线的原则。

叠加地貌类型单元数据，提取丘陵和山地作为山脉轮廓线外边界的判定参考，进一步修订山脉轮廓线。为确保山脉轮廓线连续性和完整性，对于被山脉包围的其他地貌类型（主要包括台地等）也作为山脉的一部分，融合后以此为山脉外边界，生成修正的山脉界线。

（4）山脉边界综合

对于边缘断续存在的山地，为保持山脉的连续性，利用过渡地带的其他地貌类型连接山地。例如，燕山西南部山地多与平原交接，为保持山脉连续性，山脉边界可稍微延伸至平原区域。沟谷合并，为保持山脉基本形态，依据河谷宽度、长度，对在一定阈值内的河谷进行合并。边界简化，独立山体、丘陵间隙明显，在连接过程中按照 1∶5 万地图编绘规范，控制山脉边界线的弯曲程度，减少控制点数量，同时在接近山体边缘地带处做适当的平滑处理，针对制图时由于比例尺缩小会出现边界重叠现象，需采用制图综合工具集对边界进行抽点化简，移除多余折点、将棱角进行平滑处理、对总体范围边界进行平滑，生成山脉范围制图数据。

（四）地理单元划分工作展望

开展野外踏勘，检验已经划分的山脉界线精度，完善山脉划分规则，同时针对我国经济社会发展和生态文明建设需要，参考相关自然地理和人文历史资料，在山脉划分的基础上，开展盆地、平原、高原等其他重要地理单元划分的技术试验，逐步建立相应的分类体系和划分规则，为全面摸清我国山脉等各类地理单元的自然边界及其数量和分布，为自然资源监测、国土空间规划等提供技术支撑。

地理单元是重要基础地理信息，是自然资源管理的控制边界，同时又是重要的统计分析单元。进一步加强地理单元在自然资源监测、国土空间规划、生态恢复、监督执法等业务管理中的应用研究。选取重要生态保护区,采用 GIS、通信等现代信息技术,沿地理单元边界建立电子围栏,监控平台实现自动报警和提醒,提升重要生态区域的保护和监督执法管理水平。地理单元对自然资源统计分析单元类型是一个重要补充,基于地理单元开展更深入的统计分析,提升自然资源综合分析评价成果的深度和广度,以服务于资源开发利用及生态环境保护。

六、国土时空信息基础设施建设

国土时空信息基础设施是在深度整合、完善、优化、重构自然资源有关平台、数据库、数据的基础上,围绕国土时空信息的集成、融合、存储、运算、管理和分析服务等方面,通过建设国土时空数据集成和融合能力体系、时空数据高效存储与计算能力体系、以实体为核心的数据组织体系、数据管理和分析服务能力体系、数据安全保障体系,形成标准统一、高速泛在、多维动态、智能敏捷、云网融合、天空地海一体的国土时空信息基础设施,为空间规划、用途管制、开发利用和保护修复等自然资源管理工作提供支撑,为相关部门、社会公众提供更实时、丰富的国土时空信息。

(一)建设背景和必要性

习近平总书记多次对数字经济作出明确指示,强调要加快新型基础设施建设,加强战略布局,加快建设高速泛在、天地一体、云网融合、智能敏捷、绿色低碳、安全可控的智能化综合性数字信息基础设施。近期在中央全面深化改革委员会第二十五次会议强调,要全面贯彻网络强国战略,把数字技术广泛用于政府管理服务,推动政府数字化、智能化运行,为推进国家治理体系和治理能力现代化提供有力支撑。《中华人民共和国国民经济和社会发展第十四个五年规划和 2035 年远景目标纲要》提出,推进激活数据要素潜能,推进网络强国建设,加快建设数字经济、数字社会、数字政府,以数字化转型整体驱动生产方式、生活方式和治理方式变革。《"十四五"国家信息化规划》要求,加强国土空间的实时感知、智慧规划和智能监管，强化综合监管、分析预测、宏观决策的智能化应用。《"十四五"推进国家政务信息化规划》提出，要深度开发利用政务大数据。以数据共享开放与深度开发利用作为提升政务信息化水平的着力点和突破口；深化基础库应用，升级完善国家人口、法人、自然资源和地理空间等基础信息资源库。

　　自主可控的国土时空信息基础设施已经成为维护国家安全的迫切需要。国土时空信息包含国家基础地理数据和大量宏观数据成果等，涉及国家机密，事关国家安全，必须实现自主可控。另外，纷繁复杂的国际形势，对国土时空信息技术的产业链、供应链、创新链的安全性、稳定性造成严峻挑战。例如，美国将地理信息分析软件列为技术禁运产品。俄乌战争爆发，美国地理信息平台的商业公司在第一时间终止了平台在俄罗斯的授权使用等。自然资源管理和智慧社会建设需要更高效的国土时空信息基础设施。在"推进治理体系和治理能力的现代化"背景下，数字自然资源建设取得了决定性进展和显著成效。同时，但还存在一些突出短板：一是获取的海量数据存在一数多源、数据关联性不足、难以有效融合等问题；二是缺乏高效的分析和服务能力。当前调查监测所需要的变化识别能力、多维多尺度的时空数据处理和挖掘能力仍然较为薄弱，缺乏有价值的分析产品，对重大问题的分析服务能力不足。

　　目前，自主地理信息和遥感技术的发展为建设国土时空信息基础设施创造了条件。当前国家新基建发展在信息设施、融合设施、创新设施等方面初显成效，探索基于新基建赋能的空间治理体系与治理能力具有较好的现实基础。一是我国信息基础设施规模已达到全球领先。我国建成了全球最大规模光纤和4G网络，5G商用全球领先，互联网普及率超过70%。计算机存储能力、服务器运算能力都提高到新的高度。二是自然资源感知体系可实现全方位立体观测。北斗卫星定位、导航、授时服务，基于卫星遥感、航空遥感、无人机、倾斜摄影、先进传感器、物联网等现代遥感和监测技术可实现全方位立体观测。三是云计算、大数据与人工智能与GIS平台能力集成为国土时空信息基础设施智能化提供可能。云计算、大数据等新兴技术与GIS平台数据处理能力充分融合，正在引发链式突破，为实现智能化分析提供保障；理论建模、人工智能、区块链、技术创新等整体推进，为实现智慧化决策提供支撑。

（二）工作基础

自然资源部积累了丰富的时空数据资源，并形成了良好的数字化基础，在国土空间基础信息平台、自然资源三维立体时空数据库、实景三维中国、天地图建设和应用、自然资源调查监测、基础测绘等方面取得了很好的成效。

（1）国土空间基础信息平台目前已汇集基础地理、遥感影像、第三次全国国土调查、社会经济等现状数据；永久基本农田、生态保护红线、城镇开发边界、国土空间规划（部分）、土地利用总体规划、城乡规划等空间管控类数据；地政、矿政、海政等审批管理数据，为自然资源与资产统一管理、国土空间用途管制、生态保护修复等提供信息技术支撑和保障，并向国办、相关部门以及社会公开提供大量自然资源管理信息。

（2）天地图（地理信息公共服务平台）目前已建成了1个国家级节点、31个省级节点、300余个市县级节点，全国各级节点建立了以网站域名、标准基础服务、版面样式、应用接口、用户管理在内的"五统一"为特征的地理信息在线服务功能体系，实现了国家、省级、市（县）级数据在线联动更新和"一站式"服务。截至2021年底，累计注册开发用户75万个，支撑各类应用系统约69万个，地图服务调用量日均8.3亿次，广泛应用于政府管理决策、企业生产经营和百姓日常生活。

（3）实景三维中国目前已首次实现了新一代DEM对陆地国土的全覆盖，DEM分辨率由25 m提升至10 m、现势性由2010年提升至2019年，对地形表达的精确度、分辨率和现势性有了显著提高；实现了DEM由不定期更新提升到覆盖全国2 m分辨率一年4版，重点地区（约400万 km^2）优于1 m分辨率一年1版，形成一年四季的实景三维中国场景数据。

（4）基础测绘。目前，现代测绘基准体系建设阶段性完成。2000国家大地坐标系在各行业领域全面应用。自然资源系统的卫星导航定位基准站达到3 212站。完成新一代国家重力基准网观测和一等水准网更新。部分省份似大地水准面精度达到3 cm，部分城市达到mm级。初步建成国家卫星导航定位基准服务系统和30个省级基准服务系统并提供导航定位基准信息公共服务。基础地理信息资源建设实现常态化。1∶5万基础地理信息数据在实现陆地国土全面覆盖的基础上保持按年度动态更新。1∶1万基础地理信息数据对陆地国土覆盖率由53.0%提高到62.9%，21个省份1∶1万数字线划地图（Digital Line Graphic，DLG）数据实现全域覆盖。在60个城市开展智慧时空大数据平台建设试点，有20个通过验收并正式运行。

自然资源三维立体时空数据库和自然资源调查监测已在前面章节详细论述，在此不再赘述。

（三）建设原则

一是坚持改革创新，助力发展。聚焦自然资源领域重大改革思路及堵点难点问题，按照国家信息化的总体要求，坚持创新驱动，强化新技术应用，以信息化贯穿自然资源管理、监管决策与服务全过程、各环节，全方位深化自然资源管理理念、机制、手段等改革，助推我国经济社会高质量发展。

二是坚持数据驱动，全面赋能。强化数据要素在自然资源管理的关键基础作用，围绕优化数据组织、简化业务流程、强化监督监管，重构自然资源数据体系和应用体系，提升自然资源管理的层次和效率，以数据驱动自然资源改革措施精准落地，全面赋能数字政府改革建设。

三是坚持安全可控，自主高效。严格执行网络安全等级保护和涉密信息系统分级保护制度，积极响应新型基础设施建设、"安全可信、合规可控"建设的要求，打造安全可控、自主高效的技术路线，全面提升网络安全防护能力，保障信息化基础设施、数据和系统安全。

（四）建设内容

围绕国土时空信息的集成、融合、存储、运算、管理和分析服务等方面，建设国土时空数据集成和融合能力体系、时空数据高效存储与计算能力体系、数据管理和分析服务能力体系、数据安全保障体系，形成标准统一、高速泛在、多维动态、智能敏捷、云网融合、天空地海一体的国土时空信息基础设施。建设内容主要包括：

（1）国土时空数据集成和融合能力体系，主要是通过拓展卫星资源获取通道，协同各类网络，融合高分辨率卫星遥感、航空摄影、北斗导航定位，以及物联网、云计算、大数据等多种新型信息技术，构建形成服务自然资源和国土空间动态监测的"天空地海网"一体化的网络框架。

（2）时空数据高效存储和计算能力体系，首先是储存资源建设，即通过采用自主可控的技术和产品，构建国土时空信息云环境，扩展和强化云中心的计算与存储能力。其次是计算资源建设，建立以中央处理器（CPU）、图形处理器（GPU）为核心资源的计算能力体系，提高时空信息的计算能力。

（3）数据管理和分析服务能力体系，通过对国土空间基础信息平台、天地图的升级，实现对监测设备、定位设备、通信设备、移动终端、可穿戴设备等海量时空数据的获取与管理，提升实时感知能力和智能分析预测能力。

（4）数据安全保障体系，包括安全管理制度和技术安全两个方面。技术安全从物理安全、网络安全、数据安全、应用系统安全和管理安全等角度设计。

（五）保障措施

一是加强领导。成立国土时空信息基础设施建设领导小组，切实加强组织领导与统筹协调，构建全局一盘棋的管理机制。在领导小组的领导下，统筹协调、组织实施国土时空信息基础设施建设战略及相关重大决策制定，探索建立协同推进的新机制，定期研究解决建设中的热点、难点问题。严格落实工作责任制，实行责任清单管理，为信息资源整合、重构业务关系、深化业务应用及跨部门共享服务提供强有力的组织保障。

二是建立跨学科、跨部门的专家队伍。优化人才培养机制，着力培育信息化领域高水平研究型人才和具有工匠精神的高技能人才。通过搭建国际合作交流平台、开展世界级大科学项目研究，推动科研人才广泛交流。充分发挥高新技术企业、科研院所等技术优势，加强跨学科、跨部门的专家队伍建设，发挥基础网络、数据存储、大数据分析、模型搭建、平台能力构建等多专业人才的融合优势，不断优化人才队伍的知识结构和专业结构。

三是加强资金保障。将国土时空信息基础设施建设和运行维护的经费纳入财政预算，在专项资金中安排支持网络安全环境建设、数据存储、大数据分析、基础信息平台开发、指标模型构建等相关国土时空信息基础设施建设项目，保障稳定的信息化资金投入渠道。

第三节　技术创新与应用

在新时代信息化、智能化大背景下，以云计算、物联网、大数据为代表的新一代信息技术丰富和拓展了自然资源调查监测工作的技术支撑，基于对时空大数据的认知推理不断纵深，极大地促进了遥感与测绘地理信息技术的发展，令自然资源调查监测技术体系呈现出智能化、空间化、泛在化和多源化特点，推动了自然资源调查监测业务的发展。本节介绍了物联网、大数据、区块链等信息网络技术，以及实地调查装备、无人机、探测仪器等新设备手段在自然资源调查领域中的创新应用，提出了将时空信息技术与自然资源调查监测评价、自然资源管理业务深度融合,迭代升级自然资源调查监测技术体系,实现以"全面动态感知、系统精准认知、全域智慧管控"为发展方向的自然资源时空数据治理构想。

一、信息网络技术与新型设备创新应用

（一）物联网技术

物联网被称为继计算机和互联网之后，世界信息产业的第三次浪潮，代表着当前和今后一段时间内信息网络的发展方向。物联网的概念最早于 1999 年由美国麻省理工学院提出，即把所有物品通过射频识别等信息传感设备与互联网连接起来，实现对物品信息智能化识别和管理并通过信息互联而形成的网络。2005 年 11 月 17 日，在突尼斯举行的信息社会世界峰会上，国际电信联盟（International Telecommunication Union，ITU）发布了《ITU 互联网报告 2005：物联网》，正式提出了"物联网"的概念。该报告指出：无所不在的"物联网"通信时代即将来临，世界上所有的物体从轮胎到牙刷、从房屋到纸巾都可以通过因特网主动进行信息交换。现代意义的物联网可以实现对物的感知识别控制、网络化互联和智能处理有机统一，从而形成高智能决策。目前较为统一的物联

网定义是：通信网和互联网的拓展应用和网络延伸，它利用感知技术与智能装配对物理世界进行感知识别，通过网络传输互联，进行计算、处理和知识挖掘，实现人与物、物与物信息交互和无缝链接，达到对物理世界实时控制、精确管理和科学决策的目的。

物联网涉及感知、控制、网络通信、微电子、计算机、软件、嵌入式系统、微机电等技术领域，其涵盖的关键技术可以划分为感知与识别技术、通信网络技术、共性技术和支撑技术等。

生态物联网观测系统是一种新兴的野外数据观测技术，可以实时采集大量、连续、复杂多样的数据并进行清洗与转换，实现对研究区生态状况连续、精确的观测与评估。鲁宁等设计了一种基于物联网的湿地环境监测系统，包括水质监测、水文监测、湿地植物监测、湿地野生动物监测、湿地土壤监测、群落监测和外来物种监测等。该湿地环境监测系统具有环境数据查看、检索、统计等分析与处理功能。系统对于提高湿地环境监测能力，保护湿地生态资源提供了科学技术支撑（鲁宁，2016）。袁红平、解生彬等面向湿地生态系统设计一套基于物联网架构的湿地生态监测系统，包含监测设备和数据智慧管理平台，可实现湿地生态环境实时连续监测、数据加密上传、在线分析和管理、数据信息发布等功能。同时在江苏省大丰麋鹿国家级自然保护区进行应用研究，对保护区湿地生态系统的气象环境、水文水质、空气质量、土壤环境等进行监测，科研管理人员通过数据管理平台远程访问，可支撑长期监测数据比对分析、湿地环境变化趋势研究（袁红平，2022）。近年来，中国地质调查局以辽河三角洲湿地、黄河三角洲湿地、盐城滨海湿地等北方地区典型滨海湿地为示范区，在系统开展滨海湿地生态地质调查、保护修复技术方法研究后，初步构建起了我国滨海湿地生态修复技术方法体系，以物联网技术为支撑，构建了滨海湿地水—土—气—生多圈层生态要素探测技术体系，自主研发了温室气体测量、土壤固碳探测等技术设备，获得国内外专利 16 项。

随着物联网、大数据、云计算、机器学习、移动互联网等信息技术的不断涌现，智慧水环境监测体系成为服务和支撑"水安全、水资源、水环境"三位一体、相互协调治水理念的重要手段（马维忠，2018）。目前，国内外诸多流域、湖泊已经构建了全方位的数字水环境监测体系，而物联网、机器学习技术的引入

促进了数字水环境监测向智慧水环境监测（Smart Water Environment Monitoring,
SWEM）的转型，SWEM 成为水环境监测中一个新的发展方向（刘萍，2020）。
水环境监测体系主要包括水面观测、水下观测、陆地观测、航空观测，水面智
能监测体系搭载形式及组成部分包括水质监测站、水面传感器网络、智能监测
船；水下智能监测体系搭载形式及组成部分包括水下传感器网络、水下潜艇机
器人；陆地智能监测体系搭载形式及组成部分包括视频监测站、智能水质监测
车；航空智能监测体系搭载形式及组成部分包括卫星、固定翼飞机或直升机、
无人机。水空地一体化的智慧水环境监测网络是一个庞大的并发系统，可将系
统划分为逻辑层与保障体系；逻辑层依次为感知层、传输层、处理层和应用层
4 个；保障体系分别为信息安全保障和标准规范保障两个。通过部署在水面、
水下、陆地、空间的大量传感器节点，联合各种对地观测技术及车载、船载移
动设备实现不同位置、不同时相、不同精度、不同尺度的信息采集，利用遥感
影像协同观测、多传感网数据同化与信息融合、数据采集与服务等关键技术，
来建立流域、湖泊、城市等的水环境立体化智能监测体系。

（二）大数据技术

大数据是一种能够降低人工和资金成本的技术。自然资源大数据调查是指
充分利用新一代信息技术，扩大数据采集范围，将野外调查数据、互联网数据
等多来源、多形态的自然资源调查监测数据进行整合、加工处理及数据库存储。
大数据挖掘，实际上来说就是人类利用计算机对各种不同形式的自然资源和大
数据信息进行综合处理，从中挖掘获取有价值的技术信息并用于分析决策的一
个过程。它包括数据采集、整理、编码和输入，有效地把数据组织到计算机中，
由计算机对数据进行一系列储存、加工、计算、分类、检索、传输、输出等操
作过程。利用数据挖掘和数据可视化技术，可为生态治理、产业经济提供强大
的数据支撑能力，使自然资源实现智能感知、智慧管理与智慧服务，促进生态
文明建设,形成产业结构与创新能力优化发展的自然资源现代化调查分析模式。

1. 应用大数据挖掘的必要性

大数据与互联网相辅相成，可以通过云数据系统及时掌握各项自然资源信
息，从而减少人工收集信息的成本。应用大数据技术，可以远程对森林、土壤、

草地、海洋等资源的情况和出现的问题进行采集和处理，能够大大降低人工实地监测的成本，确保采集的数据更为精确。以森林调查为例，森林一般都位于山地，地形崎岖复杂，植被品种繁多，很多数据需要实地观测得到，需要进行大量工作。而且即使获得了数据，还需要复查或者补测。大数据的出现，使得数据的获取观测变得相对简单，可以大大减少人工实地勘察的时间，让管理人员有更多的时间来研究和解决问题。另外，大数据具有整体性和全面性，基于大数据总结出来的管理办法更具有可信度，是提高自然资源管理效率的重要技术（周星，2013）。

大数据并不是简单的数据积累和储存，它具有大量、高速、多样、低价值密度、真实性等特征，这些特征决定了大数据具有重要的研究价值，对自然资源调查的发展提供数据样本支持（张雪英，2020）。同时，自然资源调查是一个长效且需要不断更新的事业，自然资源调查技术更新离不开大数据的支持，通过数据的不断积累和分析，大数据系统更能为自然资源调查提供优质方案。

数据挖掘是指从大量的数据中自动发现隐蔽的有着特殊关系信息的过程，数据挖掘算法可以以不同的形式将自然资源的特性呈现出来，并对自然资源调查的总体思路和管理体系建设提供基础。以森林大数据挖掘为例，将数据挖掘技术应用到森林知识发现中，可从大量的数据中发现森林生长的知识，通过发现林地的地形、土壤、气候、植被等立地因子和适生树种之间的关系，对不同立地条件下树木生长的适宜性进行判断和预测，得到森林生长知识，为后续的林业调查研究提供新的理论、方法和技术。

2. 自然资源大数据挖掘的一般流程

与传统海量数据的处理流程相类似，自然资源大数据的处理也包括获取与特定的应用相关的有用数据，并将数据聚合成便于存储、分析、查询的形式；分析数据的相关性，得出相关属性；采用合适的方式将数据分析的结果展示出来等过程。通用化的大数据处理框架，主要分为下面几个方面：数据采集、数据预处理、数据处理与分析（边馥苓，2016）。

（1）自然资源数据采集

获取自然资源调查大量数据的目的是尽可能正确描述事物的属性，拥有足够信息的有效数据才是监测自然资源的关键。自然资源数据来源类型丰富，包括实地调查数据、移动互联网数据、社交网络获取的数据等，这些数据在最初是零散无意义的，数据采集就是将这些数据写入数据仓库中，把零散的数据整合在一起，对这些数据进行综合分析。数据采集包括文件日志的采集、数据库日志的采集、关系型数据库的接入和应用程序的接入等。

（2）自然资源数据预处理

自然资源数据采集过程中往往有多个数据源，这些数据源包括同构或异构的数据库、文件系统、服务接口等，经常存在噪声、数据值缺失、数据冲突、数据冗余等问题，因此，在采集到数据之后首先应当对收集到的数据进行预处理，以保证数据分析与预测的准确性。数据预处理的常见方法主要包括数据清理、数据集成、数据归约与数据变换等内容，可以大大提高数据的总体质量（周星，2013）。数据清理技术包括对数据的不一致检测、噪声数据的识别、数据过滤与修正等方面，有利于提高大数据的一致性、准确性、真实性和可用性等方面的质量；

（3）自然资源数据处理与分析

数据分析技术主要包括已有数据的分布式统计分析技术和未知数据的分布式挖掘、深度学习技术。分布式统计分析可由数据处理技术完成，分布式挖掘和深度学习技术则在大数据分析阶段完成，包括聚类与分类、关联分析、深度学习等，可挖掘大数据集合中的数据关联性，形成对事物的描述模式或属性规则，可通过构建机器学习模型和海量训练数据提升数据分析与预测的准确性。数据分析是大数据处理与应用的关键环节，它决定了大数据集合的价值性和可用性，以及分析预测结果的准确性。在数据分析环节，应根据自然资源数据的应用情境与决策需求，选择合适的地理数据分析技术，提高分析结果的可用性、价值性和准确性质量。

（三）区块链技术

区块链技术是利用块链式数据结构来验证与存储数据、利用分布式节点共识算法来生成和更新数据、利用密码学的方式保证数据传输和访问的安全、利用由自动化脚本代码组成的智能合约来编程和操作数据的一种分布式基础架构与计算范式。与传统技术对比，区块链的特点包含几个方面：智能合约技术和分布式节点公式算法，使其数据一致，可靠性高；非对称加密算法和分布式账本，使其数据不能被篡改，可信度高；分布式数据库和数字签名等技术，使其数据抗抵赖，安全性高；网状直接协作机制，使其数据更加透明，可追溯性高。

党和国家高度重视区块链技术和产业发展，习近平总书记在中央政治局第十八次集体学习时强调，"区块链技术的集成应用在新的技术革新和产业变革中起着重要作用。我们要把区块链作为核心技术自主创新的重要突破口，明确主攻方向，加大投入力度，着力攻克一批关键核心技术，加快推动区块链技术和产业创新发展。"当前，区块链技术结合行业应用向纵深发展已是大势所趋，必将给现有产业模式带来深刻变革。随着经济和社会快速发展，人类对自然资源的开发与利用与日俱增，地表覆盖变化量大，自然资源管理也面临土地利用审批追溯难等问题，亟需强有力的科技支撑探索和完善自然资源调查和监测手段。区块链技术全程留痕、防篡改、可追溯及公开透明等特性，可为自然资源地类变化全过程监测、审批全流程监管、信息全方位确认等提供高效、透明、可信的技术保障。

1. 基于区块链技术的自然资源地类变化全历程监测

针对自然资源地类变化信息管理中图斑身份唯一认证、变化全历程可溯源、图斑信息防篡改等需求，研究基于区块链的自然资源地表变化信息数据映射机制，构建统一的映射机制与多尺度地貌特征的表征算法，融合先进的基于卷积神经网络、图卷积神经网络及全连接特征提取的深度学习方法，支撑地类图斑的身份唯一认证与变化过程溯源。研究自然资源地类变化数据区块存储模型，形成高效、分布式的地类图斑数据区块链存储方案，保证地类数据的安全和高效存取。研究顾及时间与空间维度的地类图斑数据高效溯源查询算法，实现子链间的数据交换主链周转，实现在不同链上、不同区块结构上的分布式高性能统一查询处理，服务自然资源地类变化数据全流程高效溯源查询。精准记录长序列自然资源变化图斑时间维度、空间维度属性及其全流程各时相信息的连续性、相关性，实现自然资源地类图斑身份管理与认证、多维信息集成化一体化档案式管理、全历程变化监控和管理，使每个地类图斑源头可追溯、流向可跟踪、信息可查询，为自然资源管理、生态保护、综合整治及督察执法等提供高效、透明、可信的数据与技术保障。

2. 基于区块链技术的土地利用审批全流程监管

在国土空间基础信息平台的基础上，应用区块链技术构建便民、高效、协同、安全和共享的土地利用审批遥感监管系统，发挥区块链技术信任可传递、信息可共享、数据可回溯、天然防篡改等优势，解决用地需求真实信息传递不畅、数据互享互用不高、规划土地业务链条不全、业务操作烦琐、审批效率低、监管难的痛点。以区块链技术重构一套审批技术体系，充分利用遥感数据客观性、真实性、动态性的特点，对用地需求预测、年度土地指标分解、建设用地审查报批、工程建设项目审批、批后监管等业务系统进行全流程、全覆盖、全层级遥感监管，以区块链技术重构一套完整、科学、便捷、高效的审批服务体系，建立业务标准化、数据标准化、接口标准化服务。开展业务标准化，通过统一审批事项、统一审批流程、统一办事指南等内容，实现审批事项标准化；开展数据标准化，按照"统一收集存储、统一编码、统一管理"的原则，参照国家和行业标准，建立统一的土地利用审批数据库；开展接口标准化，建立满足土地利用审批管理系统的接口规范，实现横向联通发改、环保等部门，纵向贯通国家、省、市等各级部门，互联互通的系统。

3. 基于区块链技术的自然资源信息变化全方位确认

面向自然资源统一管理和生态保护修复，对变化的类型、范围、现势性、可靠性、实时交互性等提出了更高要求，现有的信息化手段和管理模式的弊端也逐渐显现，数据安全风险大、共享效率不高、汇交方式单一、验证难度大等业务问题亟待解决。区块链技术构建了一个新的信任体系，具有数据不可篡改、信息透明、去中心化集体维护、可追溯性等特点，有助于实现各部门数据的安全共享与可信服务。将区块链技术引入自然资源管理这样一个多方协作的业务系统，有助于高效地记录、核准和查询所有数据的产生、处理和迁移过程，既能够保证数据的真实可靠、公开透明，又可降低成本、提高效率，大幅减少内部摩擦成本、提高系统循环效率。区块链技术能让区块链中的数据更有价值，通过多个节点共同参与数据记录，并且互相验证其信息的准确性和有效性，可实现对信息的全方位确认与验证，进而消除不确定性和达成共识。随着遥感数据获取手段的日益丰富，可同步在区块链的多个节点上，基于不同传感器、不同谱段获取的同一目标或场景的多张卫星遥感影像，对地块的位置变化、范围变化、用途变化、品质变化、温度场变化等几何信息和物理信息进行监测，将包含同一目标或场景的时—空—谱互补的多源遥感数据按照一定规则进行处理分析，进而获得比任何单一数据更精确、完整、有效的信息，然后通过一定的手段和技术方法，完成变化信息的确认和验证，以达到对变化要素的综合、完整描述。

4. 基于卫星遥感和区块链技术服务于自然资源管理

目前，以自然资源部作为牵头主用户的陆地卫星包括可见光、高光谱、激光测高、雷达和重力5个类别共25个卫星纳入国家规划。到2019年底，在轨运行的卫星已有10颗，具有当日空间重访能力和全国范围2 m分辨率季度有效获取能力，可为自然资源大区域、高频次地表覆盖变化监测提供支撑。自然资源卫星遥感云服务平台自2016年5月29日正式开通以来，已在全国范围内正式开通了22个部属机构、31个省级中心、28个省级节点、126个市级节点，开创性地建立了多层、多级服务网络，形成了自然资源卫星遥感数据新型共享服务模式。这为利用区块链技术在自然资源体系内实现卫星遥感数据产品与信息产品的分布式存储和应用进行了有益的探索。面向"十四五"，力求在传统的"3S"（system）的基础上，大力发展新型"3S"（serves），将卫星遥感、人工智能、5G和区块链技术紧密结合在一起，形成卫星遥感监测服务，进一步推进传统测绘的转型发展进而服务于自然资源管理。

（四）实地调查装备

地面样地调查是森林资源调查监测不可缺少的工作环节，目前实地调查装备的发展，为森林资源与生态环境要素的精准计测和实时监测提供了手段。

1. 智能测树超站仪

智能测树超站仪是面向我国精准林业森林计测的专用仪器，它的基本组成有两个部分：一是基础测距硬件，激光测距仪提供测距功能和BLE蓝牙数据发送功能；二是手机及其内置程序，手机内置电子罗盘、陀螺仪等传感器、蓝牙BLE、1 920×1 080分辨率显示屏等。能实现包括树高测量、胸径测量、样地标定等一些林业常用测量方法。系统主要实现测量、测树、记录、计算、设计五大功能。

2. SLAM 手机测树系统

SLAM（Simultaneous Localization and Mapping）手机测树系统是以控制（Control）及观测（Observe）为输入，在未知环境中未知位置构建周围三维地图的同时实时估计当前运动平台位姿的过程。Google Tango 通过使用特殊硬件使智能手机能够运行 SLAM 系统。Google Tango 以运动跟踪相机（RGB 相机）及 TOF 相机（Time of Flight，深度相机）作为观测输入、9 轴的加速度/重力/罗盘传感器估计控住输入，并使用专用的低功率计算机视觉处理器加快数据处理过程。Google Tango 使用基于 RTAB-Map（Real-Time Appearance-Based Mapping）的 SLAM 系统，RTAB-Map 系统分为前端和后端两部分。

3. 电动生长锥

针对传统生长锥费时费力、容易折断、操作步骤烦琐、无法准确快速获取树木年轮信息等问题，发明乔木电动生长锥内外业一体化计测系统，集成 Haglof 树木生长锥、卡头、直流减速电机、电机控制器、动力锂电池、水平助力握把、显微摄影测年轮等部件，搭配 LINTAB 树木年轮分析仪，可以进行精确、稳定的年轮分析，实现树木年龄、生长量的自动精准测定。

4. 树木径向生长监测仪

树木径向生长监测仪解决传统林业中监测树干的生长微变化的难题，使树的生长与水分关系的研究变得更容易和更准确。后台数据库服务器通过收集树木径向生长数据和部分环境数据，形成树木生长大数据，服务于探究树木生长规律。

5. 手持式环境监测仪

手持式环境监测仪由手机，胸径尺，背包，手机支架组成，适用于森林环境信息、土壤信息的监测传输，记录森林事件，测量森林的密度、蓄积量、树高等森林参数。

6. 手持式土壤检测仪

手持式土壤检测仪是软硬件一体化设备，用于测定土壤因子，包括土温、土湿、土壤电导率、土壤 pH 值、土壤氮磷钾含量等土壤要素，能够检测农作物在各个阶段的土壤因子含量。

（五）无人机遥感

无人机遥感具有低空飞行、云下获取影像、高分辨率、机动灵活、能快速响应等优点，能够显著降低混合效应对监测精度的影响，有效弥补卫星航天遥感系统在地表分辨率低、重访周期长、受水汽影响大等不足，可以快速获取地理、资源、环境等空间信息，完成数据采集、处理和应用分析，成为高效获取自然资源和生态环境信息的重要手段，在自然资源和生态环境监测感知系统构建中具有较大的应用优势。

无人机通过搭载不同的遥感设备可以获得高清航带影像、激光点云、林冠多光谱数据等，同时完成数据实时回传，经过专业软件简单处理就能从中提取所需的生态环境监测数据，生产高清正射图、数字高程图等产品，实现三维场景重现。同时，根据飞行的不同高度，无人机还可以搭载不同的气象探测仪和影像摄影 CCD，对空气中不同高度目标区域的大气进行监测，实时记录飞行中监测到的 CO_2、SO_2、PM2.5、负氧离子等浓度，以及温度、湿度、气压、光照等数据，实现基于无人机的气象数据测定，有利于解决对人力所及有所困难的区域进行气象数据采集的难题。根据相关研究，利用无人机载平台搭载大气监测传感器，研究大气颗粒物和污染气体的高分辨率立体分布快速扫描技术及其反演方法，快速获取廓线、立体分布及通量分布，并建立基于三维 GIS 的可视化评估方法，一直是大气污染检测的有效手段。

无人机也为中小尺度的草地资源监测遥感应用研究提供了新的手段，可实现包括草地植被覆盖度监测、草地植物地上生物量估算、草地有蹄类野生动物的监测、草原啮齿类小型动物的监测等（高娟婷，2021）。葛静等在黄河源东部地区利用无人机（UAV）、普通数码相机（Canon）、农业多光谱相机（Agricultural Digital Camera，ADC）等设备获取高寒草地大量相片，结合相应的归一化植被指数（Normalized Difference Vegetation Index，MODIS NDVI）和增强型植被指数（Enhanced Vegetation Index，EVI）数据，构建了基于 UAV，Canon 及 ADC 相片的植被盖度与 MODIS 植被指数之间的反演模型，采用留一法交叉验证方法评价各种模型的精度，确立无人机获取的数据构建的草地盖度反演模型为黄河源区遥感监测的最优模型（葛静，2017）。宋清洁等在甘南州高寒草地以 EVI

和 NDVI 两种植被指数为自变量，以无人机获取的草地植被覆盖度数据为因变量建立两种植被指数间的回归模型，并以 Canon 数码相机获取的草地植被覆盖度数据为真实值，对建立的回归模型进行精度评价，从而筛选出基于 EVI 构建的对数模型为研究区草地植被覆盖度最优反演模型（宋清洁，2017）。另外，无人机遥感观测技术是草地地上生物量估算的重要手段，张正健等基于地面实测样本数据和无人机可见光影像获取了研究区草地地上生物量分布，建立了生物量与绿红比值指数（Green-Red Ratio Index，GRRI）、绿蓝比值指数（Green-Blue Ratio Index，GBRI）、归一化绿红差异指数（Normalized Green-Red Difference Index，NGRDI）、归一化绿蓝差异指数（Normalized Green-Blue Difference Index，NGBDI）等的指数回归模型（张正健，2016），孙世泽等根据阴阳坡不同草地类型和植被种类，运用多旋翼大疆无人机获取含近红外波段的高分辨率多光谱影像，结合地面实测数据，对草地地上生物量和归一化植被指数（Normalized Difference Vegetation Index，NDVI）、比值植被指数（Ratio Vegetation Index，RVI）、可见光波段差异植被指数（Visible-band Difference Vegetation Index，VDVI）、修正型土壤调整植被指数（Modified Soil Adjusted Vegetation Index，MSAVI）、差值植被指数（Difference Vegetation Index，DVI）5 种植被指数进行相关性分析并建立估算模型（孙世泽，2018）。无人机遥感技术已成为获取宏观草地资源信息，实现草地生态系统生态服务功能价值评价的有力手段。

另外，无人机遥感在草地动物监测中也发挥了重要的作用。郭兴健等使用两台无人机对黄河源玛多县内的岩羊进行航拍，并利用软件 Pix4Dmapper，LiMapper 对照片拼接处理，通过目视解译来估算研究区内岩羊的种群数量和密度（郭兴健，2019）；邵全琴等利用无人机航拍调查黄河源玛多县的藏野驴、藏原羚、藏羊、牦牛等有蹄类动物的图像解译标志库，通过人机交互方式解译，获取调查样带内的种群数量（邵全琴，2018）。

无人机以其卫星遥感和地面人工调查所不及的诸多优势，为草地资源监测的研究提供了新的技术平台，尤其是在草地植物季相、草地植物盖度、生物产量、草地家畜、草地啮齿动物种群等方面，可以有针对性地进行大面积航空监测及小范围定点监测，对草地合理利用和健康管理非常有实用价值。

（六）新型探测仪器

当今海洋地学领域新理论、新学说的产生，以及海底地质构造调查研究与矿产资源勘查取得的重要突破和成果，在很大程度上是采用了高新技术及各种高分辨、高性能、高精度探测仪器的结果。

1. 水下机器人在海洋资源调查中的应用

海洋地质调查研究成果，在支撑建设海洋强国战略中具有重要价值。近年来，自主水下机器人（Autonomous Underwater Vehicle，AUV）一直是水下机器人（Unmanned Underwater Vehicle，UUV）领域的研究热点，已经在海洋科学研究、海洋资源调查和海洋安全保证等方面得到了广泛的应用。

近年来，世界各国越来越重视水下机器人的发展，在海洋科学研究、海洋工程作业，以及国防军事领域得到了广泛应用。通常水下机器人可分为：自主水下机器人、有缆遥控水下机器人（Remotely Operated Vehicle，ROV）和自主/遥控水下机器人（Autonomous & Remotely Operated Vehicle，ARV）。AUV 自带能源自主航行，可执行大范围探测任务，但作业时间、数据实时性、作业能力有限；ROV 依靠脐带电缆提供动力，水下作业时间长，数据实时性和作业能力较强，但作业范围有限；ARV 是一种兼顾 AUV 和 ROV 的混合式水下机器人，它结合了 AUV 和 ROV 的优点，自带能源，通过光纤微缆实现数据实时传输，既可实现较大范围探测，又可实现水下定点精细观测，还可以携带轻型作业工具完成轻型作业，是信息型 AUV 向作业型 AUV 发展过程中的新型水下机器人（李硕，2018）。

2. 无人船艇在海洋地质调查中的应用

海上作业具有环境复杂、工况恶劣、作业风险高的特点。无人船艇应用于海洋地质调查，可有效地减少人工作业量和降低作业危险性，提高效率的同时也保障了人员的安全。因此，无人船艇在海洋地质调查中具有广阔的应用前景（方中华，2020）。无人船艇最先在军事领域得到应用，最初的用途是扫除海岸带附近的水雷和障碍物，进入 21 世纪后，无人船艇技术迎来了高速发展期，无人船艇由于吃水浅，机动性好，智能化，作为一种新型调查平台，已经成功应用于海岸带调查、岛礁调查，以及一些特殊海域小范围测绘和海洋应急测绘等方面。

上海大学研发的精海系列，有自主、遥控两种操作模式，船体吃水浅，抗浪能力强，可以自主避碰水面障碍物。主要用于岛礁和近海浅水域等测量母船不能到达的海域水下地形、地貌探测。"精海3号"智能无人艇携带了多波束测深系统、侧扫声呐、浅地层剖面仪、单波束测深仪、声学多普勒流速剖面仪（Acoustic Doppler Current Profiler，ADCP）、温盐深系统（Conductivity Temperature Depth，CTD）、水下摄像机等调查设备。广州海洋地质调查局与上海大学合作，首次利用无人艇在三亚湾东瑁洲岛的东部和北部复杂浅水区，共进行了60多条测线调查，获得大量地质调查数据和影像资料，调查效率显著提升；珠海云洲智能科技有限公司和国家海洋局南海调查技术中心联合研制的海洋智能无人艇M80B，跟随雪龙号参与我国第34次南极科考，技术团队使用无人艇贴近南极冰缘作业。这次无人艇主要搭载多波束设备，在极端环境条件下完成了南极罗斯海西岸 5 km^2 海域全覆盖式的海底地形测量，获取了该区域近岸海底水深地形数据，为船舶航行和海洋站建设提供基础空间地理信息数据支撑（方中华，2020）。

二、深化推进自然资源时空数据治理

自然资源统一调查监测掌握的自然资源时空信息，是自然资源、资产、资本分布与变化的客观反映与真实表达，既是认知资源供给和人地关系、优化国土空间开发利用格局的科学基础，也是以数字化转型助力高质量发展的重要助推器。将时空信息技术与自然资源调查监测评价、自然资源管理业务深度融合，迭代升级新一代自然资源调查监测技术体系，以"全面动态感知、系统精准认知、全域智慧管控"为主线发展方向，推动自然资源治理能力现代化建设，支撑自然资源科学管理和高质量发展，可以作为新发展阶段推进自然资源调查监测体系构建的路径选择。

（一）总体思路

为了有效支撑自然资源科学管理与高质量发展，将时空信息与自然资源管理业务有机融合，发展形成以全面动态感知、系统精准认知及全域智慧管控为主线的自然资源时空信息技术，提供高质量的时空信息、高层次的时空分析和高水平的时空赋能。

首先，通过全面动态感知，支撑自然资源要素和人类活动状况等本底与专业信息的有效获取与高效处理，摸清资源家底和及时掌握变化，做到"查的准"；其次，通过系统精准认知，开展资源约束条件、国土空间人地关系等时空分析与研究，深化对国土空间格局形成演化机理和时空规律的认识，做到"认得透"；最后，通过全域智慧管控，实现时空数据赋能的全过程用途管控、全生命周期管理和全要素耦合管理，做到"管得好"。

应该指出的是，自然资源管理是一个涉及因素众多、技术工程复杂的系统工程，仅靠单项的技术创新或应用难以奏效。这里借鉴了国际科学联合会"未来地球"研究计划的思路，提出了从全面动态感知、系统精准认知到全域智慧管控的全链条解决方案。"未来地球"研究计划是从面向全球可持续发展问题，以预测、监测、管制、响应和创新为主线，提出了整体性研究思路。其中预测（forecasting）是要对未来环境状况及其对人类社会的作用后果进行预测，监测（observing）是通过整合和强化各类监测系统，提升全球变化本身及相关因素的监测能力，管制（confining）则是要对那些具有破坏性的全球环境变化进行预测、识别，提出规避和管控的举措，而响应（responding）是要研究建立什么的体制、经济活动及行为方式，以有效地影响和引导可持续发展的进程。为此，需要打破单一的学科界限或壁垒，推动测绘、土地、海洋、地质、林草等专业之间的深层次融合，以真正地实现提供高质量的时空信息、高层次的时空分析和高水平时空赋能。

近年来，对地观测技术取得了长足的进步，遥感卫星获取能力有了大幅提升，但"数据海量、信息爆炸，知识难求"现象愈加突出。自然资源时空信息技术不仅要能够快速获取遥感影像、地面观测等基础数据，更要具备从遥感影像和时空大数据提取有意义信息及或凝练出有用知识的能力，用于指导行动（规划编制，用途管控）和解决实际问题。为此，要从数据—信息—知识—智慧的全链条出发，充分利用全面动态感知的各种数据信息，凝练和提取有关国土空间人地关系、自然资源供需关系等有用知识，通过信息赋能和知识驱动，开展问题诊断、趋势预测、态势预警等智能化应用。

（二）发展方向

通过时空信息技术与自然资源主体业务的深度融合，发展形成全面动态感知、系统精准认知、全域科学管控的调查监测与管理业务融合体系、运行系统，提供高质量的时空信息、高层次的时空分析和高水平时空赋能。

1. 全面动态感知

自然资源感知主要是指利用有关的传感器观测或装置，通过观测、处理，获取自然资源及其开发利用的有关分布、结构、质量、变化等数据信息。动态感知是针对自然资源本身及人类开发利用活动往往具有的特定的时间周期、生长节点或其他时空特性，如植被的生长周期、城市居民出行的高峰期等，设计采用实时或准实时的观测模式，以实现数据信息的动态获取。而全面动态感知是指根据全空间用途管控、全生命周期管理等业务需求，去实现"全地域、全方位、全时域、全要素"的感知。

航天遥感是实现自然资源全面动态感知的主体手段，但其必须与航空获取、地面观测、专业监测等联合，方可真正地满足"全地域、全方位、全时域、全要素"的要求。首先，虽然光学遥感卫星的分辨率和观测频度有了很大提高，但任何单一光学遥感卫星的空间覆盖和感知能力都有较大的局限性，必须与其他光学、SAR、激光及重力等卫星联合，实现多星的协同观测。其次，对于那些航天遥感覆盖困难、时效性弱的局部区域，无人机倾斜摄影、航空多视立体观测、平流层飞机（艇）驻留观测等可以发挥互补的作用，形成空—天联合的协同观测能力，提供更精准、更高效和更高维度信息的观测保障；然后，针对水、森林、土壤、生态，以及涉及影响生产生活生态的自然资源要素进行长期、连续、稳定的定位观测，需要建设自然资源观测台网，在特定的点或断面上进行连续观测，用于研判自然资源的变化动因，探索要素间的耦合关系，预判演化趋势等。

目前广泛布设、云络互联的各类摄像头和其他嵌入式电子测量装置，形成了覆盖国土的"电子皮肤"，也为感知自然资源及其开发利用状况提供了实时采集与动态控制的手段；此外，带有定位功能的手机等智能终端和公交卡刷卡、社交网站签到数据、出租车服务等记录了人们出行轨迹等时空信息，形成了具有个体粒度的时空标记大数据，为长时间、高精度、高效地跟踪个体空间移动提供了可能，为感知居民时空间驻留和出行特征、识别城市空间职能结构和分析人口动态分布等提供了新手段；而基于互联网的众包采集等技术，也为从网络空间获取自然资源变化与状态的跨媒体（文本、图像、视频、音频等）属性提供了可能。将这些多模态感知手段有机融合，可以构成天空地网一体的自然资源协同化观测体系，将以往偏重于对"地"的观测感知提升为对"人"和"地"的综合感知，有助于提升空间覆盖、时间同步的能力，更好地实现空间无缝、时间连续的自然资源综合观测。

自然资源协同化感知将产出多源异构的图像、图形、视频、文本及音频等海量数据信息。为了有效支撑后续的分析认知，需要进行高效处理，化繁为简，提取出便于理解和利用的有用信息。例如，将海量居民时空轨迹与多尺度地表覆盖数据相结合，从时空大数据中提取人类移动模式与行为规律等。再如，将各种动态感知信息与自然资源本底信息进行关联聚合，构建起业务要素衔接、专题信息丰富、多尺度融合的自然资源时空数据库，解决多源业务信息的互联互通、动态汇聚、有效整合难题，提高协同处理与聚焦服务的能力。

2. 系统精准认知

认知是指人们对前面获得的自然资源感知结果，通过高层次的时空认知与加工处理，去获得有关自然资源的时空分布规律。精准认知则是指要采用量化和模拟等手段，从传统的定性描述走向定量计算与情景模拟，实现更深入透彻的认知。而系统精准认知则是将自然资源看作一个有机的整体，采用定性—定量—定位相结合的方法，从整体上对其进行综合集成研究。其首先是进行自然地理的本底认知，继而分析国土空间开发利用的过程与效应，阐明资源供需关系和约束条件，然后进行国土空间人地关系的分析及自然资源高质量发展的综合研究。

自然资源是一个具有特定结构和功能的巨系统，呈现出水平分异、立体交叉和多级嵌套的立体空间结构，提供着资源、资产、生态、场所等诸多功能（如耕地产粮、湿地生态服务等），是人类国土空间开发利用的最重要生产要素和最基础的发展条件。自然资源各要素间存在着十分密切的关系，往往是一荣俱荣、一损俱损。过去的研究多停留在单要素，对多要素之间的相互作用关注不够。

例如，水资源研究是自然与人文经济综合的二元混合过程，涉及降水、蒸发、产流、植物截留、经济用水等水循环环节，水资源与土地资源相互作用、关联，带来了水土平衡的匹配难题。再如，过去 60 年中国气候总体变暖，这一单一自然地理要素的变化不仅引发了温度带总体北移和气候区划格局变化，而且导致了水资源、自然生态系统、农业生产的一系列变化，如植物物候提前，柑橘、水稻等作物种植北扩等，从而影响着整体的格局。过去 20 年来，国内外科学界开展了国际地圈生物圈计划（International Geosphere-Biosphere Program，IGBP）、世界气候研究计划（World Climate Research Programme，WCRP）、生物多样性研究计划（DIVERSITAS）、全球环境变化人文因素计划（International Human Dimensions Programme on Global Environmental Change，IHDP）等诸多国际科学计划，将以往以水、土、气、生、人为基本对象的单要素研究，提升为地表过程的综合研究，重点研究多要素间的相互作用机理、动因、趋势及圈层互馈机制。应充分借鉴这方面的研究成果，开展对自然资源多要素的综合研究，厘清资源禀赋及地域差异，认清其格局、过程与服务，为进一步研究国土空间开发利用、资源供需关系与约束、国土空间人地关系奠定基础。

2010 年，美国国家科学院研究理事会提出要"理解正在变化的星球"，包括其是如何变化，变化在哪里发生，为什么会发生这些变化，可能产生什么影响等。对自然资源而言，则应研究摸清国土空间开发利用的状况与动态，厘清其时空分异特征，揭示其对生态环境的影响与相互作用，并预估未来陆域开发的生态环境风险。首先，要解决国土空间开发利用时空过程的定量识别与动态监测问题，包括构建与提取用于反映国土空间开发格局、利用强度与演变过程的因子或特征参数，分析国土空间开发利用典型活动的规模、类型、水平及其时空分异特征与驱动机制；其次，要构建表征国土空间开发利用时空过程的指标体系，研发其格局、强度与过程等因子的计算与表达方法，借助于现状和历史地表覆盖、遥感及相关专业资料，提取和刻画国土空间开发利用的现状分布与结构特征，重建典型开发类型（耕地开垦与退耕、森林砍伐与造林、城镇化、基础设施建设等）的时空过程。

在国土空间开发利用过程和资源供需条件认知的基础上，还应进一步定量化研究国土空间人地关系，包括厘清人类活动的施压强度、资源要素的承压能力、生态环境的约束力度和自然系统的恢复能力等，对国土空间格局的结构冲突进行检测，发现人地关系矛盾的突出地域与过程。为此，需要综合利用高分辨率、多年度地理空间数据（地表覆盖、土地利用等）、手机信令等多源时空大数据和相关社会经济资料，测定人类活动强度与类型，揭示与自然资源开发利用和国土空间用途管制有关的人类活动分布特征；继而选取人类活动的施压强度、核心资源要素的承压能力、生态环境系统的约束力、自然系统的恢复力及人地系统的开发程度等表征指标，进行人地关系状态的量化计算与综合评价，以揭示国土空间格局的合理性，辨识国土空间开发利用中的关键问题，发现和解答三生空间的时空耦合—冲突协调—极限约束等问题，进行自然资源开发利用与保护不同场景的模拟与优化调控研究，支撑国土空间规划。

2015 年，联合国大会通过 2030 可持续发展议程，提出了到 2030 年要实现的 17 项可持续发展目标（Sustainable Development Goals，SDGs），并要求综合利用统计和地理信息，进行监测评估。其是针对社会—经济—环境三位一体协同发展的要求，采用全球指标框架，进行指标计算、目标评估和领域分析。从自然资源的角度看，应从资源集约节约利用和国土空间用途科学管控的角度，对自然资源自身的高质量（可持续）发展进行监测评估，然后对自然资源支撑社会经济高质量发展的状况进行评估分析。为此，可参照地球系统模式（气候模式、陆面模式、水文模式）的做法，研究和需要构建自然资源系统模式，通过时空大数据和 AI 等有机融合，对自然资源的供给能力、保障效果等进行模拟计算，实现自然资源高质量（可持续发展）状况的数字孪生、状态诊断、模拟分析、预测预报，进行情景预估和模拟，分析其作用机理，寻求调控机制。

3. 全域智慧管控

目前，全国各地自然资源管理的数字化与信息化水平不一，总体能力不足。从"行政被动监管"迈向"全域智慧管控"，有效支撑全空间国土用途管控、全生命周期管理和全要素耦合管理，乃大势所趋。其是以多尺度国土空间规划为依据，在时空大数据的支持下，开展数据赋能的问题研判、知识驱动的决策处理，实现对各项建设开发活动的许可管理与监管，提高国土空间用途管控的效率与水平。为此，要依据统一的国土空间调查、规划和用途管制用地用海分类标准，充分融合基础测绘、"国土三调"、地理国情监测、海洋监测、地质调查等各类调查监测成果，形成基准统一、覆盖全域、三维立体、权威可靠的国土空间数字化"底版"；继而要做好国土空间总体规划、详细规划和相关专项规划的逐级汇交与集成融合，构建生态保护红线、永久基本农田、城镇开发边界、历史文化保护线、战略性水资源安全保障范围、自然灾害风险控制线等安全底线的空间边界管控规则；然后要建立健全统一调查监测与动态更新机制，加强国土空间数据体系的动态性和连续性，全面提升国土空间数据支撑能力。在此过程中，应致力于打破信息壁垒，加强部门协同、公众参与和社会共享，构建共治共享的"智慧国土"，推动国土空间数据、信息、知识的有效共享，形成国土空间治理的数字化生态。

从技术的角度看，国土空间用途管控是以功能管控和参数管控为具体抓手，通过对开发上限与保护下限、国土开发强度等关键阈值的科学测算，实施多尺度、多时序管控，实现"生产—生活—生态"各项建设开发活动的有序、均衡、协调发展。前者是以"三区三线"和主体功能区划为基础，引导、约束、规范有关的建设开发活动；后者是将国土开发强度作为关键目标参数，用于控制开发强度、引导空间调整、约束开发行为等。因此，首先要根据国土空间规划体系的不同层级与尺度差异，研究确定相应的管控对象与途径，实现管控刚性约束与弹性指引相结合的科学管控。其次，要研究时空大数据赋能的管控方法，做好管控指标、规则的法理解析，研发预测模型，发展格局解析、结构诊断、冲突发现、方案优化等智能化手段，构建知识驱动的应对决策系统，实现智能审批、趋势预测、配置优化、方案推演，从"后知后觉"变为"先知先觉"，从静态化的信息管理平台上升到动态化的决策服务平台，从"看见"走向"洞见、预见"。

针对国土空间规划实施监督的要求，以规划实施过程中的底线管控、刚性传导、要素配置、结构效率等方面为重点，研究构建规划实施成熟度、匹配度、协同度和居民满意度等关键算法及评估方法，开展对规划实施和国土空间体征的动态定量评估；针对多目标、多尺度、多场景的国土空间单元管控要求，研究建立适应国土空间"三区三线"和人地关系协调发展的关键指标与监测方法，构建数据驱动的动态预警模型，对"三线"管控过程中可能发生的偶发性事件进行及时预警，并对国土空间开发保护、用途管制、生态修复等进行态势分析研判。

（三）工作保障

1. 加强自然资源时空数据基础设施高效衔接

加强自然资源三维立体时空数据库、国土空间基础信息平台与自然资源"一张图"的衔接。充分利用现状基础数据、规划成果等基础上，融合利用多源大数据，夯实国土空间规划和自然资源管理的数据底座建设，加强编制类、审查类、评估类的系统衔接和数据资源建设，将信息化、智慧化贯穿编制、实施、监督、评估、预警等整个流程，提高规划管控、空间治理的动态精准识别能力，构建可感知、能学习、善治理、自适应的智慧规划监测评估预警体系，实现"编制—审批—实施—监督—评估"的全流程、全环节、全生命周期管理的清晰留痕，动态更新、持续迭代，为规划和用地指标审批做好支撑。

2. 建立健全自然资源时空数据资源体系

构建统一的数据服务标准和数据服务目录体系。基于统一的数据标准规范和空间参考，结合基础调查、专项调查、自然资源监测、年度变更调查、行政审批、生态保护修复、自然资源督察等业务工作，探索建立自然资源时空数据资源体系，按照数据类别、层次和关系，将现状数据、规划数据、管理数据、经济社会数据及其他多源异构类型数据进行梳理归类，细化框架分类，丰富数据内容，形成全域覆盖、内容完整、准确权威、动态及时的自然资源时空数据资源体系，系统化地构建标准衔接、规则统一、接口丰富、多源融合的数据管理框架，发挥国土空间数据的"底图"和"底线"作用，支撑国土空间的科学规划，监管国土空间开发利用，为政府管理提供空间数据方面的高水平服务。

建立健全自然资源时空数据更新维护机制。根据数据流、政务流等信息更新频率、空间范围、联动特征等，建立以批量更新、存量更新、增量更新、联动更新、核验纠错等动态更新机制，持续做好全要素全空间的数据资源目录建设梳理更新，提升数据可用性、复用性。建立数据管理规范化机制，明确审批权限和管理职责。

3. 激活自然资源数据潜能

加快自然资源数据要素管理顶层设计。建立完善数据管理制度、管理流程、管理工具。建立数据开放许可协议机制，明确数据开放权责，规范数据开发利用。制定自然资源数据的分类分级政策法规、安全风险管理制度、应急处置机制、安全审查制度、出口管制和对等反制措施。

深化自然资源调查监测数据分析评价。以自然资源管理和生态文明建设目标为需求导向，体现政治逻辑、行政逻辑和技术逻辑的统筹结合，制定自然资源调查监测数据综合分析框架，研究提出科学、简明、可操作的综合性自然资源评价指标。以自然资源调查监测数据为核心与基础，结合自然地理、生态环境、社会经济、自然资源管理数据等，从自然地理格局和生态系统功能高度，综合考虑自然资源禀赋、可持续发展安全底线、资源保障与生态功能等多个维度，综合分析自然资源禀赋（数量、质量、生态）、分布格局、演化过程与发展趋势，深入研究自然资源要素之间、自然资源与经济社会发展之间的相互关系，揭示其自然演替规律及人为影响因素，客观评判自然资源领域取得的成效，剖析产生问题的原因，提出自然资源管理精准施策的意见建议。

加强自然资源数据开发利用。主动融入全国一体化大数据中心协同创新体系，"东数西算"工程的布局，建设自然资源大数据中心，利用自然资源"一张网"，建立自然资源数据互通、汇集、开放和共享的公共服务体系，推动数据资源开发利用，加快形成数据要素整体合力。提升数据全流程治理的效率和准确度，利用分而治之的思想，在平台建设基础上分类分层梯度有序地开发业务类普适性分析工具，例如空间台账整合、图层关联合并、图层相交分析、基础统计、数据可视化等数据处理工具。发布数据处理工具在线服务，以服务接口的方式提供给第三方应用系统。

培育自然资源数据要素市场。将数据生产加工转化形成生产要素和资产，释放数据要素红利，发挥数据作为生产要素的基础性资源作用和创新引擎功能，实现数据价值化。完善自然资源数据要素市场的制度框架、支撑体系和保障机制，建立全样本、全维度、全生命周期的数据关联和融合利用体系，加快推进自然资源数据资源标准化、商业化、市场化等。完善数据要素交易规则，建立市场准入管理制度。延伸数据要素产业链，构建多层次数据要素交易市场体系。建立数据交易监管制度，强化数据要素市场监管和反垄断，构建线上线下数据要素市场全流程监管体系，有序引导市场上自然资源调查监测数据参与治理，形成多主体参与、协同共治的治理体系。

4. 提高自然资源数据治理效能

健全自然资源数据要素治理体系。坚持活用数据和用活数据相结合，建立自然资源数据登记确权体系，建立科学的自然资源数据分析挖掘方法、评价指标体系和统计标准，推动业务数据变动与指标模型评价结果联通互动，提升数据融合能力，充分挖掘数据价值，综合分析评价自然资源现实状况、变化特点、发展趋势及自然资源开发利用和用途管制、生态保护和修复成效等，通过科学评估、项目策划、并联审批和实施监督，统筹城乡建设发展，平衡区域开发保护，维护自然生态平衡，延续历史人文环境，为自然资源管理、生态文明建设等提供决策依据，实现国土空间整体性治理的最大公约数。

自然资源数据流驱动政务流重构。立足自然资源政务的运作机制，以管理目标、审核要点、部门联动等为核心，梳理政务需求，提取政务流中的数据要素，刻画政务流模型，利用数据治理中数据传导规律及数据要素之间的潜在联系，建立数据流与政务流的物理—逻辑映射对应关系，形成自然资源政务流管理图谱，形成互联互通、高效协同、权责清晰、流程规范、过程透明的自然资源政务流支撑环境。

提升数据防护能力。建立健全数据安全管理制度，坚持人防物防技防并举，研发数据保密处理技术，完善数据服务发布、分级管控及容灾备份等安全管理措施，完善数据保密管理制度，全方位保障数据资源管理安全、运行安全。实行统一归口管理，严格成果共享利用审查，推动成果脱密后的社会化广泛应用。加强数据质量管理，构建数据质检模型，建立数据质检规则库，将数据质量检查管控贯穿数据采集、整合、更新、汇交、应用等全过程，形成完整的数据质量管理闭环。

此外，还应加强国家战略需求分析和促进跨学科交叉研究，一方面根据国家战略需求和自然资源调查监测工作实际与未来发展，研究"整体规划、分步推进"的分阶段技术创新实施方案，并提出资源整合、政策保障等配套措施。面向自然资源现代化治理体系建设和能力提升这一大格局，厘清调查监测与基础测绘、国土空间规划、生态修复等之间的彼此关联、相互促进的逻辑关系，统筹做好自然资源领域的数字化发展，推进自然资源管理、国土空间规划与治理的智慧化应用。同时，积极组织多学科的交流和跨学科的合作，推动现代时空信息技术、"要素—过程—格局"综合研究模式等与自然资源统一调查监测业务等的深度融合，为自然资源全面动态感知、国土空间系统精准认知和全域智慧管控等提供创新思路，用现代化的调查监测技术体系支撑服务国家战略需求，同时也为全球自然资源调查监测与生态文明建设贡献中国智慧与创新经验。

参考文献

[1] 边馥苓等："时空大数据处理的需求、应用与挑战"，《测绘地理信息》，2016年，第41卷第6期。

[2] 陈军等："自然资源时空信息的技术内涵与研究方向"，《测绘学报》，2022年第6期。

[3] 杜庆昊："新时代数字经济发展的主要方向"，《开放导报》，2020年第6期。

[4] 方中华等："无人船艇在海洋地质调查中的应用及展望"，《海洋地质前沿》，2020年，第3卷第6期。

[5] 冯晓娟等："中国生物多样性监测与研究网络建设及进展"，《中国科学院院刊》，2019年第12期。

[6] 高娟婷等："无人机遥感技术在草地动植物调查监测中的应用与评价"，《草地学报》，2021年，第29卷第1期。

[7] 葛静等："基于UAV技术和MODIS遥感数据的高寒草地盖度动态变化监测研究——以黄河源东部地区为例"，《草业学报》，2017年，第26卷第3期。

[8] 郭兴健等："无人机遥感调查黄河源玛多县岩羊数量及分布"，《自然资源学报》，2019年，第34卷第5期。

[9] 胡玉福等："基于RS和GIS的大渡河上游植被覆盖时空变化"，《林业科学》，2015年，第51卷第7期。

[10] 李硕："我国深海自主水下机器人的研究现状"，《中国科学：信息科学》，2018年，第48卷第9期。

[11] 刘萍："基于物联网的农村区域水环境智能监测及预测方法研究"（博士论文），扬州大学，2020年。

[12] 鲁宁："基于物联网的湿地环境监测系统的设计与研究"，《现代化农业》，2016年第7期。

[13] 马克平、娄治平、苏荣辉："中国科学院生物多样性研究回顾与展望"，《中国科学院院刊》，2010年第6期。

[14] 马维忠：《水务海洋信息化技术架构顶层设计》，上海科学技术出版社，2018年。

[15] 孟祥江、侯元兆："森林生态系统服务价值核算理论与评估方法研究进展"，《世界林业

研究》，2010 年第 6 期。

[16] 邵全琴等："无人机遥感的大型野生食草动物种群数量及分布规律研究"，《遥感学报》，2018 年，第 22 卷第 3 期。

[17] 生态环境部：《2020 中国生态环境状况公报》，2021 年。

[18] 宋清洁等："基于小型无人机与 MODIS 数据的草地植被覆盖度研究——以甘南州为例"，《草业科学》，2017 年，第 34 卷第 1 期。

[19] 孙世泽等："无人机多光谱影像的天然草地生物量估算"，《遥感学报》，2018 年，第 22 卷第 5 期。

[20] 童庆禧等：《高光谱遥感：原理、技术与应用》，高等教育出版社，2006 年。

[21] 薛达元、武建勇、赵富伟："中国履行《生物多样性公约》二十年：行动、进展与展望"，《生物多样性》，2012 年第 5 期。

[22] 杨顺华、张甘霖："什么是地球关键带？"，《科学》，2021 年第 5 期。

[23] 杨雅萍等："国家地球系统科学数据中心发展与实践"，《农业大数据学报》，2019 年第 12 期。

[24] 袁红平等："湿地生态监测系统设计与应用研究——以江苏省大丰麋鹿国家级自然保护区为例"，《中国农业文摘：农业工程》，2022 年第 1 期。

[25] 张甘霖、朱永官、邵明安："地球关键带过程与水土资源可持续利用的机理"，《中国科学（地球科学）》，2019 年第 12 期。

[26] 张雪英、闾国年、叶鹏："大数据地理信息系统：框架、技术与挑战"，《现代测绘》，2023 年，第 43 卷第 6 期。

[27] 张正健等："基于无人机影像可见光植被指数的若尔盖草地地上生物量估算研究"，《遥感技术与应用》，2016 年第 1 期。

[28] 中国地质调查局发展研究中心："地球系统科学的兴起与演变"，《地质调查动态》，2020 年第 10 期。

[29] 周星、桂德竹："大数据时代测绘地理信息服务面临的机遇和挑战"，《地理信息世界》，2013 年，第 20 卷第 5 期。